法拉第激光器

陈景标　史田田　潘　多　葛哲屹　著

科学出版社

北　京

内 容 简 介

  高精度稳频半导体激光器是开展前沿科学研究的基础高端仪器，也是目前国际上蓬勃发展的量子精密测量、时频通信、原子物理等领域仪器装备的核心器件，对国家经济发展和安全建设意义重大。本书从半导体激光器的发展历史与趋势出发，系统介绍了法拉第激光器的基本原理与工艺技术，详细阐述了法拉第激光器开机自动对应原子跃迁谱线，具有抗温度、电流波动能力强的显著优势。此外，书中还介绍了法拉第激光器在铯原子钟、原子重力仪、水下光通信系统等高端仪器装备中的实际应用情况及重要价值，并探讨了法拉第激光器未来发展趋势。

  本书适合稳频半导体激光器领域的研究人员、工程师阅读，也可以作为量子精密测量、精密光谱学等领域高年级本科生和研究生相应课程的教材。

图书在版编目（CIP）数据

法拉第激光器 / 陈景标等著. -- 北京 ：科学出版社，2025. 1.
ISBN 978-7-03-079648-6

Ⅰ. TN248.4

中国国家版本馆 CIP 数据核字第 2024ZH0006 号

责任编辑：孙力维 赵艳春 / 责任制作：魏 谨
责任印制：肖 兴 / 封面设计：蓝正设计

科 学 出 版 社 出版
北京东黄城根北街 16 号
邮政编码：100717
http://www.sciencep.com
北京九天鸿程印刷有限责任公司印刷
科学出版社发行 各地新华书店经销

*

2025 年 1 月第 一 版 开本：720×1000 1/16
2025 年 1 月第一次印刷 印张：23 1/4
字数：450 000
定价：168.00 元

（如有印装质量问题，我社负责调换）

作 者 简 介

陈景标 北京大学博雅特聘教授，1990 年获杭州大学物理学学士学位，1995 年获北京大学非线性光学硕士学位，1999 年获北京大学无线电物理学博士学位。1999 年 4 月至 2001 年 7 月在北京大学电子学系担任讲师，2001 年 8 月至 2009 年 7 月担任副教授。2002 年 1 月至 2004 年 12 月，担任美国宾夕法尼亚州州立大学物理系博士后研究员。自 2009 年 8 月起，担任北京大学电子学系教授。目前，陈景标教授是北京大学博雅特聘教授、量子电子学研究所副所长、北京

大学产学研项目合作先进个人、中国计量测试学会常务理事、中国计量测试学会时间频率委员会委员、全国时间频率计量技术委员会委员。陈景标教授是国际量子精密测量、高精度原子钟、激光物理、激光光谱学和稳频半导体激光器领域的知名专家。陈景标教授在国际上率先提出了主动光钟、法拉第激光器和钙原子束光钟的原理和方法，已在国际期刊和会议上发表论文 100 余篇，并申请了国内外发明专利 100 余项。

史田田 北京大学助理研究员，2016 年获西安电子科技大学理学学士学位，2021 年获北京大学理学博士学位，2021 年至今任北京大学助理研究员。近年来围绕高精度新型光钟、原子选频激光器以及特种 MEMS 量子器件开展研究，并取得了阶段性研究成果。共发表期刊论文 27 篇(一作 10 篇，通信 10 篇)，会议论文 26 篇(一作 8 篇，通信 12 篇)，申请国家发明专利 41 项(已授权美国发明专利 1 项，已授权中国发明专利 12 项)。主持并参与了包含科技部高端科学仪器项目、装备发展部"慧眼行动"项目、科技创新 2030 计划、国家自然科学基金重大研究计划等在内的多项国家级课题项目。基于此科研成果，获得了"博士后创新人才支持计划"称号，作为前三完成人获中国计量测试学会科技进步奖一等奖、北京市科学技术发明奖二等奖、中国仪器仪表学会技术发明奖二等奖、第九届中国国际"互联网+"大学生创新创业大赛优秀教师北京赛区一等奖。

潘　多　北京大学助理研究员，2013 年获北京大学理学学士学位(元培学院)，2018 年获北京大学理学博士学位，2018 年至今任北京大学助理研究员。从事小型可搬运光频标、芯片原子钟、原子光谱研究，作为项目及课题负责人，主持包含国家重点研发计划项目、科技部高端科学仪器项目、科技创新 2030 计划、国家重点实验室项目等在内的多个研究项目与课题，均取得了显著的成效。发表学术论文 40 余篇，授权发明专利 20 余项。曾担任 IEEE 超声、电质及频率控制协会 2015、2016 年度国际学生代表，负责 IEEE 超声、电质及频率控制协会(UFFC)国际学生活动组织开展，参加议员会议并报告学生工作情况，协助组织年度 IEEE 国际频率控制会议。获得奖项包括中国计量测试学会科技进步奖一等奖、航天科工集团科技进步奖一等奖、航天二院科技创新专项奖一等奖、北京市科学技术发明奖二等奖、中国仪器仪表学会技术发明奖二等奖。

葛哲屹　北京大学助理研究员，2006 年获国防科技大学工学学士学位，2015 年获国防科技大学物理学博士学位(校级优秀博士毕业生)，2014 年西班牙马德里理工大学物理学专业-博士联合培养，2023 年至今任北京大学助理研究员，博士后。长期从事激光与物质相互作用的理论与数值模拟工作，作为项目负责人，主持完成国家重大专项子课题项目 1 项(激光注入与传输基础问题研究)、国家自然科学基金青年科学基金项目 1 项(激光聚变黑腔中的参量不稳定性过程及

激光-X 射线转化频谱特性研究)。发表 SCI 检索论文 20 余篇，第一作者 6 篇。曾获中国核学会辐射物理分会"青春杯"青年人才奖，多次获国家级、省部级物理竞赛一等奖，北京市科学技术发明奖二等奖。曾负责组织开展前沿性创新项目策划论证与管理实施，组织论证设立协同科技创新平台，开展专家库建设，具有丰富的科技创新及组织管理经验。

序

  在现代人类活动中，激光器成为像电器一样不可或缺的设施与工具，在生产、生活、教育、医疗、娱乐中都少不了激光器。这种发明才不过六十多年的东西，居然获得这样广泛的应用，真是现代科学技术的一个奇迹！激光器种类繁多，有固体激光器、气体激光器、染料激光器、半导体激光器、自由电子激光器等，而从发出的激光波段，又有红外、可见、紫外、X射线等之分，还有连续、脉冲工作状态的区别，真是五花八门！其中，半导体激光器(又称半导体激光二极管，LD)以其体积小、寿命长、使用简便而成为激光器家族中最为量大面广的实用产品，尤其是在光通信、信息处理、科学研究、精密测量、文化电器等方面获得普遍使用，虽然因其价格较为低廉，在整个激光产业市场中占比并不算大。但是，它能不断变换花样，提高性能，前途不可限量！

  半导体激光器或激光二极管，用电流激励，效率很高。但由于利用其天然解理面作为谐振腔的两端反射面，腔长短、Q值低，产生的激光线宽很大，单色性不好，发散角较大，功率也较小，温度稳定性差，还容易"跳模"，这些都是缺点。使用者可以根据自己的应用目标通过附加的光反馈延伸腔长，在其延伸路径上还能包含高稳定的选频器件(如光栅、滤光器等)，这种半导体激光器称为"外腔二极管激光器(ECDL)"。此外，还可利用高稳定的参考频率源，如外接高Q谐振腔或原子(含分子、离子等)稳定谱线的电反馈来压缩激光线宽和稳定频率。本书所述的法拉第激光器就属于外腔二极管激光器。一开始，这些改善性能的附加设施与元器件都是由使用者结合"裸"二极管(激光器芯片+封装)自行设计并配制的，后来就由相应企业越俎代庖成为一种激光产业。这对使用者来说是一件大好事，他们可以集中精力专注于自己的研究目标。

  法拉第激光器利用法拉第反常色散滤光器(FADOF)作为选频器件放置在外腔的路径上，使激光器输出的激光具有很强的单色性；同时附加了饱和吸收谱、调制转移谱或PDH(Pound-Drever-Hall)等激光稳频技术，使激光频率具有很高的稳定性。这种技术主要是北京大学陈景标教授的科研组发展创造出来的，而组合起来的激光系统定名为"法拉第激光器"，已得到国际公认。应该说，陈景标小组是继承、发扬和创新了北京大学的传统研究工作，北京大学在20世纪80年代以已故的郑乐民、汤俊雄两位教授为首对FADOF开展了深入研究，主要用于光通信，之后还尝试了将其应用于外腔半导体激光二极管的可能性。

　　本书结合北京大学陈景标团队开展的丰富多彩、内容各样的实验与理论研究工作，相当系统，并且比较通俗地阐述了法拉第激光器的各个方面。首先介绍了半导体激光二极管的基本结构，制造工艺技术的基础和物理特性，发展趋势，外腔半导体激光器(ECDL)的构成，选频器件的选择与使用，其中就包括法拉第反常色散滤光器(FADOF)；然后对法拉第原子滤光器做了详细叙述，并对各种原子滤光器做了相应的介绍，特别是对基于磁致旋光效应制成的法拉第反常色散滤光器FADOF和佛克脱(Voigt)反常色散滤光器(VADOF)进行了细致的描述，两者的区别在于前者的磁场方向与光轴平行，后者则为垂直，对它们的整体结构，包括激励电源和温度控制等电路设计，甚至制作工艺都有详尽的描绘；接着对法拉第激光器的激光频率稳定做了深入探讨，其中有饱和吸收、调制转移及 PDH 稳频技术的介绍，而对调制转移谱的灵活运用是该科研组的特色，阐述尤为详细；最后是对这种法拉第激光器的推广应用提出了自己独特的看法，尤其对于在原子钟领域的应用有相当的开创性。例如，采用法拉第激光器的光抽运小铯钟，其稳定度已超过磁选态小铯钟 5071A 半个数量级以上，也优于其他商品光抽运小铯钟；他们提出了光频与微波双频原子钟的创见，并得到初步实现；并且还提议将这种激光器应用于冷原子主动光钟。此外，对于法拉第激光器应用于原子重力仪、磁力仪和光通信等各种领域，他们都提出了理论与实际的建议，真是不胜枚举。作为全书的结论，他们展望了这种激光器的未来发展前景，提出了微型芯片化、智能集成化、大功率、多频道等设想，思路开阔，创新想法颇多，期望将来能一一实现！

　　总之，这是一本关于法拉第激光器的专著，既有近乎通俗的阐述，又有相当深入的理论探讨，更有丰富的实践论证，还有细致详尽的工艺技术的说明与描绘。本书不仅对于从事这类激光器的应用、研制、生产的科研工程技术人员有极大裨益，是一本好的培训教材；而且对于一般与激光器打交道的科研人员与大学生，也有很高的参考价值。为此，我很乐意推荐给大家！

2024 年 6 月 23 日

前　　言

随着科学技术的飞速发展,激光技术作为现代科技的代表之一,在科学研究、工业制造、通信系统、国防军事等领域发挥着越来越重要的作用。半导体激光器作为激光技术的重要分支,其发展与应用更是受到了广泛关注。法拉第激光器作为一种基于法拉第磁致旋光效应实现的半导体激光器,具有频率稳定度高,光谱线宽窄、抗温度、电流波动能力强等优点,在原子钟、原子重力仪、磁力仪等量子精密测量领域得到了广泛应用。本书的撰写,正是基于半导体激光器技术的深入研究和法拉第激光器在现代科技领域的广泛应用,结合国内外最新的研究成果和技术进展,旨在全面、系统地介绍法拉第激光器的原理、技术、应用及未来发展趋势。

本书的特点主要体现在以下几个方面:

1. 系统性强:本书从半导体激光器的发展历史与趋势出发,详细介绍了法拉第激光器的原理、结构、性能特点、应用场景与需求,以及法拉第激光器专用半导体激光二极管、法拉第原子滤光器等关键技术部件。同时,还深入探讨了法拉第激光器的稳频技术、推广应用及未来发展趋势,形成了一个完整的技术体系。

2. 实用性强:本书不仅注重理论知识的介绍,更强调实际应用和操作。通过大量的实验数据和案例分析,展示了法拉第激光器在各个领域的应用效果和前景,为读者提供实用的技术指导和参考。

3. 前瞻性强:本书在介绍现有技术的基础上,还对未来法拉第激光器的发展趋势进行了展望和预测。从微型芯片化、智能集成化、大功率化、多频化等多个方面,探讨了法拉第激光器未来的发展方向和应用前景,为读者提供前瞻性的思考。

本书的撰写工作主要由北京大学专业的研究团队共同完成。其中,团队负责人陈景标与潘多、史田田、葛哲屹等研究讨论形成了本书的章节结构和主要内容;第1章绪论,由潘多、刘天宇、张佳、王志洋等完成,介绍了半导体激光器发展历史与趋势,稳频半导体激光器及其应用;第2章法拉第激光器概述,由史田田、张佳等完成,介绍了法拉第激光器的基本原理、结构组成和性能特点,以及应用场景与需求;第3章法拉第激光器专用半导体激光二极管,由葛哲屹、王雅琦等完成，介绍了半导体激光二极管的基本原理、主要分类、性能特点，以及法拉第激光器专用半导体激光二极管材料与制备工艺技术；第 4 章法拉第原子滤光器，由史田田、肖正、魏苏阳、关笑蕾、高勋等完成，介绍了原子滤光器的发展历史、主要分类，阐述了法拉第原子滤光器的基本原理与核心制备工艺技术，以及相关理论与仿真结果；第 5 章法拉第激光器方案与技术，由史田田、刘子捷、卢子奇等完成，介绍了整机技术方案、光学谐振腔、电路系统、稳频电源，以及主要性能特征及指标等；第 6 章法拉第激光器稳频技术，由潘多、王志洋、魏苏阳等完成，介绍了法拉第激光器的饱和吸收谱、调制转移谱，以及 PDH(Pound-Drever-Hall)稳频技术；第 7 章法拉第激光器推广应用，由潘多、史航博、卢子奇完成，介绍了法拉第激光器应用于原子钟、原子重力仪、磁力仪、光通信、激光波长标准、超窄带弱相干光放大、拉曼光谱探测等情况；第 8 章未来发展趋势，由史田田、秦晓敏、关笑蕾、高勋完成，对法拉第激光器的未来微型芯片化、智能集成化发展趋势，以及大功率、多频、锁模、冷原子、法拉第-迈克尔逊激光器等进行了展望和预测。此外，整书的合稿校对，主要由陈景标、葛哲屹、王雅琦、武鑫艳等完成。

在本书的相关研究工作与编写过程中，我们得到了来自多家单位的广泛支持与协助，这些宝贵的助力不仅加速了研究进程的推进，也极大地丰富了本书的内容与深度。

其中，在基础探索和理论研究方面，我们得到了来自北京大学王义遒、郑乐民、杨东海、董太乾、汤俊雄、陈徐宗、张志刚、郭弘、周小计、党安红、汪中、王延辉、彭翔、吴腾、王爱民、王建民、王为民、齐向晖、熊炜、陈章渊、祝传文、侯慧芳；清华大学罗毅、尤力、龙桂鲁、孙洪波、王力军、郝智彪、王雪、柳强、谈宜东、王波、冯焱颖、张建伟；中国科学技术大学潘建伟、姜海峰、张强、戴汉宁；北京邮电大学罗斌、喻松、张晓光、高冠军、陈星；浙江大学黄凯凯；国防科技大学许晓军、杨子宁、王颜红、汪治国、杨雄；华东师范大学马龙生、蒋燕义、徐信业；浙江工业大学林强；南京邮电大学常鹏媛；温州大学李理敏；西安电子科技大学周渭、白丽娜、梁玮、李智奇、苗苗；中国科学院上海精密光学机械研究所王育竹、陈卫标、刘亮、吕德胜、孙远、万金银、王鑫；中国科学院精密测量科学与技术创新研究院叶朝辉、詹明生、高克林、吕宝龙、管桦、黄学人、史庭云、陈杰华、贺凌翔、李发泉；中国科学院物理研究所王文新、王如泉、于艳梅等专家和学者的指导与帮助。

在实验研究与器件研制方面，我们得到了来自中国计量科学研究院李天初、方向、房芳、方占军、庄伟、林平卫、林弋戈、屈继峰、曹士英、潘奕捷、贾朔、孟飞、宋振飞、郑发松、张爱敏、陈伟亮、王彦飞；中国航天科工集团第三研究院第三〇四所王宇、胡栋；中国电子科技集团公司第十二研究所陈海军、刘忠征、闫雨菲；中国科学院国家授时中心张首刚、常宏、于得水、阮军、刘涛、董瑞芳、孙富宇、云恩学、杜志静；中国科学院半导体研究所马骁宇；北京凯普林光电科技股份有限公司陈晓华、李军等专家和技术人员的支持与协助。

在产业推广与实际应用方面，我们得到了来自中国航天科技集团公司第五研究院第五一〇研究所(兰州空间技术物理研究所)李得天、廉吉庆、陈江；中国航天科工集团第二研究院二〇三所葛军、胡毅飞、张升康、薛潇博、王亮、王秀梅、申彤、苏亚北、丁余东；中国航天科技集团第一研究院一〇二所(中国运载火箭技术研究院)缪寅宵、张铁犁、刘柯、刘浩；中国科学院空天信息创新研究院张文喜、周维虎、高志红；成都天奥电子股份有限公司韦强、赵杏文；浙江法拉第激光科技有限公司谢永杰、周海慧、洪叶龙、刘珍峰、孙桂荣、柳鹏、赵向谦、田建富、单仁杰等专家和技术人员的支持与配合。

他们不仅为我们提供了宝贵的资料和数据支持，在编写过程中提出了许多宝贵的意见和建议，还促进了法拉第激光器在多领域的推广应用。在此，我们向所有为本书付出辛勤劳动的专家和学者表示衷心的感谢！同时，也要感谢出版社的编辑和工作人员，他们的辛勤付出使得本书得以顺利出版。希望本书能为读者提供有益的参考和启示，为法拉第激光器的技术与应用发展贡献一份力量。

目　　录

序
前　言
第1章　绪　论 ·· 1
　1.1　半导体激光器发展历史与趋势 ··· 1
　　1.1.1　外腔半导体激光器发展历史 ·· 2
　　1.1.2　半导体激光器发展趋势 ·· 15
　1.2　稳频半导体激光器及其应用 ··· 17
　　1.2.1　稳频半导体激光器 ·· 17
　　1.2.2　稳频半导体激光器的应用 ·· 20
　　参考文献 ·· 20
第2章　法拉第激光器概述 ·· 27
　2.1　法拉第激光器的基本原理 ··· 27
　2.2　法拉第激光器的结构组成 ··· 29
　2.3　法拉第激光器的性能特点 ··· 30
　　2.3.1　法拉第激光器的特殊性能 ·· 30
　　2.3.2　法拉第激光器的性能提升及发展 ·· 31
　2.4　法拉第激光器的应用场景与需求 ··· 35
　　2.4.1　法拉第激光器的应用场景 ·· 35
　　2.4.2　法拉第激光器的应用需求 ·· 36
　　参考文献 ·· 37
第3章　法拉第激光器专用半导体激光二极管 ·································· 40
　3.1　半导体激光二极管 ·· 40
　　3.1.1　基本原理 ·· 41
　　3.1.2　主要分类 ·· 45
　　3.1.3　性能特点 ·· 49
　3.2　法拉第激光器专用半导体激光二极管制造工艺技术 ································· 52
　　3.2.1　半导体材料 ·· 52
　　3.2.2　半导体激光器制造技术 ·· 53
　　3.2.3　制造工艺流程 ·· 55

3.2.4 镀超低反射率增透膜的激光二极管 ···················· 58

参考文献 ·· 62

第 4 章 法拉第原子滤光器 ································ 63

4.1 原子滤光器的发展历史 ···························· 63

4.2 原子滤光器的基本原理及主要分类 ···················· 64

4.2.1 多普勒原子滤光器 ·························· 65

4.2.2 原子共振型滤光器 ·························· 65

4.2.3 法拉第反常色散型原子滤光器 ···················· 67

4.2.4 佛克脱反常色散型原子滤光器 ···················· 68

4.2.5 感生二向色型原子滤光器 ···················· 70

4.2.6 基于谱灯的原子滤光器 ···················· 74

4.2.7 基于空心阴极灯的原子滤光器 ···················· 79

4.2.8 基于钙原子束的原子滤光器 ···················· 84

4.3 法拉第原子滤光器原理、工艺及性能 ···················· 87

4.3.1 基本原理 ······························ 87

4.3.2 核心制备工艺 ·························· 88

4.3.3 碱金属原子气室 ·························· 90

4.3.4 法拉第反常色散型原子滤光器 ···················· 91

4.3.5 佛克脱反常色散型原子滤光器 ···················· 100

4.3.6 MEMS 型法拉第原子滤光器 ···················· 102

4.4 法拉第原子滤光器的理论与仿真 ···················· 107

4.4.1 介质中的电磁波 ·························· 107

4.4.2 原子的电极化响应 ·························· 108

4.4.3 碱金属原子的微观结构与塞曼效应 ···················· 113

4.4.4 法拉第旋光效应理论与仿真软件 ···················· 118

参考文献 ·· 128

第 5 章 法拉第激光器方案与技术 ························ 130

5.1 整机技术方案 ································ 130

5.1.1 原子选频激光器概述 ···················· 132

5.1.2 磁致旋光效应法拉第激光器 ···················· 134

5.1.3 感生二向色法拉第激光器 ···················· 143

5.1.4 磁致旋光效应佛克脱激光器 ···················· 145

5.2 光学谐振腔 ································ 148

5.2.1 谐振腔光路结构 ·························· 148

5.2.2 线宽压窄技术 ·························· 150

　　　　5.2.3　主要光学器件 ··· 156
　　5.3　电路系统 ··· 163
　　　　5.3.1　控温电路系统 ··· 163
　　　　5.3.2　控流电路系统 ··· 166
　　5.4　激光稳频电源 ·· 169
　　　　5.4.1　一体化稳频电路组成 ·· 169
　　　　5.4.2　一体化稳频电路关键部件——恒流源 ························· 173
　　　　5.4.3　一体化稳频电路关键部件——高精度温控模块 ··········· 175
　　　　5.4.4　一体化稳频电路关键部件——功率稳定模块 ············· 182
　　　　5.4.5　激光稳频电路参数特性 ··· 185
　　5.5　主要性能特征及指标 ··· 186
　　　　5.5.1　法拉第激光器性能特征概述 ································· 186
　　　　5.5.2　功率电流(P-I)曲线 ·· 186
　　　　5.5.3　抗温度变化能力 ··· 189
　　　　5.5.4　抗电流变化能力 ··· 191
　　　　5.5.5　抗机械振动能力 ··· 193
　　　　5.5.6　自由运行波长稳定性能(含 λ-t 曲线) ······················ 194
　　参考文献 ··· 195

第6章　法拉第激光器稳频技术 ··· 197
　　6.1　法拉第激光器的饱和吸收谱稳频 ································· 197
　　　　6.1.1　基本原理 ··· 197
　　　　6.1.2　法拉第激光器的饱和吸收谱 ································· 199
　　6.2　法拉第激光器的调制转移谱稳频 ································· 200
　　　　6.2.1　基本原理 ··· 200
　　　　6.2.2　铯原子 852 nm 法拉第激光器的单频调制转移谱(MTS)稳频系统 ········ 201
　　　　6.2.3　铯原子 852 nm 单频模式和双频模式可切换的法拉第激光稳频 ········· 208
　　　　6.2.4　铷原子 780 nm 法拉第激光器的 MTS 稳频系统 ·············· 211
　　　　6.2.5　波长可切换的钾原子法拉第激光器 ························· 216
　　6.3　法拉第激光器的 PDH(Pound-Drever-Hall)稳频 ················ 221
　　　　6.3.1　基本原理 ··· 221
　　　　6.3.2　法拉第激光器的 PDH 稳频 ································· 232
　　　　6.3.3　基于法拉第激光器的回音壁微腔 PDH 稳频 ·············· 243
　　　　6.3.4　法拉第激光器 PDH 与原子稳频结合 ····················· 251
　　参考文献 ··· 255

第7章　法拉第激光器推广应用 ··· 258
　7.1　法拉第激光器在原子钟领域的应用 ····································· 258
　　7.1.1　法拉第激光器应用于原子钟的方案 ····························· 258
　　7.1.2　法拉第激光器应用于激光抽运小铯钟 ························· 259
　　7.1.3　法拉第激光器应用于光频-微波双频原子钟 ················· 262
　　7.1.4　法拉第激光器应用于冷原子主动光钟 ························· 264
　7.2　法拉第激光器在原子干涉重力仪中的应用 ······················· 267
　　7.2.1　原子重力仪原理及研究现状 ···································· 268
　　7.2.2　基于法拉第原子滤光器的拉曼激光源 ························· 270
　　7.2.3　法拉第激光器在原子重力仪的应用展望 ····················· 275
　7.3　法拉第激光器在原子磁力仪中的应用 ······························· 276
　　7.3.1　原子磁力仪原理 ·· 277
　　7.3.2　法拉第激光器在原子磁力仪的应用前景 ····················· 278
　7.4　法拉第激光器在光通信中的应用 ····································· 281
　　7.4.1　激光器作为光通信的光源研究进展 ··························· 281
　　7.4.2　法拉第激光器应用于光通信系统 ······························ 282
　7.5　法拉第激光器在激光波长标准中的应用 ··························· 287
　　7.5.1　激光波长标准研究进展 ··· 288
　　7.5.2　法拉第激光器作为激光波长标准 ······························ 289
　　7.5.3　法拉第激光器应用于混合原子多波长标准 ·················· 292
　　7.5.4　法拉第激光器应用于冷原子波长标准 ························· 293
　7.6　法拉第激光器在超窄带弱光相干放大的应用 ····················· 295
　　7.6.1　法拉第原子滤光器应用于窄带弱光相干放大的方案 ········ 296
　　7.6.2　法拉第原子滤光器应用于弱光相干放大的作用效果 ········ 299
　　7.6.3　法拉第激光器的大功率相干放大 ······························ 302
　7.7　法拉第激光器在拉曼光谱探测的应用 ······························· 304
　　7.7.1　法拉第原子滤光器应用于拉曼光谱探测方案 ··············· 306
　　7.7.2　法拉第原子滤光器应用于拉曼光谱探测的作用效果 ········ 307
　参考文献 ··· 310
第8章　未来发展趋势 ·· 318
　8.1　法拉第激光器未来发展展望概述 ····································· 318
　8.2　微小型芯片化法拉第激光器 ·· 319
　8.3　智能集成化法拉第激光器 ··· 320
　8.4　大功率法拉第激光器 ·· 321
　8.5　多频法拉第激光器 ·· 322

8.6　量子锁模法拉第激光频率梳 ··· 327

8.7　法拉第-迈克尔逊激光器 ··· 329

8.8　冷原子法拉第激光器 ··· 332

　　8.8.1　基于冷原子的超窄带宽法拉第原子滤光器 ··············· 332

　　8.8.2　基于冷原子的感生二向色型原子滤光器 ··················· 334

　　8.8.3　冷原子法拉第激光器 ·· 336

8.9　法拉第主动光钟 ··· 337

　　8.9.1　主动光钟基本原理 ·· 338

　　8.9.2　法拉第主动光钟方案 ··· 339

　　8.9.3　法拉第主动光钟未来展望 ·· 342

8.10　光纤与超长腔法拉第激光器 ·· 343

参考文献 ·· 345

后　记 ·· 349

索　引 ·· 353

第 1 章 绪 论

半导体激光器诞生于 20 世纪 60 年代，经过几十年的不断创新和发展，已经成为现代光电子技术领域的重要核心器件。从最初的同质结型结构到单异质结、双异质结、量子阱、量子线、量子点等结构，应用分布式反馈(distributed-feedback，DFB)激光、分布布拉格反馈(distributed bragg reflection，DBR)激光、垂直腔面发射激光(vertical-cavity surface-emitting lasers，VCSEL)、光子晶体面发射激光(photonic-crystal surface-emitting lasers，PCSEL)、外腔半导体激光(external-cavity-diode lasers，ECDL)等技术，半导体激光器的不同性能得到拓展和显著提升，应用领域也日益广泛。当前，半导体激光器广泛应用于精密光谱、通信、数据存储、医疗、工业加工等领域，尤其在量子精密测量领域，半导体激光器成为原子钟、量子干涉仪、原子磁力仪等多种科学仪器的核心器件，其发展推动了众多领域的科技进步。本章重点介绍半导体激光器的发展历史及发展趋势，特别介绍了外腔半导体激光器。

1.1 半导体激光器发展历史与趋势

自 1962 年第一支半导体激光管问世以来[1-3]，因其具有体积小、功率大、效率高、结构简单、价格便宜、便于调谐等显著优势，得到了迅速发展和广泛应用。目前已在激光光谱学、量子精密测量、激光光通信、激光存储、光高速印刷、光信息处理、光计算机和光传感等诸多方面得到广泛应用。近年来，半导体激光器在量子探测、冷原子物理、原子光谱研究、引力波探测等领域展现出重要的应用价值，尤其在量子精密测量领域，半导体激光器已成为原子钟、原子重力仪、原子磁力仪、原子陀螺仪等诸多量子探测仪器的核心器件。

半导体激光器作为一种电磁波振荡器，存在激光频率随时间的变化，其中，频率快变部分表现为激光线宽的展宽，而频率慢变部分常常由周围环境对激光腔体、泵浦源等因素的影响引起，表现为频率漂移和中长期稳定性的恶化。在诸多应用中，半导体激光器的线宽及频率稳定性是非常重要的指标，尤其在量子领域的基础研究(如高分辨率光谱、激光冷却和囚禁原子，以及新型量子频率标准)和工业应用(如原子重力仪、原子陀螺仪、原子磁力仪、原子钟及各种量子传感器)中，窄线宽及优越的频率稳定性尤为关键。半导体激光器线宽压窄方法主要有两种：电反馈法和光反馈法。由于半导体激光器的工作特性对光反馈十分敏感，采用光反馈压窄激光线宽的方法可极大简化稳频激光器的结构。同时，采用光反馈和 Pound-Drever-Hall(PDH)稳频技术，可以得到显著的线宽压窄效果，已在光电子技术等多个领域得到广泛应用。而激光器频率漂移和中长期稳定性的改善，常采用外部原子稳频的方式实现。

1.1.1 外腔半导体激光器发展历史

量子精密测量技术的发展极大地推动了物理发展的进程，在众多物理量的测量中，时间频率测量凭借其优异的准确度和稳定度脱颖而出，成为目前精度最高的可测量物理量。1967 年，第 13 届国际计量大会对时间单位秒进行重新定义，从基于地球公转的"天文秒"改成基于原子跃迁的"原子秒"，定义处于绝对零度静止状态铯 133(^{133}Cs)原子的非扰动基态两个超精细能级间跃迁对应辐射的 9192631770 个周期所持续的时间为 1 秒[4]。2018 年，第 26 届国际计量大会对秒定义进行表述修订，将 ^{133}Cs 原子非扰动基态超精细跃迁频率定义为常数 $\Delta v_{\mathrm{Cs}}=9192631770\,\mathrm{Hz}$，并用该常数表示时间单位秒，即 $1\mathrm{s}=9192631770/\Delta v_{\mathrm{Cs}}$，该修正表述后的定义自 2019 年 5 月 20 日起生效[5]。利用量子能级跃迁产生准确、稳定的时间频率的设备称为原子钟，其被广泛应用于前沿科学探索[6,7]、守时授时[8]、导航定位[9]等领域。随着原子物理、原子气室、高性能微波源、激光冷却囚禁、新型激光器与稳频技术，以及新型原子钟原理方案等方面的不断发展，原子钟的性能日益提升。目前国际上系统不确定度最好的离子光钟和中性原子光晶格钟，系统不确定度已进入小系数 10^{-18} 甚至 10^{-19} 量级[10,11]。例如，为精确探测窄线宽的量子跃迁谱线，当半导体激光器作为被动型光频原子钟的本振光源时，要求尽可能地压窄激光线宽，因此，本振激光线宽直接决定原子钟钟跃迁谱线的宽度，对频率稳定度等钟性能的影响至关重要。

外腔半导体激光器(external cavity diode laser，ECDL)线宽窄、可调谐、频率稳定性高，可以较好地满足精密测量领域对光源的要求，是新型原子钟、原子磁力仪[12]、原子重力仪[13,14]等研究和应用的理想激光光源之一。除了可以应用于量子频率标准[15]、激光冷却[16]和高分辨率光谱学[17]等基础研究之外，窄线宽、可调谐的外腔半导体激光器还被广泛应用于光存储[18]、光通信[19]、激光传感[20,21]、激光雷达[22]等领域。

半导体激光器的线宽可采用修正后的 Schawlow-Townes 公式表示[23]：

$$\Delta v_{\mathrm{LD}} = \frac{2\pi h v_0 (\Delta v_{1/2})^2 \mu}{P}(1+\alpha^2) \tag{1-1}$$

其中，P 为输出功率；$\mu \equiv N_2/(N_2-N_1)$ 表征粒子数反转，N_1 和 N_2 分别表示下能级和上能级粒子数；$\Delta v_{1/2}$ 为谐振腔的腔模线宽；α 为 Henry 耦合参数，1982 年由

Henry 提出[24]，$(1+\alpha^2)$ 表征由自发辐射引起的 Schawlow-Townes 线宽修正因子。

1980 年，R. Lang 和 M. Fleming 等人证实了外腔反馈具有压窄激光线宽的效果[25,26]，采用外腔反馈的方法在增益谱范围内限制纵模选择的频段，压制自发辐射噪声，减小发射光谱宽度，进而有效压窄激光线宽。外腔半导体激光器输出的激光线宽可以表示为[27]

$$\Delta \nu = \frac{\Delta \nu_{LD}}{\left[1+\left(L_D / nL_{LD}\right)\right]} \tag{1-2}$$

其中，n 为激光二极管通光部分的折射率；L_D 为外腔长度；L_{LD} 为激光二极管的长度；$\Delta \nu_{LD}$ 为式(1-1)普通半导体激光器的激光线宽。上式表明，采用外腔可以将半导体激光器的线宽有效压窄。但同时，外腔结构变化引起的谐振腔腔长增加会导致相邻纵模间隔减小，以至于远小于半导体激光二极管的增益带宽，很难实现稳定的单纵模输出，因此，外腔半导体激光器需要同时搭配外腔选模器件进行模式选择[28]。根据外腔器件的不同，通常将外腔半导体激光器划分为光栅型、干涉滤光型、波导型和法拉第激光器四种，其中，前三种激光器均采用宏观器件特性选频，而法拉第激光器利用原子滤光效应选频。本章详细介绍各种类型外腔半导体激光器的结构、原理、研究现状，以及在量子精密测量领域的应用情况。

1. 光栅型外腔半导体激光器

光栅型外腔半导体激光器通常采用衍射光栅作为外腔选频器件，实现波长的调谐和线宽的压窄。衍射光栅是由厚度周期性变化、折射率恒定的介质或者折射率周期性变化、厚度恒定的介质组成，它的波长选择性可以用衍射公式表示：

$$m\lambda = a\left(\sin\theta_i + \sin\theta_d\right) \tag{1-3}$$

其中，λ 为输出波长；m 为衍射阶数；a 为衍射常数；θ_i 和 θ_d 分别为入射角和衍射角。常用的衍射光栅包括反射光栅、透射光栅、闪耀光栅等。此外，随着微集成技术的发展，体全息光栅(volume holographic gratings，VHG)也被作为外腔反馈元件，应用到外腔半导体激光器中，由于其具有体积小、窄光谱响应、小空间接收角、衍射效率高等优点，且工作波段宽，热稳定性优异，因此在高精度微型激光器中具有重要意义。

光栅型外腔半导体激光器主要分为 Littrow 型和 Littman 型两种构型，它们采用不同的结构实现激光选频。在 Littrow 型外腔半导体激光器中，衍射光栅同时作为选频与反馈器件，其结构如图 1-1 所示。激光二极管输出的光经过衍射光栅后，一阶衍射光与入射光重合，在腔内振荡形成反馈，零阶衍射光作为输出光。通过调节衍射光栅的角度调节输出激光的波长，同时控制激光输出的方向。但是，通过调节光栅角度进行波长选择时，输出激光的方向也会随之改变，无法满足某些特定领域实际应用需求。为了克服此问题，通过进一步改进 Littrow 结构，使激光从二极管的后端面输出[29]，改进的 Littrow 型外腔半导体激光器结构如图 1-2 所示。

　　Littman 型外腔半导体激光器采用折叠腔结构，在 Littrow 外腔半导体激光器基础上加入一个反射镜，衍射光栅只作为选频器件，激光反馈通过外腔镜实现，其结构如图 1-3 所示。激光二极管出射的激光经准直后入射到光栅，产生 0 级和 +1 级衍射。0 级光作为出射光，+1 级光被反射镜反射后重新入射到光栅。由式(1-3) 可知，此入射光将产生的+1 级衍射光原路返回到激光二极管，形成外腔反馈。小范围转动反射镜，可以改变腔长，同时选择反馈的波长。此结构的优势在于，经过光栅的两次衍射选频，可以获得更好的模式选择特性；光栅保持固定，在调节

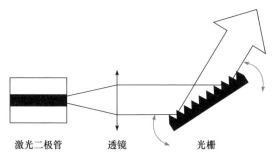

图 1-1　Littrow 型外腔半导体激光器

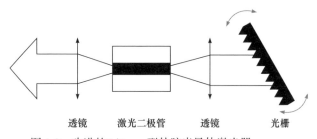

图 1-2　改进的 Littrow 型外腔半导体激光器

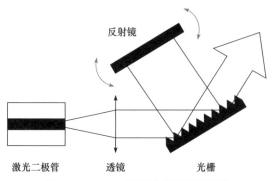

图 1-3　Littman 型外腔半导体激光器

输出激光波长的过程中，激光输出方向不会发生变化。但是，反射镜的引入增加了系统的复杂度。此外，二次衍射会增加腔内损耗，因此，需要高反射率的光栅。

1) Littrow 型外腔半导体激光器发展历史及研究现状

早在 20 世纪 60 年代，人们就提出利用 Littrow 结构进行激光器的波长选择[30]。经过改进与发展，目前 Littrow 型外腔半导体激光器已经实现了 kHz 量级的窄线宽和大于 100 nm 的调谐范围。

2019 年，中国台湾成功大学的 Chen 等人报道了基于传统 Littrow 结构的 445 nm 蓝光 InGaN 半导体激光器[31]。该激光器通过压电陶瓷(piezoelectric ceramic transducer，PZT)调节全息光栅，实现了波长调谐范围超过 4 nm、最大输出功率为 20 mW、线宽为 4.7 MHz 的单纵模激光输出。

为克服直脊波导背反射和内腔模的干扰，实现更稳定的激光输出，研究人员提出了采用单角度面(single-angled-facet，SAF)增益芯片替代传统增益芯片的方案。2016 年，澳大利亚国立大学的 D. K. Shin 等人采用单角度面实现 1080 nm 的单模外腔半导体激光器[32]。波长可调谐范围超过 100 nm，自由运行的外腔半导体激光器在 22.5 ms 的积分时间内的高斯拟合线宽达到 22 kHz，洛伦兹拟合线宽为 4.2 kHz，长期频率稳定度优于 40 kHz@11 h。2020 年，D. P. Kapasi 等人报道了一种用于引力波探测的 2 μm 波段窄线宽可调谐激光器[33]。采用商用的单角度面增益芯片和衍射光栅组成 Littrow 型外腔结构，光栅由压电陶瓷控制，10 ms 的积分时间内线宽达到 20 kHz。可用激光输出功率超过 9 mW，最高可达 15 mW，波长调谐范围为 120 nm。

2) Littman 型外腔半导体激光器发展历史及研究现状

1978 年，Littman 和 Metcalf 首次提出 Littman-Metcalf 外腔结构(简称 Littman 型)，并将其用于染料激光器[34]。1994 年，Fuh 等人将该结构应用到外腔半导体激光器中[35]。目前这种结构已成为光栅型外腔半导体激光器的经典结构之一。

2018 年，N. Torcheboeuf 等人报道了工作波长为 2.2 μm 的微机电系统(micro-electro- mechanical systems，MEMS)可调谐 Littman 型外腔半导体激光器[36]，该系统由镀增透膜激光二极管、准直透镜、衍射光栅和 MEMS 反射镜构成。输出激光的可调谐范围为 222 nm，该范围内功率为 8~24 mW，边模抑制比 > 50 dB，输出激光频率调谐范围~18 GHz。

2019 年，德国 Sacher Lasertechnik 公司的 M. Hoppe 等人提出一种基于 MEMS 的新型 Littman 型外腔半导体激光器[37]，系统主要由弯曲波导的增益芯片、准直透镜、MEMS 反射镜和反射光栅构成。激光在腔内形成振荡后从半导体增益芯片的背面耦合输出，利用 MEMS 旋转反射镜可以同时改变腔长和角度，并且可以在无跳模的情况下调谐波长，调谐速度可达 kHz 量级。在此基础上，2021 年，该研究团队报道了波长覆盖 1980~2090 nm 的 MEMS 型外腔半导体激光器[38]。采用弯曲波导的 GaSb 基底激光二极管和共振驱动的 MEMS 驱动器，实现了可快速调谐、无跳模的外腔半导体激光器。在不同的中心波长下，具有 8.4～34 GHz 的无跳模频率范围。

3) 微集成外腔半导体激光器发展历史及研究现状

微集成外腔半导体激光器通常采用体全息光栅作为外腔选频器件，所有微型元件集成在一个基板上，结构紧凑，体积小，对机械振动不敏感；采用微型热电制冷片(thermo-electric cooler，TEC)精确控温，环境适应性更好[39]，有望实现小体积、高稳定性和高可靠性的窄线宽激光器。体全息光栅具有体积小、窄光谱响应、空间接收角小、衍射效率高等优点，被逐渐应用于微型高稳定度激光器中。

2012 年，德国斐迪南布劳恩研究所 Kürbis 等首次提出第一代微集成外腔半导体激光器[40]，用于空间铷原子干涉测量实验。该外腔半导体激光器由脊波导增益芯片、准直透镜和体全息光栅构成，所有元件均贴装在同一基板上，输出激光功率可达 120 mW，10 μs 积分线宽小于 100 kHz，激光连续调谐范围可达几 GHz以上。在 28.5℃、164 mA 的工作环境下，短期线宽为 60 kHz，本征线宽 3.6 kHz。随后该团队对该外腔半导体激光器的温度控制模块和电路模块进一步优化，2014年报道的第三代微集成外腔半导体激光器[41]输出功率超过 35 mW，短期线宽小于47 kHz，本征线宽 3 kHz，连续可调谐范围超过 27.5 GHz，具有出色的机械稳定性和可靠性。2020 年，该团队研制了一款微集成窄线宽外腔半导体激光器[42]，采用主振荡光放大机制实现光功率的放大，输出激光中心波长 1064.490 nm，光功率570 mW，1 ms 积分线宽为 13 kHz。该外腔半导体激光器通过了 8.8 g_{RMS} 振动测试，被用于太空探测火箭中的碘光谱分析。

综上，光栅型外腔半导体激光器采用衍射光栅作为外腔选频器件，可以同时实现选频与光反馈的功能，激光线宽可以压窄到几十 kHz 水平，并且能够在输出激光波长微米波段实现 100 nm 甚至亚微米级的调谐范围。然而，光栅型外腔半导体激光器线宽已经很难进一步压窄，并且其输出激光的模式和功率对环境噪声、机械形变与温度波动敏感。随着光子集成和 MEMS 技术的发展，实现体积更小、噪声更低、系统更加稳定的外腔半导体激光器成为未来的发展趋势。

2. 干涉滤光型外腔半导体激光器

传统的 Littrow 和 Littman 型外腔半导体激光器使用衍射光栅进行波长选择，需要精确固定光栅的角度及外腔的腔长，因此，系统对温度和机械振动极其敏感。窄带滤光器提供了波长选择的另一种方案，因其具有足够窄的带宽(～0.3nm)[43]，可以确保激光单模运行。此外，这种外腔结构可以采用猫眼反射镜，能够避免由于光的非准直和光束偏移导致的不稳定性，从而提高系统的机械鲁棒性。常用的窄带滤光器包括干涉滤光片(interference filter，IF)、法布里-珀罗(Fabry-Pérot，FP)

标准具、原子滤光器等，其中，干涉滤光片和法布里-珀罗标准具采用多光束干涉效应进行选频。

1) 干涉滤光片型外腔半导体激光器

干涉滤光片是基于多光束干涉原理，只允许特定光谱范围的光通过的薄膜滤光片，具有高透过率和窄带宽的优点。其透射光和反射光波长会随着入射光方向的改变而改变，激光输出波长$\lambda(\theta)$和入射光λ_0与干涉滤光片夹角θ的关系为[43]

$$\lambda(\theta) = \lambda_0 \sqrt{1 - \sin^2\theta / n_{\mathrm{eff}}^2} \qquad (1\text{-}4)$$

其中，n_{eff}表示有效折射。由上式可知，通过精细调节入射光与干涉滤光片的夹角，可以实现输出激光波长的连续调谐。该结构对角度的敏感度小于光栅型，因此具有更好的抗振动能力。

干涉滤光片型外腔半导体激光器[43, 44]的结构如图 1-4 所示，激光二极管输出的光经过准直透镜后通过干涉滤光片，而后经过猫眼反射镜反射形成光反馈，通过调整干涉滤光片的角度可以改变激光输出波长。与 Littrow 或 Littman 结构相比，干涉滤光片和猫眼反射镜结构可以更容易地调整激光频率和优化光反馈，能够实现更好的稳定性，并且具有窄线宽和可调谐的特点。

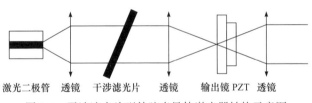

激光二极管　透镜　干涉滤光片　透镜　　输出镜 PZT　透镜
图 1-4　干涉滤光片型外腔半导体激光器结构示意图

2006 年，法国巴黎天文台 X. Baillard 等人使用干涉滤光片作为选频器件搭建了外腔半导体激光器[43]，在可见光(698 nm)和近红外(852 nm)波段实现了不同波长的原型机，线宽低至 14 kHz，具有 20 nm 以上的调谐范围。该激光器被用于激光冷却 Cs、Rb 和 Sr 等的原子物理实验。

2011 年，M. Schmidt 等人搭建了紧凑型干涉滤光片型外腔半导体激光器[45]，该激光器腔长为 80 mm，输出功率高达 50 mW，本征线宽小于 10 kHz，通过控制增益比实现了约 9 GHz 的无跳模范围，可以覆盖 ^{87}Rb 原子 D_2 线。利用该激光器作为光源，该团队搭建了用于高精度原子干涉测量实验的激光系统。同年，清华大学和北京大学王正博等人实现了输出波长为 657 nm 的干涉滤光片型外腔半导体激光器[46]，洛伦兹拟合的瞬时线宽达 7 kHz。

2012 年，墨尔本大学 D. J. Thompson 等人报道了采用宽带(3 nm)的干涉滤光片进行选频的单模外腔半导体激光器[47]，波长调谐范围超过 14 nm，激光线宽为 26 kHz，采用猫眼结构作为反射镜，频率噪声和对振动的灵敏度大大降低。

2020 年，中国科学院国家授时中心张首钢研究组研制了一种紧凑、高稳定的干涉滤光片型外腔半导体激光器[48]，输出波长为 698 nm，专用于空间锶原子光钟。该激光器线宽约为 180 kHz，输出激光功率为 35 mW，具有超过 40 GHz 的电流控制调谐范围和 3 GHz 的压电陶瓷控制调谐范围。该外腔半导体激光器已应用于空间超稳定激光系统的原理样机中。

2) 法布里-珀罗标准具外腔半导体激光器

法布里-珀罗标准具选频通常包括两种形式：一种是腔内放置倾斜的法布里-珀罗标准具，另一种是由两个反射镜构成的标准具直接作为谐振腔。由于多光束干涉效应，法布里-珀罗标准具对腔内不同频率的光具有选择透过性。只有某些特定频率的光可以透过标准具从而在腔内往返传输形成振荡，其他频率的光由于损耗过大，无法振荡输出。采用高 Q 值法布里-珀罗标准具进行选频可以实现很窄的激光线宽，随着技术的发展，目前实现的法布里-珀罗腔 Q 值愈来愈高，线宽压窄效果也愈发显著。

1975 年，瑞士伯尼尔大学 C. Voumard 等人报道了采用法布里-珀罗标准具作为激光选频器件的方案[49]，该团队采用未镀增透膜的半导体激光器结合法布里-珀罗标准具实现外腔半导体激光器，采用精细度为 20 的标准具时，在不改变总的输出功率的情况下，光谱线宽有效压窄到 0.04 nm。

2014 年，日本东北大学 K. Aoyama 等人报道了一种采用相干光学负反馈系统实现的外腔半导体激光器[50]，如图 1-5 所示。该系统仅由一个透镜和一个法布里-珀罗标准具组成，输出线宽从 6.4 MHz 压窄到 6.5 kHz。他们还通过实验证明，这种相干光学负反馈方法可以在不影响相对强度噪声(relative intensity noise，RIN)的情况下有效地降低谱线宽度和频率调制(frequency modulation，FM)噪声。

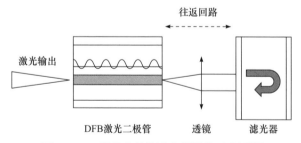

图 1-5 FP-外腔半导体激光器结构示意图[47]

2021 年，南京大学 L. Hao 等人报道了用高质量因数光纤法布里-珀罗(fiber Fabry-Pérot，FFP)谐振器制造的自注入锁定二极管激光器[51]。采用分布式反馈激光器作为光源，该光纤法布里-珀罗谐振腔的 Q 值为 3.95×10^7，在全光纤反馈环路中实现即插即用。激光器自由运行线宽为 145 Hz，白噪声为 50 Hz^2/Hz，与未锁定的分布式反馈激光器相比降低了 42 dB 以上。

2023 年,中国科学院苏州纳米技术与纳米仿生研究所的 W. Liang 等人通过将分布式反馈激光器自注入锁定到体积为 0.5 mL 的高 Q 值(7.7×10^8)微型法布里-珀罗腔,实现了体积为 67 mL 的小型窄线宽激光器[52],洛伦兹线宽达到 60 mHz,积分线宽约为 80 Hz。其中,高 Q 值微型法布里-珀罗腔是将平面镜和凹面镜连接到 7 mm 长的空心熔融硅垫片上制成的。该激光器的频率噪声性能超过了商用窄线宽激光器和自注入锁定集成窄线宽激光器,未来可批量生产并运用到实验室外环境中。

在采用外腔技术压窄激光器线宽方面,李天初院士团队开展了一系列工作。2011 年,他们提出采用一个由石英玻璃制成的单片折叠法布里-珀罗标准具(monolithic folded Fabry–Pérot cavity,MFC)实现光反馈的 689 nm 外腔半导体激光器[53]。激光器基于掠射衍射构型,通过低带宽 Hänsch-Couillaud 伺服环路将外腔频率锁定在折叠法布里-珀罗标准具谐振频率上,锁定后线宽约为 6.8 kHz。利用锁相环将该折叠法布里-珀罗标准具型外腔半导体激光器和参考激光器进行锁定,通过压电陶瓷反馈给折叠法布里-珀罗标准具实现锁相,开环伺服回路的最小单位增益频率为 10.2 kHz。这种光反馈折叠法布里-珀罗标准具型外腔半导体激光器具有结构紧凑、功率稳定、低频噪声低、线宽窄的优势。2012 年,他们提出一种采用耦合腔结构实现外部光反馈的窄线宽外腔半导体激光器[54],利用高精细度(10000)的双镜非共焦法布里-珀罗标准具,通过调整压电陶瓷电压控制外腔半导体激光器激光频率与法布里-珀罗标准具的共振频率一致,并实现反馈相位匹配。激光线宽压窄至 100 Hz,瞬时线宽减小至 30 Hz。在 10 Hz~10 kHz 的频率范围内,激光相位噪声显著降低了 50 dB 以上。同年,该研究团队采用高精细度法布里-珀罗标准具外部光反馈技术,首次实现了赫兹级相对线宽分布反馈激光器,在整个测量频率范围内,激光相位噪声被显著抑制[55]。特别是在近似于法布里-珀罗参考腔线宽的傅里叶频率为 17 kHz 时,激光相位噪声被明显抑制了 92 dB 以上。在洛伦兹拟合中,单套激光的线宽从 7 MHz 减小到 4.4 Hz,采用两套相同激光器拍频,瞬时线宽达到 220 mHz。

此外,李天初院士团队还在 2011 年提出了光栅反馈二极管激光器中往返相移的一般解析形式[56]。利用新形式,当仅满足一个约束条件时,在一阶近似下,往返相移可以与旋转角度无关,称之为准同步调谐(quasi synchronous tuning,QST)条件。在准同步调谐区域,可以获得较大的无跳模调谐范围。准同步枢轴不受光栅表面及其外延的严格限制,只需要一个自由度的调整结构就可以准确地找到并定位准同步枢轴,使外腔二极管激光器的设计更加简单,激光器的输出更加稳定可靠。2014 年,他们通过实验验证了准同步调谐理论[57]。通过准同步调谐,实现了一个 Littman-Metcalf 型外腔半导体激光器,具有超过 2 THz (6 nm)的无跳模范围，其中，轴心点距离传统的严格同步旋转中心有 65 mm 的位移。实现超过 1 THz 的无跳模调谐范围精度被放宽到 300 μm 以上。由于调整结构的简化，与传统的严格同步调谐(rigorous synchronous tuning，RST)情况相比，外腔半导体激光器的设计可以更容易，激光器可以更稳定可靠。

综上，干涉滤光型外腔半导体激光器采用多光束干涉原理进行滤光，相较于光栅型外腔半导体激光器更加稳定，并且具有优于 kHz 的线宽压窄效果。未来在保证窄线宽性能的同时，可以借助准同步调谐理论实现更大的可调谐范围；采用集成工艺实现体积更小、系统更加稳定的激光器。

3. 波导型外腔半导体激光器

随着光子集成技术的发展，波导外腔结构成为分立外腔、组合外腔之外的另一种可选方案。在利用波导外腔实现窄线宽的同时，大大减小了系统的尺寸、体积，并且可以与其他部件集成到一起，提高了系统的稳定性和可靠性，成为近年来的研究热点。以下主要介绍基于光纤布拉格光栅(fiber Bragg grating，FBG)和基于硅基波导两种结构的外腔半导体激光器。

1) 光纤布拉格光栅型外腔半导体激光器

光纤布拉格光栅型外腔半导体激光器结构如图 1-6 所示，增益芯片一端镀高反射率(high reflectivity，HR)膜，另一端镀有增透(anti-reflectivity，AR)膜。光纤布拉格光栅一端通过锥形光纤透镜直接耦合到增益芯片增透膜面，另一端作为外腔的端反射器。通过选择合适的光纤布拉格光栅确定其布拉格波长，从而确定激光波长。

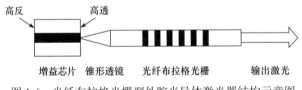

图 1-6　光纤布拉格光栅型外腔半导体激光器结构示意图

2016 年，英国南安普敦大学 S. G. Lynch 等人报道了一种基于集成光纤(integrated optical fiber，IOF)的外腔半导体激光器[58]，将光敏光纤融合到硅衬底上，采用直接紫外写入工艺将布拉格光栅写入光纤，并将该器件与半导体增益芯片对接形成激光腔。实现的外腔半导体激光器在乙炔 P13 线(1532.83 nm)上单模工作，输出功率为 9 mW，线宽小于 14 kHz，具有比商用外腔半导体激光器更好的相对强度噪声特性。该激光器通过将平面玻璃波导集成到硅片上，获得了良好的机械和热稳定特性，实现了更好的光敏性、更低的损耗，以及更高的波导结构复杂性和精度。

2016 年，中国科学院上海光学精密机械研究所 F. Wei 等人报道了一种结合长

外腔和高 Q 值法布里-珀罗腔光反馈优势的亚 kHz 线宽 1550 nm 半导体激光器[59]。将商用分布反馈激光器通过光程长度为 4 m 的保偏光纤环自注入锁定在光纤布拉格光栅型法布里-珀罗腔的共振透射峰上，腔的 Q 因子为 6.5×10^6，线宽从 1 MHz 压窄至 1 kHz。频率大于 1 kHz 时，激光器的频率噪声低至 40 Hz^2/Hz，并提供超过 0.8 nm 的准连续可调性。

2017 年，中国科学院上海光学精密机械研究所 L. Zhang 等人采用具有增强热敏性的光纤布拉格光栅设计了一种无跳模外腔半导体激光器[60]，采用具有增透膜涂层和角度面的增益芯片作为有源部分，将光纤布拉格光栅封装到胶合填充的 V 型槽中，并将增益芯片与光纤布拉格光栅固定在氮化铝衬底上，从而确保热电制冷片(thermo-electric cooler，TEC)具有良好的导热性。该激光器具有 35 kHz 的窄线宽和 65 pm/℃ (8.125 GHz/℃)的高线性热调谐速度，连续无跳模范围为 0.5 nm，是相邻腔模间距的 5 倍。

2022 年，该团队进一步改进了外腔半导体激光器模块的结构[61]，并将外腔集成到 14 pin 蝶形封装中，利用保偏全光纤环形谐振器实现了频率稳定传递技术。输出激光的本征洛伦兹线宽为 15 kHz，相对频率稳定性达到 10^{-12} 数量级，可用作 CO_2 探测激光雷达光源。

2019 年，美国加州大学圣巴巴拉分校 D. Huang 等人报道了一种完全集成在 Si 上的扩展分布式反馈(extended DBR，E-DBR)激光器[62]，将Ⅲ-Ⅴ增益材料和超低损耗 Si 波导集成在同一芯片上，并在波导中添加 15 mm 长的低损耗、弱扰动的布拉格光栅反射器。激光器线宽约为 1 kHz，输出功率超过 37 mW。在腔体中加入一个高 Q 值环，实现了一种线宽小于 500 Hz 的高 Q 值环形辅助分布式反馈激光器(ring-assisted E-DBR，RAE-DBR)。

综上，光纤布拉格光栅结构相比于传统的布拉格反射器提供了更长的腔长，因此，具有更好的线宽压窄效果，能够达到几 kHz 甚至低于 1 kHz。然而，其调谐方法有限，而且材料的吸收损耗比较大，应用范围受到一定限制。

2) 硅基波导型外腔半导体激光器

硅基波导型外腔半导体激光器是将有源增益和无源波导集成到一起的激光器，其中，波导作为外部谐振腔。它的三个关键技术在于[63]：①采用低损耗的波导材料，包括氮化氧硅(SiON)、二氧化硅(SiO$_2$)、氮化硅(Si$_3$N$_4$)、绝缘体上硅(silicon on insulator，SOI)等；②通过增加腔长压窄线宽，目前主要采用微环谐振器(micro-ring resonators，MRR)和螺旋波导增加有效光程；③采用有效方案实现有源增益和无源腔的集成。

传统的光纤布拉格光栅型外腔半导体激光器性能会受到光纤光栅对振动敏感性的影响，2009 年，美国 RIO 公司发明了一种 1550 nm 外腔半导体激光器[64]，将窄带布拉格光栅刻在硅基二氧化硅平面光波导上，与半导体增益芯片共同构成腔体，并集成到一个 14 pin 蝶形封装中。激光器线宽小于等于 2.6 kHz，相位/频率噪声与长腔光纤激光器相当，频率为 1 kHz 时相对强度噪声小于等于 -147 dBc/Hz，功率大于 10 mW。这种平面外腔半导体激光器集成度高、抗振性强，可在振动和恶劣环境条件下工作。

2018 年，清华大学 Y. Li 等人报道了一种新型片上半导体激光器[65]，将商用法布里-珀罗半导体激光器与外部高 Q 值(2×10^5)微谐振腔对接耦合，利用其引入的游标效应(vernier effect)和光学自注入效应，实现线宽压窄。激光器具有 17 nm 的宽波长调谐范围和 8 kHz 的窄线宽。此外，该激光器的片上输出功率为 7 dBm，典型侧模抑制比(side-mode suppression ratio，SMSR)大于 45 dB，是一种实现窄线宽、宽可调谐范围片上半导体激光器的新方案。

2020 年，荷兰特温特大学 Y. Fan 等人报道了一种混合集成的 InP-Si$_3$N$_4$ 宽可调谐外腔半导体激光器，本征线宽为 40 Hz[66]。使用宽带隙的 Si$_3$N$_4$ 波导电路，可以克服双光子吸收对窄带隙 Si 波导的影响。该激光器包括 InP 增益部分和一个用于延长腔长的低损耗 Si$_3$N$_4$ 波导反馈电路。其中，光学腔长度的延长是通过一个长 33 mm 的螺旋形来实现的，同时通过腔内 3 个级联的微环谐振器的谐振激发来实现光学长度的增加，最终芯片上的腔长扩展到 0.5 m。该激光器单模振荡的最大光纤耦合输出功率达 23 mW，1.55 μm 波长处的光谱覆盖范围超过 70 nm，边模抑制超过 60 dB。

由于 SiN 波导的损耗比最先进的 Si 波导低几个数量级，因此，基于 SiN 构建完全集成的低噪声光子平台是理想的选择。高功率、低噪声半导体激光器在相干通信、激光雷达和遥感等许多应用中至关重要。SiN 上完全集成的激光器消除了对自由空间或光纤耦合到 SiN 波导的需求，提高了设备的可扩展性和稳定性。

2021 年，加州大学圣巴巴拉分校与美国加州理工学院 Xiang C 等人采用多层异质集成的方法实现了集成在氮化硅(silicon nitride，SiN)波导上的高性能激光器[67]，通过波导输出的功率达几十 mW，并具有亚 kHz 的基本线宽。相关工作还表明，将该激光器与超低损耗的高 Q 值 SiN 环形谐振器对接耦合，可以实现赫兹级本征线宽。同年，该团队报道了一种混合集成激光器[68]。将传统的分布反馈激光自注入锁定到具有高 Q 因子(超过 2.6×10^9)和高精细度(超过 4.2×10^4)的 Si$_3$N$_4$ 微环谐振器中，噪声降低了 5 个数量级，频率噪声达到 0.2 Hz^{2}Hz^{-1}，相应的线宽为 1.2 Hz。

2023 年，美国哥伦比亚大学 M. C. Zanarella 等人报道了一个芯片级的可见激光平台[69]，可以实现从近紫外到近红外波长的可调谐窄线宽激光器。该团队设计了一种基于环形谐振腔的宽带低损耗光反馈方案，利用高 Q 值的微米级 Si$_3$N$_4$ 谐振器和商用法布里-珀罗激光二极管，实现了 12.5 nm 的粗调谐和 33.9 GHz 的无模式跳变精细调谐范围，本征线宽低至几 kHz。此外，该激光器还具有 267 GHz/μs

的微调速度，10 mW 的光纤耦合功率和超过 35 dB 的典型边模抑制比。

综上，对于波导型外腔半导体激光器，其最大的优势在于高度集成，可灵活选择选频器件，并可以实现长的有效腔长，具有优异的线宽和噪声性能，拥有很好的商业化制备与应用前景。

4. 法拉第激光器

在原子钟、原子磁力仪、原子重力仪等精密测量系统中，需要波长对应原子跃迁谱线、频率稳定的激光。传统外腔半导体激光器采用光栅、干涉滤光片、法布里-珀罗标准具等宏观器件进行选频，需要借助波长计，通过调节电流、温度，甚至是选频器件的角度调节波长，使其对准原子谱线，其选频效果也易受到机械振动等影响。利用窄透射带宽的法拉第反常色散原子滤光器(Faraday anomalous dispersion optical filter，FADOF)作为选频元件，使用原子或分子的量子跃迁谱线作为频率参考，输出频率可以直接对应原子波长，无须对激光器的工作电流、温度与腔长进行调节[70]。并且采用原子滤光器选频可以克服机械振动、电流和温度对透射谱的干扰，具有更好的鲁棒性[71]。

以碱金属原子为例，FADOF 在结构上包括两个偏振方向正交的偏振片和碱金属原子的原子气室，另外还包括方向平行于光传播方向的磁场和保温装置，通过原子的磁致旋光效应和两个相互正交的偏振片选择透过光的偏振方向，实现原子滤光。

作为 FADOF 的一个重要指标，透射谱可以很好地描述 FADOF 的特性。FADOF 透射谱谱线的中心频率、透射带宽和峰值透过率受到磁场和温度的影响，可以通过理论计算透射谱确定 FADOF 的设计参数。目前，对于小光强情况下 FADOF 透射谱计算的理论研究已经很深入[70-72]，并且，利用英国杜伦大学 ElecSus 开源软件可以实现小光强下透射谱的计算[73]。目前北京大学已经发展了强光下 FADOF 透射谱的理论和计算软件，本书 4.4 节将对此进行详细介绍。

1956 年，Y. Öhman 首次实现法拉第原子滤光器[74]，将气体介质放置于两个正交偏振器之间，同时施加平行方向的强磁场，基于原子共振法拉第旋光效应实现背景光的滤除，并将其应用于太阳光谱的观察中。1969 年，IBM 沃森研究中心的 P. P. Sorokin 等人实现了 Na-FADOF[75]，并首次将其应用于染料激光稳频，FADOF 透射峰对应钠原子 $3S_{1/2} \rightarrow 3P_{1/2}$ 和 $3S_{1/2} \rightarrow 3P_{3/2}$ 跃迁。

1991 年，Dick 和 Shay 报道了 Rb-FADOF 的实验演示结果[76]。该工作研究了铷原子 $5S_{1/2} \rightarrow 5P_{3/2}$ 超精细跃迁的原子滤光器，测量得到的带宽为 1 GHz，透过率为 63%，带外抑制率为 10^5。2011 年，北京大学缪新育等人实现了透射带宽为 1.3 GHz 的 Rb-FADOF[77]，中心波长为 780.241 nm，并将其应用于外腔半导体激光器选频，实现了法拉第激光器。2012 年，北京大学王彦飞等人利用法拉第磁致旋光效应与饱和吸收效应实现了工作在铯原子 $6S_{1/2}$，F=3→$7P_{3/2}$，F'=2，3 跃迁能级，带宽为 3.9 MHz 的 FADOF[78]。2022 年，山西大学 Y. Yan 等人实验证明了一种工作在铷 D_1 和 D_2 线上的双波长带通法拉第滤光器(DW-FADOF)[79]。这种 FADOF 提供了覆盖两个典型原子跃迁的透射带，可以用作双信号载波，在波分复用通信和微弱信号提取方面具有巨大的应用潜力。2023 年，北京邮电大学、中国计量科学研究院和北京大学关笑蕾等人利用激光冷却技术，实现了基于 ^{87}Rb 冷原子的 FADOF[80]，该方案有效地克服了多普勒展宽对 FADOF 带宽的影响，实现了 420 nm 窄带宽 FADOF，在峰值透过率为 3.2%时具有 2.7(2) MHz 通带，是目前国际上已知的带宽最窄的 FADOF。为了提高峰值透过率，该团队引入圆偏振光极化泵浦，实现了峰值透过率为 15.6%，透射带宽为 6.6(4) MHz 的 780 nm 窄带 FADOF[81]。

根据工作方式分类，FADOF 可分为主动式和被动式，二者区别在于：被动式原子滤光器中原子跃迁的下能级为基态，主动式原子滤光器中原子跃迁的下能级为激发态，主动式原子滤光器的出现丰富了 FADOF 的工作波长，扩展了其应用范围。目前已实现的 FADOF 工作原子及其对应波长主要包括以下几类：铯原子 455 nm[79,82]、459 nm[83]、852 nm[84]、894 nm[18]、1470 nm[111]，铷原子 420 nm[86]、532 nm[87]、776 nm[88]、780 nm[89]、795 nm[90]、1529 nm[19,85]，钾原子 766 nm[91]、770 nm[92]、钠原子 589 nm[93]、锶原子 461 nm[94]和钙原子 423 nm[95]，典型透射带宽在 GHz 量级。FADOF 具有高透过率、窄带宽、频率稳定、大视场、快速时间响应等特性，而且多数原子物理实验需要将半导体激光器的输出波长调谐到原子跃迁波长，因此，可以利用 FADOF 作为外腔半导体激光器的选频器件。早在 20 世纪 60 年代，人们便开始将 FADOF 用于激光器频率稳定，研究发现，法拉第滤光器可以用作激光器的选频器件，改善激光器性能[96-108]。北京大学研究组首次提出，可以采用法拉第原子滤光器结合镀增透膜的半导体激光二极管，实现对激光二极管温度和电流大范围波动免疫的激光源，并命名为法拉第激光器，相关综述详见本书第 2 章。

近几年，北京大学采用调制转移谱(modulation transfer spectroscopy，MTS)稳频方案实现了法拉第激光器频率的进一步稳定，该工作是将法拉第激光器拓展到原子钟等应用中的关键一步。2022 年，北京大学常鹏媛等人首次实现了基于法拉第激光器的铯原子光学频率标准[109]。所采用的法拉第激光器可以工作在 852 nm 单频和双频模式，自由运行的线宽为 17 kHz，利用调制转移谱技术进行稳频，得到单频条件下稳频后的自评估频率稳定度为 $3 \times 10^{-14}/\sqrt{\tau}$，双频条件下稳频后两个模式的拍频线宽压窄至 85 Hz。同年，该团队采用双层原子气室作为频率参考，降低温度波动对量子参考带来的影响，利用 MTS 技术，实现了更高稳定度的激光频率稳定，短期自评估稳定度达到 $5.8 \times 10^{-15}/\sqrt{\tau}$[110]。

图 1-7 总结了采用 FADOF 光反馈进行稳频的半导体激光器与法拉第激光器
线宽的发展趋势，可以发现采用 FADOF 进行外腔选频，可以直接将激光线宽压
窄至十几 kHz，无须外部的锁定环路，并且克服了激光二极管内腔模的影响。值
得一提的是，采用 MTS 技术对法拉第激光器稳频后，激光器的线宽也会被进一步
压窄，研究人员希望线宽可以达到 Hz 水平，从而在某些特定应用中，克服对 PDH
超稳腔的依赖，利用原子同时实现线宽压窄和稳频两种功能。

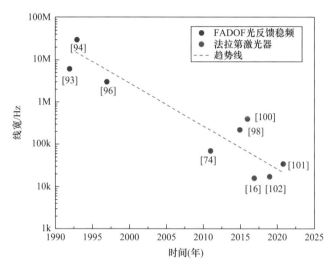

图 1-7 FADOF 选频激光器线宽发展趋势

法拉第激光器利用原子跃迁频率进行选频，具有线宽窄、频率稳定、对电流
和温度波动鲁棒性强、多种波长可选等优势。输出波长与原子谱线直接对应的特
性，使得法拉第激光器没有波长大范围变化的问题，对环境的适应性好，无须人
工调节波长，在卫星应用等特殊领域具有独特优势。这种高性能激光器可以应用
于原子钟、光通信、激光雷达、导航授时等领域。未来可以通过研制微型 FADOF
或空心光纤内的 FADOF，结合集成工艺进一步实现小型化，压缩体积，提高稳定
度，扩展其应用场景。

1.1.2 半导体激光器发展趋势

半导体激光器的发展趋势可以从以下几个方面进行详细说明：

1) 技术创新与材料进步

随着材料科学的进步，新的半导体激光器材料正在被开发，这些材料能够实
现更高效的光电转换、更高的输出功率和更长的寿命。例如，采用量子阱结构、
分布式反馈(DFB)结构或者垂直腔面发射激光器(VCSEL)、光子晶体面发射激光
(PCSEL)等技术，可以提高激光器的性能。

2) 高功率与高效率

在高功率应用领域，如工业加工、激光武器系统等，对半导体激光器的要求是更高的输出功率和更好的光束质量。同时，为了提高系统整体效率，降低能耗。高校、院所和企业也在通过改进设计、使用更高效的泵浦源和优化热传导，减少能量损失，得到更高电光转换效率的激光器。

3) 小型化与集成化

随着微电子技术的进步，半导体激光器正在向更小型化、集成化的方向发展。这对于便携式设备和空间受限的应用场景尤其重要。例如，VCSEL 由于其结构特点，易于实现高度集成化和小型化，因此，在近眼显示、生物识别等领域有着广泛的应用前景。此外，集成化还包括将激光器与探测器、光开关等其他光电子元件集成，形成完整的光通信或传感器系统。

4) 波长多样性和精确控制

不同应用领域对激光的波长有着不同的需求。随着激光器制造技术的进步，实现宽波长范围和精确波长控制成为发展趋势之一。通过对激光器结构的精确设计和材料选择，可以实现不同波长的激光输出，满足特定应用的需求。波长控制技术的发展，如可调谐激光器，使得波长可以根据需求进行实时调整，增加了激光器的灵活性和应用范围。这使得半导体激光器能够满足更多样化的应用需求，例如，在光纤通信中实现多波长传输，在生物医学中用于不同的诊断和治疗应用。

5) 智能化与自动化

随着智能制造和自动化的推进，半导体激光器也需要具备更高的智能化水平，如自适应调制、实时监控和故障自诊断等功能。当前，激光器正逐步配备传感器和控制器，实现实时监控和自我调整，以适应不同的操作环境和应用需求。在自动化方面，激光器的设置和调整可以通过软件进行，减少了对专业人员的依赖，提高了生产效率。这样的发展趋势能够提高激光系统的可靠性和易用性，降低维护成本。

6) 成本效益

随着生产技术的成熟和规模化生产，半导体激光器的成本正在逐渐降低，这使得半导体激光技术能够被更广泛地应用于各个领域。此外，提高生产效率和降低能耗也是提高成本效益的重要方面。

7) 环境与能源效率

环保和节能已成为全球关注的重要议题。半导体激光器在高能效和低能耗方面的优势，使其在新能源、环保技术和可持续发展领域具有重要的应用潜力。

8) 应用领域的拓展

随着 5G 通信、人工智能、物联网等技术的发展，半导体激光器的应用领域也在不断拓展，包括但不限于云计算、大数据、物联网、无人驾驶、生物科技、医疗健康等。这些新兴领域的快速发展，对半导体激光器提出了新的技术和性能要求。

总体来看，半导体激光器的发展趋势是多元化的，涵盖技术创新、成本控制、应用拓展、智能化等多个方面。随着科技的进步和市场需求的增加，半导体激光器将继续向着高性能、低成本、广泛应用的方向发展。作为众多应用的核心光源，窄线宽外腔半导体激光器(高稳定半导体激光器)具有重要研究价值。未来，随着光子集成技术的不断发展，高性能的窄线宽外腔半导体激光器势必趋于全自动化与芯片化，从而激发更大的应用潜力，带动半导体激光器及下游应用的发展。

本书重点关注的法拉第激光器，其结构紧凑、效率高、可靠性强，在众多领域有着广泛的应用。由于宏观选频器件不可避免会受到机械振动、温度等环境因素的干扰，且在原子钟等精密测量相关应用中，需要通过精确控制选频器件的角度或位置实现对应原子跃迁频率的激光输出，因此，在实际应用中存在易跳模、易失锁、调节难度大等问题。而法拉第激光器采用原子滤光器中原子的跃迁谱线作为频率参考，输出激光的频率自动对准原子跃迁频率，可以实现即开即用、频率长期保持与原子跃迁谱线共振。其显著优势在于线宽窄、波长对应原子谱线、对二极管温度和电流波动的鲁棒性好，在相关应用中具有独特优势，未来有望成为稳频半导体激光器的主流技术方案。

目前实现的法拉第激光器主要基于被动式 Rb-FADOF 和 Cs-FADOF，未来可以实现基于其他碱金属原子 FADOF 和主动式 FADOF 的法拉第激光器，以进一步拓展法拉第激光器的工作波段，丰富其应用场景。FADOF 的透射谱会受到激光光强的影响，而目前激光器腔内光强无法精确计算，通过对激光器内部光强开展理论研究，可以更精准确定 FADOF 透射谱的情况，从而更加精确调控激光器性能；此外，通过制备微型 FADOF 或光纤 FADOF，可实现小型法拉第激光器，具有重要的实用价值，是当前正在突破的方向。这种小型化、窄线宽的法拉第激光器未来有望应用到光通信、激光冷却、高分辨率光谱学、激光传感、激光雷达等领域，成为优质的激光光源。并有望很快应用到基准型原子钟、原子重力仪等大型精密测量装置中，减小系统体积，提升系统性能，拓展更广的应用场景。

1.2 稳频半导体激光器及其应用

1.2.1 稳频半导体激光器

如前文所述，可通过外腔反馈减小半导体激光器的瞬时频率波动，即压窄半导体激光器线宽，目前较好的外腔半导体激光器可以将输出激光的线宽压窄至

1 MHz 甚至更低。但对于长期的频率波动，如机械振动、工作温度、工作电流等引起的频率漂移，则需采用主动稳频来控制激光输出频率，实现更好的频率稳定性。

主动稳频的基本原理是将激光器的频率锁定在一个稳定的参考频率上，若激光器的输出激光频率不等于参考频率，根据输出频率与参考频率的差值产生一个误差信号，将误差信号通过反馈电路反馈锁定激光器的频率，通常误差信号反馈至激光器的电流端和压电陶瓷上。这种参考频率源可以是超稳的无源谐振腔，例如，高精细度的法珀腔(Fabry-Pérot cavity，F-P 腔)，原子、分子或离子的跃迁谱线等。目前基于 F-P 腔参考的稳频方法主要为 PDH 稳频技术。常见的基于微观粒子跃迁谱线的稳频方法，包括饱和吸收谱稳频、兰姆凹陷稳频、调制转移谱稳频、极化谱稳频、波长调制稳频、双色激光稳频等。在实际应用中，稳频半导体激光器可能需要结合多种方法来达到所需的频率稳定度。下面对常见的饱和吸收谱稳频、调制转移谱稳频以及 PDH 稳频进行简要介绍。

1. 饱和吸收谱稳频

强激光场作用在吸收介质上会产生吸收的饱和，因此，可以采用"强光饱和弱光探测"来得到饱和吸收谱信号。使强入射激光与弱探测激光的频率相等，强入射激光通过吸收室时造成吸收饱和，由于多普勒效应，不同速度的原子感受到的激光频率不同。当较弱的探测光从反方向通过吸收室时，速度为零的原子同时与泵浦光和探测光作用，对探测光的吸收减少，这样就得到尖锐的饱和吸收峰，进而将激光器的频率稳定到相应原子或分子的饱和吸收峰上。

饱和吸收谱稳频的实验装置比较简单，实验成本较低，但是会有多普勒本底对实验造成影响，即多普勒背景难以完全消除。除此之外，饱和吸收谱稳频属于半导体激光器的内调制稳频，即调制信号直接加到激光器上，会引入额外的噪声，如频率噪声和强度噪声等，对于准确度要求不高的实验可采用饱和吸收谱稳频。

2. 调制转移谱稳频

在两束光反向重合与原子发生作用时，未调制的探测光和调制的泵浦光一起与非线性介质相互作用，由探测光获得调制边带。对泵浦光的调制方式可以是相位调制和幅度调制，其中相位调制可以通过相敏检测方式将调制的相位信息提取出来，得到高分辨率调制转移谱。经调制转移的探测光同样具有相位调制的特性，但探测光的调制边带(即±1 阶边带)强度与激光相对原子中心频率的失谐量相关，其与频率失谐量表现为明显的吸收线型关系，即激光与原子共振时调制边带的强度最大。通过对探测光边带与主频的拍频信号进行相敏解调得到调制转移谱线，此过程通过高频调制与解调，将激光频率转移到高频处进行探测。根据噪声频谱规律，高频频率噪声远小于低频，所以在高频提取激光频率信息可显著提升谱线信噪比，并有效减小环路低频噪声的影响。同时，当失谐量过大时，探测光调制边带的强度迅速减小，调制转移光谱表现为无多普勒背景的特征。采用外差探测方式能有效消除与激光频率独立无关的噪声的影响，且能实现高灵敏度的谱线探测。

3. PDH 稳频

1946 年，R. V. Pound 使用微波腔对微波进行稳频，PDH 稳频便是借鉴了此稳频原理，将激光的频率锁定在法布里-珀罗谐振腔上。1983 年，Drever 和 Hall 等人采用 PDH 方法将激光频率锁定在光腔上，得到了线宽小于 100 Hz 的激光。利用 PDH 稳频技术将激光频率锁定于法珀腔上，可以得到 Hz 量级或者亚 Hz 量级的超窄输出线宽。

在 PDH 稳频过程中首先对将要稳频的激光进行相位调制，可以采用电光调制、声光调制等，这里以电光调制为例。待稳频的激光经过由射频电源驱动的电光调制器，相位得到调制后的激光垂直入射至法珀腔并与腔发生共振，可以利用 1/4 波片使反射出来的光变为线偏振光后再进入光电探测器中。光信号经过光电探测器可以转化为电信号，此电信号与经过移相后的射频电源信号一起进入混频器进行混频。混频后的误差信号经滤波放大后输入至伺服反馈电路，再反馈至激光器的频率控制部分，由此实现将激光频率锁定在高稳定度的法布里-珀罗腔上。

PDH 稳频技术由于具有极优的短期频率稳定度与超窄的输出线宽，在高分辨精密测量、高性能冷原子光钟、超精细光谱研究等领域有着重要的地位。目前获得超窄线宽激光需要利用超高精细度、超低损耗的光学谐振腔，这对腔体的材料、腔镜的镀膜提出了很高的要求。由于激光稳定度对隔振和噪声也有着极其严格的要求，因此，如何降低光腔的热噪声也需要深入地研究。总的来说，实现 PDH 稳频技术的条件很苛刻，需要超高精细度的光学谐振腔，甚至对其进行低温冷却，实验系统相对复杂且价格昂贵。

综上，稳频半导体激光器是一种能够输出特定频率激光的半导体器件，其关键特性是能够长期保持激光频率的稳定。这在许多科学和工程应用中非常重要，例如，在量子物理实验、光纤通信、激光雷达和精密测量中，都需要极高的频率稳定性。对半导体激光器而言，激光二极管的热振动、机械振动以及电子学噪声等引起的频率漂移可达 GHz 量级，因此，需要对激光器进行稳频。稳频的基本原理是将激光器的频率锁定在某个极其稳定的参考频率上，将频率锁定在超稳定的谐振腔上，受环境影响，谐振腔本身也会有一定的频率漂移。为了实现激光频率的长期稳定度，需要将激光频率直接锁定在量子跃迁谱线上。利用原子或分子的谱线进行稳频，常见的有饱和吸收谱稳频、调制转移谱稳频、极化谱稳频等。详细的稳频方案见第 6 章。随着科技的发展和应用需求的变化，稳频半导体激光器将继续发展和完善，为人类科学和工程研究提供更多价值。

1.2.2　稳频半导体激光器的应用

稳频半导体激光器因其高频率稳定性和窄线宽特性，在科学研究和工业领域有着广泛的应用。在工业、医学方面，通常对稳频半导体激光器的瞬时功率有较高要求，从而得到足够的能量对材料进行处理。典型应用包括：

1) 光谱分析

在光谱学中，稳频半导体激光器能够与样品相互作用，由此分析光的吸收、发射或散射特性，以确定样品的组成和性质。例如，测量激光与细胞相互作用的光谱，以辅助疾病的治疗与诊断，对分子和原子进行结构分析等。

2) 量子传感

利用稳频激光的高灵敏度来测量物理量，如磁场、重力等。在如今的大数据背景下，对这些物理量的精密实时测量能够建立对物理体系的实时监控及数据处理，能够大幅度提高对现今物理世界的探索。例如，引力波探测、全球地势的实时测量等。

3) 精密测量

在精密测量领域，如长度、时间、温度等的测量中，稳频半导体激光器提供了一个稳定的参考频率源，用于校准和提高测量设备的准确度。

4) 时空基准

应用稳频激光实现高精度光钟，基于此建立守时授时体系、地面基准体系、海洋基准体系、深空基准体系。

5) 光纤通信

在光纤通信系统中，稳频半导体激光器用于提供频率稳定的光源，以确保数据传输的准确性和可靠性，用于发送和接收信号。

6) 原子干涉仪

在原子干涉仪中，稳频半导体激光器用于精确控制干涉仪中两个光束的频率，以便观测原子的干涉现象，进而研究原子物理和量子力学。

参 考 文 献

[1] R N Hall, G E Fenner, J D Kingsley, et al. Coherent light emission from GaAs junctions [J]. Physical Review Letters, 1962, 9(9): 366.

[2] T M Quist, R H Rediker, R J Keyes, et al. Semiconductor maser of GaAs [J]. Applied Physics

Letters, 1962, 1(4): 91-92.

[3] M I Nathan, W P Dumke, G Burns, et al. Stimulated emission of radiation from GaAs p-n junctions [J]. Applied Physics Letters, 1962, 1(3): 62-64.

[4] J Terrien. News from the international bureau of weights and measures [J]. Metrologia, 1968, 4(1): 41-45.

[5] M Stock, R Davis, E De Mirandés, et al. The revision of the SI-the result of three decades of progress in metrology [J]. Metrologia, 2019, 56(2): 022001.

[6] A Derevianko, M Pospelov. Hunting for topological dark matter with atomic clocks [J]. Nature Physics, 2014, 10(12): 933-936.

[7] P Delva, J Lodewyck, S Bilicki, et al. Test of special relativity using a fiber network of optical clocks [J]. Physical Review Letters, 2017, 118(22).

[8] 赵书红, 董绍武, 白杉杉, 等. 基准频标与守时频标联合的频率驾驭算法研究[J]. 仪器仪表学报, 2020, 41(8): 67-75.

[9] L Maleki, J Prestage. Applications of clocks and frequency standards: from the routine to tests of fundamental models [J]. Metrologia, 2005, 42(3): S145-S153.

[10] S M Brewer, J S Chen, A M Hankin, et al. An ^{27}Al$^+$ quantum-logic clock with a systematic uncertainty below 10^{-18} [J]. Chinese Journal of Scientific Instrument Physical Review Letters, 2019, 123(3): 033201.

[11] Q Z Zhi, K J Arnold, R Kaewuam, et al. ^{176}Lu$^+$ clock comparison at the 10^{-18} level via correlation spectroscopy [J]. Science Advances, 2023, 9(18): 1971.

[12] V I Yudin, A V Taichenachev, Y O Dudin, et al. Vector magnetometry based on electromagnetically induced transparency in linearly polarized light [J]. Physical Review A: Atomic, Molecular, and Optical Physics, 2010, 82(3): 033807: 1-033807: 7.

[13] S Merlet, L Volodimer, M Lours, et al. A simple laser system for atom interferometry [J]. Applied Physics B: Lasers and Optics, 2014, B117(2): 749-754.

[14] 吕梦洁, 王光明, 颜树华, 等. 原子干涉重力仪集成光源系统综述[J]. 电子测量与仪器学报, 2021, 35(7): 1-10.

[15] Zhuang W, Chen J B. Active Faraday optical frequency standard [J]. Optics Letters, 2014, 39(21): 6339-6342.

[16] D Sesko, C G Fan, C E Wieman. Production of a cold atomic vapor using diode-laser cooling [M]//C E Wieman. Collected Papers of Carl Wieman. Singapore: World Scientific, 2008: 267-269.

[17] W Lenth. Optical heterodyne spectroscopy with frequency- and amplitude-modulated semiconductor lasers [J]. Optics Letters, 1983, 8(11): 575-577.

[18] S L Portalupi, M Widmann, C Nawrath, et al. Simultaneous Faraday filtering of the Mollow triplet sidebands with the Cs-D$_1$ clock transition [J]. Nature Communications, 2016, 7(1): 1-6.

[19] Chang P Y, Peng H F, Zhang S N, et al. A Faraday laser lasing on Rb 1529 nm transition [J]. Scientific Reports, 2017, 7(1): 1-8.

[20] S N Andreev, E S Mironchuk, I V Nikolaev, et al. High precision measurements of the 13CO$_2$/12CO$_2$ isotope ratio at atmospheric pressure in human breath using a 2 μm diode laser [J]. Applied Physics B: Lasers and Optics, 2011, 104(1): 73-79.

[21] M W Kudenov, B Pantalone, R Yang. Dual-beam potassium Voigt filter for atomic line imaging [J]. Applied Optics, 2020, 59(17): 5282-5289.

[22] Yu S F, Zhang Z, Li M Y, et al. Multi-frequency differential absorption lidar incorporating a comb-referenced scanning laser for gas spectrum analysis [J]. Optics Express, 2021, 29(9): 12984-12995.

[23] A Yariv. Optical electronics in modern communications [M]. Beijing: House of Electronics Industry, 2002.

[24] C Henry. Theory of the linewidth of semiconductor lasers [J]. IEEE Journal of Quantum Electronics, 1982, 18(2): 259-264.

[25] R Lang, K Kobayashi. External optical feedback effects on semiconductor injection laser properties [J]. IEEE Journal of Quantum Electronics, 1980, 16(3): 347-355.

[26] M Fleming, A Mooradian. Spectral characteristics of external-cavity controlled semiconductor lasers [J]. IEEE Journal of Quantum Electronics, 1981, 17(1): 44-59.

[27] F Riehle. Frequency standards: basic and applications [M]. Hoboken: Wiley, 2004.

[28] G J Steckman, W Liu, R Platz, et al. Volume holographic grating wavelength stabilized laser diodes [J]. IEEE Journal of Selected Topics in Quantum Electronics, 2007, 13(3): 672-678.

[29] M S Zediker, S Stry, L Hildebrandt, et al. Compact tunable diode laser with diffraction-limited 1 Watt for atom cooling and trapping [Z]. High-Power Diode Laser Technology and Applications Ⅱ. 2004.10.1117/12.525059

[30] T Hard. Laser wavelength selector and output coupler [J]. IEEE Journal of Quantum Electronics, 1969, 5(6): 321-321.

[31] Chen M H, S C Hsiao, Shen K T, et al. Single longitudinal mode external cavity blue InGaN diode laser [J]. Optics & Laser Technology, 2019, 116: 68-71.

[32] D K Shin, B M Henson, R I Khakimov, et al. Widely tunable, narrow linewidth external-cavity gain chip laser for spectroscopy between 1.0-1.1 μm [J]. Optics Express, 2016, 24(24): 27403-27414.

[33] D P Kapasi, J Eichholz, T Mcrae, et al. Tunable narrow-linewidth laser at 2 μm wavelength for gravitational wave detector research [J]. Optics Express, 2020, 28(3): 3280-3288.

[34] M G Littman, H J Metcalf. Spectrally narrow pulsed dye laser without beam expander [J]. Applied Optics (2004), 1978, 17(14): 2224-2227.

[35] Chen N, Chen H C, Liang C P, et al. A tunable diode laser [C]. IEEE Instrumentation and Measurement Technology Conference Hamamatsu, Japan, 1994.

[36] N Torcheboeuf, S Droz, I Simonyte, et al. MEMS tunable littman-metcalf diode laser at 2.2 μm for rapid broadband spectroscopy in aqueous solutions[C]. 2018 IEEE International Semiconductor Laser Conference, 2018.

[37] M Hoppe, H Rohling, S Schmidtmann, et al. New wide tunable external cavity interband cascade laser based on a micro electro-mechanical system device [Z]. MOEMS and Miniaturized Systems ⅩⅤⅢ. 2019.10.1117 /12.2507176

[38] M Hoppe, S Schmidtmann, C Aßmann, et al. High speed external cavity diode laser concept based on a resonantly driven MEMS scanner for the mid-infrared region [J]. Applied Optics, 2021, 60(15): C92-C97.

[39] 齐志强, 胡文良, 沈征征, 等. 外腔窄线宽半导体激光器研究进展[J]. 光学与光电技术, 2023, 21(2): 1-10.

[40] C Kürbis, E Luvsandamdin, A Sahm, et al. Micro-integrated, narrow linewidth extended cavity diode laser for atom interferometry in space [C]. 2013 Conference on Lasers & Electro-Optics Europe & International Quantum Electronics Conference, Munich, 2012.

[41] E Luvsandamdin, C Kürbis, M Schiemangk, et al. Micro-integrated extended cavity diode lasers for precision potassium spectroscopy in space [J]. Optics Express, 2014, 22(7): 7790-7798.

[42] C Kürbis, A Bawamia, M Krüger, et al. Extended cavity diode laser master-oscillator-power-amplifier for operation of an iodine frequency reference on a sounding rocket [J]. Applied Optics, 2020, 59(2): 253-262.

[43] X Baillard, A Gauguet, S Bize, et al. Interference-filter-stabilized external-cavity diode lasers [J]. Optics Communications, 2006, 266(2): 609-613.

[44] P Zorabedian, W R Trutna. Interference-filter-tuned, alignment-stabilized, semiconductor external-cavity laser [J]. Optics Letters, 1988, 13(10): 826-828.

[45] M Schmidt, M Prevedelli, A Giorgini, et al. A portable laser system for high-precision atom interferometry experiments [J]. Applied Physics B: Lasers and Optics, 2010, 102(1): 11-18.

[46] Wang Z, Lv X, Chen J. A 657-nm narrow bandwidth interference filter-stabilized diode laser [J]. Chinese Optics Letters, 2011, 9(4): 041402.

[47] D J Thompson, R E Scholten. Narrow linewidth tunable external cavity diode laser using wide bandwidth filter [J]. Review of Scientific Instruments, 2012, 83(2): 023107.

[48] Zhang L, Liu T, Chen L, et al. Development of an interference filter-stabilized external-cavity diode laser for space applications [J]. Photonics, 2020, 7(1): 12.

[49] C Voumard, R Salathé, H Weber. Mode selection by etalons in external diode laser cavities [J]. Applied Physics, 1975, 7(2): 123-126.

[50] K Aoyama, R Yoshioka, N Yokota, et al. Experimental demonstration of linewidth reduction of laser diode by compact coherent optical negative feedback system [J]. Applied Physics Express, 2014, 7(12): 122701.

[51] Hao L, Wang X, Guo D, et al. Narrow-linewidth self-injection locked diode laser with a high-Q fiber Fabry–Perot resonator [J]. Optics Letters, 2021, 46(6): 1397-1400.

[52] Liang W, Liu Y. Compact sub-hertz linewidth laser enabled by self-injection lock to a sub-milliliter FP cavity [J]. Optics Letters, 2023, 48(5): 1323-1326.

[53] Zhao Y, Peng Y, Yang T, et al. External cavity diode laser with kilohertz linewidth by a monolithic folded Fabry-Perot cavity optical feedback [J]. Optics Letters, 2011, 36(1): 34-36.

[54] Zhao Y, Li Y, Wang Q, et al. 100-Hz linewidth diode laser with external optical feedback [J]. IEEE Photonics Technology Letters, 2012, 24(20): 1795-1798.

[55] Zhao Y, Wang Q, Meng F, et al. High-finesse cavity external optical feedback DFB laser with hertz relative linewidth [J]. Optics Letters, 2012, 37(22): 4729-4731.

[56] Zang E, Wang S, Zhao Y, et al. Quasi synchronous tuning for grating feedback lasers [J]. Applied Optics, 2011, 50(26): 5080-5084.

[57] Wang S, Li Y, Zhao Y, et al. Mode-hopping-free scanning over 2 THz by means of quasi-

synchronous tuning [J]. Applied Physics B: Lasers and Optics, 2014, 114(3): 381-384.

[58] S G Lynch, C Holmes, S A Berry, et al. External cavity diode laser based upon an FBG in an integrated optical fiber platform [J]. Optics Express, 2016, 24(8): 8391.

[59] Wei F, Yang F, Zhang X, et al. Subkilohertz linewidth reduction of a DFB diode laser using self-injection locking with a fiber Bragg grating Fabry-Perot cavity [J]. Optics Express, 2016, 24(15): 17406-17415.

[60] Zhang L, Wei F, Sun G, et al. Thermal tunable narrow linewidth external cavity laser with thermal enhanced FBG [J]. IEEE Photonics Technology Letters, 2017, 29(4): 385-388.

[61] Su Q, Wei F, Sun G, et al. Frequency-stabilized external cavity diode laser at 1572 nm based on frequency stability transfer [J]. IEEE Photonics Technology Letters, 2022, 34(4): 203-206.

[62] D Huang, M A Tran, J Guo, et al. High-power sub-kHz linewidth lasers fully integrated on silicon [J]. Optica, 2019, 6(6): 745-752.

[63] Luo C, Zhang R, Qiu B, et al. Waveguide external cavity narrow linewidth semiconductor lasers [J]. Journal of Semiconductors, 2021, 42(4): 041308.

[64] M Alalusi, P Brasil, S Lee, et al. Low noise planar external cavity laser for interferometric fiber optic sensors [Z]. Fiber Optic Sensors and Applications Ⅵ. 2009.10.1117/12.828849

[65] Li Y, Zhang Y, Chen H, et al. Tunable self-injected Fabry-Perot laser diode coupled to an external high-Q Si_3N_4/SiO_2 microring resonator [J]. Journal of Lightwave Technology, 2018, 36(16): 3269-3274.

[66] Y Fan, A van Rees, P J M van der Slot, et al. Hybrid integrated InP-Si_3N_4 diode laser with a 40-Hz intrinsic linewidth [J]. Optics Express, 2020, 28(15): 21713-21728.

[67] Xiang C, Guo J, Jin W, et al. High-performance lasers for fully integrated silicon nitride photonics [J]. Nature Communications, 2021, 12: 6650.

[68] W Jin, Q-F Yang, L Chang, et al. Hertz-linewidth semiconductor lasers using CMOS-ready ultra-high-Q microresonators [J]. Nature Photonics, 2021, 15(5): 346-353.

[69] M C Zanarella, A G Molina, X Ji, et al. Widely tunable and narrow-linewidth chip-scale lasers from near ultraviolet to near-infrared wavelengths [J]. Nature Photonics, 2022, 17(2): 157-164.

[70] 罗斌. 原子滤光器原理及技术 [M]. 北京邮电大学出版社, 2018.

[71] 缪新育. 对电流温度变化免疫的外腔半导体激光器 [D]. 北京大学, 2011.

[72] B Yin, T M Shay. Theoretical model for a Faraday anomalous dispersion optical filter [J]. Optics Letters, 1991, 16(20): 1617-1619.

[73] J Keaveney, C S Adams, I G Hughes. ElecSus: Extension to arbitrary geometry magneto-optics [J]. Computer Physics Communications, 2018, 224: 311-324.

[74] Y Öhman. On some new auxiliary instruments in astrophysical research Ⅵ. A tentative monochromator for solar work based on the principle of selective magnetic rotation [J]. Stockholms Obseryatoriums Annaler, 1956, 19(4): 9-11.

[75] P P Sorokin, J R Lankard, V L Moruzzi, et al. Frequency-locking of organic dye lasers to atomic resonance lines [J]. Applied Physics Letters, 1969, 15(6): 179-181.

[76] D J Dick, T M Shay. Ultrahigh-noise rejection optical filter [J]. Optics Letters, 1991, 16(11): 867-869.

[77] Miao X, Yin L, Zhuang W, et al. Note: Demonstration of an external-cavity diode laser system immune to current and temperature fluctuations [J]. Review of Scientific Instruments, 2011, 82(8): 086106.

[78] Wang Y, Zhang S, Wang D, et al. Nonlinear optical filter with ultranarrow bandwidth approaching the natural linewidth [J]. Optics Letters, 2012, 37(19): 4059-4061.

[79] Yan Y, Yuan J, Wang L, et al. A dual-wavelength bandpass Faraday anomalous dispersion optical filter operating on the D1 and D2 lines of rubidium [J]. Optics Communications, 2022, 509: 127855.

[80] Guan X, Zhuang W, Shi T, et al. 420-nm Faraday optical filter with 2.7-MHz ultranarrow bandwidth based on laser cooled ^{87}Rb atoms [J]. IEEE Photonics Technology Letters, 2023, 35(12): 672-675.

[81] Guan X, Zhuang W, Shi T, et al. Cold-atom optical filtering enhanced by optical pumping [J]. Frontiers in Physics, 2022, 10.

[82] J Menders, P Searcy, K Roff, et al. Blue cesium Faraday and Voigt magneto-optic atomic line filters [J]. Optics Letters, 1992, 17(19): 1388-1390.

[83] Xue X, Pan D, Zhang X, et al. Faraday anomalous dispersion optical filter at ^{133}Cs weak 459 nm transition [J]. Photonics Research, 2015, 3(5): 275-278.

[84] Xiong J, Luo B, Yin L, et al. The characteristics of Ar and Cs mixed Faraday optical filter under different signal powers [J]. IEEE Photonics Technology Letters, 2018, 30(8): 716-719.

[85] Sun Q, Hong Y, Zhuang W, et al. Demonstration of an excited-state Faraday anomalous dispersion optical filter at 1529 nm by use of an electrodeless discharge rubidium vapor lamp [J]. Applied Physics Letters, 2012, 101(21): 211102.

[86] Ling L, Bi G. Isotope ^{87}Rb Faraday anomalous dispersion optical filter at 420 nm [J]. Optics Letters, 2014, 39(11): 3324-3327.

[87] Peng Y, Zhang W, Zhang L, et al. Analyses of transmission characteristics of Rb, ^{85}Rb and ^{87}Rb Faraday optical filters at 532nm [J]. Optics Communications, 2009, 282(2): 236-241.

[88] Sun Q, Zhuang W, Liu Z, et al. Electrodeless-discharge-vapor-lamp-based Faraday anomalous-dispersion optical filter [J]. Optics Letters, 2011, 36(23): 4611-4613.

[89] Xue X, Tao Z, Sun Q, et al. Faraday anomalous dispersion optical filter with a single transmission peak using a buffer-gas-filled rubidium cell [J]. Optics Letters, 2012, 37(12): 2274-2276.

[90] J A Zielińska, F A Beduini, N Godbout, et al. Ultranarrow Faraday rotation filter at the Rb D1 line [J]. Optics Letters, 2012, 37(4): 524-526.

[91] Zhang Y, Jia X, Ma Z, et al. Potassium Faraday optical filter in line-center operation [J]. Optics Communications, 2001, 194(1): 147-150.

[92] E T Dressler, A E Laux, R I Billmers. Theory and experiment for the anomalous Faraday effect in potassium [J]. Journal of the Optical Society of America B: Optical physics, 1996, 13(9): 1849-1858.

[93] H Chen, C Y She, P Searcy, et al. Sodium-vapor dispersive Faraday filter [J]. Optics Letters, 1993, 18(12): 1019-1021.

[94] J A Gelbwachs, Y C Chan. Passive Fraunhofer-wavelength atomic filter at 460.7 nm [J]. IEEE

Journal of Quantum Electronics, 1992, 28(11): 2577-2581.

[95] Y C Chan, J A Gelbwachs. A Fraunhofer-wavelength magnetooptic atomic filter at 422.7 nm [J]. IEEE Journal of Quantum Electronics, 1993, 29(8): 2379-2384.

[96] P Wanninger, E C Valdez. Diode-laser frequency stabilization based on the resonant Faraday effect [J]. IEEE Photonics Technology Letters, 1992, 4(1): 94-96.

[97] K Choi, J Menders, P Searcy, et al. Optical feedback locking of a diode laser using a cesium Faraday filter [J]. Optics Communications, 1993, 96(4-6): 240-244.

[98] X T Jun, J W Qing, L Yimin, et al. Experimental study of a model digital space optical communication system with new quantum devices [J]. Applied Optics (2004), 1995, 34(15): 2619-2622.

[99] 鲁学军, 汤俊雄, 郑乐民. 采用 Rb-Faraday 反常色散滤波器的外腔半导体激光器实验研究[J]. 电子学报, 1997, 25(2): 79-82.

[100] 李发泉, 王玉平, 程学武, 等. 半导体激光器的原子法拉第反常色散光学滤波器光反馈稳频[J]. 中国激光, 2005, 32(10): 1317-1320.

[101] Tao Z, Hong Y, Luo B, et al. Diode laser operating on an atomic transition limited by an isotope ^{87}Rb Faraday filter at 780 nm [J]. Optics Letters, 2015, 40(18): 4348-4351.

[102] Tao Z, Zhang X, Pan D, et al. Faraday laser using 1.2 km fiber as an extended cavity [J]. Journal of Physics B: Atomic, Molecular and Optical Physics, 2016, 49(13): 13LT01.

[103] J Keaveney, W J Hamlyn, C S Adams, et al. A single-mode external cavity diode laser using an intra-cavity atomic Faraday filter with short-term linewidth<400kHz and long-term stability of <1MHz [J]. Review of Scientific Instruments, 2016, 87(9): 095111.

[104] Shi T, Guan X, Chang P, et al. A dual-frequency Faraday laser [J]. IEEE Photonics Journal, 2020, 12(4): 1-11.

[105] Chang P, Chen Y, Shang H, et al. A Faraday laser operating on Cs 852 nm transition [J]. Applied Physics B: Lasers and Optics, 2019, 125(12): 230.

[106] M D Rotondaro, B V Zhdanov, M K Shaffer, et al. Narrowband diode laser pump module for pumping alkali vapors [J]. Optics Express, 2018, 26(8): 9792-9797.

[107] Tang H, Zhao H, Wang R, et al. 18W ultra-narrow diode laser absolutely locked to the Rb D2 line [J]. Optics Express, 2021, 29(23): 38728-38736.

[108] Tang H, Zhao H, Zhang D, et al. Polarization insensitive efficient ultra-narrow diode laser strictly locked by a Faraday filter [J]. Optics Express, 2022, 30(16): 29772-29780.

[109] Chang P, Shi H, Miao J, et al. Frequency-stabilized Faraday laser with 10^{-14} short-term instability for atomic clocks [J]. Applied Physics Letters, 2022, 120(14): 141102.

[110] Shi H, Chang P, Wang Z, et al. Frequency stabilization of a cesium Faraday laser with a double-layer vapor cell as frequency reference [J]. IEEE Photonics Journal, 2022, 14(6): 1-6.

[111] Pan D, Shi T, Luo B, et al. Atomic optical stimulated amplifier with optical filtering of ultra-narrow bandwidth [J]. Scientific Reports, 2018, 8: 6567.

第 2 章　法拉第激光器概述

　　法拉第激光器是一种利用法拉第反常色散原子滤光器(Faraday anomalous dispersion optical filter，FADOF)作为选频器件的新型半导体激光器，原理上法拉第激光器的输出波长直接与原子跃迁谱线相对应，且激光频率始终限制在原子滤光器的透射带宽内。此外，法拉第激光器具有抗激光二极管的驱动电流和工作温度扰动的能力，具有输出频率自动对应原子跃迁、长时间连续工作、即开即用的优势。本章将详细介绍法拉第激光器的基本工作机理、结构组成以及性能优势，同时介绍法拉第激光器在量子精密测量等领域的应用情况。

2.1　法拉第激光器的基本原理

　　法拉第磁致旋光效应是人类科学研究过程中极其重要的发现，由英国著名物理学家和化学家迈克尔·法拉第(Michael Faraday，1791—1867)于 1845 年首次发现[1-5]，当一束偏振光通过磁场作用的玻璃时，若光的传播方向与磁场方向相同，该束光的偏振方向会发生旋转，"magnetic force and light are proved to have a relation to each other"[6]。这表明在磁场作用下，光与介质相互作用会导致光的偏振方向发生旋转。法拉第磁致旋光效应自发现以来，一直受到众多科学家的关注，著名物理学家詹姆斯·克拉克·麦克斯韦(James Clerk Maxwell，1831—1879)便是在法拉第磁致旋光效应的启发下，发表巨作 On Physical Lines of Force[7]，对随后进一步建立电磁场基础理论有重要作用。二十世纪五六十年代，随着激光和光电子技术的兴起，人们利用法拉第磁致旋光效应制作了很多光电子器件，如磁光调制器、磁光开关、磁光隔离器。这些基于法拉第磁致旋光效应的器件极大地促进了激光、光电子和与之相关领域科学技术的发展，进一步推动了法拉第磁致旋光效应在量子精密测量与量子信息感知领域中的广泛应用。

　　FADOF 是基于法拉第磁致旋光效应原理实现的原子滤光器，如图 2-1 所示，在结构上包括两个偏振方向正交的偏振元器件和碱金属原子等介质，另外还包括方向平行于光传播方向的磁场，图中，黑色箭头表示光的偏振方向。法拉第磁致旋光效应可以理解如下，当外加磁场方向与光传播方向一致时，在纵向磁场作用下，原子磁子能级发生塞曼分裂。磁场决定的量子化轴方向与光传播方向一致，入射的线偏振光可以分解为左旋圆偏振光和右旋圆偏振光，两个圆偏振光的色散曲线会发生分裂，即同一频率处二者折射率不同，导致它们在原子介质内传播相同路径后的相位差发生变化。最终光从原子介质出射时，其线偏振方向相对于最初入射的偏振方向发生旋转。通过设置合适的原子介质长度，可以使位于特定量子跃迁频率附近的偏振光发生接近 90°的角度偏转，从而通过检偏器输出，实现原子滤光。

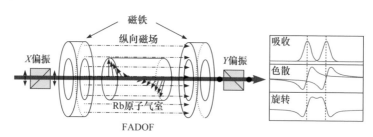

图 2-1 FADOF 结构与工作原理示意图

  实现原子滤光主要有两大类方法，一种是基于上述法拉第磁致旋光效应的较为常用的 FADOF[8]，具有高背景噪声抑制比[9]、窄带宽[10]、高透过率[11]、高响应速率[12]等特点；另一种是"吸收-再发射型"[13]，即利用原子对信号光的吸收-再发射过程完成信号滤波，一般称其为原子共振滤光器，具有窄线宽、大视场角、高背景噪声抑制等特点。

  法拉第激光器则是利用 FADOF 作为选频器件的一种外腔半导体激光器。其工作原理如图 2-2 所示，主要包含作为激光增益介质的镀增透膜的宽谱半导体激光二极管(antireflection-coated laser diode，ARLD)、提供选频功能的 FADOF、提供光反馈形成激光振荡的光学耦合输出镜。法拉第激光形成共振达到稳态后，镀增透膜的激光二极管发出激光通过第一个偏振元器件格兰泰勒棱镜(GT1)，由于磁致旋光效应，通过原子介质时，在光传播方向存在磁场，故激光会发生法拉第磁致旋光，从而使得偏振方向发生一定的偏转。将 FADOF 设置特定的温度、磁场强度，使得激光光谱中仅有与原子跃迁频率对应的光可以在通过原子气室后偏振

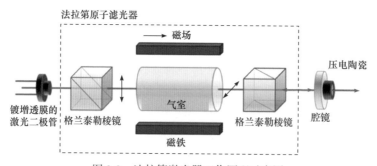

图 2-2 法拉第激光器工作原理示意图

方向旋转 90°，则此部分光会最大限度地通过第二个偏振元器件格兰泰勒棱镜 (GT2)。通过 GT2 后，垂直入射至光学耦合输出镜，而后又会有一定比例的光被光学耦合输出镜反射，从而与入射光平行反向地返回至镀增透膜的激光二极管，形成谐振反馈，实现激光激射，即为法拉第激光。

2.2 法拉第激光器的结构组成

法拉第激光器的光学部分主要包括激光光源(激光二极管)、原子滤光器以及激光谐振腔，如图 2-3 所示。法拉第激光器利用 ARLD 提供增益，原子滤光器置于谐振腔中作为选频器件进行选频，具有一定反射率的腔镜用于提供光反馈，最终，激光器输出频率可以稳定工作于原子滤光器的透射谱带宽内，且对激光二极管的电流和温度波动有免疫作用。与传统基于干涉滤光片、光栅、F-P 标准具选频的外腔半导体激光器相比，法拉第激光器利用窄带宽的原子滤光器选频，输出激光频率由最接近 FADOF 透射谱峰值频率的腔模决定，输出激光的短期和长期频率稳定度均小于原子滤光器透射谱带宽。由于法拉第激光具有优越的频率稳定性与鲁棒性，在基础科学研究中的精密光谱、原子钟、原子磁力仪、原子重力仪、原子干涉仪、光通信、激光雷达、军事国防等领域具有显著的应用优势。

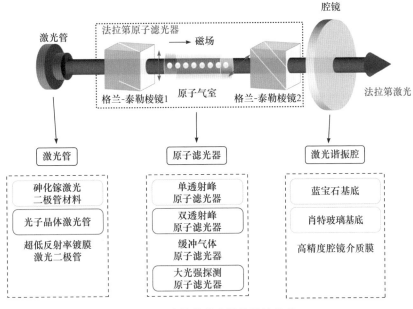

图 2-3 法拉第激光器的结构组成

　　对于法拉第激光器的光源部分，现在通常采用 ARLD。考虑到谐振腔选频的基本理论，半导体激光器需要利用激光管后端面和输出耦合腔反射镜之间形成的谐振腔来进行模式选择，而激光管前后端面形成谐振腔会对选频造成影响，导致跳模和模式不稳定。采用 ARLD 作为增益介质，通过给激光二极管前端面镀增透膜来消除激光管内腔模，从而克服其对激光输出模式的影响。在以往法拉第激光器研究中，相关研究机构多采用德国 Toptica 的激光二极管。随着中国芯片制作等工艺的不断发展，现在北京大学联合相关单位已经研发出 TO9 封装可调谐 780 nm/852 nm 芯片及激光二极管，并且成功实现了在激光二极管的前端面镀增透膜，满足法拉第激光器的使用需求。

　　原子滤光器作为法拉第激光器的核心组成部分，根据透射谱线型可以分为单透射峰原子滤光器和多透射峰原子滤光器。此外，针对不同需求，还有特殊的充有缓冲气体的原子滤光器、针对于大光强探测的原子滤光器等。原子滤光器整体起到选频的作用。为了达到优异的性能，需要对原子气室进行精密的保温控温以及磁场控制。对于其保温，可以采用聚四氟乙烯为保温材料，在原子气室上缠裹加热片以便进行温度调节。对于磁场，大多采用永久磁铁，也有采用通电线圈来产生磁场。通过施加合适的温度和磁场，在宽谱荧光范围内仅有位于原子共振跃迁谱线附近的特定波长光信号可以通过法拉第反常色散原子滤光器，在谐振腔内振荡和放大，达到阈值后激射输出。由于透射峰位于原子跃迁光谱附近，激光器的输出频率可以直接对应原子跃迁。

　　原子滤光器的原子气室中充缓冲气体，可以展宽透射谱，增大激光器的连续调谐范围。在原子气室内充入缓冲气体可以减小选频原子之间的碰撞，但与此同时，选频原子与缓冲气体原子之间的碰撞频移增强，使得法拉第反常色散原子滤光器的透射谱相应展宽，透射带宽内将包含更多的腔模，增大激光器的连续调谐范围，法拉第激光器在法拉第反常色散原子滤光器的透射谱内始终存在可稳定工作的激光纵模模式，有效避免了无法起振的问题。

　　法拉第激光器本质上是一种特殊的半导体激光器，其谐振腔内增加了原子选频器件。除了法拉第反常色散原子滤光器提供对特定频率的光反馈，特定反射率的耦合输出镜与激光二极管后端面之间形成谐振腔，在腔反馈作用下，还可以实现对激光谱线的线宽压窄。

2.3　法拉第激光器的性能特点

2.3.1　法拉第激光器的特殊性能

　　半导体激光器通常利用外腔光反馈来压窄激光线宽，并结合光栅、干涉滤光片、法珀腔等宏观器件实现选频。高精度稳频系统中，如光钟系统，作为钟跃迁激光的半导体激光器的线宽需要进一步压窄，通常利用 Pound-Drever-Hall (PDH) 稳频技术将激光频率锁定在高 Q 值的光学谐振腔上，实现相干性极好的激光输出。但是光学谐振腔的共振频率易受外界温度、气压和机械振动的影响，导致激光的长期频率稳定度恶化。为了提高激光系统的长期稳定性，需要更稳定的频率参考，比如，原子或分子提供的量子跃迁谱线。通常采用二向色性原子蒸气激光频率锁定(dichroic atomic vapor laser lock，DAVLL)、饱和吸收谱(saturated absorption spectroscopy，SAS)、调制转移谱(modulation transfer spectroscopy，MTS)等方法进行激光稳频。为了进一步优化激光性能，要求量子参考谱线的中心频率稳定性和复现性好、谱线线宽窄、Q 因子高。因此，可以用激光冷却或光晶格囚禁的冷原子团、离子阱囚禁的单离子等代替气室热原子，作为量子频率参考。通过电反馈将激光频率稳定在原子、分子或离子的跃迁谱线上，可以将激光的频率稳定度指标提高到 10^{-18} 甚至更好的水平。

与以上方法相比，利用 FADOF 作为选频器件的法拉第激光器，开机即可以实现激光频率稳定在原子滤光器的透射带宽内(对应原子跃迁谱线)。与 PDH 稳频、SAS 稳频方案中的电反馈方式不同，该方法利用了光反馈，且结构简单。半导体激光管输出的激光经过 FADOF 后被腔镜反射形成光反馈，由于法拉第磁致旋光效应，只有频率在 FADOF 透射带宽内的激光模式才能形成光反馈。因此，法拉第激光器的输出波长始终能够限制在原子滤光器的透射带宽内，具有对激光二极管驱动电流和工作温度波动免疫的特性。总结来说，法拉第激光器的主要优越特性体现在开机输出激光频率可以自动对应原子跃迁谱线，且具有抗激光二极管温度、电流波动的特性。

由于法拉第激光器具有区别于传统半导体激光器的显著优势，国际上越来越多的研究单位对法拉第激光器开展了理论与实验研究。本节对国际上法拉第激光器性能参数提升的几个重要发展历程和成果展开介绍。

2.3.2　法拉第激光器的性能提升及发展

20 世纪 60 年代，科学家已经开展对原子滤光器的研究。1969 年，IBM 沃森实验室的 P. P. Sorokin 等人实现了 Na-FADOF[14]，并首次将其应用于染料激光稳频，FADOF 透射峰对应钠原子 $3S_{1/2} \rightarrow 3P_{1,3/2}$ 跃迁。1990 年，美国德克萨斯大学奥斯汀分校 Lee 与 Campbell 利用 Rb 法拉第原子滤光器，通过构建窄带光学反馈环路，实现了 $Al_xGa_{1-x}As/GaAs$ 材料 780 nm 半导体激光器的频率锁定[15]。1995 年，美国加州理工学院 J. Kitching 和 A. Yariv[16]通过结合泵浦抑制与弱光学反馈实现了量子阱半导体激光的振幅压缩态，其中，依靠法拉第原子滤光器的弱反馈可以同时提供色散损耗。通过实验设计，使得泵浦抑制与具有色散损耗的弱光学反馈相结合，实现了半导体激光器在室温自由运转情况下 0.9 dB 的振幅压缩，相比于之前最好的 0.33 dB[17]，具有很大的提升。该系统采用前端面镀增透膜的激光器与法拉第原子滤光器相结合，提高了反馈耦合效率，进一步压窄了激光器内部噪声。

在国内，北京大学、中国科学院精密测量科学与技术创新研究院(原中国科学院武汉物理与数学研究所)、哈尔滨工业大学、国防科技大学等研究团队先后对原子滤光器开展了研究。1997 年，北京大学鲁学军等，对采用 Rb 原子法拉第原子滤光器的外腔半导体激光器进行了探索研究[18]，可以将半导体激光器的输出频率分别对准 FADOF 的 4 个透射峰，在特定电流、温度工作条件下，实现单模、稳频、窄线宽工作。在利用法拉第原子滤光器构建外腔反馈时，为了不影响激光输出功率，同时避免强反馈易导致多模输出的情况，该团队经过研究，使得用于反馈的光功率占总输出功率比为千分之三，同时避免了过弱的反馈影响激光器稳频及线宽压窄效果。通过上述弱反馈的构建，使得激光线宽由 30 MHz 压窄至 3 MHz，并观察到应用于法拉第原子滤光器的磁场从 500 G 变到 400 G，实现了激光频率 200 MHz 范围的连续调谐。2005 年，中国科学院精密测量科学与技术创新研究院李发泉等人[19]，利用 GaAlAs 材料半导体激光器与 Cs 原子法拉第反常色散原子滤光器制成外腔反馈半导体激光器，在温度恒定的情况下，波长在一定范围内不再随电流的改变而变化，在电流变化 3～4 mA 时，激光输出波长一直限制在原子滤光器的透射带宽内，频率波动范围为 75 MHz/2h。

2011 年，北京大学缪新育等人[20]，将 Rb 原子 FADOF 作为选频器件，首次利用 ARLD 搭建法拉第激光器，在 6.4%反馈强度的情况下，实现了对二极管驱动电流和工作温度波动免疫的半导体激光器，激光线宽为 69 kHz。在此项工作中，缪新育等人使用 ARLD 作为增益，消除二极管内腔模对输出激光模式带来的影响，这带来的最重要的效果是：当激光二极管工作在不同温度时，只要工作电流大于阈值，激光输出频率就可以对应原子滤光器的透射谱。该激光二极管作为增益介质，发光荧光谱的宽度为 60 nm，避免了需要加热或者冷却激光二极管以调谐其发射光谱特性的影响。

对于国际上从事本方向的研究单位，英国杜伦大学 M. Zentile 等人利用 Rb 原子法拉第反常色散原子滤光器实现选频[21]，利用法拉第反常色散原子滤光器作为选频器件，分析了利用长谐振腔和短谐振腔搭建法拉第激光器各自的优缺点。采用较长的谐振腔可以减小自由光谱范围(FSR)，使得透射谱最高点附近始终存在一个腔模，采用这种方式，不需要主动稳定谐振腔长度，无论模式如何竞争跳变，输出的激光频率永远限制在原子滤光器的透射谱内。比如，北京大学提出的采用 1.2 km 的光纤作为法拉第激光器的谐振腔，其激光输出频率变化范围小于 100 kHz[22]。使用较短的谐振腔，通过增大 FSR，使其大于 FADOF 透射谱轮廓，从而透射谱轮廓内最多只存在一个腔模，采用此种方法需要主动稳定谐振腔腔长，确保透射谱内存在腔模，同时保证长期稳定度。

　　上述相关工作中，虽然已经应用原子滤光器构建了频率稳定的法拉第激光器，但是"法拉第激光器"这一名称是北京大学陶智明等人在 2015 年于国际上首次提出的[23]，后续在学术刊物上得到了国内外广泛的认可与沿用。该团队利用 Rb 原子法拉第反常色散原子滤光器作为选频器件，采用镀增透膜的激光二极管作为激光增益介质，实现了对二极管温度和电流波动免疫的法拉第激光器。在陶智明等人的工作中，考虑到采用自然 Rb 存在的问题，即由于不同同位素的存在使得很难限制激光频率与一个特定的原子跃迁精确共振，因此，选用 96.5%浓度的 ^{87}Rb 原子，气室的长度为 5 cm，两个格兰泰勒棱镜的偏振消光比为 1×10^{-5}。实验中，通过分析磁场和温度对于透射谱最高透过率的影响，从而确定 FADOF 的最佳工作参数，以获得最佳的激光器性能。该法拉第激光器能够实现镀增透膜激光二极管驱动电流变化范围 55～140 mA，温度变化范围 15～35℃，激光器输出波长始终在 780.2456 nm 附近，波长标准差小于等于 0.27 pm，能够与原子跃迁谱线对应。

　　2017 年，北京大学常鹏媛等人利用无极放电灯首次实现了激发态的法拉第激光器，即可直接输出 Rb 原子 $5P_{3/2}\rightarrow 4D_{5/2}$ 跃迁对应的 1529 nm 的法拉第激光[24]。与传统激发态的原子滤光器相比，不需要额外频率锁定的激光器将原子由 5S 态激发到 5P 态。该项工作基于无极放电灯的激发态原子滤光器实现选频，配合镀增透膜的激光二极管，当二极管的驱动电流变化范围在 85～171 mA，二极管温度变化范围在 11～32℃，该激光器均能稳定工作，并且 24 小时激光器的长期频率波动范围维持在 600 MHz 以内。

　　在原子滤光器的选频作用下，法拉第激光器的输出频率虽然能够限制在原子跃迁谱线附近，但是其频率稳定度也有待进一步提高。为了获得超高频率稳定度的激光器，可以采用的方法是将激光器的输出频率锁定在原子跃迁谱线上。2022 年，北京大学常鹏媛等人首次将铯原子 852 nm 法拉第激光的输出频率通过调制转移谱锁定至原子跃迁谱线，该项工作中的法拉第激光器可调整为单频或双频输出，单频工作时用剩余误差信号评估方法测量的短期稳定度达 $3\times10^{-14}/\sqrt{\tau}$；双频工作时，通过锁定可将双频激光拍频线宽压窄至 85 Hz [25]。实验装置如图 2-4 所示，外腔由镀增透膜激光二极管的后端面与反射腔镜构成，利用法拉第反常色散原子滤光器实现选频。在单频状态下，通过调制转移谱，将激光频率锁定到铯原子 $6^2S_{1/2}F=4\rightarrow 6^2P_{3/2}F=5$ 的循环跃迁谱线，大幅度提高了法拉第激光的频率稳定度；在双频状态下，将其中一个激光频率锁定到 $6^2S_{1/2}F=3\rightarrow 6^2P_{3/2}F=2$ 的跃迁谱线，有效压窄了双频激光之间拍频信号的线宽，降低了微波信号的噪声，为光生微波开辟了新的途径。

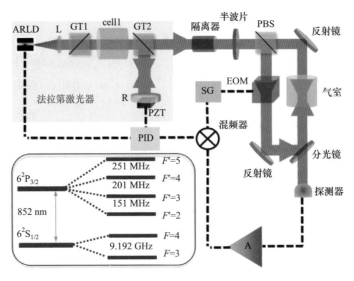

图 2-4　实验装置图

(ARLD：镀增透膜的激光二极管；L：透镜；GT1：格兰泰勒棱镜 1；cell1：气室 1；GT2：格兰泰勒棱镜 2；
R：腔镜；PZT：压电陶瓷；PID：比例积分微分反馈电路；PBS：偏振分光棱镜；EOM：电光调制器；
SG：信号发生器；A：放大器)

　　上述已经实现的法拉第激光器功率输出一般为 20 mW 左右，能够应用在光抽运小铯钟、光谱测量、超高稳定度 PDH 稳频激光等量子精密测量领域。但是在涉及激光武器等需求大功率激光器的场景下，上述激光器的功率无法满足。因此，研发大功率的法拉第激光器也非常重要，且有着广阔的应用前景。国防科技大学在大功率法拉第激光器方向有着较为深入的研究。2022 年，国防科技大学利用基于 [87]Rb 的法拉第反常色散原子滤光器作为选频器件，以 18 个阶梯组合的输出功率为 47 W 的二极管激光模块作为增益介质光源，实现了 5 A 驱动电流下 38.3 W 输出的法拉第激光，将 4 nm 的增益介质荧光谱压窄成 0.005 nm(2.6 GHz)的激光输出光谱[26]。为了避免自由运转情况下的模式竞争，二极管激光模块输出面镀增透膜，具有小于 0.5%的剩余反射率。实验装置如图 2-5 所示，为了改善法拉第反常色散原子滤光器偏振选频相关特性，采用环形谐振腔结构，增加外腔效率，以保证高功率的输出。

　　为了进一步提升原子气室温度的稳定性，2022 年，北京大学史航博等人通过改进原子参考气室，采用双层结构，两层玻璃之间为真空，可以有效地避免参考原子气室内的低频温度波动，从而降低对频率稳定性的影响。最终实现了基于铯原子法拉第反常色散原子滤光器的法拉第激光，并利用调制转移谱对其输出频率进行了锁定，获得输出激光频率的环内短期稳定度为 $5.8\times10^{-15}/\sqrt{\tau}$，在 50 s 时为 2.0×10^{-15} [27]。该项工作通过采用在法拉第反常色散原子滤光器的气室中充入缓

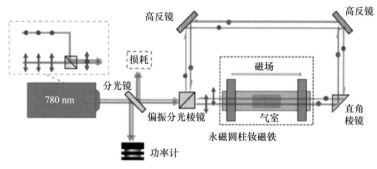

图 2-5 实验装置图[26]

冲气体,并且采用双层原子气室作为调制转移谱中的参考信号来源,大大提升了法拉第激光输出频率的稳定性,在量子光学、量子精密测量等领域均有着广泛的应用。

随着技术的发展,未来可以实现基于其他碱金属原子 FADOF 和主动式 FADOF 的法拉第激光器,以进一步拓展法拉第激光器的工作波段;通过对激光器内部光强开展理论研究,可以更精准地确定 FADOF 透射谱的情况,从而更加精确地调控激光器性能;通过利用大功率法拉第激光器对原子进行激发,可以对原子内部结构进行进一步研究;大功率法拉第激光器也可以直接作为冷原子实验中的冷却光;此外,通过制备微型 FADOF 或光纤 FADOF,可实现小型法拉第激光器。相信在不久的将来,法拉第激光器的性能可以得到进一步的提升,并广泛应用在量子精密测量、光通信、基础研究等领域。

2.4 法拉第激光器的应用场景与需求

法拉第激光器作为一种新型的半导体激光器,其本质是利用 FADOF 作为选频器件,将输出激光波长对应在原子跃迁谱线上。同时,相比于传统的外腔半导体激光器,法拉第激光器具有对二极管驱动电流和工作温度变化抗扰动能力,输出波长始终限制在原子滤光器透射谱带宽内。由于 FADOF 的特性,即仅与原子跃迁谱线对应的波长才能够通过滤光器,在量子频率标准、激光冷却和高分辨率光谱学等研究中有重要应用前景,在新型原子钟、原子重力仪等应用中也具有独特优势。

2.4.1 法拉第激光器的应用场景

法拉第激光器输出激光频率直接与原子跃迁谱线对应,进行频率稳定后可以得到秒级稳定度优于 10^{-13} 量级的超稳激光。该超稳激光可以进一步作为抽运光、检测光应用于光抽运小铯钟上。在微波原子钟的研究中，小型铯原子钟长期稳定性高，在实际应用中发挥着重要的作用。其中，光抽运铯原子钟具有原子利用率高、结构简单等优点，相较于磁选态铯束原子钟可以实现更高的频率稳定度。国际上最具代表性之一的光抽运小铯钟为美国 5071A 铯钟，其优质管秒级稳定度为 5×10^{-12}，百秒级稳定度为 8.5×10^{-13}，长期频率稳定度超过 1×10^{-14}。近期，北京大学与中国电子科技集团第十二研究所合作开展了将法拉第激光器应用到光抽运小铯钟上的研究。采用单个法拉第激光器作为光源，利用调制转移谱技术将输出激光锁定到铯原子 $6^2S_{1/2}\ F=4 \rightarrow 6^2P_{3/2}\ F'=5$ 跃迁上，并分为两束，一束作为探测光，另一束经过声光调制器(acoustic optical modulator，AOM)移频 251.4 MHz 后对应 $6^2S_{1/2}\ F=4 \rightarrow 6^2P_{3/2}\ F'=4$ 跃迁作为抽运光。因其具有窄线宽、频率不易漂移、短期稳定度好的优势，目前已实现秒级短期稳定度 7.45×10^{-13}，百秒级稳定度 2.9×10^{-13}。

　　法拉第激光器在主动光钟领域也有很高的应用价值。2005 年，北京大学陈景标首次提出主动光钟技术方案[28]，通过采用原子系综作为增益介质，受激辐射可直接作为钟激光信号。2014 年，北京大学庄伟等人实现了利用坏腔法拉第激光器实现的主动光钟[29]，中心频率由铯原子 $6^2S_{1/2}\ F=4 \rightarrow 6^2P_{3/2}\ F'=4，5$ 交叉跃迁谱线决定。由于激光工作在坏腔区域，具有腔牵引抑制和窄线宽的优势，可以有效克服腔长热噪声的问题，利用两套相同的独立系统进行光外差拍频得到的线宽为 281 Hz。

　　法拉第激光器还可应用于水下光通信中。高灵敏度水下无线光通信会受太阳噪声和其他背景噪声干扰，2022 年，北京邮电大学张家梁等人采用 852 nm 法拉第激光器和带宽为 1 GHz 的 FADOF，实现了抗背景噪声的空气-水和水下无线光通信[30]。研究结果表明，使用法拉第激光器后，系统的 Q 因子比使用干涉滤波器时提高了 3.37 dB，在接收端加入 FADOF 滤波，Q 因子相较于无 FADOF 时提高了 14.67 dB，验证了法拉第激光器与 FADOF 的引入可以提升宽带背景噪声干扰下水下光通信的性能。

　　目前法拉第激光器因其优异的性能及巨大的应用潜力，正处在飞速发展中，取得了一系列重要的进步。但仍有一些研究难点，例如，如何精确获得 FADOF 在激光器内部形成谐振腔时的透射谱，如何避免 FADOF 内原子退极化对法拉第激光器性能的影响，如何实现大功率、窄线宽、单纵模的法拉第激光器等是目前法拉第激光器研究中的难点，有待进一步研究攻克。在法拉第激光器未来的发展中，学科交叉融合将扮演重要角色。由于法拉第激光器的性能特点，将其与精密光谱学、冷原子物理相结合的研究将成为未来法拉第激光器的重要研究方向。

2.4.2　法拉第激光器的应用需求

　　传统的窄线宽半导体激光器普遍采用光栅、干涉滤光片、F-P 标准具等器件进行频率选择，已在各领域应用中发挥了重要的作用。但是，上述宏观选频器件没有量子频率参考，且不可避免会受到机械振动、温度等环境因素的干扰。此外，在原子钟等精密测量相关应用中，需要通过精确控制选频器件角度或位置实现对应原子跃迁频率的激光输出。而法拉第激光器采用原子滤光器中原子的跃迁谱线作为频率选择依据，输出激光的频率可自动对准原子跃迁频率，可以实现更好的频率稳定性。其显著优势在于波长对应原子谱线、线宽窄、对温度和电流波动的鲁棒性好，未来有望成为半导体激光器领域的研究热点。法拉第激光器未来有望应用到光通信、激光冷却、高分辨率光谱学、激光传感、激光雷达等领域，成为优质的激光光源。特别地，在量子精密测量领域，对与原子谱线对应的半导体激光器需求巨大。因此，下面将介绍法拉第激光器在量子领域具有的独特优势。

当前，以量子精密测量技术为代表的新一代量子技术俨然已经成为世界各科技强国战略博弈的前沿阵地，竞争空前激烈。各类量子技术的实现，很大一部分利用了激光与原子、离子相互作用的特性(例如原子钟、磁力仪、重力仪、陀螺仪等)，与原子谱线对应的半导体激光器则是量子精密测量技术实现的基础和重要组成部分，其在国防、科学研究和民用经济方面具有不可取代的地位。尤其是在国防军工领域，半导体激光器被广泛应用于量子精密测量、量子计算与量子通信、全球卫星导航和雷达探测等领域。目前在上述应用需求中，主要依赖商品化半导体激光器，但这些半导体激光器基于光栅反馈等方案，频率不能与原子谱线智能化对应，且激光器频率易受电流波动、温度波动影响，存在不可避免的技术短板。频率稳定度不足、长期连续运行能力差等问题在一定程度上制约了量子领域发展。

为了解决该问题，北京大学在 2011 年首次独立提出利用法拉第原子滤光器作为腔内选频器件，并基于此原理研制了对电流、温度波动免疫，输出频率直接与原子谱线对应的法拉第激光器。法拉第激光器利用原子滤光器作为腔内选频器件，输出频率对电流和温度波动免疫，具有压倒性优势。实现的激光器可以在电流波动±35 mA 范围、温度波动±10℃范围内，保持输出波长稳定，并连续工作在原子谱线上，工作时长超过 6 个月，可以解决频率稳定性和长期连续运行的难点问题。法拉第激光器的独特性质，使得其有望很快应用到基准型原子钟、原子重力仪等大型精密测量装置中，减小系统体积，提升系统性能，拓展更广的应用场景，从而进一步带动国际单位制复现及溯源、全球卫星导航系统升级、守时与授时系统建设、信息网络通信、物理原理验证等国防、经济、科学研究领域的发展。

参 考 文 献

[1] M Faraday. On the magnetization of light and the illumination of magnetic lines of force [J]. Philosophical Transactions of the Royal Society of London, 1846, 136: 1-20.

[2] M Faraday. Experimental researches in electricity. Nineteenth series [J]. Philosophical Transactions of

the Royal Society of London, 1846, 136: 1-20.

[3] J Tyndall. Faraday as a Discoverer [M]. New York: D. Appleton, 1868.

[4] 李国峰.《法拉第日记》中有关"磁致旋光"内容的研究[D]. 内蒙古: 内蒙古师范大学, 2006.

[5] P N Schatz, A J Mccaffery. The Faraday effect [J]. Quarterly Reviews: Chemical Society, 1969, 23(4): 552-584.

[6] J A Crowther. The life and discoveries of Michael Faraday [M]. London: Society for Promoting Christian Knowledge, 1918.

[7] J C Maxweel. On physical lines of force [J]. The London, Edinburgh, and Dublin Philosophical Magazine and Journal of Science, 1861, 21(141): 338-348.

[8] 罗斌. 原子滤光器原理及技术[M]. 北京邮电大学出版社, 2018.

[9] D J Dick, T M Shay. Ultrahigh-noise rejection optical filter [J]. Optics Letters, 1991, 16(11): 867-869.

[10] J Menders, K Benson, S H Bloom, et al. Ultranarrow line filtering using a Cs Faraday filter at 852 nm [J]. Optics Letters, 1991, 16(11): 846-848.

[11] B Yin, T M Shay. Faraday anomalous dispersion optical filter for the Cs 455 nm transition [J]. IEEE Photonics Technology Letters, 1992, 4(5): 488-490.

[12] 熊俊宇. 原子滤光器中的关键技术研究[D]. 北京大学, 2018.

[13] J Gelbwachs, C Klein, J Wessel. Infrared detection by an atomic vapor quantum counter [J]. IEEE Journal of Quantum Electronics, 1978, 14(2): 77-79.

[14] P P Sorokin, J R Lankard, V L Moruzzi, et al. Frequency-locking of organic dye lasers to atomic resonance lines [J]. Applied Physics Letters, 1969, 15(6): 179-181.

[15] W D Lee, J C Campbell. Optically stabilized Al_xGa_{1-x}As/GaAs laser using magnetically induced birefringence in Rb vapor [J]. Applied Physics Letters, 1991, 58(10): 995-997.

[16] J Kitching, A Yariv, Y Shevy. Room temperature generation of amplitude squeezed light from a semiconductor laser with weak optical feedback [J]. Physical Review Letters, 1995, 74(17): 3372.

[17] S Machida, Y Yamamoto, Y Itaya. Observation of amplitude squeezing in a constant-current–driven semiconductor laser [J]. Physical Review Letters, 1987, 58(10): 1000.

[18] 鲁学军, 汤俊雄, 郑乐民. 采用 Rb-Faraday 反常色散滤波器的外腔半导体激光器实验研究[J]. 电子学报, 1997(02): 79-82.

[19] 李发泉, 王玉平, 程学武, 等. 半导体激光器的原子法拉第反常色散光学滤波器光反馈稳频 [J]. 中国激光, 2005(10): 15-18.

[20] Miao X Y, Yin L F, Zhuang W, et al. Note: Demonstration of an external-cavity diode laser system immune to current and temperature fluctuations [J]. Review of Scientific Instruments, 2011, 82(8): 086106.

[21] M Zentile. Applications of the Faraday effect in hot atomic vapours [D]. Durham University, 2015.

[22] Tao Z, Zhang X, Pan D, et al. Faraday laser using 1.2 km fiber as an extended cavity [J]. Journal of Physics B: Atomic, Molecular and Optical Physics, 2016, 49(13): 13LT01.

[23] Tao Z M, Hong Y L, Luo B, et al. Diode laser operating on an atomic transition limited by an isotope [87]Rb Faraday filter at 780 nm [J]. Optics Letters, 2015, 40(18): 4348-4351.

[24] Chang P Y, Peng H F, Zhang S N, et al. A Faraday laser lasing on Rb 1529 nm transition [J].

Scientific Reports, 2017, 7(1): 8995.

[25] Chang P Y, Shi H B, Miao J X, et al. Frequency-stabilized Faraday laser with 10^{-14} short-term instability for atomic clocks [J]. Applied Physics Letters, 2022, 120(14): 141102.

[26] Tang H, Zhao H Z, Zhang D, et al. Polarization insensitive efficient ultra-narrow diode laser strictly locked by a Faraday filter [J]. Optics Express, 2022, 30(16): 29772-29780.

[27] Shi H B, Chang P Y, Wang Z Y, et al. Frequency stabilization of a cesium Faraday laser with a double-layer vapor cell as frequency reference [J]. IEEE Photonics Journal, 2022, 14(6): 1-6.

[28] Chen J. Active optical clock [J]. Chinese Science Bulletin, 2009, 54(3): 348-352.

[29] Zhuang W, Chen J. Active Faraday optical frequency standard [J]. Optics Letters, 2014, 39(21): 6339-6342.

[30] Zhang J, Gao G, Wang B, et al. Background noise resistant underwater wireless optical communication using Faraday atomic line laser and filter [J]. Journal of Lightwave Technology, 2022, 40(1): 63-73.

第 3 章　法拉第激光器专用半导体激光二极管

激光二极管(laser diode，LD)，即半导体激光器，自 1962 年问世以来，其性能参数已得到显著提升，取得了长足进步。相较于气体或固体激光器，半导体激光器展现出诸多优势：体积小、质量小、效率高且价格低，同时在泵浦与调制方面实现更为便捷。因此，半导体激光器在量子精密测量、激光光谱分析、冷原子物理、激光通信以及国防军事等诸多领域均得到广泛而深入的应用。

本章将着重阐述激光二极管的基本工作原理以及主要分类，并详细介绍法拉第激光器专用半导体激光二极管的性能特性与制造工艺，旨在帮助读者全面而深入地理解精密测量领域高性能专用激光二极管，推动半导体激光器技术的进一步发展与应用。

3.1　半导体激光二极管

半导体激光器，作为一种小型化的光源设备，其核心工作物质是由直接带隙半导体材料构成的 PN 结或 PIN 结。这些半导体激光工作物质种类繁多，每一种都具有特定的能带结构和电子跃迁特性，从而对应不同的激光波长和光谱特征。目前，科研人员已成功利用多种半导体材料制成了性能各异的激光器，包括砷化镓(GaAs)、氮化镓(GaN)、砷化铟(InAs)、锑化铟(InSb)、硫化镉(CdS)、碲化镉(CdTe)、硒化铅(PbSe)、碲化铅(PbTe)、铝镓砷($Al_xGa_{1-x}As$)以及铟磷砷(InPAs)等。这些材料的发现与应用，不仅丰富了半导体激光器的种类，也为其在科研、工业、军事以及医疗等领域的广泛应用奠定了坚实基础。

半导体激光器的激励方式主要分为电注入式、光泵式和高能电子束激励式三种。其中，电注入式因其易于实现的特点，成为绝大多数半导体激光器采用的激励方式。在电注入过程中，通过给 PN 结施加正向电压，使得结平面区域的载流子发生复合，进而产生受激发射，即在谐振腔的作用之下形成自维持激光振荡的正向偏置的二极管。因此，半导体激光器又称为半导体激光二极管。对半导体增益介质而言，其电子跃迁发生在各宽能带之间，而非分立的窄能级之间。这种跃迁特性使得跃迁能量并非一个确定值，而是呈现出宽谱特征。这种宽谱特性导致半导体激光器的输出波长在一定范围内分布。不同的半导体增益材料发出的波长覆盖 0.3～34 μm 的多个波段，具体波长波段取决于所用材料的能带间隙。例如，

常见的 $Al_xGa_{1-x}As$ 双异质结激光器的输出波
长主要集中在 750～890 nm。图 3-1 展示了
一种 GaAs 激光器的基本结构。其核心部分
为一个长方形的 PN 结,长度约为 250 μm,
宽度约为 100 μm[1]。

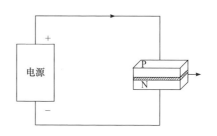

　　整个激光器的体积仅针孔大小,两端面
保持平行,形成激光器谐振腔的前后反射
面。半导体增益介质作为激光器的核心部

图 3-1　半导体激光器基本结构示意图

件,其内部能级分裂形成导带和价带,导带和价带之间的带隙称为禁带,其宽度
用 E_g 来表示。当价带中的电子受到外部刺激跃迁至导带时,价带会相应产生空穴
(可视为正电荷),电子与空穴共同被称为“载流子”。当 P 型半导体与 N 型半导
体接触时,会形成 PN 结。在 PN 结两端未施加电压时,由于 PN 结内建电场的作
用,载流子的进一步扩散会被抑制。

　　半导体中的光发射现象主要是由载流子复合所引发。当半导体 PN 结外加正
向电压时,PN 结的势垒降低,使得电子注入 N 区,空穴注入 P 区,进而发生复
合并发射出特定波长的光子。复合发射光子的波长由半导体的禁带宽度 E_g 决定:
$\lambda = hc/E_g$。

　　半导体激光器体积小、质量小、造价低、寿命长(可长达数万小时以上)等显著
优势,且采用简便的电泵浦方式,易于与其他元件集成。这些特点使其在光通信、
光存储、量子精密测量等领域得到广泛应用。

3.1.1　基本原理

　　半导体激光器作为一种相干辐射光源,其产生相干辐射需满足三个基本
条件:

　　(1) 与其他激光器对应的布居数反转条件,对于半导体激光器,就是处在高能
态导带底的电子数比处在低能态价带顶的空穴数多,这对应一种电子空穴对的分
布。这种分布是靠给异质结加正向偏压,向有源层内注入必要的载流子来实现的,
为此需要泵浦源。

　　(2) 有一个合适的光学谐振腔,使受激辐射在其中得到多次反射从而形成自
维持的激光振荡。

　　(3) 为了形成稳定振荡,必须能提供足够大的增益使光增益等于或大于各种
损耗之和。对于电流注入泵浦的情况,需要满足一定的电流阈值条件。

　　下面就上述几个问题分别进行讨论。

1. 受激辐射的物理过程

以具有两个分立能级的简单原子系统为例，考虑两个能级 E_1 和 E_2，如图 3-2 所示，设 E_1 为基态能级，E_2 为激发态能级。在常温下大部分电子处于基态。当原子在 E_1 与 E_2 两个能级之间跃迁时将产生自发辐射、受激辐射和受激吸收三个基本过程[2]。

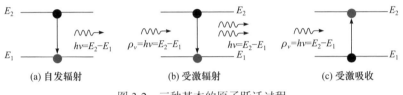

图 3-2　三种基本的原子跃迁过程

图 3-2(a)为处于高能级 E_2 的原子自发地向较低能级 E_1 跃迁，并发射一个能量为 $h\nu=E_2-E_1$ 的光子，这一过程称为自发辐射。自发辐射的特点是，每个原子的跃迁是独立、自发地进行，彼此之间没有关联，因此，发出的光是杂乱无章的非相干辐射。自发辐射的寿命也就是原子处于激发态的平均时间，一般为 $10^{-9}\sim10^{-3}$ s。对应增益半导体中的电子，寿命的长短取决于半导体参量，如禁带宽度及复合中心的密度等。

图 3-2(b)所示为当能量为 $h\nu$ 的光子辐射作用在处于受激能级 E_2 的原子上时，原子因受激而从不稳定的受激能级 E_2 跃回到基态，并发射出频率、相位和方向都与入射辐射光子相同的光子，这一过程称为受激辐射。

图 3-2(c)所示为原子接收辐射能 $h\nu$，从基态能级 E_1 跃迁至受激能级 E_2 受激吸收的过程。原子在激发态是不稳定的，有自发返回基态的趋势，并放出能量为 $h\nu$ 的光子。

在激光工作物质中，外来的光子 $h\nu$ 可以引起激发态原子的受激辐射，同时也可能被基态原子所吸收，这两个过程是同时存在的，且受激辐射与受激吸收的概率相同。在常温下基态原子比激发态原子数要多很多，因而吸收大于发射。要产生激光，必须使总发射大于总吸收。因此，产生激光的必要条件之一是受激辐射占主导地位。

2. 粒子数反转分布

为了使激光工作物质中的受激辐射占据主导地位，需要从外部对工作物质进行能量注入，比如采取光激励或正向 PN 结注入等方式。这些方式能有效增加处于激发态的载流子数量，使其显著超过处于基态的载流子数量，从而实现载流子分布的反转，而粒子数的反转不仅使受激辐射由次要地位变为主导地位，更是产生激光发射的必要条件。

有多种途径可以实现激光物质中的粒子数反转分布。固体激光器常通过特定谱线的强光照射激光物质来实现;而气体激光器则常用气体电离的方法。对半导体而言,其电子能量由一系列近乎连续的能级构成的能带表示。为了在半导体中实现粒子数反转,需确保在两个能带区域之间,高能态导带底的电子数量远大于低能态价带顶的空穴数量。这通常通过给 PN 结施加正向偏压,向有源层注入载流子的方式来实现,使基态原子跃迁至激发态,进而将电子从低能量的价带激发至高能量的导带。当大量处于粒子数反转状态的电子与空穴复合时,便会引发受激发射作用。

3. 谐振腔

激光的产生离不开粒子数反转分布这一核心条件。尽管工作物质在发生粒子数反转后,其增益得到了提升,但这还不足以实现激光的产生。为了使发射出的光束产生激射,须进一步确保能够实现"振荡"并形成谐振。这一过程依赖于光学谐振腔的作用,它能够使相干发射的输出得以实现。而谐振腔的正反馈机制,则有助于光强的不断积累,从而最终产生激光。

在激光工作物质的两侧放置两块平行的反射镜,形成光的"共振"现象,这个装置通常被称为"共振腔"或"谐振腔"。在这个谐振腔中,不是所有方向的光子都能产生共振。那些方向不与谐振腔轴线平行的光子,会被反射出腔外。只有那些方向与谐振腔轴线平行的光子,才能在谐振腔中产生共振现象,并得到增强,最终转化为受激辐射。具体来说,这些平行于腔轴的光子在腔内来回反射,不断地穿过工作物质。每穿过一次,光子就会因为受激辐射而得到增强,使得光子数量持续增长。在半导体激光器的设计中,通常谐振腔和工作物质是结合在一起的,一般利用半导体晶体自身的解理面作为谐振腔,既简化了结构,又提高了效率。

当受激辐射的光子在谐振腔中来回反射时,它们会因为散射、透射和吸收等原因而逐渐损耗。如果光子在腔内来回反射一次所产生的新光子数量远远多于损耗的数量,即腔内的增益远大于损耗,那么就可以实现激射,随着增益加大,最终增益和损耗达到动态平衡,这个过程就可以持续进行,产生稳定的激光谐振。此外,光子在谐振腔的两个反射面之间来回反射时,会形成两列方向相反的光波。这两列光波需要叠加形成驻波,这种振荡才是稳定的。也就是说,这两列光波需要达到一种平衡状态,才能产生稳定的激光输出。为了产生稳定的振荡,谐振腔的长度 L 必须恰好等于辐射光半波长的整数倍。因为只有当腔长与光波波长满足这种关系时,光波在腔内反射和叠加的过程才能达到最佳的平衡状态,从而确保激光的稳定输出,即

$$L = m\left(\frac{\lambda}{2n}\right) \tag{3-1}$$

式中，n 为介质折射率；m 为正整数，不同的 m 值对应不同波长的驻波。

　　通常将在谐振腔内沿腔轴方向形成的各种可能的驻波称为谐振腔的纵模。谐振腔的谐振频率或称纵模频率可由式(3-1)推导出：

$$v = \frac{mc}{2nL} \tag{3-2}$$

纵模频率 v 与腔体长度 L 及在介质材料中的折反射次数有关。

　　形成光反馈的光学谐振腔有多种形式，其中最简单的是法布里-珀罗腔(F-P 腔)。这种谐振腔的特点是结构简单，且不需要额外添加反射镜，而是直接利用半导体激光器两端的解理面作为反射镜。解理面是半导体晶体经过特定方式切割后形成的平面，它们具有良好的反射性能，能够将光子反射回谐振腔内，从而实现光反馈。图 3-3 为 F-P 腔示意图，反射率为

$$R_m = \left(\frac{n'-1}{n'+1}\right)^2 \tag{3-3}$$

式中，n' 为增益介质的折射率，其典型值为 3.5，因而解理面的反射率为 30%。

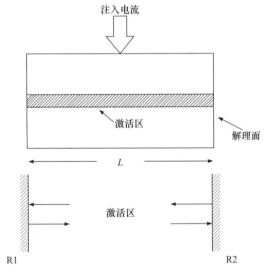

图 3-3　法布里-珀罗光学谐振腔示意图
(R1、R2：反射镜)

　　在实际的光学谐振腔中，总会存在各种损耗，如果光增益不够大，无法补偿这些损耗，就会导致激光器无法稳定地输出激光。为了实现激光器的稳定振荡，增益必须达到或超过总损耗，这个临界点的增益被称为阈值增益。因此，需要向

激光器注入一定的电流以达到阈值增益，这个电流被称为阈值电流。

设一振幅为 E_0，频率为 ω，波数 $k=n\omega/c$ 的平面波，在长度为 L、功率增益系数为 g 的光腔中往返一次后，其振幅将增大 $\exp[(g/2)(2L)]$ 倍，相位变化为 $2kL$。考虑到激光器内的各种吸收和散射损耗，以及端面透射输出，其振幅变化为 $\sqrt{R_1R_2}\exp(-\alpha_{\text{int}}L)$，$R_1$、$R_2$ 为端面反射率，α_{int} 为腔内总损耗率。在稳定工作时，光波在腔内往返一次强度 E_0 应保持不变。即

$$E_0\exp(gL)\sqrt{R_1R_2}\exp(-\alpha_{\text{int}}L)\exp(i2kL)=E_0 \tag{3-4}$$

令等式两边振幅和相位分别相等，则得

$$g=\alpha_{\text{int}}+\frac{1}{2L}\ln\left(\frac{1}{R_1R_2}\right) \tag{3-5}$$

$$2kL=2m\pi \quad \text{或} \quad v=v_m=mc/2nL$$

式中，$k=2\pi nv/c$；m 为整数。

激光器稳定工作需要满足振幅和相位两个条件。振幅条件规定了增益和电流的最小值，这意味着只有当增益和电流达到或超过某一特定值时，激光器才能稳定地工作。相位条件则规定了激光器的振荡频率必须是 $v_m=mc/2nL$ 中的一个，这些频率与光学谐振腔的长度有关，称为纵模。只有当某个纵模的增益大于或等于损耗时，它才能在该频率上形成激光输出。激光器纵模分布如图 3-4(a)所示，相邻纵模频率间隔为 $c/2nL$；图 3-4(b)所示为增益曲线，揭示了不同频率下的增益特性。对于 F-P 腔，所有频率的光子具有相同的损耗，因此，只有那些增益大于损耗的纵模才能够产生激光辐射。根据激励的纵模数量，激光器可以分为多纵模激光器和单纵模激光器。多纵模激光器意味着有多个纵模同时被激励，单纵模激光器则只激励一个纵模。为了实现单纵模激光器，可以采用在谐振腔中加入色散元件或使用外腔反馈等选频方法。

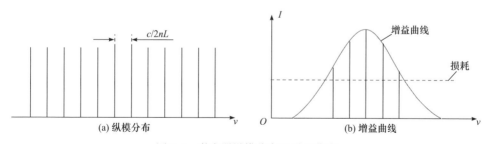

图 3-4　激光器纵模分布及增益曲线

3.1.2　主要分类

半导体激光器按结构可分为同质结、单异质结、双异质结等类型。本节将着

重介绍异质结型半导体激光器。

1. PN 结型二极管注入式激光器结构与原理

结型激光器的 4 种不同谐振腔结构如图 3-5 所示。其中，F-P 腔是最常用的结构，其余 3 种因制造较难，发射激光效率较低，在实际应用中较少使用。

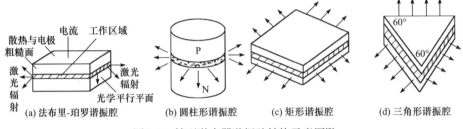

(a) 法布里-珀罗谐振腔   (b) 圆柱形谐振腔   (c) 矩形谐振腔   (d) 三角形谐振腔

图 3-5   结型激光器谐振腔结构示意图[2]

GaAs 是具有发射激光能力的半导体材料[2]，目前 GaAs 激光得到相对广泛的应用。Ⅳ～Ⅵ族化合物如 PbSe、PbTe 和 PbS 等，它们也都具有发射激光的能力。这些化合物的存在进一步丰富了激光器的材料选择，使得人们可以根据需要，选择适当的材料来制造不同频率的半导体激光器。

为了使处于激发态的载流子数远大于处于基态的载流子数，PN 结的两侧需要使用高浓度的掺杂半导体材料，掺杂浓度通常达到 $10^{18}\sim10^{19}$ cm^{-3}。这样的掺杂浓度能使费米能级进入导带和价带，为激光的产生创造有利条件。在图 3-5(a) 中，F-P 腔的左右两侧是主要的激光输出端面，是一对平行的解理面或抛光面，并且这两个面与 PN 结的平面垂直。这两个端面就像反射镜一样，构成了谐振腔的端部反射面，使激光在腔内来回反射，增强激光的强度。谐振腔的左右面则设计为粗糙的表面，这样可以消除主要输出方向以外其他方向上的激光，确保激光从前后两侧输出。在这种谐振腔上焊上引出线后，为二极管提供工作所需的电能，即可驱动 PN 结中的电子和空穴运动，产生激光。

结型激光器使用重掺杂半导体材料，在没有外界激励作用时，P 区价带顶没有电子，这意味着该区域的电子都已经被填满到较低的能级上。而 N 区导带底有高浓度的电子，这是因为 N 区的掺杂使得更多的电子被引入导带，从而提高了电子的浓度。

图 3-6 展示了给 PN 结施加正向偏压后形成的能带结构。在此结构中，由于外加电压 U 的作用，N 区的费米能级进入导带，而 P 区的费米能级进入价带。这种变化导致 PN 结之间的势垒降低。势垒的降低使得大量电子能够轻易地从 N 区越过势垒，与 P 区的空穴进行复合。在此过程中，电子与空穴的能量以光子的形式释放出来，光子能量为 $h\nu$。同时，P 区的空穴也可以流向 N 区与电子复合，同

样发射出光子。当外加电压足够大，即 qU 大于或等于材料的禁带宽度 E_g 时，光子的能量 hv 也会大于或等于 E_g。在这种情况下，势垒区及其两侧的扩散长度范围内，会出现一个分布反转区。这个区域就是激光发射的工作区，其中的电子和空穴分布发生了反转，使得更多的电子和空穴能够复合并发射光子。最后，通过端面反射的反馈机制，这些光子在 PN 结内部被反复反射和增强，最终产生激光。这种结构和工作机制使得结型激光器能够高效地产生激光。

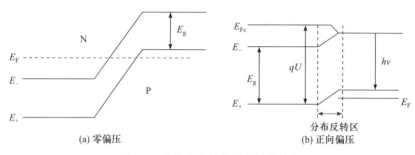

(a) 零偏压　　　　　　　　　　(b) 正向偏压

图 3-6　重掺杂半导体材料能带结构

2. 异质结激光器

PN 结(同质结)激光器在室温下阈值电流过高，导致它无法在常温实现连续振荡，严重限制了其实际应用。为了解决这一问题，1963 年 Kroemer 提出了采用异质结结构[3]。这种方法是在较窄禁带宽度的材料两侧加上较宽禁带宽度的材料。载流子(电子和空穴)的运动被有效地限制，提高了结区的载流子浓度。由于载流子浓度的增大，受激辐射的效率也相应得到提升。这一技术革新使得半导体激光器的研制从同质结转向异质结。

1) 单异质结激光器

图 3-7 所示为单异质结激光器的能带结构图，其中，在 GaAs 的 PN 结上，通过分子束外延或液相外延法，形成 GaAs-Al$_x$Ga$_{1-x}$As 异质结。这种异质结的特点在于，GaAs 和 Al$_x$Ga$_{1-x}$As 的禁带宽度存在差异。这种差异在界面处形成一个较高的势垒。当电子从 N-GaAs 注入到 P-GaAs 中时，这个势垒会阻碍电子继续向 P-Al$_x$Ga$_{1-x}$As 扩散。与没有这种势垒的情况相比，P-GaAs 层内的电子浓度增大，从而提高了辐射复合的概率。这意味着有更多的电子能够与空穴结合，产生更多的光子，从而提高激光器的发光效率。此外，P 型 AlGaAs 对来自 P 型 GaAs 的发光吸收系数小，这意味着光子在通过 P 型 AlGaAs 时损失的能量较少。而且，由于 AlGaAs 的折射率较 GaAs 低，限制了光子进入 AlGaAs 区，使得光子在 P-GaAs 区内得到反射并被局限在这个区域内。由于电子和光子在异质结面上都受到了限制，减小了损耗，因而降低了阈值。

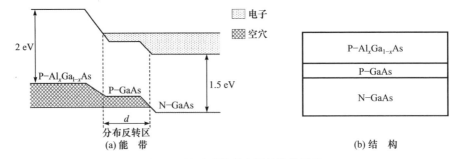

图 3-7　单异质结激光器的能带结构

低温时，单异质结与同质结阈值电流密度相差无几。当环境温度发生变化时，异质结激光器的阈值电流密度对温度的敏感性相对较低。例如，在室温下，其阈值电流密度可以降低到 8000 A/cm^2。尽管如此，这种激光器在室温下仍然只能实现脉冲振荡，无法做到连续振荡。为了更进一步地降低阈值电流，实现在室温下的连续振荡，研究者开发了双异质结激光器。

2) 双异质结激光器

图 3-8(a)所示是双异质结激光器的能带结构。在这种结构中，GaAs 两侧分别是 N 型 Al$_x$Ga$_{1-x}$As 和 P 型 Al$_x$Ga$_{1-x}$As，作用区两侧具有对称性，因而激光作用区在 N 区或 P 区皆可。以 P 型为例，当施加正向偏压时，电子会注入到作用区并到达 P-GaAs 和 P-Al$_x$Ga$_{1-x}$As 的界面。在这个界面上，电子会遇到一个势垒，这个势垒会阻止电子进入 P 型 Al$_x$Ga$_{1-x}$As 层。由于这个阻挡作用，P 型 GaAs 层中的电子浓度会增大，从而提高激光器的增益。此外，N 型 Al$_x$Ga$_{1-x}$As 与 P 型 GaAs 之间的势垒还避免了单异质结激光器中常见的空穴注入现象。这样一来，工作区的电子和空穴浓度都会增加，电子和空穴复合的概率也随之提高。另外，由于两个界面处的折射率都发生了较大突变，光子被更有效地限制在作用区内，减少了能量的损失。因此，双异质结激光器的阈值电流进一步降低到 1000～3000 A/cm^2，实现了室温下的连续振荡。实验证明，阈值电流随温度的变化也较小。

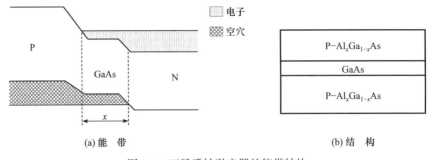

图 3-8　双异质结激光器的能带结构

当前，异质结激光器的主要发展目标是进一步降低其阈值电流密度以及提高激光器效率。此外，扩展异质结激光器的光谱波段也极为重要，这意味着激光器能够覆盖更广泛的光波范围，满足更多领域的应用需求，为科学研究和技术应用提供更为丰富的光源选择。

3.1.3　性能特点

1. 阈值电流

为了保持激光的连续振荡，需要确保光子的产生速率大于其被吸收和损耗的速率。这种刚好能够补偿吸收和损耗的光子产生速率，称为阈值。简单来说，阈值就是激光器开始产生激光所需的最小光子产生速率。图 3-9 展示了激光器的光输出特性曲线，I_{th} 表示阈值电流，也就是当激光器达到阈值增益时所需注入的电流密度。当注入电流较低时，主要产生的是自发辐射，但随着电流值的逐渐增大，增益也会相应增加。当电流达到阈值电流时，就开始产生激光。

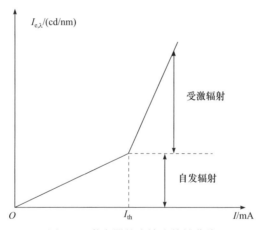

图 3-9　激光器的光输出特性曲线

影响阈值的主要因素：①晶体掺杂浓度增加会使得阈值降低。②谐振腔的损耗越小，阈值也会越低。例如，通过增加反射率，可以减少损耗，从而降低阈值。③阈值还与半导体材料的结型有关。一般来说异质结的阈值电流比同质结要低，室温下同质结的阈值电流超过 30000 A/cm²，单异质结大约是 8000 A/cm²，而双异质结只有约 1600 A/cm²。④温度也是影响阈值电流的重要因素。在低温下，阈值电流会随着掺杂浓度的增加而增大；而在高温下，阈值电流则与温度的三次方成正比。所以，温度越高，阈值也就越高。因此，为了确保激光器稳定工作，最好在低温和室温下使用半导体激光器。

2. 光谱特性

结型激光器的频谱分布与其所使用的半导体材料密切相关。例如，使用 GaAs 材料制作的激光器在 77 K 的低温下会发出波长为 840 nm 的激光，而 InP 材料则在 30 K 时发出波长 910 nm 的光。典型 GaAs 激光器的频谱分布如图 3-10 所示，当电流低于激光器的阈值时，光谱主要由自发辐射产生，此时产生的是非相干的光，因此频谱线很宽，如图 3-10 中曲线 1 所示。然而，随着电流的逐渐增加，受激辐射开始占据主导地位。一旦电流超过阈值，受激辐射的强度会急剧增加，同时频谱线也会变窄。此时，光强和增益系数之间呈现指数关系，如图 3-10 中的曲线 2 和曲线 3 所示。在某一特定频率下，光谱线会被增强得最为显著。这个特殊频率实际上就是谐振腔内形成的驻波频率，也是激光器发出的激光频率。

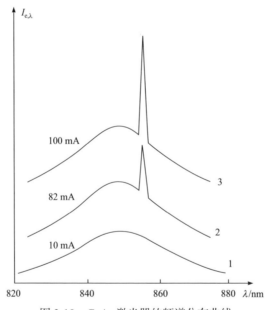

图 3-10　GaAs 激光器的频谱分布曲线

3. 温度特性

半导体激光器对温度变化很敏感。当温度升高时，激光器的阈值电流也会相应增大，如图 3-11 所示。此外，随着温度的升高，半导体的禁带宽度会逐渐变小，这将导致整个光谱向长波方向移动。因此，在使用半导体激光器时，需要注意温度对其性能的影响，以确保其稳定工作。

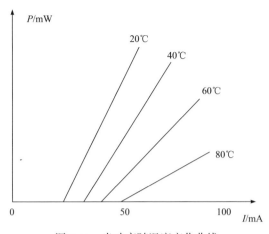

图 3-11　光功率随温度变化曲线

4. 相对强度噪声

激光器的相对强度噪声(relative intensity noise，RIN)是激光器在产生激光时，由于激发态粒子随机的自发辐射跃迁导致输出光强产生的微小起伏。激光器的相对强度噪声定义为功率波动平方的统计平均与平均光功率的平方之比。这一指标能够量化地衡量激光器的噪声特性，对实际应用具有重要意义。

$$RIN = \frac{\left\langle \delta P(t)^2 \right\rangle}{P_0^2} \tag{3-6}$$

5. 光谱线宽

二极管激光器的线宽主要是因为输出相位存在不稳定的抖动变化。这种相位抖动主要来源于两个方面：一是自发辐射光子的随机叠加，这在所有激光器中都存在，它会让激光的相干性变差；二是载流子密度的变化，激光的增益和折射率都与载流子密度直接相关，一旦密度发生抖动，激光的相位也会受到影响。

半导体激光器的光谱线宽是一个非常关键的参数，它表征着激光的光谱纯度或者相干性。特别是当 F-P 腔半导体激光器在直接调制工作状态时，都会发生谱线展宽现象。这种展宽现象会随着调制速率的增加而变得更加明显，特别是在偏置电流低于阈值的情况下，展宽现象会更为严重。这是因为当电流接近阈值时，注入的载流子浓度会发生快速变化，导致自发辐射光场的相位产生波动，从而使得谱线变宽。

虽然激光器的振荡模式和光谱线宽的形成机制并不完全相同，但通过采取适当的有效措施，既可以实现单模振荡，又可以压窄线宽。采用 FADOF 选频机制的法拉第激光器就是例证。

3.2　法拉第激光器专用半导体激光二极管制造工艺技术

3.2.1　半导体材料

　　二极管激光器的性能很大程度上依赖于所选择材料的属性。只有极少数半导体材料具备制造高品质激光器所需的特性。在制备双异质结构的激光器时，至少需要找到两种兼容的材料，分别作为外覆层和有源区的材料。对于更复杂的设计，可能需要使用三到四种不同带隙的材料，而且这些材料需拥有一致的晶体结构和相似的晶格常数，因为材料中的缺陷会成为非辐射复合的中心，会损耗掉那些原本能为激光器提供增益和发光的注入载流子。只有具备相同的晶体结构和相似的晶格常数，才能通过外延生长技术在一种材料表面上生长出无缺陷的另一种材料单晶薄膜。

　　对于半导体激光器材料，将输入的电能高效转化为光能的能力至关重要，这要求注入的电子和空穴能够直接进行复合辐射，从而产生足够的光增益，达到甚至超过激射所需的阈值。因此，半导体材料应该是直接带隙类型的。大部分Ⅲ-Ⅴ族化合物，无论是二元、三元还是四元化合物，都属于此类型半导体材料。所以Ⅲ-Ⅴ族化合物被视为制造半导体激光器的理想材料。目前，研究者已经对Ⅲ-Ⅴ族、Ⅱ-Ⅴ族以及Ⅴ-Ⅵ族化合物作为光发射器件材料进行了广泛研究。这些化合物所覆盖的波长范围非常广泛，图 3-12 展示了几种常用化合物的发射波长范围及其应用领域。

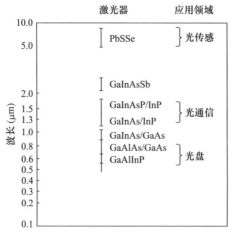

图 3-12　常用的几种化合物的发射波长范围及应用领域

3.2.2　半导体激光器制造技术

为了制造半导体激光器，需要在适当的基底上利用外延生长技术，培育出晶格匹配的单晶层，并严格控制其层厚，以实现半导体激光器所需的层状结构。以下简要概述用于制备所需薄层材料的几种技术方法。目前，应用最为广泛的三种核心技术是液相外延(liquid phase epitaxy，LPE)、分子束外延(molecular beam epitaxy，MBE)以及有机金属气相外延法，后者也被称为金属有机化学气相沉积(metal-organic chemical vapor deposition，MOCVD)。这三种方法分别基于在液态、真空或气体流动条件下的材料生长[4]。

1. 液相外延(LPE)

1963 年，Nelson 等人提出液相外延(LPE)技术。该技术利用低熔点金属(如 Ga、In 等)为溶剂，待生长材料(如 Ga、As、Al 等)和掺杂剂(如 Zn、Te、Sn 等)为溶质，形成饱和或过饱和溶液。通过降温使溶质析出，在单晶衬底上生长相似晶体结构的材料，实现外延生长。LPE 可生长 Si、GaAs、GaAlAs、GaP 等多种半导体材料的单晶层，用于制作光电子器件和半导体激光器等。图 3-13 展示 LPE 系统横截面，衬底置于石墨滑板凹处，溶液填充于小槽中，材料从小槽溶液中生长。整个结构置于精准控温的熔炉中，通过逐步降温调控材料生长。目前，二极管激光器的制造中，LPE 已逐渐被金属有机化学气相沉积(MOCVD)技术取代，后者在材料生长和质量控制方面更具优势。

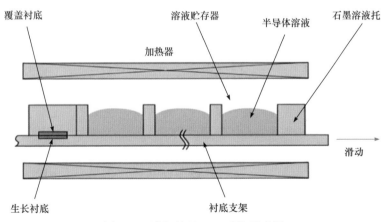

图 3-13　液相外延(LPE)系统示意图

2. 金属有机化学气相沉积(MOCVD)

金属有机化学气相沉积法，或有机金属化合物气相外延法，也称 MOCVD 或

MOVPE 法。此技术以有机金属化合物的气体分子形式，借助 H_2 送入反应室进行热分解，生成化合物半导体。通过控制气体流量，MOCVD 法可以灵活调整化合物组成及掺杂浓度。其设备简易，生长速度快，周期短，适合批量生产[5]。MOCVD 系统主要包括反应腔、气体控制及混合系统、反应源及废气处理系统[6]。系统通过气阀和气体管路获取混合气体，送至生长反应器。衬底置于特制基座上，基座加热常采用射频感应或电阻加热技术。MOCVD 系统可运行在低压或大气压模式，大气压系统虽高效利用反应物气体，但薄膜均匀性差，清洗反应器耗时；而低压系统则适用于需高度纯净界面的制造，如量子阱结构。图 3-14 为金属有机化学气相沉积(MOCVD)系统示意图。

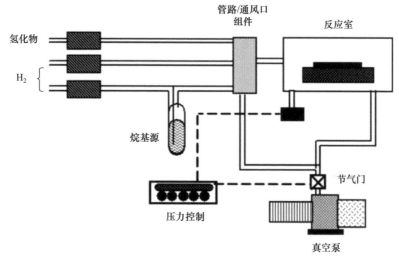

图 3-14　金属有机化学气相沉积(MOCVD)系统示意图

3. 分子束外延(MBE)

分子束外延是一种在超高真空条件下，通过精确控制分子或原子束在单晶基片上的沉积，逐层生长高质量晶体薄膜的技术。其优点包括低衬底温度、慢生长速率、精确的束流控制以及灵活的膜层组分和掺杂浓度调整。MBE 能制备超薄单晶薄膜和超薄层量子显微结构材料[7]。图 3-15 展示了采用固体源的 MBE 生长腔横截面，其中，超高真空环境确保原子束纯净浓缩，液氮低温罩维持系统连通性和生长环境纯净。MBE 利用化学计量控制，通过调整衬底温度和元素流量，精确控制生长过程。在 AlGaAs 系统生长中，须特别注意控制温度以减少 Al 元素的氧化，从而确保激光器的性能。

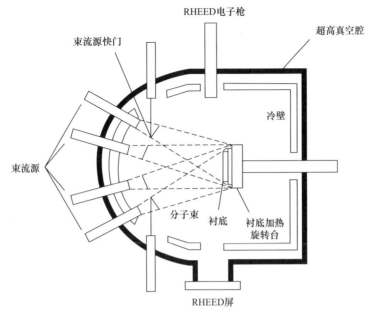

图 3-15　分子束外延(MBE)系统示意图

3.2.3　制造工艺流程

　　虽然半导体激光器的制造工艺从原理上与半导体电子器件的工艺有很多相似之处，但光电子器件在材料、结构和性能方面的独特要求，使得制造过程中需要采用一系列新的工艺和技术。特别是在制造量子阱和超晶格器件时，这一点尤为突出。图 3-16 所示为半导体激光二极管的主要工艺步骤及制造流程[8]。

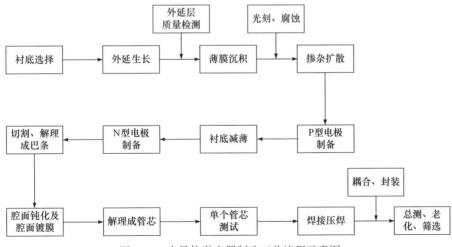

图 3-16　半导体激光器制造工艺流程示意图

从流程图中可以明显看出，衬底的选择是器件制造的首要步骤。在选择衬底时，需要考虑多个关键因素。首先，衬底必须与形成异质结的材料实现晶格匹配，还需要加入缓冲层以提高匹配度。其次，需要确定生长面的晶向，或者允许其偏离一定角度，以确保生长的薄膜具有所需的物理和化学性质。此外，衬底的掺杂浓度也是一个重要的参数，它直接影响器件的性能。同时，还需要确保衬底表面和内部的缺陷密度尽可能低，表面平整、光亮且无划痕。最后，衬底必须具有一定的厚度，以保证芯片在后续加工和使用过程中具有足够的机械强度。

外延生长工艺是半导体激光器制造的核心工艺，对于决定器件的整体性能以及最终的成品率起着至关重要的作用。在制造过程中，沉积 SiO_2 或 Si_3N_4 薄膜，其主要目的是在光刻后，利用这些薄膜在扩散或腐蚀过程中发挥掩蔽作用。考虑到部分 III-V 族材料在高温环境下会出现热腐蚀现象，因此在实际操作中，更倾向于采用低温沉积工艺，以确保制造过程的稳定性和可靠性。

腐蚀是激光器制造中另一关键工艺，它根据激光器的设计结构和所用材料，精确地制备出所需的各种形状，通常结合激光器的结构特点和所选材料来精准实施。腐蚀技术主要分为干法腐蚀和湿法腐蚀（或称化学腐蚀）两大类。干法腐蚀进一步细分为等离子刻蚀、反应离子刻蚀以及磁回旋共振刻蚀等多种方法，每种方法都有其特定的应用场景。在实际应用中，除特别精细的结构外，通常采用化学腐蚀法来制备形态各异的 V 形、正梯形、倒梯形沟槽，或是凸起的脊形条、台阶等结构。这种方法简单有效，适用于大多数场景。此外，会利用二次外延生长技术，制造出折射率导引激光器，从而实现对侧模的精准控制。而干法腐蚀则更多地被用于微小尺寸的精细刻蚀工作，其高精度和高效率的特性使得它在处理复杂、精细的结构时具有显著优势。通过这两类腐蚀技术的综合灵活运用，能够确保激光器的制造质量和性能满足实际应用的需求。

扩散技术是一种广泛应用于半导体器件制造的重要工艺，通过该工艺可以有效地改变半导体材料的电学和光学性质，是实现器件性能优化和功能多样化的关键手段之一。

电极制作，也称为欧姆接触制备，是半导体激光器制造中看似简单却至关重要的工艺。欧姆接触的性能好坏直接关系到器件的功率转换效率，同时也会影响器件在工作时的热状态，进而对器件的可靠性和使用寿命产生深远影响。尽管目前对于 GaAs、InP 等系列的 N 型和 P 型材料，欧姆接触的制备工艺已经相对成熟，但当需要开发新波长范围的激光器时，仍然面临着欧姆接触电阻率过高这一难题。因此，不断优化和提升欧姆接触的制备技术，对于提高半导体激光器的性能和可靠性至关重要。

解理技术是一项技术性极强的工艺，主要用于将已制造完成的器件芯片精细地分解成单个管芯。通常利用金刚石刀或薄刀片，在已减薄的衬底晶体的解理面方向上施加适度的切压力，从而将衬底晶体解理成巴条，巴条上的解理面形成完全平行的 F-P 腔面。一般情况下，为了获得更好的性能和可靠性，需要对 F-P 腔面进行腔面钝化及腔面镀膜，腔面的反射率根据需要设计。腔面镀膜完成后，再沿垂直于镜面的方向切割出设计好的单个管芯。完成切割后，再对管芯进行严格的测试与筛选。随后，将管芯焊接到管壳的热沉上，以增强其散热性能。金丝电极的键合则采用热压焊或超声球焊机来完成，以确保电极连接的稳定性和可靠性。最后，经过耦合封装工艺，制备出可以实际应用的半导体激光器件。整个过程中，每一步操作都需精细控制，以确保最终产品的性能和质量达到最佳状态。

半导体激光器的后步工艺包括烧焊、键合、耦合和封装[9]，下面逐一进行简要介绍。

1. 烧　焊

将经过检测的合格管芯通过焊料烧结至热沉上，是制造半导体激光器的一个重要工艺环节。在选择热沉材料时，应优先考虑其导热性能，确保与管芯的热膨胀系数相匹配，以减少微裂痕的产生，从而防止退化现象。同时，在选择热沉材料时，还需考虑不产生污染、便于加工等因素。一般而言，无氧铜涂敷 Au 层是常用的热沉材料，在特殊情况下，也会使用 Si、金刚石、AlN 或 BeO 等材料，以满足特定的应用需求。烧焊方法的选择也是关键，主要包括真空烧焊和成形气体保护烧焊两种。具体选择需要根据焊料的性质及工艺要求来决定。焊料的选择同样重要，常见的包括纯 In、纯 Sn、Au-Sn 或 Au-Ce 易熔合金，有时也采用 Pb-Sn(含 Pb 40%)合金。在烧焊过程中，需确保焊料与管芯粘结牢固且均匀，同时避免使用过多的焊料和过高的温度，以防焊料溢出底面，损坏解理面，甚至污染有源区。

2. 键　合

键合是利用金丝(∅50μm 左右)或金箔带(宽几十 μm)，用超声焊或热压焊，或两者兼有的方法把电极连接在管芯上，以作电流注入的引线。焊接过程中，焊点的牢固性至关重要，但同时也需注意避免施加过大的压力，以免对管芯造成微损伤。特别是当压力过大时，金丝的根部可能遭受损伤，因此需精确控制焊接过程中的压力。

3. 与光纤耦合

在部分应用领域，半导体激光器的激光输出需采用光纤输出的方式，但因其光束发散角大、方向不对称且截面呈椭圆形，与光纤耦合困难。一般可将光纤端头制成球透镜或圆锥形进行耦合，以提升耦合效率。对于端面为球透镜的光纤，其耦合效率可提高到 60%，对圆锥形端头可达 80%。球透镜通过烧熔光纤端头制成，使之自然收缩成为一个小球，起到短焦距透镜的作用。圆锥形透镜则通过烧熔并拉细光纤前端形成，使其光纤数值孔径增加(增加 a_n/a_1 倍，a_n 为光纤本身的半径，a_1 为光纤锥部前端的半径)，增加光纤数值孔径，提高聚光能力。这些方法装置简单、制造易行且效果显著，在批量生产中已广泛应用。

4. 封　装

封装所使用的管壳种类繁多，主要有双列直插式和同轴型两种类型。在结构上，主要有光纤耦合输出和光窗两种形式。为了确保封装的可靠性，全金属化以及良好的密封性至关重要，以确保不漏气。此外，根据特定的需求，管壳内部可能还需配备温控、光控传感器以及半导体致冷器等设备，甚至有时还需集成驱动电路。这些附加设备的选择取决于实际的应用需求。

3.2.4　镀超低反射率增透膜的激光二极管

利用半导体激光二极管构建的外腔半导体激光器(ECDL)具有线宽窄、可调谐、频率稳定性高等优势，除可应用于量子频率标准、激光冷却和高分辨率光谱学等基础研究之外，还被广泛应用于光存储、光通信、激光传感、激光雷达等领域。对于此类应用，激光频率稳定性至关重要，通常可以采用光栅、法布里-珀罗标准具、干涉滤光片、棱镜等宏观选频器件，但这些宏观选频器件对温度、电流变化，以及机械振动敏感，无法满足量子精密测量等领域对高精度频率稳定性激光光源的要求。

2011 年，北京大学缪新育等人创新提出采用法拉第原子滤光器(FADOF)作为选频器件的法拉第半导体激光器[9]，基于磁致旋光效应，输出激光可以直接对应原子谱线，具有良好的温度、电流抗扰动性能，可提供有效的长期稳定性。

根据激光物理基本原理，外腔半导体激光器的激射频率为增益最大的模式频率。图 3-17 显示了激光器中不同光学元件对激光增益的贡献：①激光介质，这取决于半导体激光材料的特性，介质的增益是很宽的光谱，其峰值主要取决于激光二极管的温度。②在内腔中，二极管本身形成一个小的标准具，随着二极管温度和电流的变化，内腔增益曲线的频率发生变化。随着温度的升高，介质增益和内腔增益曲线的峰值都向更长的波长移动，但它们不会以相同的速率移动，结果导致激光模式跳到内腔增益曲线的不同峰值。因此，没有反馈的无镀膜半导体激光器无法调谐到任意波长。③选频器件，法拉第激光器的选频器件是原子滤光器，这里原子滤光器的透射谱通带宽度 Δv 约为 1GHz，峰值位置对应原子多普勒展宽线。④在外腔中，激光器二极管的背面和反馈腔镜组成外腔，模式间隔可通过改变反馈腔镜与二极管的距离调节。外腔激光器的光学对准需要精准调节，只有使每个组件的增益在 v_0 处达到峰值，才能实现光反馈并获得所需的单模频率 v_0。如果采用不镀增透膜的激光二极管，激光二极管本身包含一个 F-P 腔，二极管的腔长通常为 0.3～

0.5 mm，假设腔长 0.4 mm，则内腔的自由光谱范围为 FSR=$c/2L$=3.75 GHz，而法拉第激光器的外部谐振腔腔长为 40 cm，即自由光谱范围 FSR=$c/2L$=375 MHz。因此，由于激光包含两个谐振腔，激光的输出模式受两个谐振腔共同的影响。尽管外腔中选频器件的增益曲线宽度 Δv 约为 1 GHz 且保持不变，且只存在 2 个或 3 个外腔模式竞争，但是一旦二极管的温度或电流发生大范围变化，内腔模式就可能发生跳变且单独输出，从而影响输出频率。因此，法拉第激光器为了减小内腔模的干扰，创新采用镀超低反射率增透膜的激光二极管(ARLD)，这种方法最早由北京大学缪新育等提出。当激光二极管的端面镀增透膜时，端面反射率将大大减小，从而消除了内腔模，激光的损耗将增加，不容易形成激光输出，而以荧光的方式输出。

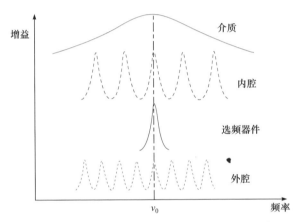

图 3-17　外腔半导体激光器各种光学元件增益示意图

基于镀增透膜的法拉第激光器实验装置如图 3-18 所示。图 3-19 所示为 ARLD 的荧光谱。ARLD 显示出中心波长为 760 nm 的发射光谱。由于镀了增透膜，前端面的反射率为 3×10^{-4}，仅仅作为增益介质的 ARLD，其荧光谱范围宽至 60 nm(见图 3-19)。

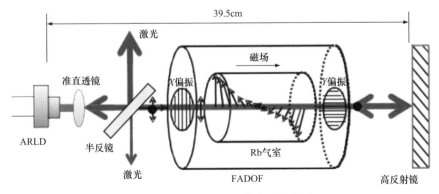

图 3-18　ARLD 外腔激光器示意图

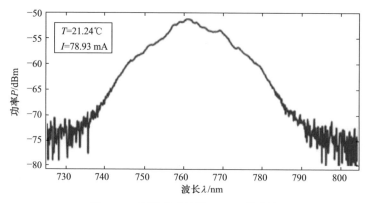

图 3-19　无外部反馈的 ARLD 荧光谱

(ARLD 的温度和电流分别为 21.24℃和 78.93 mA)

　　图 3-20(a)展示了 Rb 的 FADOF 透射谱，其最高透射峰位于 780.241 nm，黑色虚线是气室内仅填充 Rb 的自然光谱。由图 3-20 可知，最大透射峰的透过率是 51%，因此，激光器在最大透射峰处的反馈是 6.4%。输出波长随激光二极管驱动电流、工作温度变化的关系如图 3-20(b)、图 3-20(c)所示，在较大的温度和电流范围内，激光波长是稳定的。实验效果表明，当激光二极管驱动电流大于阈值时，如 55 mA 以上，至 142 mA 的电流源极限，在二极管工作温度可控极限范围 15～35℃的情况下，激光波长始终稳定在 2 pm 以内。此外，即使增益介质 ARLD 的荧光谱在较大范围内随 ARLD 的电流和温度变化而移动，FADOF 的透射谱也可以完全与 ARLD 的荧光谱重叠，从而保证了法拉第激光器的输出激光波长限制在铷原子 FADOF 的透射峰之内，有效提升了输出波长稳定性。

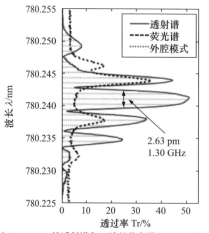

(a) Rb FADOF的透射谱和Rb池的荧光谱(FADOF的温度和磁场分别为70℃和3.2 × 10^{-2} T。在Rb池中，T=24℃，B=0 T)，以及间隔为379.7 MHz的外腔纵模。Rb FADOF 透射谱最高峰的FWHM为1.3 GHz

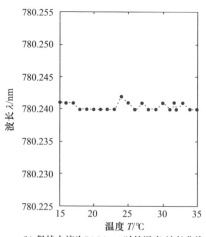

(b) 保持电流为74.04 mA时的温度-波长曲线

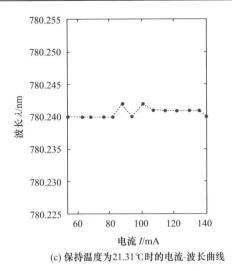

(c) 保持温度为21.31℃时的电流-波长曲线

图 3-20　Rb 的 FADOF 透射谱及输出波长随激光二极管电流、温度变化的关系
(将(a)与(b)和(c)横向比较，显示激光的波长很好地保持在最高透射峰内)

图 3-20(a)中的红色虚线表明在 FADOF 的最高透射峰内同时有三个纵模模式，由于腔长随外界温度等因素变化缓慢漂移而没有得到补偿，法拉第激光输出频率会在三个纵模模式中跳变，稳定在透射谱的透过率最高的模式上。结合图 3-20 所示，法拉第激光器的腔长为 39.5 cm，因此，其自由光谱范围为 379.7 MHz。测量用的波长计分辨率为 1 pm，在 780 nm 时相当于 492.8 MHz。法拉第激光的纵模模式是由 Fabry-Perot 干涉仪测量的，测得的边模抑制比为 12.8 dB(见图 3-21)。

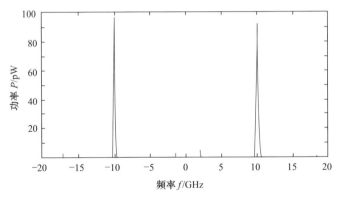

图 3-21　由 Fabry-Perot 干涉仪测量的激光模式
(Fabry-Perot 干涉仪的自由光谱范围为 20 GHz)

上述研究结果表明，法拉第激光器由于采用了 ARLD 和 FADOF，激光器对激光二极管的电流和温度波动具有抗干扰能力，无论激光二极管的电流和温度如何调节和变化，法拉第激光器的输出波长完全被限制在铷原子 FADOF 的透射峰

之内。法拉第激光器的核心是采用 ARLD 作为增益介质，FADOF 用作频率选择器件，保持激光频率在 FADOF 的一个透射峰内。在 55～142 mA 的二极管驱动电流范围和 15～35℃的二极管工作温度范围内，上述铷原子法拉第激光器的输出波长稳定在 2 pm(780 nm 处的 985.6 MHz)以内，因此，在量子精密测量、原子物理、军工国防装备系统等领域具有广泛的应用前景与潜力。

参 考 文 献

[1] 谭保华. 光电子技术基础[M]. 北京: 电子工业出版社, 2014.

[2] 王庆有. 光电技术(第 3 版)[M]. 北京: 电子工业出版社, 2013.

[3] H Kroemer. A proposed class of hetero-junction injection lasers[J]. Proceedings of the IEEE. 1963, 51 (12): 1782.

[4] 科尔德伦. 二极管激光器与集成光路[M]. 史寒星, 译. 北京邮电大学出版社, 2006.

[5] 李春鸿. 有机金属化合物化学气相沉积法[M]. 中国科学院长春应用化学研究所. 1985.

[6] 薛兵, 张晓军. 应用物理[M]. 西安电子科技大学出版社. 2012.

[7] 田民波. 薄膜技术与薄膜材料[M]. 北京: 清华大学出版社. 2006.

[8] 江剑平. 半导体激光器[M]. 北京: 电子工业出版社, 2000.

[9] 缪新育. 对电流温度变化免疫的外腔半导体激光器[D]. 北京大学. 2011.

第 4 章　法拉第原子滤光器

在外腔半导体激光器中,滤光器作为选频器件,具有实现稳定单纵模输出的作用。滤光器可以滤掉激光二极管发出的宽谱的光,选出和原子跃迁频率共振的光,使特定频率处的纵模振荡,达到选频、提高输出激光的单色性和稳定性的作用。如第 2 章所述,传统选频器件包括光栅、干涉滤光片、法布里-珀罗标准具等。常见的光栅型激光器主要包括同时作为选频和反馈的 Littrow 和 Littman 结构,光栅的波长选择可以用衍射公式表示,其选频的中心波长与入射角度有关;干涉滤光片型外腔半导体激光器的输出波长,与入射光和干涉滤光片之间的夹角有关;法珀腔(F-P 腔)由两面平行反射镜组成,可以选择出非常窄的光谱线,但其损耗较大、精细调谐要求较高,且对机械振动等环境影响很敏感。由此可见,传统的半导体激光器采用宏观器件作为选频器件,输出激光频率通常取决于选频器件的角度,不能自动对应原子跃迁谱线。近年来,随着利用光与原子相互作用特性的原子滤光器的快速发展与推广应用,其为外腔激光器实现超窄带、特定量子跃迁频率的选频提供了新思路。目前比较适合于激光器选频的原子滤光器包括法拉第反常色散原子滤光器、佛克脱原子滤光器、感生二向色性原子滤光器等。

4.1　原子滤光器的发展历史

20 世纪初,原子物理和量子力学理论得到迅猛发展。原子滤光器的前身是非线性光学诺贝尔奖得主 Nicolaas Bloembergen 在 1959 年设计的低噪声红外量子计数器[1]。这种计数器基于 J. Weber 的量子力学放大理论,利用含过渡金属元素离子的晶体,共振吸收红外光子,并通过自发辐射释放可见光光子,从而实现红外波长区域的探测。这种设备与原子共振滤光器的原理基本一致。到了 20 世纪 70 年代,科学家发现用原子蒸气替代晶体能够提升量子计数器的性能,于是原子蒸气被广泛使用在原子滤光器及其相关研究中。1978 年,J. Gelbwachs 等人利用钠原子实现了红外量子计数器[2],其原理、结构与后来的原子共振滤光器是基本一致的;1979 年,J. B. Marling 等人利用原子共振跃迁实现了超高 Q 值各向同性光学滤波器[3],二者的工作都被认为是原子滤光器的开创性成果。1988 年,J. Gelbwachs 将这种量子计数器的"波长转换"效应应用于滤光器,基于铯、铷、钾原子，提出了具有高 Q 值($10^5 \sim 10^6$)、超窄带宽(0.001 nm)、各向同性，且中心波长对环境干扰不敏感的原子共振滤光器[4]。

在量子力学发展初期，科学家发现，当激光与磁场中的原子相互作用时，法拉第旋光效应在原子共振跃迁频率附近将得到加强。1956 年，Y. Öhman 在天文学仪器研究中首次实现了一种基于选择性磁旋光原理的单色仪[5]，由两个位于两侧的、相互正交的偏振片组成，偏振片中间是与光相互作用的原子媒介，这奠定了法拉第原子滤光器的基本结构。1982 年，P. Yeh 开展了色散磁光滤光器相关研究，梳理了法拉第原子滤光器的相关理论基础[6]。1991 ～1993 年，T. M. Shay 等人提出了法拉第反常色散原子滤光器(Faraday anomalous dispersion optical filter，FADOF)的名称[7-13]，并在该领域做了一些实验和探索工作，例如，1993 年，B. Yin 和 T. M. Shay 提出了在法拉第滤光器前串联一个气室，用于吸收不需要的透射峰[12]；L. K. Matthews 和 T. M. Shay 提出了将法拉第滤光器应用于电子散斑干涉技术(ESPI)中，增强其抗环境光影响的能力[13]。1992 年，J. H. Menders 和 E. J. Korevaar 申请了佛克脱反常色散原子滤光器的相关专利[14]，在法拉第滤光器的基础上，改变了磁场结构，将磁场方向从轴向变为垂直于光的传播方向，并与入射光的偏振方向形呈 45°夹角。在某些特定结构的滤光器设计上，这使其体积更加紧凑简单，适用于小型化原子滤光器的设计。

此外，在原子滤光器的发展历史中，还出现过许多基于不同物理原理的滤光器，例如，感生二向色型原子滤光器、基于谱灯的原子滤光器、基于钙原子束的原子滤光器等，将在后文一一为读者做简单介绍。尽管法拉第反常色散原子滤光器(FADOF)的说法沿用至今，但并非所有 FADOF 都应用了反常色散效应，一般来说反常色散发生在跃迁谱线区域，目前绝大多数线翼工作模式的 FADOF 的透射峰都位于原子正常色散的频率范围内，2018 年，I. Gerhardt 对这一现象及其相关表述进行了讨论[15]。

4.2　原子滤光器的基本原理及主要分类

光与原子相互作用的现象是多种多样的，利用这些现象可以制作出各种光学滤波器。比如利用原子对光的共振吸收可以制成多普勒原子滤光器，利用光对原子的吸收-再发射可以制成原子共振型滤光器，利用磁场中原子的共振法拉第旋光效应可以制成法拉第反常色散原子滤光器，利用圆偏振光极化泵浦来代替磁场破坏原子在磁子能级上的分布对称性可以制成感生二向色性原子滤光器。在法拉第反常色散原子滤光器中，对磁场结构进行改造，可以制成佛克脱型原子滤光器；对原子气室的结构进行改进，又诞生了基于谱灯、空心阴极灯和钙原子束的原子滤光器等。本节将对这些原子滤光器进行简要介绍。

　　此外，还存在单峰原子滤光器，法拉第分子滤光器和激光间接泵浦的法拉第原子滤光器等，但是由于不具特征性，本节不对这些内容作一一介绍。

4.2.1　多普勒原子滤光器

　　多普勒原子滤光器由一个可以调节温度的原子气室构成，如图 4-1(a)所示。由于原子只会跟与其跃迁频率共振的光发生相互作用，故只有位于跃迁频率附近的光会被原子气室吸收，原子气室就相当于一个带阻滤波器。

　　温度对多普勒原子滤光器的性能有很大影响，如图 4-1(b)所示。一方面，温度升高会导致单位体积内与光进行相互作用的原子数增大，从而使原子气室对光的吸收增强；另一方面，在多普勒原子滤光器中，由于原子蒸气的运动，吸收线型的主要贡献来自于多普勒展宽，根据麦克斯韦速率分布，温度升高会导致原子的运动速率增大，从而增大原子的多普勒展宽。因此，通过调节温度，可以调节多普勒滤光器的带内抑制率与抑制带宽。

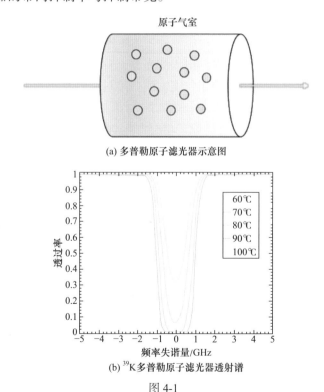

(a) 多普勒原子滤光器示意图

(b) ^{39}K多普勒原子滤光器透射谱

图 4-1

4.2.2　原子共振型滤光器

　　1958 年，N. Bloembergen 提出一种固态红外量子计数器，这便是原子共振型滤光器的雏形，也被认为是原子滤光器领域的开创性工作。原子共振滤光器是最早利用光与原子的相互作用原理实现超窄带滤波的滤光器，其巧妙地利用了原子的共振吸收特性实现光子频率转换，将宽频的入射光子转换为单色性较好的、另一频率的自发辐射光子，实现了光的窄带滤波，其基本结构及原子能级如图 4-2 所示。

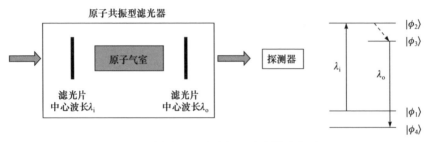

图 4-2　被动型原子共振型滤光器示意图

在原子共振型滤光器中，一个原子气室夹在两个传统的带通滤光片之间，两个滤光片的波长分别为 λ_i，λ_o，对应原子气室中原子的两个跃迁波长，且二者的通带不重叠。宽频的入射光从左侧射入滤光器，首先经过第一个滤光片，被粗过滤为中心波长为 λ_i 的光，进入原子气室。这些经过粗过滤的光子中，频率更加接近 λ_i 的部分光子将被原子共振吸收，使位于 $|\phi_1\rangle$ 态的原子跃迁到激发态 $|\phi_2\rangle$ 上，随后掉落至亚稳态 $|\phi_3\rangle$。位于 $|\phi_3\rangle$ 的原子将会产生自发辐射，发射出波长为 λ_o 的光子，掉落到 $|\phi_4\rangle$ 上，在这一过程中，实现了选择性的频率转换。第二个滤光片的作用便是让自发辐射产生的 λ_o 的光子能够透过，同时阻挡掉前面因失谐过大而没有被共振吸收的 λ_i 光。在经过滤光器后，宽频的入射光被转换为窄频谱、低噪声、中心波长为 λ_o 的光。

原子共振型滤光器的内部光子转换效率 η_ϕ 可以用下式表示：

$$\eta_\phi = \frac{v_T}{v_T + A_i} \tag{4-1}$$

其中，v_T 是碰撞转移速率，与气室内原子蒸气和缓冲气体的蒸气压成正比；A_i 是对应跃迁谱线的爱因斯坦系数。1992 年，J. Gelbwachs 和 Y. Chan 设计了一种基于锶原子 5S 和 5P 能级，$\lambda_i = 460.7$ nm，$\lambda_o = 689.3$ nm 的被动型原子共振型滤光器，并研究了不同种类和不同压强的缓冲气体对光子转换效率和滤光器带宽的影响。其实验表明，增大缓冲气体的蒸气压，可以使得光子转换效率提高，但会增大通带带宽，且在各种稀有气体中，氙气的影响最为显著[16]。

原子共振型滤光器存在主动型和被动型两种。在被动型原子共振型滤光器中，

$|\phi_i\rangle$ 态即为基态，无须外部泵浦源的作用，结构更加简单，成本更低，但适用的原子类型和中心波长较为局限；在主动型中，$|\phi_i\rangle$ 态为激发态，同时存在一个基态 $|\phi_0\rangle$，在工作过程中，需要利用波长为 λ_p 的泵浦光将位于 $|\phi_0\rangle$ 态的原子抽运到 $|\phi_i\rangle$ 上去(根据实际应用，也可以使用电泵浦、化学泵浦等方式)，如图 4-3 所示。对于一些碱土金属(如钙、镁等)，还可采用双泵浦方式，利用第二束泵浦激光和缓冲气体的碰撞，将吸收了入射光子的原子泵浦到一个更高的能级上去，使原子介质的选择更加灵活。并且，缓冲气体也能在一定程度上提高转换效率。

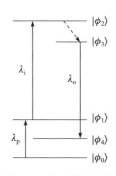

图 4-3　主动型原子共振型滤光器的能级图

21 世纪，随着高速率光通信、高分辨率成像以及高稳光源等技术的快速发展，原子共振型滤光器面临的局限性逐渐显现。在诸多应用中，原子滤光器在激光通信中的重要性尤为突出，因为光源的单色性是激光通信应用的核心参数之一。然而，原子共振型滤光器所能提供的最大信息率受到其响应时间的制约，而这主要受到原子系统对应输出波长能级的弛豫速率的影响。通常情况下，气态原子介质的自发辐射过程引起的弛豫时间较长，为几十 ns，对应的频率仅为几十 MHz，这将严重限制光学信息处理速率。为了克服这一限制，常见的做法是将气态原子介质转换为半导体量子结构，然而，这样做会损失掉气态原子系统的低噪声和窄带宽的优势。相比之下，利用磁致旋光效应的法拉第原子滤光器可以有效解决此类问题，对于高速激光通信系统等更为适用。同时，原子共振型滤光器的输出光路的方向一致性很差，这是因为自发辐射的光子方向是随机的，这对其在成像系统中的应用造成了严重影响。为了实现成像目的，成像系统需要通过大幅降低气室长度来克服这种影响，但这种方式会极大地牺牲波长转换效率，这也成为制约原子共振型滤光器应用的另一个重要因素。

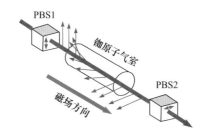

图 4-4　基于铷原子的 FADOF 基本结构示意图

4.2.3　法拉第反常色散型原子滤光器

FADOF 利用 Faraday 反常色散现象实现滤光。在两片偏振方向相互正交的偏振器件之间放置原子气室，加上轴向磁场，并且控制原子气室的温度，就构成了一个基本的 FADOF 结构，如图 4-4 所示。

原子在磁场中发生塞曼(Zeeman)分裂，导致原子对左右旋光的吸收谱线以及色散谱线的分裂，处于共振频率附近的光信号的左旋与右旋偏振分量的相位变化不同，造成光信号偏振方向的旋转，从而从后面的偏振元件中透射，对于非共振频率的光信号，则会被相互正交的偏振元件阻挡，从而实现滤光效果，图 4-5 所示为 FADOF 旋光原理。

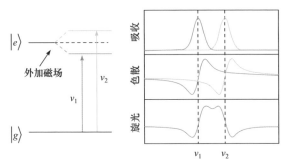

图 4-5　FADOF 旋光原理

共振跃迁可以发生在基态-激发态之间，或者发生在激发态-激发态之间，根据跃迁发生的位置可以将 FADOF 分为被动式和主动式两种，被动式 FADOF 的滤光过程建立在原子的基态和激发态之间，而主动式 FADOF(也被称为激发态法拉第反常色散型原子滤光器 ES-FADOF)则依靠抽运，将滤光过程建立在原子的第一激发态和更高的激发态之间，图 4-6 所示为主动式 FADOF 的结构。

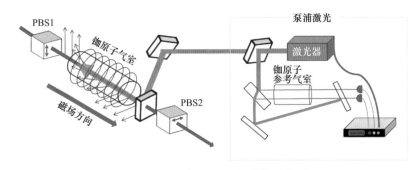

图 4-6　主动式 FADOF 的结构示意图

激发态能级之间的跃迁频率要比基态的跃迁频率丰富很多，滤波波长的选择范围得以扩宽。碱金属的第一激发态到更高激发态之间的跃迁存在蓝绿波段，比如钾原子 $4P_{1/2}$-$8S_{1/2}$ 跃迁对应 532 nm，铷原子 $5P_{3/2}$-$8D_{5/2}$ 跃迁对应 543 nm，这使得 ES-FADOF 适用于水下光通信(400～550 nm)。

4.2.4　佛克脱反常色散型原子滤光器

佛克脱反常色散型原子滤光器(VADOF)是法拉第反常色散型原子滤光器(FADOF)

的变种,也是基于在磁场中原子能级的塞曼分裂产生的旋光效应来工作的,只是两种原子滤光器的工作磁场方向有区别。FADOF 的工作磁场方向沿着入射信号光的传播方向,对于圆柱形的原子气室,即沿原子气室的轴向。而 VADOF 的工作磁场方向与入射信号光的传播方向垂直,一个典型的 VADOF 模型结构如图 4-7 所示。

图 4-7　VADOF 模型结构图

　　这种横向工作磁场构型的原子滤光器在制作上相比 FADOF 更简易。因为 FADOF 的工作磁场方向与信号光传播方向平行,其磁场设计时要留出通光孔,常需给原子气室两端的永磁体或铁芯打孔。而对于 VADOF,如图 4-7 所示,因为磁场方向与光路垂直,所用磁铁不会阻挡信号光传播,直接将设计好的整块磁铁放置于原子气室两侧即可。除了结构上方便制作,这种磁场构型更易于在原子气室内形成高磁场值,达到工作磁场要求。通常原子气室的长度大于其宽度,在 FADOF 中,因磁铁常置于气室两端,由于实际制作磁铁的技术限制,随着它们间距的增加,在气室内产生的磁场值将会迅速降低,同时磁场的均匀性也会降低,这在一定程度上会改变该滤光器的性能。若是实际工作中采用线圈的方法产生磁场,可能给应用带来不便,达到所需的工作磁场也需要施加很大的电流。而对于 VADOF 构型的横向磁场,由于普通原子气室宽度约在 1 cm,无论原子气室长度如何变化,在气室内产生的工作磁场强度都不受影响,且磁场均匀性相比前者较好,对于磁场源的要求也有所降低。

　　尽管 VADOF 在磁场设计制作上相比 FADOF 有其便利之处,但它在实际使用中也存在一定限制,该限制来自 VADOF 产生旋光效应的方式与 FADOF 的差异。在 FADOF 构型下,由于磁场方向与信号光传播方向平行,入射线偏振信号光的偏振方向总是与磁场垂直,其旋光效应来源于工作磁场带来的塞曼分裂,使得线偏振信号光的左旋、右旋圆偏振分量折射率产生的差异。但 VADOF 则不相同,由于磁场方向与信号光传播方向垂直,若入射线偏振信号光的偏振方向与磁场平行,则不存在任何旋光效应,也不会存在透射谱的透过率曲线。需要人为控制入射信号光的偏振方向,使其与工作磁场方向的夹角呈 45°。VADOF 信号光的偏振方向与磁场方向的关系如图 4-8 所示。此时,入射信号光将分解为偏振方向平行于磁场方向与偏振方向垂直于磁场方向的两个线偏振分量,由它们之间产生的相位差异来产生旋光效应。

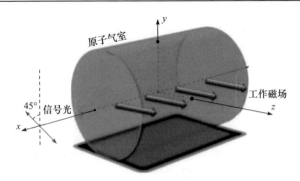

图 4-8　VADOF 信号光偏振方向与磁场方向关系

4.2.5　感生二向色型原子滤光器

　　二向色性是指物质对光的吸收系数依赖于入射光的偏振状态。当一束光入射到特定介质中，分解成振动方向互相垂直、传播速度不同、折射率不等的两种偏振光，介质对这两种偏振光的吸收相差很大，产生二向色性。在前文介绍的几种原子滤光器中，除了多普勒原子滤光器和原子共振型滤光器不需要施加磁场，FADOF 和 VADOF 两种滤光器都需要利用磁场引起极化率的非对称特性才能实现滤光。因此，这两种原子滤光器的实现都离不开磁场，磁场是两者不可或缺的因素之一。虽然在磁场的作用下，两种滤光器能够提供优异的滤光功能，但是对于一些特殊的应用场景，工作磁场的存在可能成为影响因素。因为磁场通常会影响到其他实验设备，特别是对于一些只有在超大磁场下才能够将偏振面旋转 90° 的滤光器。因此，磁场的存在使得滤光器的应用受到一定限制。

　　1995 年时，S. K. Gayen 等人设计了一种无须施加磁场的新型原子滤光器，称为感生二向色型滤光器 (induced-dichroism-excited atomic line filter，IDEALF)[17]。该滤光器同样基于原子能级实现，但利用光致双折射现象实现滤光功能。以基态 IDEALF 为例，原理图如图 4-9 所示，首先使用圆偏振泵浦激光对原子的超精细能级结构进行极化泵浦，以此打乱原子磁子能级上的均匀布居分布，形成极化，使得入射信号光的左旋、右旋圆偏振光在穿过这样的原子气室时受到不同的折射率作用，进而旋转信号光偏振面，以此实现无磁场的滤光功能。使用上述极化泵浦方式，偏振面的旋转不再取决于磁场的大小，而是取决于圆偏振极化泵浦激光制备的不均匀布居分布，因此能够成功避免磁场的使用，在合适的工作条件下，甚至具备替代超大磁场的潜力。IDEALF 自提出后，相关理论计算模型已经被成功建立，2005 年，哈尔滨工业大学的掌蕴东等人使用半经典理论，建立了 IDEALF 的理论计算模型，其计算结果与实验结果有着较好的吻合度[18]。

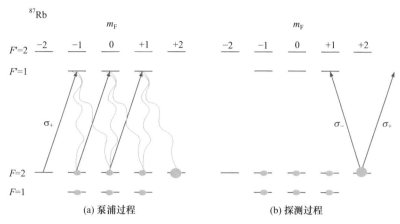

(a) 泵浦过程   (b) 探测过程

图 4-9 基态 IDEALF 原理图

此外，IDEALF 实际上同样可以工作于激发态能级之间，原理如图 4-10 所示。在激发态 IDEALF 中，选定极化泵浦的第一激发态子能级后，采用一束圆偏振泵浦光实现极化泵浦，使得第一激发态上仅有部分子能级具有布居分布，在探测信号光经过时，只有右旋圆偏振光部分能够与原子相互作用，从而受到不同的折射率作用，而左旋圆偏振光部分则将"透明"地经过原子，因此在出射阶段，由于两个偏振光部分经历了不同的折射率，合成的偏振光偏振方向发生偏转，之后通过偏振片即可完成滤光功能。

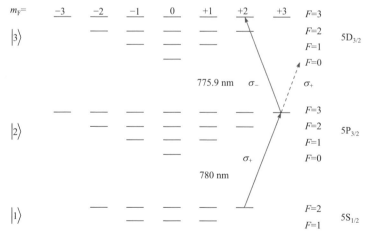

图 4-10 激发态 IDEALF 原理图

由于 IDEALF 结构中没有磁场的存在，不会发生塞曼效应，其所涉及的原子能级没有进一步分裂，因此 IDEALF 在合适的工作参数下获得的透射谱带宽比 FADOF 和 VADOF 更窄。2002 年时，L. D. Turner 等人使用一台窄线宽的泵浦激光器来实现速度选择性泵浦，构建了透射谱为亚多普勒宽度的钾原子 IDEALF，该滤光器工作带宽仅为 170 MHz[19]；2007 年，何竹松等人构建了铷原子 IDEALF，该滤光器工作带宽仅为 398 MHz[20]；2009 年，A. Cere 等人同样采用速度选择性泵浦方式，实现了铷原子 IDEALF，该滤光器工作带宽仅为 80 MHz[21]。

　　2012 年，北京大学的王彦飞等人得到了接近于原子跃迁自然线宽的 455 nm 超窄线宽原子滤光器[22]。对应 $6S_{1/2}$，$F=4 \rightarrow 7P_{3/2}$，$F'=5$ 跃迁的透射谱的透过率峰值可达 9.7%，线宽是 6.2 MHz；对应 $6S_{1/2}$，$F=3 \rightarrow 7P_{3/2}$，$F'=2$，3 跃迁的透射谱的透过率峰值可达 6.1%，线宽是 3.9 MHz。该滤光器的实验示意图如图 4-11 所示。455 nm 外腔半导体激光器的出射光束被分束器 1 分成强弱两部分。强光用作泵浦光，弱光用作探测光。GT1 和 GT2 是格兰泰勒棱镜，消光比可达 1×10^5。半波片 1 改变泵浦光的偏振方向，降低对探测信号的影响。半波片 2 改变探测光相对于偏振分光棱镜的偏振方向，使得偏振分光棱镜的两路信号一路平行于探测光偏振方向，另一路垂直于探测光偏振方向。偏振方向平行于探测光偏振方向的这一路信号是饱和吸收谱信号，通过光电探测器 1 探测，用来作为参考信号，可以通过饱和吸收谱得到滤光器的线宽。偏振方向垂直于探测光偏振方向的这一路信号是滤光器信号，通过光电探测器 2 探测。为了消除杂散光对于实验结果的影响，在实验系统中加入小孔光阑。加入两个透镜是为了聚焦光束，两个透镜均为凸透镜，透镜 1 的焦距为 25 cm，其目的是增强泵浦光的光强。透镜 2 的焦距是 3.5 cm，其目的是增加探测信号强度。可调节光学衰减器 1 来改变泵浦光的光强，可调节光学衰减器 2 来改变探测光的光强。铯(Cs)泡长度为 5 cm。铯泡外面包裹加热片，用来控制其温度。铯泡的温度可以在室温至 150℃连续可调。两片永磁铁放置在铯泡的两侧。通过改变磁铁之间的距离来调节磁场强度。由于所需的磁场很小，所用的磁铁磁性较弱，可以近似地将铯泡所受到的磁场看作匀强磁场。为了消除外界磁场的影响，在滤光器系统中加入了磁屏蔽装置，如图 4-11 中虚线所示。

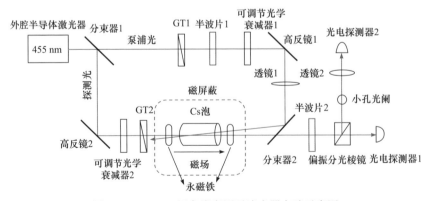

图 4-11　455 nm 超窄线宽原子滤光器实验示意图

　　图 4-12 所示是铯原子 $6S_{1/2}$，$F=4 \to 7P_{3/2}$，$F'=3, 4, 5$ 跃迁的滤光信号。横坐标代表频率，纵坐标代表透射谱的透过率。顶端的图像是由光电探测器 1 接收的用作参考信号的饱和吸收谱。利用饱和吸收谱作为参考，可以准确地得到滤光器的线宽。下面三个图像从下往上依次表示无磁场无泵浦光、有磁场无泵浦光、有磁场有泵浦光的情况下，是由光电探测器 2 接收的滤光信号。磁场大小为 4 G，温度为 140℃，泵浦光强为 30 mW/cm²。$6S_{1/2} \to 7P_{3/2}$ 跃迁的饱和光强为 1.6 mW/cm²，探测光强为 0.3 mW/cm²，探测光强远小于饱和光强。对于 $F=4 \to F'=5$ 跃迁，滤光器透射谱的透过率最高可达 9.7%，线宽是 6.2 MHz。除此之外，对于 $F=4 \to F'=4, 5$ 跃迁，线宽只有 3.7 MHz，透射谱的透过率为 5.8%。

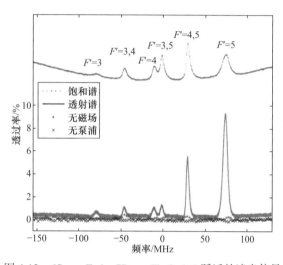

图 4-12　$6S_{1/2}$，$F=4 \to 7P_{3/2}$，$F'=3, 4, 5$ 跃迁的滤光信号

　　与图 4-12 类似，图 4-13 表示的是铯原子 $6S_{1/2}$，$F=3 \to 7P_{3/2}$，$F'=2, 3, 4$ 跃迁的滤光信号。顶端的图像是由光电探测器 1 接收的用作参考信号的饱和吸收谱。下面三个图像从下往上依次表示零磁场无泵浦光、有磁场无泵浦光、有磁场有泵浦光的情况下，是由光电探测器 2 接收的滤光信号。磁场大小为 5 G，温度为 110℃，泵浦光强为 32 mW/cm²。对于 $F=3 \to F'=2, 3$ 跃迁，滤光器透射谱的透过率最高可达 6.1%，线宽是 3.9 MHz。从图 4-12 与图 4-13 可以看出，只有在磁场和泵浦光同时具备的时候才会有较好的滤光信号出现，缺少任何一个透射谱的透过率都会非常小。一旦加入磁场和泵浦光，透射谱的透过率就会迅速增大。

　　尽管 IDEALF 摆脱了对磁场的依赖，使得其结构能够得到一定简化，不再需要考虑磁场的调整，但是使用额外的圆偏振极化泵浦光又将 IDEALF 的结构复杂化。通常情况下，圆偏振泵浦光的不同状态将对滤光性能造成不同程度的影响，因此，对圆偏振泵浦光的调整成为实现 IDEALF 的一个必要条件，这使得 IDEALF

的实现与使用并没有被简化。到目前为止，IDEALF 的相关研究并不多，相关研究人员仅针对钾元素和铷元素进行了不同程度的探究。

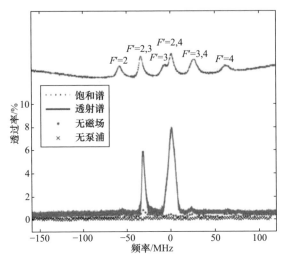

图 4-13 $6S_{1/2}$，$F=3 \rightarrow 7P_{3/2}$，$F'= 2, 3, 4$ 跃迁的滤光信号

4.2.6   基于谱灯的原子滤光器

泵浦激光是激发态法拉第反常色散原子滤光器(excited state Faraday anomalous dispersion optical filter, ES-FADOF)系统中不可缺少的设备。针对所需的滤光频率，需要寻找对应频率的泵浦激光，并且，泵浦激光的稳定度对滤光效果的影响较大，对泵浦激光器的稳定度具有较高的要求。这导致 ES-FADOF 存在设备复杂、成本高的问题。为了解决上述问题，需要另外寻找激发原子的替代手段。

以铷原子为例，铷原子无极放电灯(以下简称铷灯)是微波铷原子钟的一种重要泵浦光源，其作用是在铷原子基态超精细能级间实现原子抽运，以获得能级间共振跃迁稳定的微波频率信号，铷灯的结构主要包括充有缓冲气体的铷原子泡、射频线圈及电路、控温装置。当原子泡温度达 100℃左右，并供给 70 MHz～200 MHz 的射频信号，铷灯会被点亮。在铷灯点亮的过程中，在射频信号激励下，铷泡内产生离子和电子，和缓冲气体发生碰撞，激发出更多的离子和电子。具有高能量的离子和电子将缓冲气体激发到高能级，再通过自发辐射释放光子，这样，缓冲气体的光谱就出现了；这些缓冲气体撞击铷原子时，将铷原子激发到高能态，由于自发辐射，铷原子释放光子掉落到基态，产生铷的光谱，铷灯呈现绚丽的紫红色。铷灯能够发射丰富的光谱，这说明铷原子通过电激励的方式，在多个激发态上均有原子布居。利用电激励，铷灯可以在 ES-FADOF 中取代泵浦激光系统，从而制成体积小、成本低的基于谱灯的滤光器系统。

如图 4-14 所示，将原子无极放电灯替代 FADOF 中的原子气室，就形成了基于谱灯的原子滤光器(lamp-based excited-state Faraday anomalous dispersion optical filter，LESFADOF)。当灯处于熄灭状态时，滤光器相当于普通的基态滤光器；当灯被点亮，滤光器的滤光频率就可以工作在激发态。

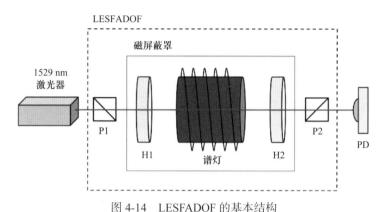

图 4-14 LESFADOF 的基本结构

(H1、H2：永磁体；P1、P2：相互正交的偏振片；PD：光电探测器)

根据射频信号功率的不同，铷灯能够呈现三种光谱模式：ring、red 和 weak 模式，如图 4-15 所示。当灯的温度低于 100℃，射频功率比较高时，铷灯工作在 ring 模式，玻璃泡的中心发白，周围一圈显紫红色；当温度高于 100℃，且射频功率比较低时，铷灯工作在 red 模式，玻璃泡通体呈紫红色；在射频功率非常低的时候，铷灯工作在 weak 模式，灯光很暗，中心已经不发光，只有周围呈现一圈暗紫红色。

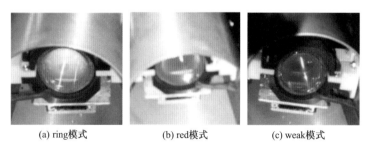

(a) ring模式   (b) red模式   (c) weak模式

图 4-15 铷灯的三种工作模式

在 FADOF 的应用中，希望在激发态能级上聚集最多的原子。在实验中发现，当铷灯工作在 red 模式，并处于 red 模式和 weak 模式的转变点时，铷灯对滤光器工作波长激光的吸收率最大，滤光器的工作效果最好。根据实验观测到的谱线强度，可以利用公式(4-2)来估算某个能级上的原子密度。

$$P_\lambda = n_j A_{ji} \hbar v \tag{4-2}$$

其中，λ 代表波长；n_j 代表第 j 个能级上的原子密度；A_{ji} 表示能级 i 和 j 之间的自发辐射概率；$\hbar$ 是普朗克常量；ν 是跃迁频率。

图 4-16 展示了 775.9 nm(对应 Rb 原子 $5P_{3/2} \rightarrow 5D_{5/2}$ 跃迁)滤光效果的实验结果。相比 780 nm，对于 776 nm 附近波长的光，滤光器的透过率要低很多。三种光谱模式下，透射谱的本底信号不同，这些本底信号几乎全部来自灯光。775.9 nm 的滤光信号呈现单峰形状。从图 4-16 可以看出，在 weak 模式下，本底信号不强，但是透射信号太弱；而在 ring 模式下，灯光背景太强；red 模式是最适合作为 775.9 nm 滤光器的光谱模式，这时信号的信噪比最高，本底信号也没有 ring 模式下强，透射带宽约为 650 MHz。同时，red 模式下的电磁泄漏也相对更小。

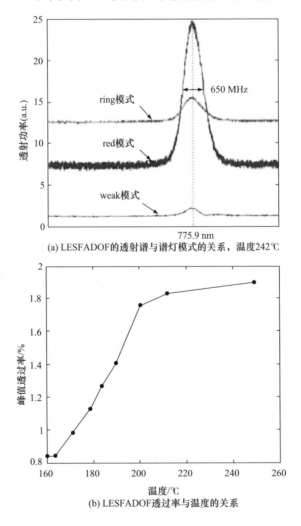

(a) LESFADOF的透射谱与谱灯模式的关系，温度242℃

(b) LESFADOF透过率与温度的关系

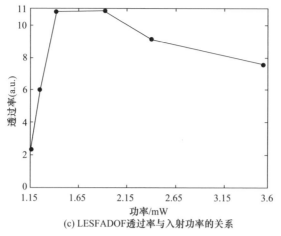

(c) LESFADOF透过率与入射功率的关系

图 4-16 Rb 原子 $5P_{3/2}\rightarrow5D_{5/2}$ 谱线 775.9nm 的滤光效果

铷原子 $5P_{3/2}\rightarrow4D_{5/2}$，$5P_{3/2}\rightarrow4D_{3/2}$ 两条跃迁谱线对应的波长是 1529 nm，这个波长属于光通信波段，具有很高的应用价值。图 4-17 显示了 LESFADOF 在 1529.37 nm 铷原子 $5P_{3/2}\rightarrow4D_{5/2}$ 跃迁谱线处的滤光效果。在这个波长下，铷灯的光谱模式和透射谱的透过率的关系与 776 nm 波长时类似。red 模式下，滤光器的透过率最大，ring 模式下的透过率很差，而 weak 模式下透过率介于二者之间。在 weak 模式下，铷灯灯光非常微弱，接近熄灭状态，$5P_{3/2}$ 态上的原子很少，这是 weak 模式下透过率较低的原因。三种光谱模式下，透射谱的线型有差异，weak 和 ring 模式下，透射谱具有三个透射峰，中间的峰正好对应 1529 nm 的吸收频率；而在 red 模式下只有两个峰，其原因是，在谱灯开启的 red 模式下，第一激发态聚集的原子数最多，吸收强度最大，导致透过率下降，透射谱中的三个峰就变为双峰。

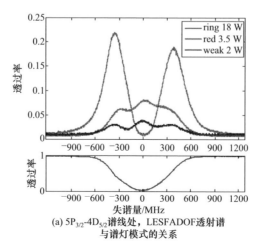

(a) $5P_{3/2}$-$4D_{5/2}$谱线处，LESFADOF透射谱
与谱灯模式的关系

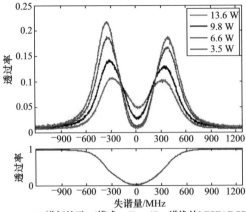

(b) 谱灯处于red模式，$5P_{3/2}$-$4D_{5/2}$谱线处LESFADOF
透射谱与射频供给功率的关系

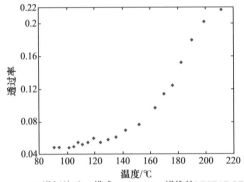

(c) 谱灯处于red模式，$5P_{3/2}$-$4D_{5/2}$谱线处LESFADOF
透射谱与温度的关系

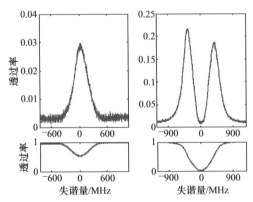

(d) 谱灯处于red模式，$5P_{3/2}$-$4D_{3/2}$与$5P_{3/2}$-$4D_{5/2}$谱线处
LESFADOF透射谱的对比

图 4-17　Rb 原子在 1529 nm 处的滤光效果

(图(a)、(b)、(d)下方谱图为 red 模式下去除正交偏振片的透射参考谱图)

综合来看，在 red 模式下，尽量降低射频功率，接近光谱模式跳变点的工作状态最有利于滤光器的工作。在 red 模式下，随着射频信号功率降低，两个小峰的透过率不断加强，中心频率处透过率不断降低，这是由于 $5P_{3/2}$ 态上的原子增加、对中心频率的吸收加强，而 $5P_{3/2}$ 态上的原子对 1529 nm 激光的吸收率很高，接近 100%。同样，铷灯温度也会对透射谱产生一定影响，其变化规律和 776 nm 滤光器接近，透过率随温度的增加逐渐增加，然后接近饱和。

4.2.7　基于空心阴极灯的原子滤光器

在大多数法拉第原子滤光器中，多采用低熔点金属作为介质，如汞、钠、钾、铷、铯等，而对于高熔点元素，如碱土金属元素钙、锶等，实现法拉第原子滤光器的难度大幅度提高，这是因为制备高密度原子气体变得困难。在传统的系统中，原子数密度通常是由热分布决定的，因此对于高熔点金属，原子样品需加热到很高的温度，才能达到足够的原子数密度。迄今为止，只有钙原子的法拉第原子滤光器曾被报道。该类滤光器往往具有复杂的实验结构，如钙原子束管[23]，或两端安装蓝宝石窗口的不锈钢原子气室[24]。为了避免实现高温原子的困难，从而拓展可用于法拉第原子滤光器的元素种类，采用外加机制而非单纯的热平衡来增加原子数目势在必行。空心阴极灯是一种通过电击发的方式获得高密度原子气体的装置，目前技术已相当成熟，原子种类多达七十余种，且可以激发自然原子或离子至不同能级，因此，提供了大量可利用的原子跃迁谱线。2014 年，北京大学潘多等人首次采用空心阴极灯实现了基于 ^{88}Sr 原子 461 nm 跃迁谱线的法拉第原子滤光器，测量了其透过率随磁场及空心阴极灯放电电流的变化趋势，最大透过率可达 62.5%[25]。这种原子滤光器的实现极大地拓展了法拉第原子滤光器的应用范围，使其适用的原子由此前的局限于低熔点金属气体，扩展为可进一步利用七十余种难熔金属以及它们的大量跃迁谱线。在传统的法拉第原子滤光器中，所需的原子数密度是由热平衡状态下的饱和蒸气压决定的，所以需要将原子体系加热到很高温度。以锶原子为例，其饱和蒸气压表达式为[26]

$$\lg P(\text{Pa}) = 10.750 - 8427/T \tag{4-3}$$

联合理想气体方程，不同温度下的原子数密度表示为

$$\rho = \frac{1}{kT} \times 10^{10.750 - 8427/T} \tag{4-4}$$

另一方面，原子数密度也可以通过光学密度(OD)表示，其中，定义光学密度的表达式为

$$\text{OD} = -\ln\left(P/P_0\right) \tag{4-5}$$

P_0 和 P 分别表示被原子体系吸收前后的探测光功率[27,28]。由此有效原子密度(即多普勒频移量在自然线宽之内)可通过下式计算：

$$P / P_0 = e^{-\sigma \rho l} \tag{4-6}$$

联合以上两式同时考虑多普勒展宽,若达到空心阴极灯内的光学厚度,即 2.6 以上,原子密度应高于 $2.1 \times 10^{16}/m^3$,而采用热平衡方式加热温度需在 300℃以上,原子气室需采用钢和蓝宝石材料代替普通的玻璃材料,同时在此温度下光学镀膜具有更高难度。而在北京大学研究组进行的实验中,通过将空心阴极灯的放电电流提高到 16 mA,可在室温下较容易地得到相同的光学厚度。所以采用此方式可以极大地简化法拉第原子滤光器的系统复杂性,因此,提供了将高熔点金属应用于原子滤光器的实际可行的新方案。

基于空心阴极灯的法拉第原子滤光器实验装置如图 4-18 所示,核心器件为采用 ^{88}Sr 空心阴极灯(HCL)的法拉第原子滤光器,H1 和 H2 为一对永久磁铁,以在空心阴极灯中心位置产生高达 1748 G 的磁场。GT1 和 GT2 为一对互相垂直的格兰泰勒棱镜,其消光比为 1×10^5。放入空心阴极灯后,由于空心阴极灯的两端窗口引入的双折射效应,格兰泰勒棱镜消光比降至 2×10^2。461 nm 外腔半导体激光器作为探测光,同时通过光谱由光电探测器(PD)测量。锶原子空心阴极灯型号为 HAMAMATSUL2783,内部由一个环形的阳极和圆柱形阴极组成,阴极部分长 20 mm,内径 3 mm,通过调节空心阴极灯的放电电流,可以调节内部原子气体压强,即原子数密度。在空心阴极灯内部的光学密度空间分布并不均匀,在临近阴极圆柱体壁面的位置分布较多。实验过程中选择原子束密度最优的位置,在 16 mA 的放电电流下光学厚度可达 2.6。 在测量光学厚度的过程中,探测光腰斑半径为 0.23 mm,探测光功率为 50 μW。所以计算可得探测光光强为 31 mW/cm²,小于锶原子 461 nm 跃迁的饱和光强 42.75 mW/cm²,处于弱光条件。

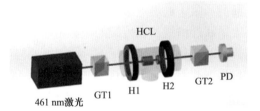

图 4-18　基于空心阴极灯的法拉第原子滤光器实验装置
(GT1、GT2:格兰泰勒棱镜;H1、H2:永磁铁;HCL:空心阴极灯;PD:光电探测器)

当 GT1 与 GT2 相互垂直且探测光频率与原子体系处于共振状态时,对空心阴极灯施加磁场,采用光电探测器测得透射光功率为 P_1。当 GT1 与 GT2 相互平行且探测光频率相对原子体系处于远失谐状态时,此时无磁场施加在空心阴极灯上,采用光电探测器测得透射光功率,由于在测量范围内,激光功率随电流线性变化,所以失谐状态下测量得到的功率值可以通过线性拟合转化到共振状态功率,为

P_2。空心阴极灯的荧光强度通过光电探测器探测得到，为 P'，探测距离为 5.8 cm，空心阴极灯的放电电流为 7 mA，10 mA，13 mA，16 mA，19 mA，22 mA 时，探测得到的荧光强度分别为 1.3 μW，2.4 μW，3.5 μW，7.3 μW，8.7 μW 和 10.0 μW。定义法拉第原子滤光器透射谱的透过率为 $T=(P_1-P')/(P_2-P')$，在这个定义式中，由于系统的光学损耗同时出现在分子和分母中，所以去除了系统光学损耗的影响。

在 1748 G 磁场以及 16 mA 的阴极灯放电电流下，测量得到透射峰的峰值透过率为 62.5%，透射带宽为 1.19 GHz。透射谱如图 4-19 中蓝色实线所示，测量的不确定度为 2.1%，其中，2.1% 来自格兰泰勒棱镜的消光比，0.1% 来自激光功率测量，0.02% 来自磁场波动，以及 0.03% 来自空心阴极灯放电电流的波动。空心阴极灯法拉第激光器透射谱的透过率随施加磁场和阴极灯放电电流变化，在不同磁场下的透射谱如图 4-19 (b) 所示，最大透过率和透射带宽都随磁场强度增加。不同放电电流下的透射谱如图 4-19 (c) 所示，当放大电流增大时，最大透过率起初随之增大，随后下降，而透射带宽始终随放电电流增大。法拉第原子滤光器的峰值透过率在不同磁场和放电电流下的变化情况如图 4-19(d) 所示，磁场强度为 1748 G 且空心阴极灯放电电流为 16 mA 时达到最大透过率 62.5%。

在不同磁场强度下，峰值透过率随空心阴极灯放电电流变化情况如图 4-20 (a) 所示，当磁场强度低于 1043 G 时，峰值透过率随放电电流逐渐增大。当磁场强度大于 1143 G，当放电电流较小，原子数密度是透过率的主要限制因素，旋转角随原子数密度增大而增加，中心透射强度也随之迅速增大。然而，随着放电电流持续增大，更高的原子数密度和多普勒展宽的加剧使得原子对探测光的吸收增强，最终透射强度随放电电流增大而减小。在不同的放电电流下，峰值透过率随磁场的变化如图 4-19(b) 所示，当放电电流低于 13 mA 时，峰值透过率随磁场增加而增大，并逐渐趋于饱和。当放电电流增大至 16 mA 时，峰值透过率在整个测量区域内始终随磁场强度增加而增大。

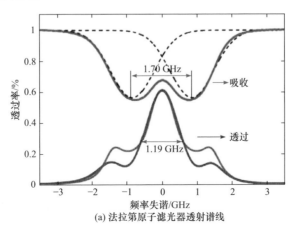

(a) 法拉第原子滤光器透射谱线

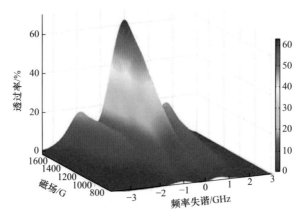

(b) 不同磁场下的法拉第原子滤光器透射谱线

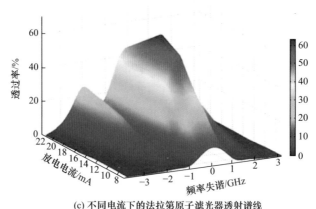

(c) 不同电流下的法拉第原子滤光器透射谱线

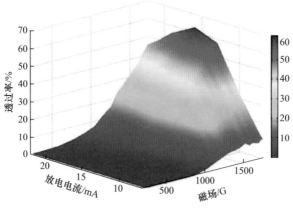

(d) 不同磁场和电流下的峰值透过率

图 4-19

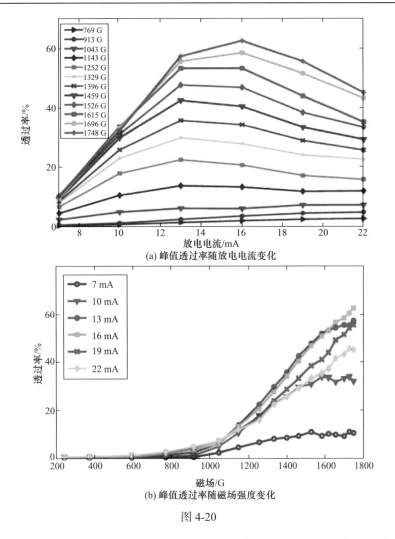

(a) 峰值透过率随放电电流变化

(b) 峰值透过率随磁场强度变化

图 4-20

关于空心阴极灯的法拉第原子滤光器目前存在的问题和未来发展方向分析如下：

(1) 存在荧光本底。空心阴极灯具有可观的荧光本底，在实验中发现，距离灯体 5.8 cm 处探测，在放电电流分别为 7 mA，10 mA，13 mA，16 mA，19 mA 和 22 mA 的情况下，荧光本底为 1.3 μW，2.4 μW，3.5 μW，7.3 μW，8.7 μW 和 10.0 μW。在这样的限制下，基于空心阴极灯的法拉第原子滤光器并不适用于弱光探测，但其丰富的原子跃迁谱线提供了在稳频系统中的潜在应用。

(2) 存在磁屏蔽效应。值得一提的是，上述实验中测量得到的磁场强度并不准确。实验测量是在不存在空心阴极灯的情况下，在其中心位置得到的磁场强度。然而，由于空心阴极灯的阴极底座是由铁材料制成，而阴极由锶、镍、锡合金制成，所以阴极底座及阴极材料都将对其中心的磁场产生磁屏蔽效应, 实际空心阴极灯中的磁场远小于 1748 G。由于测量精度限制, 中心位置的精确磁场强度仅能通过塞曼光谱的分离程度来进行估算。经过测量, 塞曼子能级裂距为 1.70 GHz, 对应磁场强度为 607 G。在此磁场下对透射谱进行理论拟合, 结果如图 4-19(a)中的紫色实线所示, 和实验结果吻合较好, 只在两翼的高度上有些差异, 这可能是由于空心阴极灯内原子数密度不均匀。可以推测, 所采用的锶原子空心阴极灯的磁屏蔽系数为 2.9。由于磁屏蔽效应的存在, 在实验中需要施加较高的实际磁场来达到法拉第原子滤光器所需的磁场强度。通过采用非磁性材料作为空心阴极灯的电极材料, 可以解决这一问题。

(3) 存在光学损耗。实验测得, 来自空心阴极灯两端窗口的光学损耗为 33%, 可通过提高窗口平整度和采用镀增透膜的光学窗口来解决。

作为未来可能的发展方向, 基于空心阴极灯的法拉第原子滤光器在光频原子钟中具有应用潜力。该原子滤光器可以用作频率选择器件, 将透射光反馈回激光二极管, 通过原子滤光器取代光栅的频率选择作用, 实现小型的具有确定频率值的法拉第激光系统。在此系统中, 激光打开后将准确工作在原子跃迁谱线上, 其频率对注入电流和激光管温度的波动免疫。以锶原子光钟为例, 激光冷却和探测光通常由 461 nm 半导体激光器提供, 而这些激光对外部振动极为敏感, 需要通过精确的温度和电流控制来保证准确的输出频率。而工作在 $^{88}Sr(5s^2)^1S_0-(5s5p)^1P_1$ 共振线(461 nm)的法拉第激光器无疑是更好的选择, 并且其可以被进一步锁定在饱和谱或调制转移谱上, 以提供长期的稳定度。

4.2.8　基于钙原子束的原子滤光器

原子滤光器早期是设计用于从太阳光及其他宽带背景干扰中隔离得到弱激光信号, 实现窄带光学滤波。高灵敏度和超窄光谱带宽使其成为应用于激光稳频、气象学、激光通信、激光雷达等领域的核心设备。此外, 若原子滤光器匹配太阳光谱中存在的一定数量黑暗特征谱线, 即夫琅和费线[29], 则经过滤波后的信号可以实现太阳光谱背景噪声显著降低。其中, 钙原子 $^1S_0-^1P_1$ 跃迁 423 nm 谱线已经广泛应用于卫星-海底通信中, 同时该频率对应夫琅和费线, 目前工作在 423 nm 波段的外腔半导体激光器已经实现。

目前, 报道的钙原子滤光器主要为原子共振型滤光器, 其中, 在关于磁-光原子滤光器的实验[30]中观察到一个双峰结构, 其中每个透射峰有 1.5 GHz 带宽, 整个磁-光原子滤光器的实际带宽为 3 GHz。但是钙原子玻璃气室工作温度达到 450℃, 对应的多普勒宽带达 2.2 GHz, 这限制了该原子滤光器通带宽度进一步降低。而北京大学许志超等人实现了透射谱为单峰结构, 透射带宽小于多普勒展宽的基于钙原子束的法拉第原子滤光器[29]。

基于钙原子束的原子滤光器工作波长为 423 nm，对应原子能级如图 4-21 所示。与一般的法拉第原子滤光器不同，利用钙原子束而非钙原子玻璃气室充当原子滤光器的吸收介质，不存在钙原子滤光器吸收介质原子之间的相互碰撞，能够有效将钙原子滤光器的通带带宽降低到多普勒线宽以下。为了提高钙原子束滤光器透射谱的透过率，采用 9 路光方案，即用全反射镜将 423 nm 入射探测光在钙原子束两侧来回反射 9 次，如图 4-22 所示。此外，还可以采用角锥反射镜实现探测光多次反射方案，如图 4-23 所示，利用错位的角锥反射镜，实现探测光多次反射经过原子束。相比于平面镜，具有更高的机械鲁棒性和稳定性。

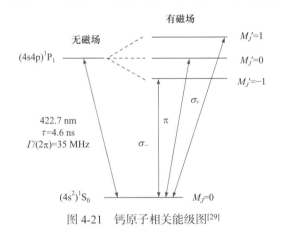

图 4-21 钙原子相关能级图[29]

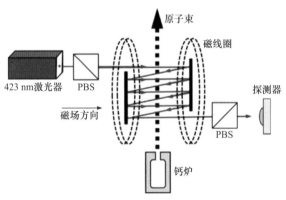

图 4-22 基于钙原子束的磁-光原子滤光器的实验原理图(9 路光方案)[29]

Ca 原子束的窄线宽原子滤光器的实验结果如图 4-24 和图 4-25 所示。图 4-24 对应单路光方案和 9 路光方案的透射谱，外加磁场为 120 G。透射峰值对应无外加磁场时的原子跃迁频率。图 4-24 中虚线为理论计算值，实线为实验测量值。Ca 原子滤光器透射谱的透过率和透射带宽都随着 Ca 原子束中原子密度增加而增大。实验测得在垂直于原子束的行进方向上，剩余的多普勒宽度大约为 320 MHz，大概只

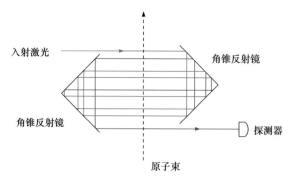

图 4-23　基于角锥反射镜实现探测光多次反射方案

有 Ca 原子 2.2 GHz 多普勒展宽的 1/7。在单路光方案的钙原子束滤光器中，423 nm 探测激光垂直通过 Ca 原子束。此时测量滤光的透射谱的最大透过率为 0.1%，透射谱的通带宽度为 350 MHz。在这种情况下测得滤光器透射谱的最高透过率为 7.3%，透射谱的通带宽度为 590 MHz，远远小于基于 Ca 原子 2.2 GHz 的多普勒线宽。同时发现，当 423 nm 探测光与 Ca 原子束相应 423 nm 跃迁频率处于远失谐情况下，观察到非零透过率本底，且随着原子炉温度和原子束相互作用长度的增加而增大。这是由于原子炉喷出的原子束存在原子与准直细管的管壁发生碰撞，同样也进入了真空腔，而其垂直于原子束前进方向的横向速度分量较大，对应速度分布更宽，然而这些原子会对非零的透过率本底作出贡献，且原子炉温度和原子束相互作用长度的增加会使得这种贡献增大。

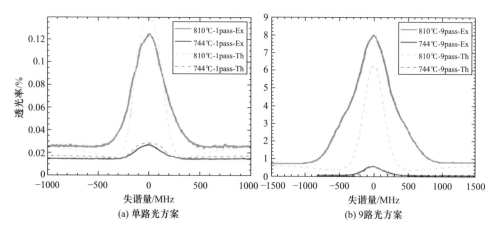

(a) 单路光方案　　　　　　　　　　　　　　(b) 9 路光方案

图 4-24　基于 Ca 原子束的磁-光原子滤光器的透射谱[29]

图 4-25 为不同原子炉温度，在不同的外加磁场强度下，对应的单路光和 9 路光原子滤光器透射谱的透过率。零失谐情况下理论值与实验值非常吻合，且基于 Ca 原子束原子滤光器的峰值透过率由外加磁场的强度决定。当 σ_+ 和跃迁的频率

移动等于 Ca 原子束横向多普勒宽度的一半时，可以得到最高的透过率。准直 Ca 原子束的横向多普勒宽度随着原子炉温度的升高而增大。当原子炉温度分别为 744℃和 810℃时，在单路光方案中多普勒宽度分别为 240 MHz 和 320 MHz。在 9 路光的方案中，由于探测光束与原子束行进方向并非完全垂直，对应的横向多普勒宽度测量值分别增加到 350 MHz 和 480 MHz。

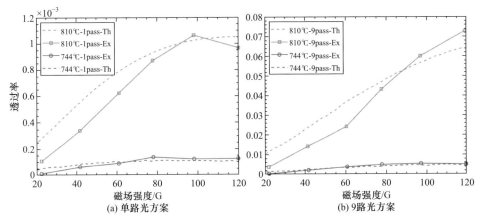

图 4-25　在 744℃和 810℃炉温下基于 Ca 原子束原子滤光器的透过率随外加磁场强度的变化曲线[29]

这是国际首次实现基于原子束的单峰、亚多普勒透射带宽的 Ca 原子磁-光原子滤光器。通过进一步提高 Ca 原子束的准直效率及束流强度，可以进一步提高基于 Ca 原子束的磁-光原子滤光器的性能指标。

4.3　法拉第原子滤光器原理、工艺及性能

4.3.1　基本原理

法拉第原子滤光器利用共振法拉第磁致旋光效应，将原子跃迁频率附近的光旋转一个角度，再利用两个正交的偏振片(也可以是半波片和 PBS 的组合)分别作为起偏器、检偏器，来达到滤光的效果。其基本结构主要包括起偏器 P1、原子气室、轴向磁场以及检偏器 P2，如图 4-26 所示[31]。

P1 和 P2 的偏振轴正交，假设 P1 的偏振轴沿 x 方向，P2 沿 y 方向。透过 P1，射入原子气室的线偏振光的电场强度矢量可写为

$$\boldsymbol{E} = \boldsymbol{e}_x \, E_0 \cos(\omega t) \tag{4-7}$$

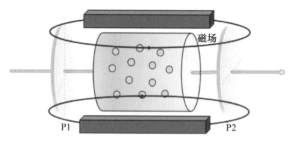

P1　　　　　　　　　　　　　　　P2

图 4-26　法拉第原子滤光器示意图

任何一束线偏振光总能分解为左旋圆偏振光和右旋圆偏振光的叠加。将 E 写成指数形式，并分解为

$$E = \frac{\sqrt{2}}{4}E_0\boldsymbol{e}_+\left(e^{-i\omega t}+e^{i\omega t}\right)+\frac{\sqrt{2}}{4}E_0\boldsymbol{e}_-\left(e^{-i\omega t}+e^{i\omega t}\right) \tag{4-8}$$

其中，$\boldsymbol{e}_+,\boldsymbol{e}_-$ 表示两个圆偏振旋向的单位矢量。假设原子气室的长度为 l，当激光穿过原子气室后，其电场强度变为

$$E = \frac{\sqrt{2}}{4}E_0\boldsymbol{e}_+\left(e^{i(k_+l-\omega t)}+e^{-i(k_+l-\omega t)}\right)+\frac{\sqrt{2}}{4}E_0\boldsymbol{e}_-\left(e^{i(k_-l-\omega t)}+e^{-i(k_-l-\omega t)}\right) \tag{4-9}$$

其中，k_+ 和 k_- 是左旋、右旋圆偏振分量的波数。由于气室中磁场的塞曼效应，原子蒸气对左旋、右旋圆偏振分量的极化率不同，导致 $k_+ \neq k_-$（理论推导详见 4.4 节）。这将在出射激光的圆偏振分量之间造成一个相位差 $\Delta\phi$，叠加后造成的效果是使射入原子气室的线偏振光的偏振方向被旋转了一个角度。同时，对于不同的入射波长、原子类型、温度、磁场、原子气室长度等参数，$\Delta\phi$ 是不同的，且 $\Delta\phi$ 的变化在原子的共振吸收频率附近尤为显著，这是由共振法拉第磁致旋光效应导致的。当没有旋光效应时，由于 P1 和 P2 正交，理论上将不会有任何光透过滤光器；产生旋光效应时，由于不同波长/频率下的旋光角度不同，透过检偏器 P2 的光强也不同，形成一个滤光器。透过率关于入射光频率的变化，称为滤光器的透射谱。在实际应用中，通常对滤光器参数进行设置，使得在工作时，位于原子共振频率处的光的偏振方向恰好被旋转 $\frac{\pi}{2}$ 的奇数倍，使其尽可能无损耗地通过检偏器，滤光器在气室中原子某一跃迁频率处透射谱的透过率最大，用法拉第原子滤光器筛选激光纵模，便能实现激光输出频率自动对应原子跃迁谱线的效果。

4.3.2　核心制备工艺

法拉第原子滤光器的制备是一个复杂的过程，需要精确的设计和细致的操作，以确保达到高性能的滤光效果。为了确保滤光器能够高效、精确地过滤出特定波长的光，其各个主要部件的设计和制备环节尤为关键，直接影响滤光器的工作性能。

1. 原子气室

根据需要的激光器输出波长，选择滤光器的中心波长，而中心波长又是由原子类型决定的。常用的碱金属跃迁谱线中心波长见表 4-1。

表 4-1 常用碱金属跃迁谱线中心波长

原子种类	D_1 线中心波长	D_2 线中心波长
钠 Na	589.756 nm	589.158 nm
钾 K	770.108 nm	766.701 nm
铷 Rb	794.979 nm	780.241 nm
铯 Cs	894.593 nm	852.347 nm

不同类型的碱金属原子(如钠、钾、铷、铯等)具有不同的吸收线，可以分别在各自共振频率处发生共振法拉第效应，从而过滤特定波长的光。碱金属原子蒸气被充入密封的真空石英气室中，根据实际需要，可以选择性地向气室中充入惰性缓冲气体。为了提高透光性能，降低损耗和光斑形变，气室的端面常采用键合工艺，并镀上目标波长的增透膜，且端面的直径应参考光斑面积进行设计，以确保光斑全部进入气室。同时，气室的长度代表光与原子的相互作用长度，会影响各波长的光通过原子气室后的旋光角度，对原子滤光器的透射谱有较大影响。

2. 磁场的设计

在法拉第原子滤光器中，一般常用的磁场构型是轴向或横向。轴向磁场指的是气室中磁场的方向与光传播方向相同。轴向磁场可以由气室周围包裹着的数个条形永磁铁或环状永磁铁来产生(在一些应用场景中，也可以使用线圈产生磁场)，磁铁的磁极分别朝向气室的两端，如图 4-27 所示。横向磁场指磁场的方向与光传播方向垂直。横向磁场中，若磁场与入射光的偏振方向呈 45°角，这种构型也被称为佛克脱型。磁铁的磁场强度对透射谱有较大影响，因此，需要在实际设计和制

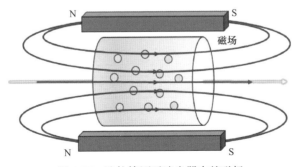

图 4-27 法拉第原子滤光器中的磁场

造中，根据其他元件的工作参数，选择合适的磁场强度。同时，磁铁的形状和排列会对气室中的磁场均匀度产生影响。由于磁场在磁铁的两端最不均匀，因此，在空间允许的情况下，加长磁铁可以提高气室中的磁场均匀度，从而提高其透射谱质量。

3. 系统封装和温度控制

对碱金属原子气室来说，由于碱金属熔点较高，温度会影响气室中的粒子数密度，当温度升高 10℃，粒子数密度约是原来的两倍；当温度升高 30℃，粒子数密度约提高一个量级。同时，原子谱线的多普勒展宽效应也会随温度波动发生很大变化。这些原因导致原子对光的吸收特性会随着温度变化而变化，最终影响滤光器的透射谱温度，对滤光器的透射谱具有重大影响。因此，在法拉第原子滤光器中，需要对原子旋光介质的温度进行精确控制，这对于形成一个稳定的透射谱以保证输出激光的稳定性是至关重要的。在设计中，由于原子蒸气的工作温度一般高于室温，可以使用 PI 加热膜等柔性加热装置包裹原子气室的外表面，并搭配热敏电阻、PID 温度控制器来对原子气室进行精确控温。聚四氟乙烯材料具备容易加工、隔热性能良好的特点，通常用于原子气室和加热装置的封装。同时，由于空气是热的不良导体，在确保安装牢固的前提下，可以适当在原子气室和滤光器的外壳之间引入空气间隙，以达到良好的隔热效果。

4. 工作参数的搭配和调优

在滤光器设计之初，需根据实际的体积、材料需求和目标波长，拟定各部件的参数和工作条件(如气室长度、工作温度、磁场强度等)，通过理论仿真计算出理想的目标透射谱。在按照图纸加工、装配后，通过扫频光路或光谱仪等，测量实际的透射谱。由于磁场、温度和原子蒸气压的个体性误差和不均匀性，实际透射谱和理论之间总有一定差距，并且各个滤光器之间的透射谱也有差异。因此，在制备完成后，有必要微调滤光器的工作参数来尽可能补偿这些差异，从而达到最接近理论值的最优性能，提升滤光器的品质。

4.3.3　碱金属原子气室

原子气室(atomic vapor cell)是一种小型的原子蒸气容器。这种容器是原子物理、量子光学等领域的重要实验器件，有助于科学家研究原子的基本行为，以及利用原子与光、磁场等外部环境的相互作用。原子气室是 FADOF 的核心组成部分，是光与原子相互作用，发生共振法拉第旋光效应的媒介。在主动光钟技术中，受激辐射光频标信号也是由原子气室产生的；在原子谱光稳频技术中，原子气室被用作激光器的外部量子频率参考，为激光器输出频率的主动修正提供标准。

原子气室是通过高精度的玻璃熔接或细致的微加工工艺制作而成，形成一个可透光且密闭的空间。这一空间内填充了碱金属原子，并且按照应用需求，还可充入特定比例的惰性气体。玻璃精密熔接或微加工工艺等技术是制备高精度原子气室的关键。另外，原子气室的玻璃外壳质量、准确的形态制作、内部壁面的精度以及气体的精确配比也对其整体性能有显著影响。原子气室制备中，主要核心工艺技术如下：

1. 气室外壳精密加工技术

玻壳材料及其结构是影响原子气室性能的关键因素。当原子气室被用于探测等场景时，空间光通常仅单次通过原子气室，对气室的端面平整性没有太高要求。然而，在原子滤光器的应用场景中，原子气室放置在谐振腔中，激光将在谐振腔中多次往返通过原子气室的前后端面。因此，为了提高输出激光的光斑质量、降低波像差、减少反馈损耗，确保气室端面的平整尤为关键。通常将光学标准的端面玻璃片利用键合工艺与气室的侧壁连接起来。同时，还可以通过表面镀膜和材料处理工艺，提高原子气室的光学透过率，改善光窗折射率的空间均匀性。另外，还需要关注原子系统的气密性，降低碱金属原子蒸气和缓冲气体的渗漏。

2. 原子气室精确充制技术

在原子气室中，精确地操控碱金属原子的数量至关重要，充入的原子数过少，会减弱光与原子的相互作用，使原子气室的性能受到影响；充入的原子数过多，会使得碱金属蒸气容易冷凝，降低气室的透过率。为了使 FADOF 的透射谱展现出单透射峰结构，还需要按特定配比充入缓冲气体。随着气室体积的减小以及生产规模的扩大，确保碱金属原子装填的均匀性以及气体的压强和配比变得更加具有挑战性。

为了提高原子气室的性能，需系统分析在特定的光场和磁场条件下，碱金属原子、工作气体和缓冲气体之间的复杂相互作用。此外，研究气室内的填充物质、腔体构造和内壁表面状态对原子自旋极化和弛豫的影响，可以为设计更高效的原子气室结构及调整气体成分比提供科学依据。

4.3.4　法拉第反常色散型原子滤光器

前面已经介绍了 FADOF 的核心制备工艺，本小节主要介绍 FADOF 的组装流程以及研究测试方法。

1. FADOF 的组装流程

以长 30 mm、直径 10 mm 原子气室为例，首先根据原子气室的尺寸，裁剪合适尺寸的锡箔纸从冷指位置开始沿着原子气室紧密缠绕一层，注意锡箔纸亮面朝里，并用导热胶带固定，气室两端的端面处分别多出 2 mm 左右，保证正常通光直径大于 6 mm。气室冷指可以套一个锡纸做的 3～10 cm 的导热管，用导热胶带固定，如图 4-28 所示。

图 4-28　裁剪合适尺寸的锡箔纸(左)；用锡箔纸缠绕原子气室(中、右)

取一对导热铜座，选择铜块上与热敏电阻大小合适的孔径，可以使用针管或者牙签，尽量填满导热硅脂，保证良好的热接触，塞进已经测量好的热敏电阻(电阻值在 10 kΩ 左右，两个热敏电阻的阻值相近)，将孔边缘导热硅脂清理干净，涂上调好的 AB 胶，固定热敏电阻，放置一两个小时，时间越久越好，胶水完全固化(通常第一步可以先做这个，利用胶水固化的时间，可以做其他工作)，将导热铜座套在气室两端，如图 4-29 所示。

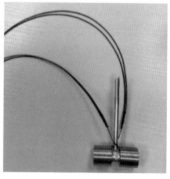

图 4-29　插入热敏电阻的导热铜座(左)；将气室装入导热铜座(右)

取尺寸匹配的加热片，使用前测量电阻在 9.6 Ω 左右，从冷指位置开始，精密贴合导热铜座环绕一周，并用绝热胶带固定，加热片外再绕一层聚四氟乙烯薄膜，如图 4-30 所示，起固定作用的同时又有更好的保温效果。

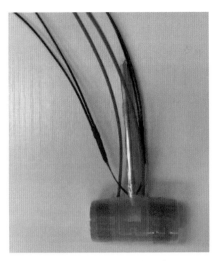

图 4-30　加热片贴合缠绕

　　将包好的气室放进聚四氟乙烯保温壳之前，需要在铜块与保温壳接触的气室两端加一层保温棉，保温棉按照铜块端面修剪成环形，起保温效果的同时不影响通光。另外，由于加热片导线的位置距离冷指较远，并且有凸起的地方，保温壳与加热片导线接触的地方，用锉刀稍微磨薄一些，避免卡得太紧，损坏导线。保温壳用绝热胶带固定，如图 4-31 所示。

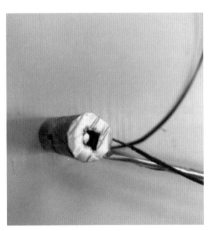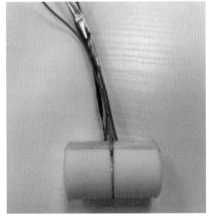

图 4-31　气室两端粘贴环形保温棉(左)；将气室放入聚四氟乙烯保温筒(右)

　　将包好的气室导线先塞入圆筒形磁铁中心的小孔中，再将整个气室塞入圆筒形磁铁。由于图 4-31 中聚四氟乙烯保温筒的外径小于圆筒形磁铁的内径，气室在磁铁内部可能发生晃动，影响原子滤光器的长期工作稳定性。需要塞入聚四氟乙烯片固定原子气室，使原子气室在磁铁内部保持稳定。此外，除了使用圆筒形磁铁，还可以在原子气室周围对称地放置磁条来产生磁场，每根磁条放置的极性需相同，如图 4-32 所示。

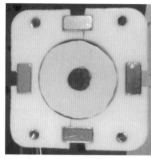

图 4-32　将包好的气室放入圆筒形磁铁中(左)；4 根磁条的原子滤光器结构(中)；28 根磁条的原子滤光器结构(右)

将整个磁铁放入对应尺寸的聚四氟乙烯圆筒中，磁铁的外径与聚四氟乙烯圆筒的内径相近。再将聚四氟乙烯圆筒和对应的聚四氟乙烯结构组装，整体放入铝外壳中，拧紧螺丝。使用磁条结构的步骤与之相同，如图 4-33、图 4-34 所示。

图 4-33　使用圆筒形磁铁的原子滤光器组装

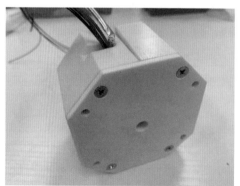

图 4-34　使用磁条的原子滤光器组装

　　将热敏电阻和加热片连接到温控电路板或 TC300。在铝外壳两个通光孔附近的卡槽结构中放入两个偏振分光棱镜，两棱镜的偏振方向正交，如图 4-35 所示。

图 4-35　安装好偏振分光棱镜的原子滤光器

2. FADOF 测试研究

原子气室的性能指标主要包括原子气室的透过率、表面平整度和抗冷凝能力。原子气室的透过率直接影响 FADOF 的透过率，其测试光路如图 4-36 所示，

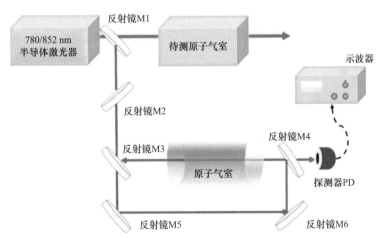

图 4-36　原子气室透过率的测试光路

具体方法为：①将 780/852 nm 半导体激光器输出的激光经部分反射镜 M1 分成两束，反射光入射进入含有参考气室的饱和吸收谱(SAS)光路，透射光入射进入待测原子气室；②调节激光器的电流和 PZT 参数，保证输出光频率与 SAS 光路中铷原子/铯原子共振，确保可以观测到 SAS 信号；③保持激光器的电流和 PZT 参数，用功率计分别探测经过原子气室前的功率 P_1 和经过原子气室后的功率 P_2，气室透过率 $T=P_2/P_1$；④多次测量，取平均值。

原子气室表面平整度影响激光的发散情况，其具体测试方法为：①对半导体激光器输出的激光进行准直。②准直后的激光入射进入原子气室。③用感光卡观测从原子气室出射的激光的光斑尺寸，改变感光卡与原子气室的距离，观察光斑是否发散。

由于加热片位于气室柱面，导致端面温度最低，突然降温容易使原子冷凝到端面，气室中的原子一旦冷凝，FADOF 的透过率将迅速降低，故需保证原子气室的抗冷凝能力。原子气室抗冷凝能力的测试方法为：①将原子气室升温到 100℃；进行原子气室透过率的测试，记录气室透过率 T_1，测试结束后终止对原子气室加热。②间隔一晚后再次将原子气室升温到 100℃。③再次进行原子气室透过率的测试，记录气室透过率 T_2。④比较气室透过率 T_2 与气室透过率 T_1 的数值，若 T_2 明显小于 T_1，则存在冷凝；若 T_2 与 T_1 数值接近，则基本不存在冷凝。

FADOF 的性能指标主要包括 FADOF 的透射谱，透射谱线型决定了 FADOF 的应用价值。其中，透射谱中最关键的指标为最高峰透过率与透射带宽。

FADOF 透射谱测试光路如图 4-37 所示，具体测试方法为：①将外腔半导体激光器输出的激光经部分反射镜 M1 分成两束，透射光用于在光电探测器(PD1)处

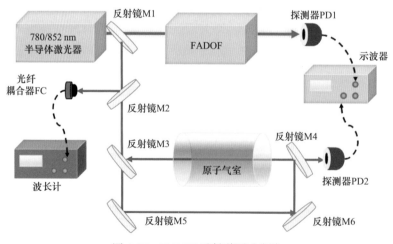

图 4-37　FADOF 透射谱测试光路

探测原子滤光器的透射谱，反射光入射到另一个部分反射镜 M2。②反射光在进入 SAS 光路之前，经 M2 分成两束，反射光经光纤耦合器 FC 连接波长计，用于测量激光器的波长，从而调节激光器的电流和 PZT 参数，保证激光器输出光与 SAS 光路中铯原子共振，确保可以观测到 SAS 信号。③经 M2 后的透射光用于在光电探测器(PD2)处探测 SAS 信号，并作为参考；光电探测器 PD1 将 FADOF 透射谱光信号，光电探测器 PD2 将 SAS 光信号，分别转换成电信号，然后将信号输入示波器，即可得到原子滤光器的透射谱及参考 SAS 信号。

FADOF 最高峰绝对透过率的测试方法：①通过饱和吸收谱的 780/852 nm 激光器作为探测光，输入 FADOF 中进行选频，选频后，只有在 FADOF 透射谱带宽内的光才能透过，透射光输入光电探测器 PD1，将光信号转换成电信号，然后将此信号输入示波器观测 FADOF 透射谱。②使 FADOF 中两个格兰泰勒棱镜偏振方向平行，通过示波器记录 FADOF 透射谱信号最大值 V_1，然后使 FADOF 中两个格兰泰勒棱镜偏振方向垂直，通过示波器记录 FADOF 透射谱信号最大值 V_2，计算 $T_1=V_2/V_1$，即为 FADOF 的相对透过率。③分别测量 FADOF 中 GT1、GT2 和原子气室 3 个元器件对 780/852 nm 光的透过率，将其相乘得 T_2，将 T_2 与 FADOF 的相对透过率 T_1 相乘，即为 FADOF 的绝对透过率 $T=T_1 \times T_2$。

FADOF 最高峰透射带宽的测试方法：①将外腔半导体激光器输出的激光经部分反射镜 M1 分成两束，透射光用于在光电探测器 PD1 处探测原子滤光器的透射谱，反射光入射到另一个部分反射镜 M2。②反射光在进入 SAS 光路之前，经 M2 分成两束，反射光经光纤耦合器 FC 连接波长计，用于测量激光器的波长，从而调节激光器的电流和 PZT 参数，保证激光器输出光与 SAS 光路中铷原子/铯原子共振，确保可以观测到 SAS 信号。③经 M2 后的透射光用于在光电探测器 PD2 处探测 SAS 信号，并作为参考。④光电探测器 PD1 将 FADOF 透射谱光信号，光电探测器 PD2 将 SAS 光信号，分别转换成电信号，然后将此信号输入示波器上，以 SAS 信号作为参考，来标定 FADOF 透射谱的最高峰透射带宽。

以铯原子 852 nm FADOF 为例，其由一个长 30 mm 的 Cs 原子气室、圆筒形磁铁、温度控制系统以及两个偏振分光棱镜构成。镀有防反射涂层的原子气室对 852 nm 激光的透过率为 95%。Cs 原子气室中，除了 Cs 原子气体，还充有不同气压的惰性气体 Ar 或 Xe，气体压强范围为 0~50 torr。原子气室的温度由一个电加热元件控制，该元件将气室温度波动保持在 0.1℃ 范围内。轴向磁场强度 200~3000 G，由不同尺寸的圆筒形磁铁产生，磁铁最高工作温度不超过 150℃。两个偏振分光棱镜被放置在气室的两侧，其中，后方棱镜的偏振方向可以旋转，使两个棱镜可以正交或平行。

图 4-38 展示气室内部为纯铯气体时，在不同磁场下，原子滤光器的透射谱随

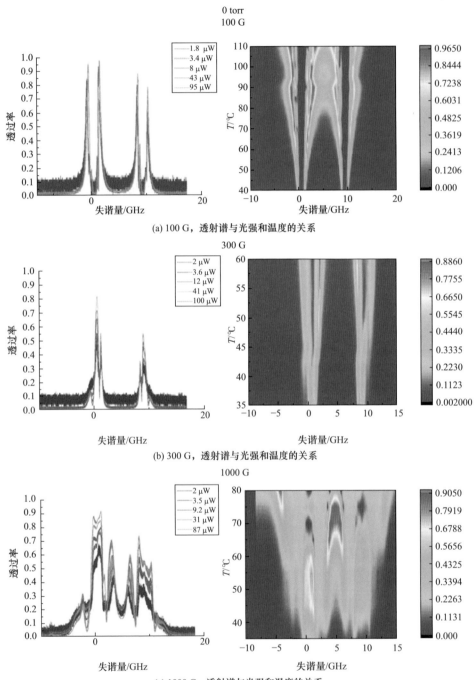

(a) 100 G，透射谱与光强和温度的关系

(b) 300 G，透射谱与光强和温度的关系

(c) 1000 G，透射谱与光强和温度的关系

图 4-38　纯铯气室

光强和温度的变化。100 G 时，透射谱中存在 4 个透过率较高的透射峰，但是透射峰与 0 失谐和 9.192 GHz 失谐的点不重合，若用于法拉第激光器选频，法拉第激光器的输出波长在应用 MTS 锁频时存在难度。改变光强时，透射谱变化小。升高温度，左右两侧的边峰会远离，谱线中心透过率会不断升高。而磁场为 300 G 的原子滤光器，在 0 失谐和 9.192 GHz 失谐的两点附近各有一个透射峰，0 失谐的透射峰更高。该原子滤光器应用于法拉第激光器，能够产生波长对应原子跃迁谱线的激光，便于激光频率锁定，但是由于透射峰的带宽较窄，激光器频率锁定后的性能不能达到最佳。若使用磁场强度为 1000 G 的原子滤光器，其透射峰和原子跃迁谱线对应，且带宽接近 3 GHz，说明该参数的原子滤光器应用于法拉第激光器时，激光器波长易于和原子跃迁谱线对应，进而利用 MTS 锁频技术实现频率锁定，并且锁定后激光器能长期稳定工作。

图 4-39 展示了充入惰性气体后，原子滤光器透射谱随光强和温度的变化。与图 4-38 中 1000 G 的纯铯原子滤光器透射谱对比，最大的差距是，充入惰性气体

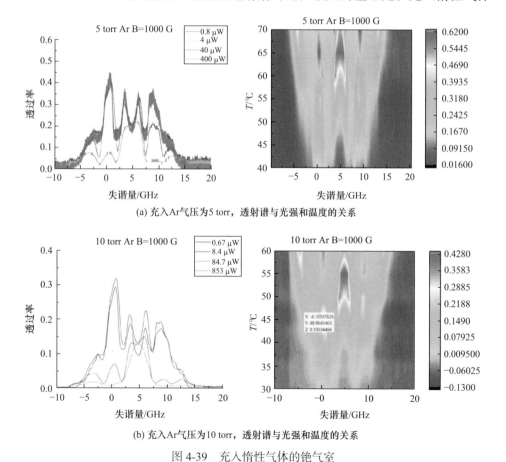

(a) 充入 Ar 气压为 5 torr，透射谱与光强和温度的关系

(b) 充入 Ar 气压为 10 torr，透射谱与光强和温度的关系

图 4-39　充入惰性气体的铯气室

后，随着光强变化，原子滤光器透射谱的线型也发生变化，这对于预测激光器正常工作时其内部原子滤光器的透射谱是不利的。另外，加入惰性气体后，透射谱整体透过率都被压低了，这将使得相应激光器的阈值电流升高。带来以上不利因素的同时，惰性气体一定程度上展宽了透射谱中的透射峰，让法拉第激光器即开即用、即开即锁的优势进一步体现。

4.3.5　佛克脱反常色散型原子滤光器

VADOF 的组装流程与 FADOF 的组装流程一致，区别仅在于二者的结构，根据 VADOF 的结构适当调整组装细节即可完成 VADOF 的装配，图 4-40 所示为佛克脱型原子滤光器实物图。

VADOF 透射谱测试方法与 FADOF 一致，将测试光路中的 FADOF 换成 VADOF 即可。

图 4-40　佛克脱型原子滤光器实物图

以 Rb 原子 780 nmVADOF 为例，其由一个长 30 mm 的 ^{87}Rb 原子气室、条形磁铁、温度控制系统以及两个偏振分光棱镜构成。镀有防反射涂层的原子气室对 780 nm 激光的透过率为 95%。^{87}Rb 原子气室的温度由一个电加热元件控制，该元件将气室温度波动保持在 0.1℃范围内。径向磁场强度 200～3500 G，由两个 15 mm 厚的永磁铁移动产生。为了获得更好的 Voigt 效应，在磁场方向和激光偏振方向之间有一个 45° 的夹角。两个偏振分光棱镜被放置在气室的两侧，其中，后方棱镜的偏振方向可以旋转，使两个棱镜可以正交或平行。采用自制的 780 nm 干涉滤光片激光器来探测 VADOF 的透射谱，该激光器的光束直径大约为 2 mm。探测激光由一个偏振分光棱镜分为两束，其中一束用于探测 ^{87}Rb 的饱和吸收谱作为频率参考，另一束经过 VADOF 打入光电探测器中以测量透射谱。

图 4-41 为磁场强度 3500 G 时 VADOF 在不同温度下的透射谱，测试结果显

示 3500 G 的 Rb 原子 VADOF 最高透射峰对应波长为 780.255 nm，无法与原子跃迁谱线相对应。实际搭成激光器后，出射激光波长符合预期，为 780.255 nm，但是无法与原子谱线对应，需要额外的移频光路才能进行调制转移谱锁定。为了解决这个问题，需要对 VADOF 的参数进行调整，将磁场更换为 3700 G，对新更换的 VADOF 进行透射谱测试。图 4-42 所示为磁场强度 3700 G 时 VADOF 在不同温度下的透射谱，最上方的饱和吸收谱用作频率参考。

当温度低于 75℃时，VADOF 透射谱的透过率太低，激光器不足以起振。当温度达到 80℃时，最高透射峰能与原子跃迁谱线对应，且透过率最高，符合要求。当温度超过 85℃时，谱线较为杂乱，且失谐零点逐渐移向透射峰边界，不满足跃迁谱线与透射峰对应的要求。因此，该 VADOF 初始工作温度应该设定为 80℃，此时对应波长为 780.243 nm。

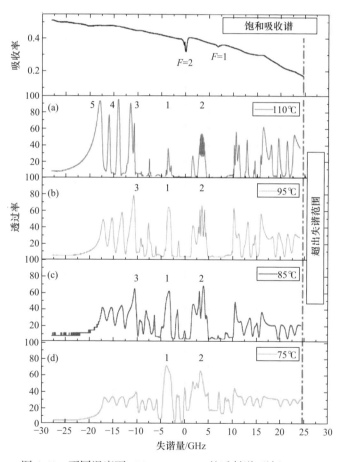

图 4-41　不同温度下 780 nm VADOF 的透射谱(磁场 3500 G)

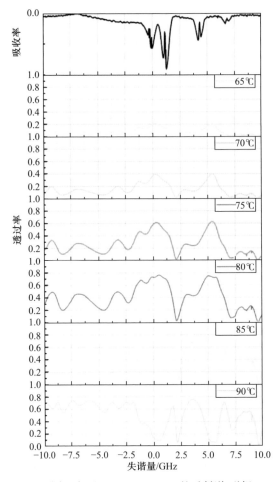

图 4-42　不同温度下 780 nm VADOF 的透射谱(磁场 3700 G)

4.3.6　MEMS 型法拉第原子滤光器

　　法拉第反常色散原子滤光器是一种具有高透过率、窄带宽、高噪声抑制比的量子选频滤光器。以法拉第反常色散原子滤光器作为选频器件的半导体激光器输出频率可以自动与原子谱共振，并且在抑制激光二极管的温度敏感性和电流敏感性方面占有绝对优势。但是，现存法拉第激光器尺寸较大，由此将引入原子气室部分磁场均匀性差、输出激光容易跳模、集成度低、成本高等问题。采用 MEMS (micro-electro-mechanical systems)工艺制备 MEMS 型法拉第原子滤光器可以有效解决上述问题，且易于实现批量生产和应用，降低生产成本，未来可应用于可移动、便携式时频设备，服务于芯片级量子计量相关方面，以及激光雷达、激光声呐、自由空间光通信、星地光通信链路、激光稳频等各个领域。

2024 年，北京大学提出一种基于 MEMS 工艺制备原子滤光器的实现方案，为微型法拉第激光器提供核心选频器件。采用 MEMS 工艺制备高气密性的微型原子气室，压缩储磁控温模块的体积，采用更加紧凑的封装方式，实现 MEMS 气室微型法拉第原子滤光器，原理如图 4-43 所示。基于此滤光器的激光器，体积将大幅缩小，适合紧凑型的应用场景。同时，由于谐振腔腔长的缩短，激光器具有更大的自由光谱范围，进一步提高激光器的机械稳定性和频率稳定性。下面将依次介绍微型原子滤光器的两个关键组成部分：MEMS 原子气室和紧凑型永磁铁。

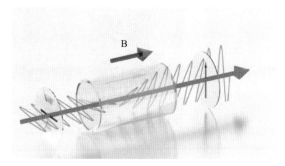

图 4-43　MEMS 型法拉第原子滤光器工作原理示意图

1. 基于 MEMS 原子气室的共振法拉第原子旋光效应

原子气室里密封的碱金属气体，可以改变信号光的偏振方向，是实现法拉第磁致旋光的关键，因此，对封装原子的气室要求很高。相比于传统的玻璃吹制技术，利用 MEMS 技术易于制造毫米甚至亚毫米尺寸的气室，并且整个过程易于规模化，可实现批量生产。

利用 MEMS 技术制作体积小、气密性高的原子气室是实现微型原子滤光器的关键，MEMS 原子气室的制备工艺可以分为 5 种：①原位化学反应法，将碱金属化合物和某种溶液反应，烘干得到粉末，通过真空加热生成所需的碱金属原子，该方法工艺简单，易于集成化，但是在生成碱金属原子的过程也容易引进非金属杂质，从而影响气室的透光率，造成频移。②碱金属单质直接填充法，该方法在硅片上制作一个硅孔，然后通过阳极键合工艺和玻璃片键合到一起，在低温真空厌氧环境中直接将液态的铯或者铷滴到硅孔里，同时填入缓冲气体，再通过二次阳极键合将原子气室密封。该方法虽然比较完美，但是需要专用的仪器设备，成本较高，不能推广应用。③光分解法，先在气室内部沉积一层碱金属原子薄膜，比如氮化铯，然后通过阳极键合完成气室封装后，用紫外线照射使气室内的氮化铯薄膜分解生成纯净的铯和氮气，该方法操作简单易于批量生产，但需要专门的设备。④电化学分解法，是将碱金属单质从固体电解质中析出到密封的腔体内来制备原子气室，该方法气密性虽好，但操作极其复杂，不利于批量制作。⑤石蜡包裹法，通过在硅孔表面沉积一层 SiN 薄膜，然后将包裹有碱金属单质的蜡包黏附在 SiN 薄膜下面，气室封装后，借助激光烧蚀使 SiN 与蜡包分解，使碱金属单质进入硅孔中，该方法获得的气室纯度高，但是也不利于批量生产。

上述方法各有利弊，但是从实用性和产业化的角度考虑，原位化学反应法结合光分解法制作原子气室将是一个优选方案。传统玻璃吹制气室和 MEMS 原子气室实物如图 4-44 所示。

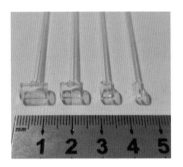

图 4-44　玻璃吹制小尺寸气室(左)与 MEMS 原子气室(右)

对 MEMS 原子气室增加加热和保温装置，并搭建饱和吸收谱光路，观测到饱和吸收谱线，谱线信噪比与采用传统玻璃吹制技术实现的结果相当。测试实物和饱和吸收谱如图 4-45 所示。

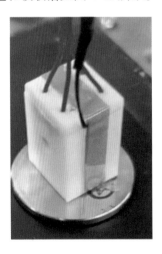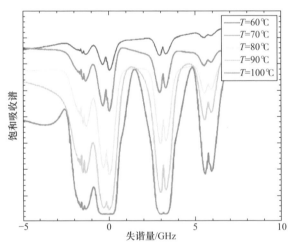

图 4-45　MEMS 原子气室加热保温结构实物图(左)与不同温度下的饱和吸收谱(右)

2. 基于紧凑型永磁铁的均匀磁场

通过外加气室轴向均匀磁场，使原子磁子能级发生塞曼分裂，造成原子共振吸收线附近的线偏光的左旋、右旋两个圆偏振光的色散曲线发生分裂，从而产生法拉第旋光效应。当原子气室内信号光偏振角度旋转 90°左右时，光才能以最高透过率通过原子滤光器。在减小气室尺寸的前提下，为了满足上述条件，结合原子气室对信号光的吸收效应，需对磁铁结构进行优化设计。

经过磁场仿真，对于毫米量级长度的原子气室，所需的磁场强度高达 3000 G，与此同时，原子气室结构压缩也使得气室通光方向施加的磁场强度足够均匀，磁场强度仿真结果如图 4-46 所示。同时，采用圆筒形磁铁结构压缩原子滤光器体积，实物如图 4-47 所示。

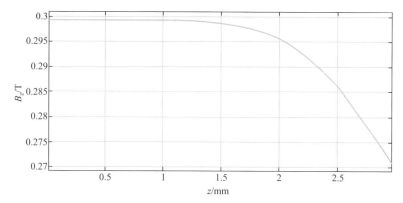

图 4-46　原子气室轴向磁场强度仿真结果

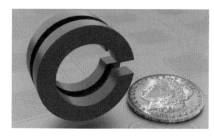

图 4-47　圆筒形磁铁设计

3. 原子滤光器组装

基于上述关键元器件设计加工，并结合起偏器和检偏器，实现 MEMS 原子气室法拉第原子滤光器。图 4-48 所示为微型法拉第原子滤光器实物图和透射谱测试结果。微型法拉第原子滤光器透射谱对应原子跃迁多普勒展宽线，以此实现的法拉第激光器输出激光模式被限制在原子跃迁频率附近，激光频率自动对应量子跃迁波长，具有抗激光二极管温度、电流波动的显著优势，是量子精密测量领域亟需的激光源。

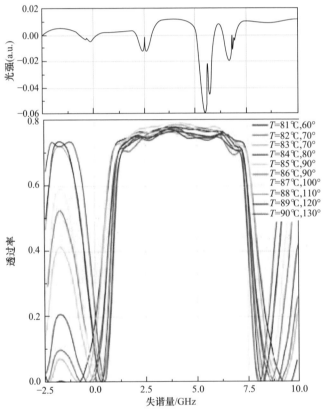

图 4-48   微型法拉第原子滤光器实物图(上)和透射谱(下)

需要指出的是，基于 MEMS 原子气室实现的 MEMS 型原子滤光器，除了法拉第反常色散原子滤光器外，还可以扩展到佛克脱(Voigt)型反常色散原子滤光器、感生二向色型原子滤光器，满足量子微纳领域对小型化、窄带宽、高透过率、高带外抑制比的选频器件需求。

4.4 法拉第原子滤光器的理论与仿真

如前所述，原子滤光器的工作原理利用了光经过原子介质时所产生的法拉第旋光效应，但是先前的分析只是定性的。在本节中，将定量地计算原子滤光器的透射谱，该问题的实质就是光与原子的相互作用。计算的具体方法如下[32-35]，首先写出原子在给定磁场中所满足的哈密顿方程，通过求解本征值问题来求得原子的本征能量以及相应的跃迁频率；然后把原子看作一个孤立二能级系统，利用密度算符方法求出原子的极化响应；最后由原子的极化响应得到光在原子蒸气中传播的表达式，从而求出原子滤光器的透射谱。

上述方法是按照计算的先后顺序来的，如果直接按照该顺序介绍原子滤光器的原理，读者难免会产生"为什么要这样做"的疑问，为了方便读者理解，本书将从麦克斯韦方程组出发，由表及里，抽丝剥茧地为读者介绍。

4.4.1 介质中的电磁波

现在假设一束平面光从真空中入射到充满原子蒸气的介质中，则光场的电磁场分量满足如下 Maxwell 方程组：

$$\begin{cases} \nabla \cdot \boldsymbol{D} = \rho_f \\ \nabla \cdot \boldsymbol{B} = 0 \\ \nabla \times \boldsymbol{E} = -\dfrac{\partial \boldsymbol{B}}{\partial t} \\ \nabla \times \boldsymbol{H} = \boldsymbol{J}_f + \dfrac{\partial \boldsymbol{D}}{\partial t} \end{cases} \tag{4-10}$$

由于原子蒸气满足如下条件：

· 介质中无自由电荷，即 $\rho_f = 0$

· 介质中无自由电流，即 $\boldsymbol{J}_f = 0$

· 介质为非铁磁性介质，即 $\boldsymbol{B} = \mu_0 \boldsymbol{H}$

再根据本构关系 $\boldsymbol{D} = \varepsilon_0 \boldsymbol{E} + \boldsymbol{P}$，可得光场的电场分量在介质中将满足如下波动方程：

$$\left(\nabla^2 - \frac{1}{c^2} \frac{\partial^2}{\partial t^2} \right) \boldsymbol{E} = \frac{1}{\varepsilon_0 c^2} \frac{\partial^2}{\partial t^2} \boldsymbol{P} \tag{4-11}$$

其中，c 为真空中的光速；ε_0 为真空中的介电常数；$\boldsymbol{P}$ 为电极化强度矢量，也称为原子对外加驱动电场的宏观极化响应。

假设入射到介质中的驱动电场沿 z 轴传播，并可以写成如下谐波形式：

$$\boldsymbol{E} = \boldsymbol{E}_0 \cos(kz - \omega t) = \frac{1}{2}\boldsymbol{E}_0 e^{-i(\omega t - kz)} + \text{c.c.} \tag{4-12}$$

这个假设成立的原因是原子尺度远远小于光波长，可以将光场看作均匀的平面波。

再假设原子本身是一个线性光学系统，其极化响应与驱动电场应该满足如下线性关系：

$$\boldsymbol{P} = \frac{1}{2}\varepsilon_0 \chi(\omega)\boldsymbol{E}_0 e^{-i(\omega t - kz)} + \text{c.c.} \tag{4-13}$$

其中，$\chi(\omega)$ 为介质的电极化率张量，其实部与虚部满足：

$$\begin{cases} \operatorname{Re}\big(\chi(\omega)\big) = \dfrac{\text{P.V}}{\pi}\displaystyle\int_{-\infty}^{+\infty} \dfrac{\operatorname{Im}\big(\chi(\omega')\big)}{\omega' - \omega}\,\mathrm{d}\omega' \\[3mm] \operatorname{Im}\big(\chi(\omega)\big) = -\dfrac{\text{P.V}}{\pi}\displaystyle\int_{-\infty}^{+\infty} \dfrac{\operatorname{Re}\big(\chi(\omega')\big)}{\omega' - \omega}\,\mathrm{d}\omega' \end{cases} \tag{4-14}$$

这组方程被称为 Kramers-Krönig 关系，它是由物理系统的因果律得到的，描述了线性光学系统的吸收与色散之间相互制约的关系。

将式(4-12)、式(4-13)代入式(4-11)中，可得电场波数 k 与电极化率的关系为

$$k = \frac{\omega}{c}\sqrt{1 + \chi(\omega)} \tag{4-15}$$

由式(4-15)可知，电场在介质中的传播与介质的电极化率密切相关，而电极化率又取决于介质的电极化响应，因此，光与原子相互作用问题的关键就是求解原子对外加光场的电极化响应。

4.4.2　原子的电极化响应

原子由原子核和电子构成，一个原子体系又由大量的原子构成，想要直接研究这个体系在电磁场作用下的演化是十分困难的。因此，需要对体系做一些合理的近似。常用的近似方法包括：

(1) 电场近似。由于光场中的电场分量远大于磁场分量，故只考虑电场与原子的相互作用。

(2) 电偶极近似。将原子核与内层电子整体看作一个离子实，这个离子实和外层电子构成一对电偶极子，忽略不同电偶极子之间的相互作用，只考虑电偶极子与电场间的相互作用。

对于由电偶极子所构成的系统，其宏观电极化强度矢量就是单位体积内的微观电偶极矩的总和，即

$$P = N_a d = -N_a e r \tag{4-16}$$

其中，N_a 为单位体积内的原子数；$d = -er$ 为单个电偶极子的电偶极矩。

由于原子体系是一个混态，在量子力学中，混态一般采用密度算符 $\hat{\rho}$ 来描述。对于任意一个力学量 $\hat{O}$，其系综平均值为

$$\langle \hat{O} \rangle = \mathrm{Tr}(\hat{\rho}\hat{O}) \tag{4-17}$$

由式(4-17)可知，如果知晓体系的密度算符 $\hat{\rho}$，则体系电极化强度的平均值就为

$$\langle \hat{P} \rangle = -N_a \mathrm{Tr}(\hat{\rho} \cdot e\hat{r}) \tag{4-18}$$

对于碱金属原子，很难直接写出其密度算符，以 Cs 原子的 D$_2$ 跃迁谱线为例，这里面就涉及 16 个基态磁子能级和 32 个激发态磁子能级，体系的密度算符将是一个 48 维矩阵，要求解这样一个问题是极为困难的。因此，在这里还需要对原子能级做进一步的近似处理。

最为简单的近似是二能级近似，所谓二能级近似，指的是当某一频率的光入射时，只考虑与其频率共振的那对能级之间的跃迁，不考虑其他能级之间的跃迁，也就是把原子当作一个二能级系统。

对于一个二能级系统，以符号 g 代表基态，以符号 e 代表激发态，则原子体系的密度算符可以写为

$$\hat{\rho} = \begin{bmatrix} \rho_{gg} & \rho_{ge} \\ \rho_{eg} & \rho_{ee} \end{bmatrix} \tag{4-19}$$

在量子力学中，封闭系统随时间的演化可用 Liouville 方程来描述。但是原子体系是一个开放系统，其与环境之间时刻存在耗散相互作用，这种存在耗散的系统可用 Lindblad 主方程来描述。其一般形式如下：

$$\frac{d\hat{\rho}}{dt} = \frac{1}{i\hbar}[\hat{H}, \hat{\rho}] + \mathcal{L}(\hat{\rho}) \tag{4-20}$$

其中，$\hat{H} = \hat{H}_0 + \hat{H}_I$ 为原子的哈密顿量，包括原子的自由哈密顿量 $\hat{H}_0$ 与相互作用哈密顿量 $\hat{H}_I$ 两部分；$\mathcal{L}(\hat{\rho}) = \hat{L}^\dagger \hat{\rho}\hat{L} - (\hat{L}^\dagger \hat{L}\hat{\rho} + \hat{\rho}\hat{L}^\dagger \hat{L})/2$ 为耗散项，$\hat{L}$ 为 Lindblad 算符，描述体系与环境之间的耗散作用。

这里采用能量表象，以原子在自由状态下的本征态作为基矢来展开各项，则有

$$\hat{H}_0 = \hbar \sum_i \omega_i |i\rangle\langle i| = \hbar \begin{bmatrix} \omega_g & 0 \\ 0 & \omega_e \end{bmatrix} \tag{4-21}$$

根据电偶极近似，原子与电场相互作用的哈密顿量为

$$\hat{H}_I = -\hat{\boldsymbol{d}} \cdot \boldsymbol{E} = e\hat{\boldsymbol{r}} \cdot \boldsymbol{E}_0 \cos\omega t = (er_0 E_0 - er_+ E_- - er_- E_+)\cos\omega t \tag{4-22}$$

其中，$\hat{r}_+, \hat{r}_-, \hat{r}_z$ 和 E_+, E_-, E_z 分别为 $\hat{\boldsymbol{r}}$ 和 $\boldsymbol{E}_0$ 在球基矢下的三个分量，球基矢与直角基矢的换算关系为

$$\boldsymbol{e}_\pm = \mp \frac{1}{\sqrt{2}}(\boldsymbol{e}_x \pm i\boldsymbol{e}_y), \quad \boldsymbol{e}_0 = \boldsymbol{e}_z \tag{4-23}$$

采用球基矢的原因是偶极跃迁算符 $e\hat{\boldsymbol{r}}$ 在球基矢下比较容易求得，且结果直接与跃迁选择定则相对应(将在 4.4.3 节中进行详细说明)。将式(4-22)写成矩阵形式为

$$\hat{H}_I = \boldsymbol{E}_0 \cdot \langle g|e\hat{\boldsymbol{r}}|e\rangle \cos\omega t \begin{bmatrix} 0 & 1 \\ 1 & 0 \end{bmatrix} \tag{4-24}$$

将式(4-19)、式(4-21)和式(4-24)代入式(4-20)，可得主方程右边第一项为

$$\frac{1}{i\hbar}\left[\hat{H}, \hat{\rho}\right] = -i\omega_0 \begin{bmatrix} 0 & \rho_{ge} \\ \rho_{eg} & 0 \end{bmatrix} - i\Omega \cos\omega t \begin{bmatrix} \rho_{eg} - \rho_{ge} & \rho_{ee} - \rho_{gg} \\ \rho_{gg} - \rho_{ee} & \rho_{ge} - \rho_{eg} \end{bmatrix} \tag{4-25}$$

其中，$\omega_0 = \omega_e - \omega_g$，为对应基态与激发态之间的跃迁频率；$\Omega = \boldsymbol{E}_0 \cdot \langle g|e\hat{\boldsymbol{r}}|e\rangle / \hbar$，称为拉比频率。

接下来要解决的是主方程右边第二项，Lindblad 算符的具体形式可以唯象地写出来：

$$\hat{L} = \sqrt{\Gamma}|g\rangle\langle e| = \begin{bmatrix} 0 & \sqrt{\Gamma} \\ 0 & 0 \end{bmatrix} \tag{4-26}$$

之所以说是唯象，是因为它所描述的量子系统的演化并不是由系统与环境相互作用的微观机制得到的。这里的 Lindblad 算符也被称为跃迁算符，这个算符作用到激发态上，将会使原子从激发态跃迁到基态。引起耗散作用的主要原因是自发辐射，耗散速率与常数 Γ 有关，常数 Γ 越大，表示原子由于耗散作用从激发态跃迁到基态的速率越大，原子在激发态的寿命越短，故 Γ 可用跃迁谱线的自然线宽来表示，其与原子在激发态上的寿命 τ 的关系为

$$\Gamma = \frac{1}{\tau} \tag{4-27}$$

由式(4-26)可得耗散项为

$$\mathcal{L}(\hat{\rho}) = \hat{L}\hat{\rho}\hat{L}^{\dagger} - \frac{1}{2}\left(\hat{L}^{\dagger}\hat{L}\hat{\rho} + \hat{\rho}\hat{L}^{\dagger}\hat{L}\right) = \frac{1}{2}\Gamma\begin{bmatrix} -2\rho_{ee} & \rho_{ge} \\ \rho_{eg} & 2\rho_{ee} \end{bmatrix} \tag{4-28}$$

将式(4-19)、式(4-25)和式(4-28)代入式(4-20)，可以获得一个常微分方程组：

$$\begin{cases} \dot{\rho}_{gg} = -i\Omega\cos\omega t(\rho_{eg} - \rho_{ge}) + \Gamma\rho_{ee} \\ \dot{\rho}_{ee} = -i\Omega\cos\omega t(\rho_{ge} - \rho_{eg}) - \Gamma\rho_{ee} \\ \dot{\rho}_{ge} = \left(i\omega_0 - \frac{\Gamma}{2}\right)\rho_{ge} - i\Omega\cos\omega t(\rho_{ee} - \rho_{gg}) \\ \dot{\rho}_{eg} = \left(-i\omega_0 - \frac{\Gamma}{2}\right)\rho_{eg} - i\Omega\cos\omega t(\rho_{gg} - \rho_{ee}) \end{cases} \tag{4-29}$$

观察这组微分方程，不难发现，两个对角元与非对角元存在一定关系：

$$\begin{cases} \rho_{eg} = \rho_{ge}^* \\ \dot{\rho}_{ee} + \dot{\rho}_{gg} = 0 \Rightarrow \rho_{ee} + \rho_{gg} = (\rho_{ee} + \rho_{gg})\big|_{t=0} \end{cases} \tag{4-30}$$

故微分方程组可以化简为

$$\dot{\rho}_{eg} = (-i\omega_0 - \frac{\Gamma}{2})\rho_{eg} + i\Omega\cos\omega t(\rho_{ee} - \rho_{gg}) \tag{4-31}$$

$$\dot{\rho}_{ee} - \dot{\rho}_{gg} = 2i\Omega\cos\omega t(\rho_{eg} - \rho_{eg}^*) - \Gamma\left[\rho_{ee} - \rho_{gg} + (\rho_{ee} + \rho_{gg})\big|_{t=0}\right] \tag{4-32}$$

这个微分方程组难以严格求出解析解，但是可以尝试求其稳态解。所谓稳态解，指的是忽略驱动场施加在原子上的短时间内系统响应快速变化的过程，只关心系统在长时间演化后达到稳定状态的解。当然，这个"长时间"是针对原子跃迁速率而言的，对人们去观察而言也只是一瞬间的事情，也就是说，在现实中稳态解便足以描述原子随时间变化的行为。

在引入式(4-13)时曾假设原子系统对外加驱动电场的响应是一个线性响应，也就是说电极化响应正比于$\cos\omega t$，因此不妨假设稳态解的形式为

$$\rho_{eg} = \sigma e^{-i\omega t} \tag{4-33}$$

将这个稳态解代入式(4-31)和式(4-32)中，令式(4-32)左侧等于 0，可以得到

$$\left(\frac{\Gamma}{2} - i\Delta\right)\sigma = \frac{i\Omega}{2}(\rho_{ee} - \rho_{gg}) \tag{4-34}$$

$$i\Omega(\sigma - \sigma^*) = \Gamma\left[\rho_{ee} - \rho_{gg} + (\rho_{ee} + \rho_{gg})\big|_{t=0}\right] \tag{4-35}$$

式中，$\Delta = \omega - \omega_0$，为驱动光频率和原子跃迁频率的失谐量。这里的推导用到了旋转波近似，即忽略推导过程中出现的高频振荡的项(包括$e^{2i\omega t}$和$e^{-2i\omega t}$项)，这是因为相比驱动频率而言，这些高频项随时间变化被平均掉了，实验中不可能观察到。

由于式(4-34)和式(4-35)的形式与磁共振中的布洛赫方程的形式非常相似，因此也被称为光学布洛赫方程。

联立式(4-34)和式(4-35)，解得

$$\rho_{ee} - \rho_{gg} = -\frac{\Delta^2 + \Gamma^2/4}{\Delta^2 + \Gamma^2/4 + \Omega^2/2}(\rho_{ee} + \rho_{gg})\big|_{t=0} \tag{4-36}$$

$$\sigma = \frac{-\Omega/2}{\Delta + i\Gamma/2}(\rho_{ee} - \rho_{gg}) \tag{4-37}$$

将式(4-37)代入式(4-33)，就可以得到密度矩阵元的稳态解。一旦求得密度矩阵元的稳态解，就可以由式(4-18)来求解电极化响应的系综平均值：

$$\langle \boldsymbol{P} \rangle = -N_a \langle g|e\hat{\boldsymbol{r}}|e \rangle \left(\rho_{eg} + \rho_{ge}\right) = -N_a \langle g|e\hat{\boldsymbol{r}}|e \rangle \left(\sigma e^{-i\omega t} + \sigma^* e^{i\omega t}\right) \tag{4-38}$$

现在再来讨论原子的电极化响应和电极化率的关系，在球基矢下，由式(4-13)可得

$$\boldsymbol{P} = \frac{1}{2}\varepsilon_0 \left(\chi_+ E_+ \boldsymbol{e}_+ + \chi_- E_- \boldsymbol{e}_- + \chi_0 E_0 \boldsymbol{e}_0\right) e^{-i\omega t} + \text{c.c.} \tag{4-39}$$

比较式(4-38)与式(4-39)，便能得到原子极化率的表达式：

$$\chi_q(\omega) = -\frac{2N_a \langle g|e\hat{r}_q|e \rangle}{\varepsilon_0 E_q}\sigma = \frac{N_a \left|\langle g|e\hat{r}_q|e \rangle\right|^2}{\varepsilon_0 \hbar(\Delta + i\Gamma/2)}(\rho_{ee} - \rho_{gg}) \tag{4-40}$$

其中，$q=0$、± 1 是量子化轴球基矢下的三个分量。当然，这个表达式只适用于二能级原子，但碱金属原子的基态和激发态显然有多个能级，从而存在多条基态→激发态的跃迁谱线，先前在处理碱金属原子时做了二能级近似，认为某个频率的光入射时只会导致与其频率共振的那对能级发生跃迁，所以不妨假设这些跃迁谱线相互独立，它们对极化率的贡献满足可加性。同时，由于密度矩阵对角元表示体系处于对应纯态的概率，且体系初始状态应该服从热平衡态 Maxwell-Boltzmann 统计分布，故有

$$\chi_q(\omega) = \frac{N_a}{\varepsilon_0 \hbar}\sum_{i=1}^{n}\sum_{j=1}^{m}\frac{\left|\langle g_j|e\hat{r}_q|e_i \rangle\right|^2}{\Delta_{ij} + i\Gamma_{ij}/2}(\rho_{ii} - \rho_{jj}) \tag{4-41}$$

其中，m 和 n 分别为基态和激发态的能级数，体系的初始状态应该服从 Maxwell-Boltzmann 平衡态统计分布，由于激发态能量远大于基态，且各个基态的能量差距非常小，可以认为原子初始均匀布居在基态，因此有

$$\rho_{ii} - \rho_{jj} = -\frac{\Delta_{ij}^2 + \Gamma_{ij}^2/4}{\Delta_{ij}^2 + \Gamma_{ij}^2/4 + \Omega_{ij}^2/2} \cdot \frac{1}{m} \tag{4-42}$$

其中，Γ_{ij}、Δ_{ij} 和 Ω_{ij} 分别为第 i 个激发态与第 j 个基态之间跃迁的自发辐射速率、激光角频率失谐量和拉比频率。考虑到多普勒效应，速度为 υ 的原子所感知的光场频率应该为 $\omega - k\upsilon$，而原子速度 υ 又服从麦克斯韦速率分布：

$$g(\upsilon) = \frac{1}{\sqrt{\pi}u} e^{-\frac{\upsilon^2}{u^2}} \tag{4-43}$$

其中，$u = \sqrt{2k_B T / m}$ 为原子的最概然速率。

因此考虑多普勒增宽后原子的电极化率应为

$$\chi_{\pm,0}^D(\omega) = \int_{-\infty}^{\infty} \chi_{\pm,0}(\omega - k\upsilon) g(\upsilon) \mathrm{d}\upsilon \tag{4-44}$$

4.4.3　碱金属原子的微观结构与塞曼效应

由式(4-42)可知，要计算原子的极化率，首先需要知道能量表象下的偶极跃迁算符 $e\hat{\boldsymbol{r}}$、原子的跃迁频率 ω_{ij} 和对应跃迁谱线的自然线宽 Γ_{ij}，这些物理量由原子的微观结构和外部环境共同决定，原子的微观结构包括原子的精细结构、超精细结构，同时在外界静磁场作用下，原子能级会发生移动和分裂，也就是塞曼效应，在本小节中，将给出这些微观结构的哈密顿量，通过求解本征方程的方式得到原子的能级结构。

由于原子能级十分复杂，这里不对原子能级结构做完整的描述，只对其进行简要概括。首先是只考虑原子核与核外电子的库仑相互作用，此时原子仅有轨道角动量 $\hat{\boldsymbol{L}}$，其能级由主量子数 n、轨道量子数 L 和磁量子数 m_L 描述。考虑电子自旋也存在一个角动量 $\hat{\boldsymbol{S}}$，其与轨道角动量耦合以后，所产生的原子能级谱线的分裂称为精细结构，此时原子的轨道角动量 $\hat{\boldsymbol{L}}$ 和自旋角动量 $\hat{\boldsymbol{S}}$ 耦合为一个新的角动量 $\hat{\boldsymbol{J}} = \hat{\boldsymbol{L}} + \hat{\boldsymbol{S}}$，这种耦合方式被称为 $L\text{-}S$ 耦合，此时原子能级将额外引入量子数 S, m_S, J, m_J 来描述。进一步地，考虑原子核自旋也存在角动量 $\hat{\boldsymbol{I}}$，其与角动量 $\hat{\boldsymbol{J}}$ 耦合后又得到一个新的角动量 $\hat{\boldsymbol{F}} = \hat{\boldsymbol{J}} + \hat{\boldsymbol{I}}$，对应的量子数为 I, m_I, F, m_F。

这里没有考虑相对论动力学修正、Darwin 项以及 Lamb 位移，因为这些项对电极化率的计算影响不大。同时由于篇幅限制，这里不给出原子各种微观结构的哈密顿量的详细推导过程。详细过程请参阅原子物理的专业书籍。

要写出原子的哈密顿量，首先需要选择合适的表象，这里选择 $\hat{L}^2, \hat{S}^2, \hat{J}^2, \hat{I}^2, \hat{F}^2, \hat{F}_z$ 的共同本征态 $|n, L, S, J, I, F, m_F\rangle$ 为基矢，简记为 $|F, m_F\rangle$。

在 $|F, m_F\rangle$ 表象下，库仑相互作用的哈密顿量可表示为

$$\hat{H}_c = -\frac{m_e c^2}{2}\left(\frac{Z\alpha}{n}\right)^2 \delta_{n,n'} \tag{4-45}$$

　　一般来说，原子滤光器所涉及的能级跃迁不会引起主量子数 n 发生变化，故该项是个常数乘上单位矩阵，对跃迁频率(基态与激发态的频率差)没有影响，故该项可忽略。

　　精细结构哈密顿量可以表示为

$$\hat{H}_f = \frac{\gamma_f}{\hbar^2}\left(\hat{\boldsymbol{L}}\cdot\hat{\boldsymbol{S}}\right) \tag{4-46}$$

其中，γ_f 为自旋-轨道相互作用常数，对于特定的跃迁，其值可以通过查表得到。

　　超精细结构哈密顿量可以表示为

$$\hat{H}_{hf} = \hat{H}_{md} + \hat{H}_{eq} \tag{4-47}$$

$$\hat{H}_{md} = \frac{A_{hf}}{\hbar^2}\left(\hat{\boldsymbol{I}}\cdot\hat{\boldsymbol{J}}\right) \tag{4-48}$$

$$\hat{H}_{eq} = \frac{B_{hf}}{\hbar^4}\cdot\frac{3\left(\hat{\boldsymbol{I}}\cdot\hat{\boldsymbol{J}}\right)^2 + \frac{3}{2}\left(\hat{\boldsymbol{I}}\cdot\hat{\boldsymbol{J}}\right)\hbar^2 - \hat{I}^2\cdot\hat{J}^2}{2I(2I-1)2J(2J-1)} \tag{4-49}$$

其中，$\hat{H}_{md}$ 为磁偶极相互作用哈密顿量；$\hat{H}_{eq}$ 为电四极相互作用哈密顿量；A_{hf} 和 B_{hf} 分别为磁偶极相互作用常数与电四极相互作用常数，二者的值均可通过查表得到。

　　在外加静磁场的作用下，原子能级结构还会发生塞曼分裂，假设磁场方向为 z 方向，则塞曼分裂的哈密顿量可以表示为

$$\hat{H}_B = -\hat{\boldsymbol{\mu}}\cdot\hat{\boldsymbol{B}} = \mu_B B_z\left(g_J\hat{J}_z + g_I\hat{I}_z\right) \tag{4-50}$$

其中，g_J 和 g_I 分别为电子总角动量 $\hat{\boldsymbol{J}}$ 和原子核自旋角动量 $\hat{\boldsymbol{I}}$ 的朗德因子，g_I 的值由实验给出，可通过查表得到，g_J 的值可通过下式计算得到：

$$\begin{aligned}g_J &= g_L\frac{J(J+1)-S(S+1)+L(L+1)}{2J(J+1)} + g_S\frac{J(J+1)-L(L+1)+S(S+1)}{2J(J+1)} \\ &\approx 1 + \frac{J(J+1)-L(L+1)+S(S+1)}{2J(J+1)}\end{aligned} \tag{4-51}$$

　　下面对上述各项哈密顿量进行具体的计算。

　　首先，在精细结构与超精细结构哈密顿量中，由于

$$\hat{\boldsymbol{L}}\cdot\hat{\boldsymbol{S}} = \frac{1}{2}\left(\hat{J}^2 - \hat{L}^2 - \hat{S}^2\right) \tag{4-52}$$

$$\hat{\boldsymbol{I}}\cdot\hat{\boldsymbol{J}} = \frac{1}{2}\left(\hat{F}^2 - \hat{J}^2 - \hat{I}^2\right) \tag{4-53}$$

同时在 $|F,m_F\rangle$ 表象下，$\hat{\boldsymbol{L}}^2,\hat{\boldsymbol{S}}^2,\hat{\boldsymbol{J}}^2,\hat{\boldsymbol{I}}^2,\hat{\boldsymbol{F}}^2,\hat{F}_z$ 均为对角阵，且有

$$
\begin{cases}
\langle F,m_F|\hat{\boldsymbol{L}}^2|F',m_F'\rangle = L(L+1)\hbar^2\delta_{L,L'} \\[2mm]
\langle F,m_F|\hat{\boldsymbol{S}}^2|F',m_F'\rangle = S(S+1)\hbar^2\delta_{S,S'} \\[2mm]
\langle F,m_F|\hat{\boldsymbol{J}}^2|F',m_F'\rangle = J(J+1)\hbar^2\delta_{J,J'} \\[2mm]
\langle F,m_F|\hat{\boldsymbol{I}}^2|F',m_F'\rangle = I(I+1)\hbar^2\delta_{I,I'} \\[2mm]
\langle F,m_F|\hat{\boldsymbol{F}}^2|F',m_F'\rangle = F(F+1)\hbar^2\delta_{F,F'} \\[2mm]
\langle F,m_F|\hat{F}_z|F',m_F'\rangle = m_F\hbar\delta_{m_F,m_F'}
\end{cases}
\tag{4-54}
$$

故 $\hat{H}_f$ 和 $\hat{H}_{hf}$ 也为对角阵，并可由式(4-53)和式(4-54)直接写出。

但由于 $\hat{F}^2$ 和 $\hat{\boldsymbol{J}}$ 与 $\hat{\boldsymbol{I}}$ 的任意一个分量都不对易，即 $|F,m_F\rangle$ 不是 $\hat{J}_z$ 和 $\hat{I}_z$ 的本征态，故表示塞曼分裂的哈密顿量不能直接写出，必须通过表象变换的方式得到其在 $|F,m_F\rangle$ 表象下的矩阵元。

基于 $|J,m_J,I,m_I\rangle$ 是 $\hat{J}_z$ 和 $\hat{I}_z$ 的共同本征态，并且有

$$
\hat{J}_z|J,m_J,I,m_I\rangle = m_J\hbar|J,m_J,I,m_I\rangle
\tag{4-55}
$$

$$
\hat{I}_z|J,m_J,I,m_I\rangle = m_I\hbar|J,m_J,I,m_I\rangle
\tag{4-56}
$$

将 $|F,m_F\rangle$ 用 $|J,m_J,I,m_I\rangle$ 所构成的正交归一完备集展开，可以得到

$$
|F',m_F'\rangle = \sum_{m_J,m_I}|J,m_J,I,m_I\rangle\langle J,m_J,I,m_I|F',m_F'\rangle
\tag{4-57}
$$

则 $\hat{J}_z$ 在 $|F,m_F\rangle$ 表象下的矩阵元为

$$
\begin{aligned}
\langle F,m_F|\hat{J}_z|F',m_F'\rangle &= \sum_{m_J,m_I}\langle F,m_F|\hat{J}_z|J,m_J,I,m_I\rangle\langle J,m_J,I,m_I|F',m_F'\rangle \\
&= \sum_{m_J,m_I}\langle F,m_F|J,m_J,I,m_I\rangle m_J\hbar\langle J,m_J,I,m_I|F',m_F'\rangle
\end{aligned}
\tag{4-58}
$$

其中，$\langle F,m_F|J,m_J,I,m_I\rangle$ 表示耦合表象 $|F,m_F\rangle$ 与非耦合表象 $|J,m_J,I,m_I\rangle$ 之间转换的 Clebsh–Gordan 系数，并可由下式计算得到：

$$
\langle F,m_F|J,m_J,I,m_I\rangle = (-1)^{-J+I-m_F}\sqrt{2F+1}
\begin{pmatrix}
J & I & F \\
m_J & m_I & -m_F
\end{pmatrix}
\tag{4-59}
$$

将式(4-58)写成矩阵形式，可以得到更为简洁的表达式：

$$
\hat{J}_z = \boldsymbol{U}\hat{J}_z'\boldsymbol{U}^\dagger
\tag{4-60}
$$

其中，$\hat{J}_z'$ 为 $\hat{J}_z$ 在 $|J,m_J,I,m_I\rangle$ 的矩阵表示形式；$\boldsymbol{U}$ 为幺正变换矩阵，其矩阵元由

式(4-59)确定。

同理，若 $\hat{I}'_z$ 为 $\hat{I}_z$ 在 $|J,m_J,I,m_I\rangle$ 的矩阵表示形式，则 $\hat{I}_z$ 在 $|F,m_F\rangle$ 表象下可写为

$$\hat{I}_z = \boldsymbol{U}\hat{I}'_z\boldsymbol{U}^\dagger \tag{4-61}$$

至此便得到了 $|F,m_F\rangle$ 表象下的 $\hat{J}_z$ 和 $\hat{I}_z$ 算符，代入式(4-50)即可计算出表示磁场引起的塞曼分裂的哈密顿量。将上述流程计算得到的 $\hat{H}_f$，$\hat{H}_{hf}$，$\hat{H}_B$ 相加，就能得到原子总的哈密顿量。下一步就需要将原子哈密顿量写出，建立如下哈密顿方程，求解哈密顿量的本征值与本征态：

$$\hat{H}|k\rangle = E_k|k\rangle \tag{4-62}$$

哈密顿量的本征值即为原子能级分裂的能量。用激发态能量减去基态能量，就能求出跃迁能量，从而得到对应跃迁谱线的跃迁频率：

$$\omega_{ij} = \frac{E_j - E_i}{\hbar} \tag{4-63}$$

下面来讨论原子的偶极跃迁算符 $e\hat{r}$ 与跃迁谱线的自然线宽 Γ_{ij}，自然线宽主要是由原子的自发辐射引起的，而自发辐射是由真空中零点场导致的辐射跃迁，要严格解释自发辐射的原理需要将辐射场量子化。由于篇幅限制，这里不对具体证明过程进行详细推导，而是直接给出自然线宽与偶极跃迁矩阵元的关系：

$$\Gamma_{ij} = A_{ij} = \frac{\omega_{ij}^3}{3\pi\varepsilon_0\hbar c^3}\left|\langle g_i|e\hat{r}|e_j\rangle\right|^2 \tag{4-64}$$

其中，A_{ij} 称为爱因斯坦自发辐射系数，描述激发态与基态之间的自发辐射速率；ω_{ij} 是通过式(4-63)求得的跃迁频率；$\langle g_i|e\hat{r}|e_j\rangle$ 是在偶极跃迁算符能量表象下的矩阵元。

下面来计算偶极跃迁矩阵元。由 Wigner-Eckart 定理可知，在 $|F,m_F\rangle$ 表象下，偶极跃迁算符的各分量的矩阵元应为

$$\begin{aligned}\langle F,m_F|e\hat{r}_q|F',m'_F\rangle &= \langle F\|e\hat{r}\|F'\rangle\langle F,m_F|F',m'_F,1,q\rangle \\ &= (-1)^{F'-1+m_F}\sqrt{2F'+1}\begin{pmatrix} F' & 1 & F \\ m'_F & q & -m_F \end{pmatrix}\langle F\|e\hat{r}\|F'\rangle\end{aligned} \tag{4-65}$$

其中，$e\hat{r}_q$ 为偶极跃迁算符 $e\hat{r}$ 的 q 分量；q 的取值为 0 和 ± 1，分别与球基矢中的 $\boldsymbol{e}_z$ 和 $\boldsymbol{e}_\pm$ 相对应。由 Wigner-3j 系数不为 0 的条件可知：

$$\begin{cases} F' = |1 - F|, \dots, 1 + F \\ \Delta m_F = m'_F - m_F = q = 0, \pm 1 \end{cases} \tag{4-66}$$

这便是电偶极跃迁的选择定则，只有当跃迁前后总磁量子数差为 0 或 ± 1 时，跃迁矩阵元才不为 0，电偶极跃迁才可能发生。当 $\Delta m_F = 0$ 时，称为 π 跃迁；当 $\Delta m_F = 1$ 时，称为 σ_+ 跃迁；当 $\Delta m_F = -1$ 时，称为 σ_- 跃迁。

进一步地，将 $\boldsymbol{F} = \boldsymbol{J} + \boldsymbol{I}$ 去耦合，再次运用 Wigner-Eckart 定理，可以得到：

$$\langle F \| e\hat{\boldsymbol{r}} \| F' \rangle = \langle J, I, F \| e\hat{\boldsymbol{r}} \| J', I', F' \rangle$$

$$= (-1)^{F'+J+1+I} \sqrt{(2F'+1)(2J+1)} \begin{Bmatrix} 1 & J & J' \\ I & F & F' \end{Bmatrix} \langle J \| e\hat{\boldsymbol{r}} \| J' \rangle \tag{4-67}$$

其中，$\langle J \| e\hat{\boldsymbol{r}} \| J' \rangle$ 为约化矩阵元，其值只与总角动量量子数有关，但是依然难以直接通过计算求得，不过由式(4-64)可知其与自发辐射速率存在以下关系：

$$\Gamma_0 = \frac{\omega_0^3}{3\pi\varepsilon_0 \hbar c^3} \frac{2J+1}{2J'+1} \left| \langle J \| e\hat{\boldsymbol{r}} \| J' \rangle \right|^2 \tag{4-68}$$

这里的 Γ_0 为 $J' \to J$ 跃迁的自然线宽，系数 $(2J+1)/(2J'+1)$ 是由能级的简并造成的。Γ_0 一般由实验测定，可以通过查表得到，代入式(4-68)即可求得约化矩阵元 $\langle J \| e\hat{\boldsymbol{r}} \| J' \rangle$，再由式(4-67)和式(4-65)即可确定偶极跃迁算符各分量在 $|F, m_F\rangle$ 表象下的矩阵元。

下面要将偶极跃迁算符从 $|F, m_F\rangle$ 表象中变换到能量表象中去，仿照先前处理 $|F, m_F\rangle$ 表象下 $\hat{J}_z$ 算符的方法，可得在能量表象中：

$$\langle k_i | e\hat{r}_q | k_j \rangle = \sum_{F, m_F} \sum_{F', m'_F} \langle k_i | F', m'_F \rangle \langle F, m_F | e\hat{r}_q | F', m'_F \rangle \langle F, m_F | k_j \rangle \tag{4-69}$$

写成矩阵形式为

$$e\hat{r}_q = \boldsymbol{U} \left(e\hat{r}_q \right)' \boldsymbol{U}^\dagger \tag{4-70}$$

其中，$\left(e\hat{r}_q \right)'$ 为 $|F, m_F\rangle$ 表象下的偶极跃迁算符，其矩阵元由式(4-65)求得。为表述方便这里令 $|\alpha\rangle = |F, m_F\rangle$，则幺正变换矩阵 $\boldsymbol{U}$ 的形式为

$$\boldsymbol{U} = \begin{bmatrix} \langle k_1 | \alpha_1 \rangle & \langle k_1 | \alpha_2 \rangle & \cdots & \langle k_1 | \alpha_n \rangle \\ \langle k_2 | \alpha_1 \rangle & \langle k_2 | \alpha_2 \rangle & \cdots & \vdots \\ \vdots & \vdots & \ddots & \vdots \\ \langle k_n | \alpha_1 \rangle & \cdots & \cdots & \langle k_n | \alpha_n \rangle \end{bmatrix} = \begin{bmatrix} \langle k_1 | \\ \langle k_2 | \\ \vdots \\ \langle k_n | \end{bmatrix} \left[|\alpha_1\rangle, |\alpha_2\rangle, \cdots |\alpha_n\rangle \right] \tag{4-71}$$

其中，$|k_i\rangle$ 是由哈密顿方程(4-62)解得的本征向量，由于最初选择的就是 $|F, m_F\rangle$ 为

基矢，故 $|\alpha_i\rangle$ 为单位列向量，$\left[|\alpha_1\rangle, |\alpha_2\rangle, \cdots |\alpha_n\rangle\right]$ 构成一个单位矩阵，因此有

$$
\boldsymbol{U} = \begin{bmatrix} \langle k_1| \\ \langle k_2| \\ \vdots \\ \langle k_n| \end{bmatrix} \begin{bmatrix} 1 & 0 & \cdots & 0 \\ 0 & 1 & \cdots & 0 \\ \vdots & \vdots & \ddots & \vdots \\ 0 & 0 & \cdots & 1 \end{bmatrix} = \begin{bmatrix} \langle k_1| \\ \langle k_2| \\ \vdots \\ \langle k_n| \end{bmatrix} \tag{4-72}
$$

将式(4-72)代入式(4-70)，即可得到能量表象中，偶极跃迁算符应为

$$
e\hat{r}_q = \begin{bmatrix} \langle k_1| \\ \langle k_2| \\ \vdots \\ \langle k_n| \end{bmatrix} \begin{bmatrix} \langle \alpha_1|e\hat{r}_q|\alpha_1\rangle & \langle \alpha_1|e\hat{r}_q|\alpha_2\rangle & \cdots & \langle \alpha_1|e\hat{r}_q|\alpha_n\rangle \\ \langle \alpha_2|e\hat{r}_q|\alpha_1\rangle & \langle \alpha_2|e\hat{r}_q|\alpha_2\rangle & \cdots & \langle \alpha_2|e\hat{r}_q|\alpha_n\rangle \\ \vdots & \vdots & \ddots & \vdots \\ \langle \alpha_n|e\hat{r}_q|\alpha_1\rangle & \langle \alpha_n|e\hat{r}_q|\alpha_2\rangle & \cdots & \langle \alpha_n|e\hat{r}_q|\alpha_n\rangle \end{bmatrix} \left[|k_1\rangle, |k_2\rangle, \cdots, |k_n\rangle\right] \tag{4-73}
$$

将基态和激发态区分开，即可求得基态与激发态间跃迁的偶极跃迁矩阵元 $\langle g_i|e\hat{r}|e_j\rangle$，再将其代入式(4-64)，就能得到任意两个能级之间跃迁的自然线宽 Γ_{ij}。至此，计算原子极化率所需的物理量已经悉数求得，代入式(4-42)即可求出原子的极化率。

4.4.4 法拉第旋光效应理论与仿真软件

在 4.3 节已经介绍了原子滤光器是如何使入射光的偏振方向发生旋转的，这是由于左旋光和右旋光的传播速度不同导致左旋光和右旋光产生相位差。但是为什么左旋光和右旋光的传播速度不同依然没有得到解释。在 4.4.1 节曾推导出光在介质中的波数 k 与极化率息息相关，但是从求解极化率的过程可以看出，在以量子化轴(磁场方向)为主轴的球基矢下，原子极化率呈现各向异性，因此，原子极化率应该用一个张量来表示。此外，对法拉第原子滤光器而言，磁场方向与光传播方向平行，但是实际应用中磁场方向并不一定就是光轴方向，为了不失一般性，本小节将对任意磁场方向的原子滤光器工作原理进行探讨。

如图 4-49 所示，光的传播方向沿着 z 方向，磁场方向与 z 轴的夹角为 θ，方位角为 φ。为研究方便，这里先规定，所有矢量都用列向量来描述。例如，该直角坐标系的基矢可以写为

$$
\boldsymbol{e}_x = \begin{bmatrix} 1 \\ 0 \\ 0 \end{bmatrix}, \quad \boldsymbol{e}_y = \begin{bmatrix} 0 \\ 1 \\ 0 \end{bmatrix}, \quad \boldsymbol{e}_z = \begin{bmatrix} 0 \\ 0 \\ 1 \end{bmatrix} \tag{4-74}
$$

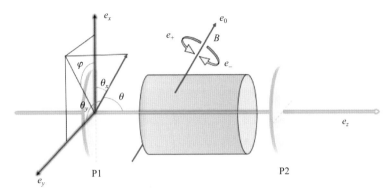

图 4-49　任意磁场方向

由于量子化轴为磁场方向，要研究不同磁场方向下的旋光效应，必须建立量子化轴下的球基矢与光传播轴下的直角基矢之间的联系。这种联系采用简单的矢量分解方法即可推导出来。

首先 x 轴方向的单位矢量一定可以分解为沿着磁场方向的分量和垂直于磁场方向的分量，这里不妨假设垂直于磁场方向的分量所在的方向即为量子化轴下的 x' 轴，故有

$$e_x = e_0 \cos\theta_x + e_{x'}\sin\theta_x = e_0\cos\theta_x - \frac{e_+ - e_-}{\sqrt{2}}\sin\theta_x \tag{4-75}$$

同理，y 方向和 z 方向的单位矢量也可以作如下分解：

$$e_y = e_0\cos\theta_y + \frac{e_+ e^{i\alpha} - e_- e^{-i\alpha}}{\sqrt{2}}\sin\theta_y$$
$$e_z = e_0\cos\theta + \frac{e_+ e^{i\beta} - e_- e^{-i\beta}}{\sqrt{2}}\sin\theta \tag{4-76}$$

其中，θ_x 和 θ_y 满足简单的几何关系：

$$\cos\theta_x = \sin\theta\cos\varphi$$
$$\cos\theta_y = \sin\theta\sin\varphi \tag{4-77}$$

再根据直角基矢之间的正交性可得

$$e_x^\dagger e_y = \cos\theta_x\cos\theta_y - \sin\theta_x\sin\theta_y\cos\alpha = 0 \;\Rightarrow\; \alpha = \arccos\left(\cot\theta_x\cot\theta_y\right)$$
$$e_x^\dagger e_z = \cos\theta_x\cos\theta - \sin\theta_x\sin\theta\cos\beta = 0 \;\Rightarrow\; \beta = \arccos\left(\cot\theta_x\cot\theta\right) \tag{4-78}$$

因此，只要知道磁场的仰角 θ、方位角 φ，就可以求出直角基矢与量子化轴球基矢的换算关系：

$$I = \begin{bmatrix} e_x & e_y & e_z \end{bmatrix} = \begin{bmatrix} e_0 & e_+ & e_- \end{bmatrix} \begin{bmatrix} \cos\theta_x & \cos\theta_y & \cos\theta \\ \dfrac{-1}{\sqrt{2}}\sin\theta_x & \dfrac{e^{i\alpha}}{\sqrt{2}}\sin\theta_y & \dfrac{e^{i\beta}}{\sqrt{2}}\sin\theta \\ \dfrac{1}{\sqrt{2}}\sin\theta_x & \dfrac{-e^{-i\alpha}}{\sqrt{2}}\sin\theta_y & \dfrac{-e^{-i\beta}}{\sqrt{2}}\sin\theta \end{bmatrix} \quad (4\text{-}79)$$

$$I = \begin{bmatrix} e_0 & e_+ & e_- \end{bmatrix} U = \begin{bmatrix} e_0 & e_+ & e_- \end{bmatrix} \begin{bmatrix} e_0^{\dagger} \\ e_+^{\dagger} \\ e_-^{\dagger} \end{bmatrix} \quad (4\text{-}80)$$

其中，U 代表两基矢之间的变换矩阵，不难看出，U 是一个么正矩阵，其满足

$$U^{\dagger} = U^{-1} = \begin{bmatrix} e_0 & e_+ & e_- \end{bmatrix} \quad (4\text{-}81)$$

由变换矩阵可以得到不同基矢下电场强度的换算关系：

$$\begin{aligned} E &= \begin{bmatrix} e_x & e_y & e_z \end{bmatrix} \begin{bmatrix} E_x \\ E_y \\ E_z \end{bmatrix} \\ &= \begin{bmatrix} e_0 & e_+ & e_- \end{bmatrix} U \begin{bmatrix} E_x \\ E_y \\ E_z \end{bmatrix} \end{aligned} \quad (4\text{-}82)$$

$$\begin{bmatrix} E_0 \\ E_+ \\ E_- \end{bmatrix} = U \begin{bmatrix} E_x \\ E_y \\ E_z \end{bmatrix} \quad (4\text{-}83)$$

这里省略了指数演化和复共轭项，同样地，在量子化轴的球基矢下，原子的极化率共有三个独立分量，分别为 χ_0, χ_+, χ_-，电极化强度矢量可以用极化率张量来表达：

$$\begin{aligned} P &= \varepsilon_0 \begin{bmatrix} e_0 & e_+ & e_- \end{bmatrix} \begin{bmatrix} \chi_0 & 0 & 0 \\ 0 & \chi_+ & 0 \\ 0 & 0 & \chi_- \end{bmatrix} \begin{bmatrix} E_0 \\ E_+ \\ E_- \end{bmatrix} \\ &= \varepsilon_0 \begin{bmatrix} e_x & e_y & e_z \end{bmatrix} U^{\dagger} \begin{bmatrix} \chi_0 & 0 & 0 \\ 0 & \chi_+ & 0 \\ 0 & 0 & \chi_- \end{bmatrix} U \begin{bmatrix} E_x \\ E_y \\ E_z \end{bmatrix} \end{aligned} \quad (4\text{-}84)$$

由此可以得到原子在直角基矢下的极化率张量为

$$\boldsymbol{\chi}_{\text{xyz}} = \boldsymbol{U}^{\dagger} \begin{bmatrix} \chi_0 & 0 & 0 \\ 0 & \chi_+ & 0 \\ 0 & 0 & \chi_- \end{bmatrix} \boldsymbol{U} \tag{4-85}$$

假设电场在原子蒸气中的传播依然满足谐波形式

$$\boldsymbol{E} = \boldsymbol{E}_0 e^{i(\boldsymbol{k}\cdot\boldsymbol{r} - \omega t)} \tag{4-86}$$

将该表达式代入麦克斯韦方程组式(4-10)可得

$$\boldsymbol{k} \times \left(\boldsymbol{k} \times \boldsymbol{E} \right) + \frac{\omega^2}{c^2} \left(\boldsymbol{I} + \boldsymbol{\chi} \right) \boldsymbol{E} = 0 \tag{4-87}$$

在直角基矢下有

$$\frac{\omega^2}{c^2} \left(\boldsymbol{I} + \boldsymbol{\chi}_{\text{xyz}} \right) \boldsymbol{E} = \begin{bmatrix} k_y^2 + k_z^2 & -k_x k_y & -k_x k_z \\ -k_y k_x & k_z^2 + k_x^2 & -k_y k_z \\ -k_z k_x & -k_z k_y & k_x^2 + k_y^2 \end{bmatrix} \boldsymbol{E} \tag{4-88}$$

在直角基矢下，波矢 $\boldsymbol{k}$ 只有 z 分量，即

$$\boldsymbol{k} = \begin{bmatrix} 0 \\ 0 \\ k \end{bmatrix} \tag{4-89}$$

代入式(4-87)可得在直角基矢下电场所满足的方程为

$$\frac{\omega^2}{\varepsilon_0 c^2} \boldsymbol{\varepsilon}_{\text{xyz}} \begin{bmatrix} E_x \\ E_y \\ E_z \end{bmatrix} = \frac{\omega^2}{\varepsilon_0 c^2} \begin{bmatrix} \varepsilon_{xx} & \varepsilon_{xy} & \varepsilon_{xz} \\ \varepsilon_{yx} & \varepsilon_{yy} & \varepsilon_{yz} \\ \varepsilon_{zx} & \varepsilon_{zy} & \varepsilon_{zz} \end{bmatrix} \begin{bmatrix} E_x \\ E_y \\ E_z \end{bmatrix} = k^2 \begin{bmatrix} 1 & 0 & 0 \\ 0 & 1 & 0 \\ 0 & 0 & 0 \end{bmatrix} \begin{bmatrix} E_x \\ E_y \\ E_z \end{bmatrix} \tag{4-90}$$

其中，$\boldsymbol{\varepsilon}_{\text{xyz}} = \varepsilon_0 \left(\boldsymbol{I} + \boldsymbol{\chi}_{\text{xyz}} \right)$，为介质在直角基矢下的复介电常数张量，$\boldsymbol{I}$ 为单位矩阵，由该方程的第三个分量可知：

$$\varepsilon_{zx} E_x + \varepsilon_{zy} E_y + \varepsilon_{zz} E_z = 0 \tag{4-91}$$

将 E_z 用 E_x 和 E_y 表达即可将式(4-90)化简成一个二阶特征方程：

$$E_z = -\frac{\varepsilon_{zx} E_x + \varepsilon_{zy} E_y}{\varepsilon_{zz}} \tag{4-92}$$

$$\frac{\omega^2}{\varepsilon_0 c^2} \begin{bmatrix} \varepsilon_{xx} - \dfrac{\varepsilon_{xz}\varepsilon_{zx}}{\varepsilon_{zz}} & \varepsilon_{xy} - \dfrac{\varepsilon_{xz}\varepsilon_{zy}}{\varepsilon_{zz}} \\[3mm] \varepsilon_{yx} - \dfrac{\varepsilon_{yz}\varepsilon_{zx}}{\varepsilon_{zz}} & \varepsilon_{yy} - \dfrac{\varepsilon_{yz}\varepsilon_{zy}}{\varepsilon_{zz}} \end{bmatrix} \begin{bmatrix} E_x \\ E_y \end{bmatrix} = k^2 \begin{bmatrix} E_x \\ E_y \end{bmatrix} \tag{4-93}$$

　　求解该特征方程就可得到 k^2 的特征值和对应的特征向量,将特征向量代入式(4-92)即可获得特征向量的 z 分量。不过需要注意的是,特征向量只有 x 分量和 y 分量是由特征方程解得的,这两个分量相互独立,而 z 分量则由前两个分量的线性组合得到,也就是说,两个特征向量分别对应两个独立的偏振方向。需要注意的是,两个特征向量不一定相互正交,因为极化率张量的 3 个分量均为复数,导致上述特征方程中系数矩阵的对角元为复数,使得系数矩阵构不成厄米矩阵。在某些特殊情况下,非厄米矩阵的特征向量也可以是正交的(譬如后文介绍的法拉第型和佛克脱型原子滤光器),但读者不应该把这种特例推广到所有情况中。

　　在各向同性的介质中,波矢 k 的方向和电场 E 的方向垂直,可以认为 k 的方向与光的传播方向相同。但是在各向异性介质中,k 的方向一般不与电场 E 的方向垂直,只与电位移矢量 D 的方向垂直。但是电场 E 的自由度依然只有两个,因为其 z 方向的分量受到式(4-92)的制约。因此,在后文计算透射谱时只考虑电场的横向分量,其纵向分量自然可以用横向分量的线性组合来表示。

　　只考虑 x 分量和 y 分量的情况下,将特征向量归一化可得特征基矢,假设解得的 2 个特征值和对应的特征基矢分别为 k_1, k_2 和 e_1, e_2,它们的意义在于,只有当横向电场的偏振方向为任意一个特征基矢 e_i 时,该偏振光在空间中传播的波数才为对应的特征值 k_i。而对于其他偏振方向不在特征基矢上的偏振光,其波数是不能确定的,但是可以看作两个特征偏振方向的线性叠加。因此,要分析光在各向异性介质中的传播,必须将其偏振方向分解到两个特征基矢上。

　　将由特征基矢列向量构成的矩阵记为 V,由波数特征值构成的对角矩阵记为 K,可以写出在特征基矢下,电场在空间中的传播形式为

$$\begin{aligned} E(z) &= \begin{bmatrix} e_1 & e_2 \end{bmatrix} \begin{bmatrix} E_1 e^{ik_1 z} \\ E_2 e^{ik_2 z} \end{bmatrix} \\ &= \begin{bmatrix} e_1 & e_2 \end{bmatrix} \begin{bmatrix} e^{ik_1 z} & 0 \\ 0 & e^{ik_2 z} \end{bmatrix} \begin{bmatrix} E_1 \\ E_2 \end{bmatrix} \\ &= V e^{iKz} \begin{bmatrix} E_1 \\ E_2 \end{bmatrix} \end{aligned} \tag{4-94}$$

　　而对于直角基矢下的偏振光,需要分解为各个特征分量的叠加:

$$\begin{bmatrix} e_x & e_y \end{bmatrix} \begin{bmatrix} E_x \\ E_y \end{bmatrix} = VV^{-1} \begin{bmatrix} E_x \\ E_y \end{bmatrix} = \begin{bmatrix} e_1 & e_2 \end{bmatrix} \begin{bmatrix} E_1 \\ E_2 \end{bmatrix} \tag{4-95}$$

故特征基矢和直角基矢下偏振分量之间的变换关系为

$$\begin{bmatrix} E_1 \\ E_2 \end{bmatrix} = V^{-1} \begin{bmatrix} E_x \\ E_y \end{bmatrix} \tag{4-96}$$

代入式(4-94)，可得光在直角基矢下的传播形式为

$$E(z) = V e^{iKz} V^{-1} \begin{bmatrix} E_x \\ E_y \end{bmatrix} \tag{4-97}$$

设起偏器 P1 和检偏器 P2 的偏振方向分别为 p_1 和 p_2。入射光通过起偏器 P1 后变成沿 p_1 方向的线偏振光。由于电场的横向分量在介质分界面处是连续的，故进入原子滤光器时，电场的横向分量依然是 p_1 方向的线偏振光，再假设入射光振幅已经归一化，那么经过长度为 l 的原子滤光器后，其电场强度将变为

$$E(l) = V e^{iKl} V^{-1} p_1 \tag{4-98}$$

检偏器 P2 只允许沿 p_2 方向偏振的分量通过，因此，出射电场就是入射到 P2 上的电场在 p_2 方向上的投影：

$$E_{out} = p_2^T E(l) = p_2^T V e^{iKl} V^{-1} p_1 \tag{4-99}$$

该表达式不但形式简洁，其物理意义也非常明确：p_1 表示起偏器 P1 的作用，V^{-1} 表示把光的偏振方向投影到特征偏振方向上，e^{iKl} 表示特征偏振方向的光在原子气室中的传输，V 表示把光从特征偏振方向再投影回直角坐标系中，整个 $V e^{iKl} V^{-1}$ 就是原子气室对光的作用，p_2^T 表示检偏器 P2 的作用，E_{out} 就是光经过起偏器、原子气室、检偏器后的场振幅。

由于假设入射光振幅是归一化的，故原子滤光器透射谱的透过率为：

$$Trs = |E_{out}|^2 = E_{out} E_{out}^* \tag{4-100}$$

以上便是计算原子滤光器透射谱的整个过程。特别地，实际应用中存在两种特殊构型的原子滤光器，一种被称为法拉第原子滤光器，另一种被称为佛克脱原子滤光器，下面将对这两种构型进行具体论述。

1. 法拉第原子滤光器(FADOF)

法拉第原子滤光器的磁场平行于光的传播方向，其量子化轴与直角坐标系的 z 轴重合，由式(4-79)可知两坐标系的变换矩阵为

$$U = \begin{bmatrix} -\dfrac{\sqrt{2}}{2} & \dfrac{\sqrt{2}}{2}i & 0 \\[2mm] \dfrac{\sqrt{2}}{2} & -\dfrac{\sqrt{2}}{2}i & 0 \\[2mm] 0 & 0 & 1 \end{bmatrix} \tag{4-101}$$

由式(4-85)可得原子蒸气介质在直角坐标系下的极化率张量为

$$\chi_{xyz} = U^{\dagger}\chi_{0\pm}U = \begin{bmatrix} \dfrac{\chi_+ + \chi_-}{2} & -i\dfrac{\chi_+ - \chi_-}{2} & 0 \\[2mm] i\dfrac{\chi_+ - \chi_-}{2} & \dfrac{\chi_+ + \chi_-}{2} & 0 \\[2mm] 0 & 0 & \chi_0 \end{bmatrix} \tag{4-102}$$

将式(4-102)代入式(4-93)，可得光在法拉第原子滤光器中传播所满足的特征方程为

$$\begin{bmatrix} 1 + \dfrac{\chi_+ + \chi_-}{2} & -i\dfrac{\chi_+ - \chi_-}{2} \\[2mm] i\dfrac{\chi_+ - \chi_-}{2} & 1 + \dfrac{\chi_+ + \chi_-}{2} \end{bmatrix} \begin{bmatrix} E_x \\ E_y \end{bmatrix} = \dfrac{c^2 k^2}{\omega^2} \begin{bmatrix} E_x \\ E_y \end{bmatrix} \tag{4-103}$$

求解该特征方程，可得其特征根和对应的特征基矢为

$$K = \begin{bmatrix} k_1 & 0 \\ 0 & k_2 \end{bmatrix} = \dfrac{\omega}{c} \begin{bmatrix} \sqrt{1 + \chi_+} & 0 \\ 0 & \sqrt{1 + \chi_-} \end{bmatrix} \tag{4-104}$$

$$V = \begin{bmatrix} e_1 & e_2 \end{bmatrix} = \dfrac{1}{\sqrt{2}} \begin{bmatrix} \begin{pmatrix} -i \\ 1 \end{pmatrix} & \begin{pmatrix} i \\ 1 \end{pmatrix} \end{bmatrix} \tag{4-105}$$

可见对于法拉第构型的原子滤光器，其偏振方向的特征基矢就是左旋偏振分量和右旋偏振分量，这也是为什么在4.3节初步介绍法拉第原子滤光器的原理时，要将入射的线偏振光分解为一个左旋圆偏振光和一个右旋圆偏振光的叠加，而不是分解为其他方向。因为只有当偏振方向为这两个特征偏振方向时，其在空间中传播的波数才为式(4-104)所确定的特征值，而其他任何偏振方向的波数都是不能确定的。

2. 佛克脱型原子滤光器(VADOF)

佛克脱型原子滤光器的磁场方向与光传播方向垂直，且与入射光偏振方向呈45°夹角，假设磁场方向沿 x 轴，则量子化轴与直角坐标系的变换矩阵为

$$U = \begin{bmatrix} 1 & 0 & 0 \\ 0 & \dfrac{\sqrt{2}}{2} & \dfrac{\sqrt{2}}{2}i \\ 0 & -\dfrac{\sqrt{2}}{2} & -\dfrac{\sqrt{2}}{2}i \end{bmatrix} \tag{4-106}$$

同理可得佛克脱型原子滤光器的极化率张量在直角坐标系下的表达式：

$$\boldsymbol{\chi}_{xyz} = \boldsymbol{U}^{\dagger}\boldsymbol{\chi}_{0\pm}\boldsymbol{U} = \begin{bmatrix} \chi_0 & 0 & 0 \\ 0 & \dfrac{\chi_+ + \chi_-}{2} & i\dfrac{\chi_+ - \chi_-}{2} \\ 0 & -i\dfrac{\chi_+ - \chi_-}{2} & \dfrac{\chi_+ + \chi_-}{2} \end{bmatrix} \tag{4-107}$$

同样地，光在佛克脱型原子滤光器中传播所满足的特征方程为

$$\begin{bmatrix} 1+\chi_0 & 0 \\ 0 & \dfrac{2(1+\chi_+)(1+\chi_-)}{2+\chi_+ + \chi_-} \end{bmatrix}\begin{bmatrix} E_x \\ E_y \end{bmatrix} = \dfrac{c^2 k^2}{\omega^2}\begin{bmatrix} E_x \\ E_y \end{bmatrix} \tag{4-108}$$

该特征方程的系数矩阵已然对角化，故可直接写出其特征根和对应的特征基矢为

$$\boldsymbol{K} = \begin{bmatrix} k_1 & 0 \\ 0 & k_2 \end{bmatrix} = \dfrac{\omega}{c}\begin{bmatrix} \sqrt{1+\chi_0} & 0 \\ 0 & \sqrt{\dfrac{2(1+\chi_+)(1+\chi_-)}{2+\chi_+ + \chi_-}} \end{bmatrix} \tag{4-109}$$

$$\boldsymbol{V} = \begin{bmatrix} \boldsymbol{e}_1 & \boldsymbol{e}_2 \end{bmatrix} = \begin{bmatrix} \begin{pmatrix} 1 \\ 0 \end{pmatrix} & \begin{pmatrix} 0 \\ 1 \end{pmatrix} \end{bmatrix} \tag{4-110}$$

可见对于佛克脱型原子滤光器，其中一个特征偏振方向与磁场方向平行，另一个特征偏振方向与磁场方向垂直。所以在研究佛克脱型原子滤光器时，需要将入射的线偏振光分解为沿着磁场方向的分量和垂直于磁场方向的分量。此时光在空间中传播的波数才分别为式(4-109)中的 k_1 和 k_2。从上述推导过程可以看出，无论是法拉第还是佛克脱型的原子滤光器，其工作原理在本质上是一样的，无非就是光在各向异性介质中的传输，只不过磁场的方向不同。原子气室就好比一个波片，其最显著的特点是其工作波段仅限于原子跃迁谱线对应的频率范围。这种特性使得原子气室在光学器件中独具优势，广泛应用于激光技术、光通信、量子成像等领域。

按照本节介绍的所有内容，即可计算碱金属原子滤光器的透射谱。这里以 ^{87}Rb 原子滤光器为例，在 300 G 的轴向磁场下，D_2 跃迁谱线在不同温度的透射谱如图 4-50 所示。

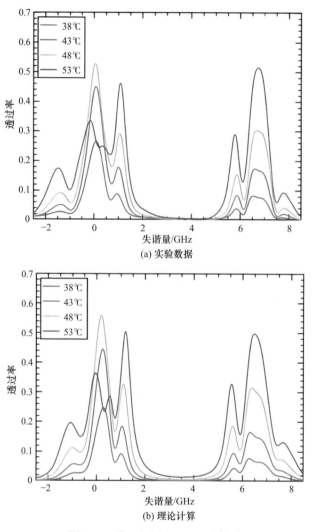

图 4-50 ^{87}Rb 原子 FADOF 透射谱

实验中光强为 $0.2\,\mathrm{mW/mm^2}$，已经超过 ^{87}Rb 原子 $\mathrm{D_2}$ 跃迁谱线的饱和光强，可见理论计算与实验数据依然符合得相当好，但这是否意味着这套计算理论就能完全应对任意光强下的 FADOF 透射谱呢？其实不然，在推导过程中做了相当多的近似，包括电场的平面波近似、电偶极近似、二能级近似等，这些近似都有其成立的条件。其中，当光强远超跃迁的饱和光强时，二能级近似便不再成立。

或许有读者会感到疑惑，二能级模型里本身不是包含和光强相关的项(拉比频率)吗，那是不是该模型就已经考虑了光强因素呢？这种想法没有任何问题，二能级模型自建立之初便已将光强纳入考量范围，其稳态解的求解过程也仅仅用到旋转波近似，这种近似的效果是非常好的，几乎不会对结果产生任何影响，可以说二能级模型的解本身不存在任何问题，关键在于其只适用于二能级系统。而碱金属原子为什么可以被视为二能级系统？这是因为假设光只会导致与其频率共振的那一对能级发生跃迁，每一对能级之间的跃迁相互独立，对原子极化率的贡献满足可加性。这种假设又从何而来？在一些量子光学教科书中，处理光与原子的相互作用时首先介绍的都是微扰论的方法，微扰论可以处理多能级原子，但其成立的条件是光的强度足够小，可以保证原子在初态的布居数保持不变。由该条件得出的结果表明，只有当光与原子某一对能级之间的跃迁频率共振时，原子才可能发生跃迁。而碱金属原子的超精细能级间隔远远大于跃迁自然线宽，因此各能级跃迁相互独立，如果只考虑起主导作用的那对能级，那么原子就能被视为一个二能级系统。但是倘若光强足够大，使得原子的饱和增宽远大于自然线宽，原子各能级的跃迁是否还相互独立？在跃迁中起主导作用的是否仍只有一对能级？原子是否还能当作二能级系统来处理？

这便是研究强光作用下的原子滤光器所面临的挑战。要解决这一问题，必须建立一个强场与原子相互作用的基本模型，该模型要能够同时考虑原子复杂能级结构和强光的作用，这将是未来法拉第原子滤光器理论研究的一个重要课题。该模型一旦被建立，强光作用下的法拉第原子滤光器透射谱的计算难题将迎刃而解。目前，北京大学已经完成了该难题的核心理论攻坚，首次攻克泛二能级原子模型，可计算大光强下光与原子相互作用过程及大光强下原子滤光器透射谱，在光强范围/上限、原子跃迁能级种类、同界面多个参数计算能力方面超越英国杜伦大学ElecSus 软件性能，并且开发了一款名为 FARALAB 的软件，目前申请软著已受理，软件界面如图 4-51 所示。该软件能够计算在至少超过饱和光强 6 个量级的强

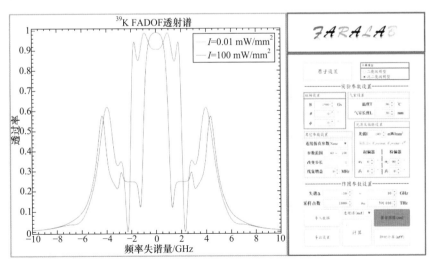

图 4-51 FARALAB 软件界面示意图

光作用下，不同磁场、温度、气室长度等参数下的 FADOF 透射谱，该软件都可以得到与实验符合得很好的结果。同时支持数据的导入导出及对参数的连续仿真功能，能够为强光作用下的 FADOF 设计以及大功率法拉第激光器的研制提供可靠的理论支撑。

参 考 文 献

[1] N Bloembergen. Solid state infrared quantum counters [J]. Physical Review Letters, 1959, 2(3): 84.

[2] J Gelbwachs, C Klein, J Wessel. Infrared detection by an atomic vapor quantum counter [J]. IEEE J Quantum Electron, 1978, 14(2): 77-79.

[3] J B Marling, J Nilsen, L C West, et al. An ultrahigh-Q isotropically sensitive optical filter employing atomic resonance transitions [J]. Journal of Applied Physics, 1979, 50(2): 610-614.

[4] J A Gelbwachs. Atomic resonance filters [J]. IEEE J Quantum Electron, 1988, 24(7): 1266-1277.

[5] Y Öhman. On some new auxiliary instruments in astrophysical research. Stockholm: Almqvist & Wiksell, 1956.

[6] P Yeh. Dispersive magnetooptic filters [J]. Applied Optics, 1982, 21(11): 2069-2075.

[7] B Yin, T M Shay. Theoretical model for a Faraday anomalous dispersion optical filter [J]. Optics Letters, 1991, 16(20): 1617-1619.

[8] B Yin, T M Shay. Faraday anomalous dispersion optical filter for the Cs 455 nm transition [J]. IEEE Photonics Technology Letters, 1992, 4(5): 488-490.

[9] T M Shay, B Yin. Faraday anomalous dispersion optical filters [C]//Lasers 1991; Proceedings of the 14th International Conference on Lasers and Applications. 1992: 641-648.

[10] B Yin, T M Shay. A potassium Faraday anomalous dispersion optical filter [J]. Optics Communications, 1992, 94(1-3): 30-32.

[11] T M Shay, B Yin, L S Alvarez. Faraday anomalous dispersion optical filters [J]. NASA STI/Recon Technical Report A, 1993, 95: 829-836.

[12] B Yin, Q C Liu, L S Alvarez, et al. Single transmission band Faraday anomalous dispersion optical filter: Conference on lasers and electro-optics [Z]. Optica Publishing Group, 1993: CTuN52.

[13] L K Matthews, T M Shay, G V Garcia. Incorporation of a FADOF to an ESPI system: Industrial applications of optical inspection, metrology, and sensing [Z]. SPIE, 1993: 1821, 226-231.

[14] J H Menders, E J Korevaar. Voigt Filter, US005731585A. 1998.5.24.

[15] I Gerhardt. How anomalous is my Faraday filter? [J]. Optics Letters, 2018, 43(21): 5295-5298.

[16] J A Gelbwachs, Y C Chan. Passive Fraunhofer-wavelength atomic filter at 460.7 nm [J]. IEEE J Quantum Electron, 1992, 28(11): 2577-2581.

[17] S K Gayen, R I Billmers, V M Contarino, et al. Induced-dichroism-excited atomic line filter at 532 nm [J]. Optics Letters, 1995, 20(12):1427-1429.

[18] Zhang Y, Sun X, He Z, et al. Theoretical investigation of induced-dichroism-excited atomic line filter: Information optics and photonics technology [Z]. SPIE, 2005: 5642, 391-396.

[19] L D Turner, V Karaganov, P Teubner, et al. Sub-doppler bandwidth atomic optical filter [J]. Optics Letters, 2002, 27(7): 500-502.

[20] He Z, Zhang Y, Liu S, et al. Transmission characteristics of an excited-state induced dispersion optical filter of rubidium at 775.9 nm [J]. Chinese Optics Letters, 2007, 5(5): 252-254.

[21] A Cere, V Parigi, M Abad, et al. Narrowband tunable filter based on velocity-selective optical pumping in an atomic vapor [J]. Optics Letters, 2009, 34(7): 1012-1014

[22] Wang Y, Zhang S, Wang D, et al. Nonlinear optical filter with ultra-narrow bandwidth approaching the natural linewidth [J]. Optics Letters, 2012, 37, 4059-4061.

[23] Xu Z, Xue X, Zhang X, et al. Narrower atomic filter at 422.7 nm based on thermal ca beam [J]. Chinese Science Bulletin, 2014(28): 3543.

[24] Y Chan, J Gelbwachs. A fraunhofer-wavelength magnetooptic atomic filter at 422.7 nm [J]. IEEE Journal of Quantum Electronics, 1993, 29: 2379.

[25] Pan D, Xue X, Shang H, et al. Hollow cathode lamp based Faraday anomalous dispersion optical filter [J]. Scientific Reports, 2016, 6(1): 1-6.

[26] A Mitsuru, K Kenji. Vapor pressure of strontium below 660°K [J]. Journal of Nuclear Science Technology, 2008, 15: 765.

[27] U Dammalapati, I Norris, E Riis. Saturated absorption spectroscopy of calcium in a hollow-cathode lamp [J]. Journal of Physics B Atomic Molecular & Optical Physics, 2009, 42: 165001.

[28] Y Shimada, Y Chida, N Ohtsubo, et al. A simplified 461 nm laser system using blue laser diodes and a hollow cathode lamp for laser cooling of Sr [J]. Review of Scientific Instruments, 2013, 84: 063101.

[29] Xu Z, Xue X, Pan D, et al. Narrower atomic filter at 422.7 nm based on thermal Ca beam [J]. Chinese Science Bulletin, 2014, 59: 3543-3548.

[30] Y C Chan, J A Gelbwachs. A Fraunhofer-wavelength magnetooptic atomic filter at 422.7 nm [J]. IEEE Journal of Quantum Electronics, 1993(29): 2379-2384.

[31] 张量. 主动式法拉第反常色散滤光器(FADOF)工作机理及被动式 FADOF 应用研究[D]. 北京大学博士学位论文, 1996.

[32] 王义遒. 原子的激光冷却与陷俘[M]. 北京大学出版社, 2007.

[33] 罗斌. 原子滤光器原理及技术[M]. 北京邮电大学出版社, 2018.

[34] P Yeh. Dispersive magneto-optic filters [J]. Applied Optics, 1982, 21(11): 2069-2075.

[35] M D Rotondaro, B V Zhdanov, R J Knize. Generalized treatment of magneto-optical transmission filters [J]. JOSA B, 2015, 32(12): 2507-2513.

第 5 章　法拉第激光器方案与技术

法拉第激光器是利用镀有增透膜的激光二极管作为法拉第激光器的增益介质，以法拉第原子滤光器作为法拉第激光器的选频器件，激光频率与原子跃迁谱线自动对应的激光器。法拉第激光器因其显著的量子选频技术优势，在稳频激光器领域的地位日趋重要，已成为具有显著优势的稳频半导体激光技术方案，并在原子钟、干涉仪、重力仪等量子精密测量领域实现了推广应用，显著提升了相关系统设备技术水平，未来还可进一步推广应用至精密光谱学、原子物理、原子雷达、激光武器等领域，应用前景极其广阔。本章将从法拉第激光器的整体技术方案、光学谐振腔、电路系统，以及主要性能指标等方面依次展开介绍。

5.1　整机技术方案

法拉第激光器是一种特殊的原子选频半导体激光器，其主要光学结构包括激光二极管、一体化原子滤光器、准直透镜、反馈腔镜和相关组件，如图 5-1 所示。

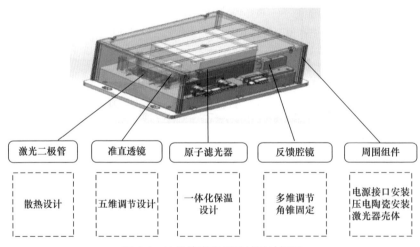

图 5-1　法拉第激光器机械设计框图

其中，激光二极管在工作时，工作电流越高，器件的发热功率越大，会导致二极管温度升高，影响二极管的工作性能。因此，需要对激光二极管进行热沉分析，利用热敏电阻作为温度探测器，以热电制冷片(TEC)为控温器件，对激光二极管的温度进行反馈控制，保证激光二极管高效稳定运行。从半导体激光二极管发射的荧光，发散角通常在 15°～30°，需要用一面合适焦距的非球面透镜对其进行准直，使其光斑在 2～3 m 内不发散，光斑大小由使用的非球面透镜焦距决定，焦距越大，光斑越大。而法拉第激光器最关键的器件就是原子滤光器，其原理在上一章已经进行了详细的描述，在实际运用于法拉第激光器的选频时，当原子种类、缓冲气体种类和气压大小、磁场强弱确定后，原子滤光器温度是影响其性能的最关键因素，需要高精度的控温系统。同样是利用热敏电阻作为温度探测器，由于铷原子滤光器和铯原子滤光器工作温度都在室温以上，只需要加热，使用体积更小的聚酰亚胺加热膜作为控温器件，保证原子滤光器的工作温度波动小于 0.1℃。在准直后的激光通过原子滤光器后，由反馈腔镜反射，再经过一次原子滤光器反射回激光半导体二极管，腔镜反射前后光路重合得越好，激光起振效果越好，输出激光功率更大、频率稳定性更好，所以反馈腔镜的机械稳定性极为重要，可通过合适的机械设计或选用角锥反馈腔镜来优化机械稳定性。在兼顾激光器电路板尺寸、各个接口尺寸和体积要求后，激光器整体尺寸已经实现 $(85 \times 50 \times 56)\mathrm{mm}^3$，如图 5-2 所示。

图 5-2 激光器外观图

根据选频原子种类不同，主要分为两大类，分别是铯原子和铷原子选频的法拉第激光器，对应的激光波长为 780 nm 和 852 nm，其工作参数包括原子种类、缓冲气体成分和气压、工作温度、磁场强度和均匀度、气室长度等，需要综合考虑选取最佳参数。对 852 nm 的铯原子法拉第激光器而言，目前合适的磁场强度分别为 1000 G、1500 G 和 1750 G 等，分别对应不同的跃迁谱线和可调谐范围，具体选择由实际需求决定，实物图如图 5-3 所示。相对应的，对于不同磁场强度，原子滤光器工作温度也需要适当调整，会有较大的差异，通常在 $55\sim75^{\circ}\text{C}$ 波动。

图 5-3　激光器内部结构图

5.1.1　原子选频激光器概述

自 1962 年半导体激光器问世以来[1-3]，因其具有高效率、小尺寸、低成本及可调谐等特点，在激光冷却、原子钟、量子光学、光学传感、激光通信等领域广泛应用。在一些特殊应用场景，需要线宽较窄、可调谐范围较大的半导体激光器，传统的半导体激光器，如分布式布拉格反射激光器(distributed Bragg reflector laser，DBR)、分布式反馈激光器(distributed feedback laser，DFB)等，因为线宽受到大光腔损耗以及增益介质自发辐射等影响难以进一步减小，同时采用基于载流子色散效应的电调谐或采用基于热光效应的热调谐两种调谐方式有几纳米的调谐范围，可以满足大部分应用需求。随着对窄线宽、高频率稳定度、大调谐范围半导体激光器的急迫需求，1978 年，Velichansky 等人发现通过采用外部反射镜实现反馈即构建外部谐振腔，可以有效压窄半导体激光器的线宽，提出了外腔半导体激光器(external cavity diode laser)的工作原理和方法[4]。

传统外腔半导体激光器选频主要包含三种方法：一种是光栅外腔半导体激光器，即引入光栅作为半导体激光器的光反馈与选频元件，增大谐振腔品质因数(Q值)，同时起到激光器线宽压窄的效果。光栅选频外腔半导体激光器根据光栅种类不同，可分为衍射光栅外腔半导体激光器、光纤光栅外腔半导体激光器、体全息光栅外腔半导体激光器，以及体布拉格光栅外腔半导体激光器等。另一种是滤光器型外腔半导体激光器，即利用具有光学滤波功能的器件作为外腔半导体激光器选频器件，如 Fabry-Pérot 标准具、干涉滤光片、声光及电光可调谐滤波器、双折射滤光片外腔半导体激光器等。还有一种为波导型外腔半导体激光器，一般由放大器和光波导耦合组成，光波导作为外腔可实现选频。光波导一般设计为半径略有差别的两个微环结构，双微环结构由于半径不同自由光谱范围(free spectral range，FSR)存在差别，输出光谱会出现相互叠加的情况，而后通过模式竞争后只存活并输出一个激光模式。

近年来，频率与原子跃迁谱线相对应的窄线宽半导体激光器，已在原子物理和量子精密测量领域中实现广泛应用。对于上述传统外腔半导体激光器,激光器输出频率取决于选频器件的参数,例如,干涉滤光片和光栅与入射光的夹角、Fabry-Pérot 标准具的腔长等,需要对选频器件的参数进行精准控制,才可能使激光器输出频率对应目标原子谱线。此外,外部振动和温度波动会影响激光器长时间连续运行能力,需要对选频器件的参数进行人工调节和控制,才能恢复初始工作频率,影响实际使用效率和效果。

　　针对量子精密测量等领域中的自动对应原子谱线的需求,可以利用原子滤光器作为选频器件,实现法拉第激光器,它具备直接对应原子谱线的功能优势,是一种即开即用的窄线宽半导体激光器。以法拉第激光器为种子源,能搭建即开即用的原子设备,如原子钟、原子重力仪等原子相关高端科学仪器,降低仪器设备的开发成本和使用难度,提升性能指标和使用寿命。

　　由于原子滤光器的特性,如本书第 4 章所述,即仅与原子跃迁谱线对应的波长才能够通过滤光器,该激光输出波长始终能够限制在原子滤光器的透射带宽内,可以直接对应原子跃迁谱线,保证激光长期连续运行能力。并且,当激光器参数发生改变时,该激光输出波长仍保持在原子滤光器透射带宽内,对激光半导体二极管驱动电流和工作温度波动免疫。

　　一般来说,原子滤光器中磁场的方向与光的传播方向平行,这种结构的原子滤光器被称为法拉第反常色散原子滤光器(FADOF),以其作为选频器件的半导体激光器被称为“法拉第激光器”。除此之外,还有一种原子滤光器,其磁场方向与光的传播方向垂直,这种结构的原子滤光器被称为佛克脱反常色散原子滤光器(VADOF),以其作为选频器件的半导体激光器被称为“佛克脱激光器”。法拉第激光器自 2011 年由北京大学缪新育实现后[5],十多年来由于其优异的性能得到了国内外的广泛关注,相关工作进展和突破接踵而至,而关于佛克脱激光器研究直到 2023 年才被北京大学刘子捷等人首次提出并实现[6]。因此介绍该种类激光器时,主要内容是针对法拉第激光器,而佛克脱激光器将在 5.1.4 节单独介绍。

　　法拉第激光器的发展历程可大致分为探索与准备、确立与命名、成熟与应用三个阶段,各阶段主要工作见表 5-1。

表 5-1　法拉第激光器发展历程

阶　段	时　间	里程碑工作
探索与准备	1845~2011 年	法拉第旋光效应、法拉第反常色散原子滤光器的提出和实现,原子滤光器用于染料激光器的频率稳定
确立与命名	2012~2018 年	实现法拉第激光器以及对“法拉第激光器”进行命名
成熟与应用	2019 年至今	实现了对应不同碱金属原子跃迁谱线的法拉第激光器,应用于原子钟、重力仪等设备。发展全新的佛克脱激光器、双频法拉第激光器

5.1.2　磁致旋光效应法拉第激光器

1. 法拉第激光器探索与准备阶段(1845～2011 年)

法拉第激光器探索与准备阶段从 1845 年起始，法拉第首次发现法拉第效应，实验发现线偏振光在磁场作用的介质内会发生偏振旋转效应[7]。1956 年，Y. Öhman 基于法拉第效应，首次实现了法拉第反常色散原子滤光器[8]。1969 年 9 月，美国 IBM 沃森研究中心的 Sorokin 等人将法拉第滤光器放置于染料激光器的谐振腔中，将 Na 原子气室的加热温度控制在 170～220℃，原子密度处于 5×10^{11} /cm^3～3×10^{12} /cm^3，通过施加磁场，使得光偏振方向在 25 cm 长的气室中的旋转角可达 90°的整数倍，成功将染料激光器的频率稳定在 Na 原子共振吸收线上。该项工作为染料激光器锁定至其他原子的共振跃迁谱线提供了可能[9]。

法拉第滤光器与半导体激光器相结合的研究始于利用光学环路锁定半导体激光器的输出频率至原子跃迁谱线。从 1962 年半导体激光器出现到 20 世纪 80 年代末、90 年代初的近 30 年间，随着半导体激光器在遥感、通信等领域的广泛应用，对半导体激光器的性能，如输出模式、激光线宽、频率稳定度等的要求也越来越高，在这样的需求背景下，利用光栅、F-P 腔等构建外腔压窄激光线宽，利用饱和吸收谱以原子跃迁谱线作为频率参考构建电学反馈锁定环路等技术发展迅速，从而进一步提高外腔半导体激光器的频率稳定度等性能。与此同时，因为极好的背景噪声滤除效果，法拉第滤光器在通信接收等应用中扮演着越来越重要的角色，其通常仅有 GHz 量级的通带，因此对于发射激光线宽也有较高的要求，故而电学反馈锁定环路技术不可或缺。虽然电学反馈环路能够提升外腔半导体激光器的性能，但电学反馈锁定环路系统相对较为复杂，成本较高，因此，其应用场景较为受限。在这样的大背景下，得益于法拉第原子滤光器出色的性能以及其在通信中越来越重要的角色，以法拉第滤光器为重要元件构建半导体激光器光学环路锁定的技术应运而生。其原理图如图 5-4 所示，通过反射率极低的反射镜，对半导体激光器发出的通过 FADOF 的光进行反射，形成光学环路，实现锁定。

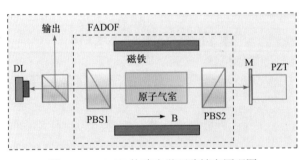

图 5-4　FADOF 构建光学环路锁定原理图

(DL：镀增透膜的激光二极管；PBS1：偏振分光棱镜 1；PBS2：偏振分光棱镜 2；M：腔镜；PZT：压电陶瓷)

1990 年 12 月，美国德克萨斯大学奥斯汀分校 W. D. Lee 与 J. C. Campbell 两位科学家利用 Rb 法拉第原子滤光器，通过构建窄带光学反馈环路，实现了 $Al_xGa_{1-x}As/GaAs$ 材料 780 nm 半导体激光器的反馈稳频[10]。该研究小组利用 FADOF 与反射镜构建反馈环路，使得输出光只有接近原子共振频率时才能返回至激光器。通过光学环路的构建，将激光频率锁定至铷原子光谱的亚多普勒特征，采用光学外差检测方法评估激光线宽，激光线宽由 30 MHz 下降至 35 kHz。该项工作中，用于构建反馈回路的光强(PBS1 透射)为 50 mW/cm², 占半导体激光器输出光的 90%左右，虽然能量损耗较大，但依据光学环路反馈实现了半导体激光频率的锁定。随后，该小组以上述技术为基础，将激光线宽压窄至 500 kHz 的同时，可以进行稳频。他们在实验中通过外差干涉技术，即利用两套系统进行拍频，完成了采用该方法的激光输出频率稳定度(Allan 偏差)的测量。平均时间为 200 s 时，Allan 偏差为 4.9×10^{-12}。

2. 法拉第激光器确立与命名阶段(2012～2018 年)

2011 年 8 月，北京大学缪新育等人，将 Rb 原子 FADOF 作为选频器件，并且分析前人的研究中存在的优势及不足，首次利用镀增透膜的激光二极管搭建法拉第激光器，在 6.4%反馈强度的情况下，实现了对激光半导体二极管驱动电流和工作温度波动免疫的半导体激光器，激光线宽为 69 kHz[5]。

实验装置如图 5-5 所示，为了消除激光二极管内腔模的影响，使激光频率稳定对应原子谱线，该团队在此项工作中创造性地使用镀增透膜的激光二极管(anti-reflection coated laser diode，ARLD)仅仅作为增益介质，在无反馈时，该激光二极管发光光谱为 60 nm 宽的增益荧光谱，避免了需要加热或者冷却激光二极管以调谐其发射光谱特性的影响。

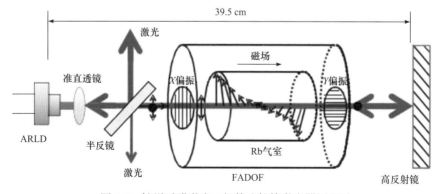

图 5-5 镀增透膜激光二极管法拉第激光器原理图

　　镀增透膜的激光二极管发出的光经透镜准直后,经过分光棱镜,再通过 Rb 原子法拉第原子滤光器,经由反射率高达 98.3% 的腔镜返回至激光二极管。法拉第原子滤光器中 Rb 原子气室直径 20 mm、长度 30 mm,原子气室内为自然丰度的 Rb 原子,^{85}Rb 占比为 72.2%,^{87}Rb 占比为 27.8%。通过控温精度为 0.1℃ 的电路将 Rb 原子气室温度控制在 70℃,同时施加强度为 320 G 的轴向磁场,使得入射光的偏振方向发生旋转,仅满足偏振方向旋转为 $n\pi+\pi/2$ 的光才能在基本无吸收的情况下通过法拉第原子滤光器,实现原子选频。在上述条件下,法拉第原子滤光器的峰值透过率为 51%。

　　在该项工作中,通过利用法拉第原子滤光器与镀增透膜的激光二极管结合搭建半导体激光器,获得了对二极管驱动电流和工作温度波动免疫的法拉第激光器。使得激光器二极管驱动电流在 55~142 mA 变化、二极管工作温度在 15~35℃ 变化时,激光输出波长始终稳定在 2 pm 以内,实验结果如图 5-6 所示。该项工作中报道的性能完备的法拉第激光器在量子精密测量、军工计量、遥感、空间光通信等众多领域都有着广阔的应用前景。

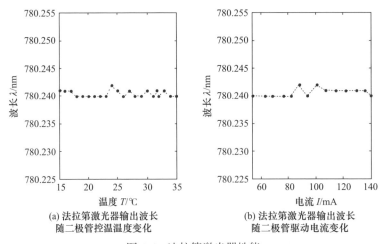

(a) 法拉第激光器输出波长　　　　　　(b) 法拉第激光器输出波长
　随二极管控温温度变化　　　　　　　　随二极管驱动电流变化

图 5-6 　法拉第激光器性能

　　2015 年,北京大学陶智明等人在国际上首次命名法拉第激光(Faraday laser)[11]。该团队利用 Rb 原子法拉第反常色散原子滤光器作为原子选频器件,采用镀增透膜激光二极管作为增益介质,实现了对激光二极管温度和电流波动免疫的激光器。考虑到采用自然 Rb 会存在的问题,即由于不同同位素的存在使得很难限制激光频率与一个特定的原子跃迁精确共振,因此,选用 96.5% 浓度的 ^{87}Rb 原子同位素,气室长度为 5 cm,两个格兰泰勒棱镜的偏振消光比为 1×10^{-5}。实验中,通过测量法拉第反常色散原子滤光器在恒定温度、不同磁场下的透射谱,同时测量恒定磁场、不同温度下的透射谱,分析了磁场和温度对于透射谱最高透射率的影响，从而确定 FADOF 的最佳工作参数，以获得最佳的激光器性能。该法拉第激光器能够实现镀增透膜的激光二极管驱动电流在 55～140 mA 变化，工作温度在 15～35℃变化时，激光器输出波长始终在 780.2456 nm 附近，波长波动标准差小于等于 0.27 pm，能够与原子跃迁谱线对应。

2016 年，北京大学陶智明等人利用 1.2 km 光纤作为半导体激光器的扩展腔，利用 Rb 原子法拉第反常色散原子滤光器作为原子选频器件，将激光频率始终限制在 $5S_{1/2}F=4 \rightarrow 5P_{3/2}F'=1, 3$ 的交叉峰 29.1 MHz 附近，实现了超长腔法拉第激光器[12]。该工作中首先将激光器输出波长调谐至自然 Rb 原子 $5S_{1/2} \rightarrow 5P_{3/2}$ 跃迁谱线对应的 780 nm，然后将激光器输出的 5 mW 光通过分光镜分为两部分，一部分用于饱和吸收谱提供频率参考，另一部分通过偏振分光棱镜分为两部分，其中探测光用于形成扩展腔，并提供光学反馈，泵浦光通过 1/4 波片后变为圆偏振，而后在 Rb 原子气室中与探测光产生相互作用，FADOF 透射谱为数十 MHz。通过光纤将腔长扩展为 1.2 km，使得法拉第激光的相对频率稳定度在 0.06～1 s 的采样时间内达 10^{-10}，在不对光纤长度进行控制时，长期相对频率稳定度达 10^{-11}。

2016 年，英国杜伦大学 J. Keaveney 等人，利用 Rb 原子法拉第反常色散原子滤光器作为原子选频器件，实现了长稳优于 1 MHz、短期线宽优于 400 kHz 的法拉第激光器[13]。该团队采用镀增透膜的激光二极管，激光二极管后端面与 90%反射率的反射腔镜组成谐振腔，腔长为 7 cm，自由光谱范围为 2.1 GHz。法拉第反常色散原子滤光器中原子气室同样镀增透膜，长度为 5 mm，磁场强度为 250 G，加热温度为 90℃。在形成法拉第激光后，通过监测法拉第激光器的输出功率，即激光腔模是否一直与透射谱最高点重合，作为 PID 反馈的信号，对法拉第激光进行电学反馈控制。在实验中该团队还通过与锁定至 $5S_{1/2}F=3 \rightarrow 5P_{3/2}F'=4$ 跃迁谱线的商用外腔半导体激光器进行拍频，测量法拉第激光的线宽。

2017 年，北京大学常鹏媛等人利用无极放电灯首次实现了激发态的法拉第激光器，即可直接输出 Rb 原子 $5P_{3/2} \rightarrow 4D_{5/2}$ 跃迁对应的 1529 nm 的法拉第激光[14]。与传统激发态的法拉第反常色散原子滤光器需要额外频率锁定的激光将原子由 5S 态激发到 5P 态不同，该项工作是基于无极放电灯的激发态法拉第反常色散原子滤光器实现原子选频，配合镀增透膜的激光二极管，使得激光二极管的驱动电流在 85～171 mA 的变化范围内，激光二极管工作温度在 11～32℃变化范围内，该激光器均能稳定工作，并且 24 小时的激光器的长期频率波动范围维持在 600 MHz 以内，如图 5-7 所示。该项工作还测量了激光线宽与相对强度噪声(RIN)。激光二极管后端面与 80%反射率的反射腔镜组成谐振腔，腔长为 60 cm，自由光谱范围为 250 MHz。基于无极放电灯的激发态法拉第反常色散原子滤光器中 Rb 原子气室长度 15 cm、直径 2 cm，气室内充有自然 Rb 与缓冲气体，缓冲气体为

2 torr Xe，磁场强度为 500 G，当气室加热至 135℃时，最大透过率达 46%，形成振荡输出激光。该法拉第激光器通过与标称线宽 1 kHz 的光纤布拉格光栅激光器进行拍频，进而测量法拉第激光的线宽为 15.5 kHz，激光强度噪声在 10 kHz 时优于−110 dBc/Hz。该法拉第激光器的出现为一些处于激发态波长的法拉第激光实现提供了良好的解决办法，可以使得系统更加紧凑、可靠，能够提供与原子激发态跃迁谱线对应的激光，有着巨大的应用潜力。

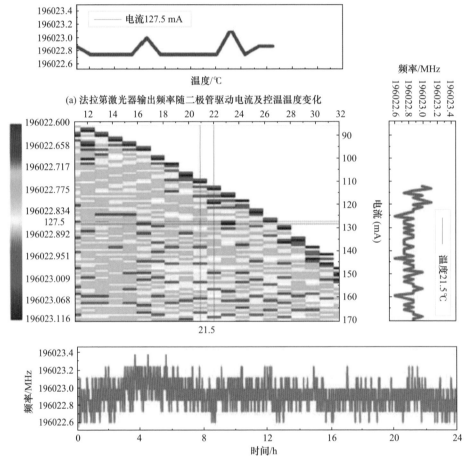

(a) 法拉第激光器输出频率随二极管驱动电流及控温温度变化

(b) 二极管驱动电流为141.5 mA、控温温度为21.5℃、FADOF控温温度为135℃时法拉第激光器输出频率变化

图 5-7　激发态法拉第激光器性能

2018 年，美国空军学院 M. D. Rotondaro 等人利用 Cs 原子 FADOF 的 $6^2S_{1/2}$ →$6^2P_{3/2}$ 跃迁实现了基于 600 W 镀增透膜二极管激光的选频与输出，FADOF 作为原子选频器件，激光输出功率达 518 W，将激光二极管 3 THz 的光谱压窄至 10 GHz[15]。FADOF 放置于激光二极管阵列后端面与 20%反射率的反射腔镜组成的

谐振腔中，将长为 6 in[①]的 Cs 原子气室抽真空至 10^{-7} torr 并加热至 96℃，对应气室内原子数密度为 10^{13} /cm³，同时采用 700 G 的磁场使其具有最佳性能。当将 FADOF 放置于谐振腔中，光谱宽度由 3 THz 压窄至 10 GHz。由于这项工作属于光强极强的情况，会存在基态原子的显著光泵浦，导致碱金属密度的减小，因此，透射谱线与理论计算不太相符。FADOF 的透射谱线在上述条件下是双频，并且由于光泵浦导致的碱金属密度减小会使得双透射谱线向中心移动，这为极强光强下的法拉第反常色散原子率光器透射谱形状提供了参考。

3. 法拉第激光器成熟与应用阶段(2019 年至今)

2019 年北京大学常鹏媛等人利用 Cs 原子 FADOF 作为原子选频器件，首次实现了基于 Cs 原子 852 nm 的对激光二极管工作温度和驱动电流波动免疫的法拉第激光器[16]。40 cm 长的谐振腔由激光二极管后端面与高反射率的平面谐振腔镜组成，法拉第反常色散原子滤光器中原子气室为直径 15 mm、长度 30 mm 的圆柱体，通过测量不同温度与磁场下与原子跃迁对应透射谱的透过率，确定温度为 41℃，磁场强度为 330 G 时为最佳工作条件，控温精度为 0.1℃，磁场的不均匀度为可以忽略的 7%，最后得到带宽 800 MHz 的透射谱。激光二极管工作温度变化在 14～35℃范围内，驱动电流变化在 74 ～130 mA 范围内时，激光输出波长始终保持在原子跃迁谱线附近。关于波长稳定性，在 48 h 内波长变化保持在±2 pm 范围内。通过与另一个外腔半导体激光器进行拍频，测量了该法拉第激光器的线宽，经过拟合计算为 17 kHz。该项工作为一些需要激光波长与原子跃迁谱线对应且长期稳定性好的应用场景提供了切实的可能，具有重要的实际应用价值。

2020 年，北京大学史田田等人利用 Cs 原子法拉第反常色散原子滤光器作为选频器件，第一次实现了双频输出的自由运转法拉第激光，每个频率线宽均小于 33 kHz，同时双频的最可几拍频线宽为 902.95 Hz，双频激光在精密测量、双频干涉等领域均有着潜在的应用[17]。69 cm 长的谐振腔由镀增透膜的激光二极管的后端面与反射腔镜组成，将 FADOF 放置于谐振腔之中，其透射谱轮廓由磁场强度、原子气室长度与原子气室加热温度共同决定，通过调整参数，使透射峰对应原子谱线的同时具有较高透过率，从而能够在选频过程中形成双频激光输出。该项工作中，磁场强度为 330 G，原子气室长度 30 mm，内充有纯 Cs。原子气室温度在 36～55℃变化范围内，双频之间的频差在 8.8～7.4 GHz 范围内可调。在该项工作中还测量了双频法拉第激光的强度噪声，在 10 kHz 为-134 dBc/Hz。双频法拉第激光器的实现展现了极佳的应用潜力，如通过精确设计谐振腔腔长，使得双频频

---

① 1 in=2.54 cm。

率间隔恰好为 FSR 的整数倍，可作为相干布局数陷俘原子钟的相干光源；双频法拉第激光也可与光学频率梳进行类比，连接光频与微波频率。双频法拉第激光的出现拓展了法拉第激光新的研究领域，具有重要价值。

2021 年，国防科技大学唐浩等人利用基于 ^{85}Rb 的法拉第反常色散原子滤光器作为原子选频器件，以 9 个阶梯组合的输出功率为 22 W 的激光二极管阵列作为光源，实现了 4.9 A 驱动电流下 18 W 输出的法拉第激光，同时将激光输出光谱由 4 nm 压窄至 0.002 nm(1.2 GHz)[18]。为了避免自由运转情况下的模式竞争，激光二极管模块输出面镀增透膜，具有小于 0.5%的反射率。实验中谐振腔由激光二极管后端面与全反腔镜组成，法拉第反常色散原子滤光器放置于其中。激光由光源输出后，首先通过一对焦距分别为 5 cm 和 15 cm 的透镜进行准直，而后通过半波片与偏振分光棱镜配合，从而控制用于形成反馈环路的光强(透射)与输出光强(反射)的比值，以寻找最佳工作条件。该项工作中，法拉第反常色散原子滤光器采用 124 G 的磁场，原子气室为长度 10 mm、直径 25.4 mm 的圆柱体，内充有纯 ^{85}Rb，为了提高透过率，两通光窗口外端面镀增透膜。采用控温精度达 1℃的电阻丝对原子气室进行加热，通过试验不同温度下法拉第反常色散原子滤光器的透射谱，确定 139.8℃为最佳工作温度。在确定用于反馈的最佳功率时，因为此时属于强光条件，同样温度、磁场条件下法拉第反常色散原子滤光器透射谱由于光泵浦的存在与弱光时有较大差别。该团队在谐振腔内放置半波片，通过旋转半波片寻找激光输出功率与通过 FADOF 内形成的其他模式抑制效果的平衡来确定，最后得出 FADOF 内前置偏振分光棱镜的透射与反射能量比为 1∶4 时为最佳工作条件，有效避免了热沉积效应。并且虽然是双频输出，但 90%的能量都集中在其中一个模式，另一个模式仅有 10%的能量。最后将输出的法拉第激光限制在 Rb 原子 D$_2$ 线上，实现了激光二极管工作温度在 16～30℃变化范围内，驱动电流在 1～5 A 变化范围内，激光输出波长始终在铷原子跃迁谱线 780.244 nm 附近。该大功率法拉第激光器在碱金属激光泵浦、亚稳态稀有气体激光泵浦、自旋交换光泵浦和量子光学中有重要应用价值。

2022 年，北京大学常鹏媛等人将 Cs 原子 852 nm 法拉第激光的输出频率通过调制转移谱锁定至原子跃迁谱线，该项工作中的法拉第激光器可调整为单频或双频输出，单频工作时通过锁定后剩余误差评估，短稳达 $3 \times 10^{-14}/\sqrt{\tau}$ ；双频工作时，通过锁定可将双频激光拍频线宽压窄至 85 Hz[19]。实验装置如图 5-8 所示，谐振腔由镀增透膜的激光二极管的后端面与反射腔镜构成，将法拉第反常色散原子滤光器放置于谐振腔中实现选频。该项工作法拉第反常色散原子滤光器的磁场强度为 330 G，不均匀度为 7%；原子气室为长度 30 mm、直径 15 mm 的圆柱体，内充有纯 Cs；气室加热至 38℃，可在 $F=4$ 和 $F=3$ 处分别产生透过率约为 50%和 25%的透射谱，使得该激光可以产生双频输出。通过精确地调节工作条件，如激光二极管的驱动电流和法拉第反常色散原子滤光器的气室加热温度，同样可使其工作在单频状态。法拉第激光输出后，经过隔离器以避免外界对谐振腔的干扰。而后经偏振分光棱镜分为透射(探测光)与反射(泵浦光)两部分，功率分别为 0.5 mW 与 1.5 mW，从而利用调制转移谱进行频率锁定。调制转移谱光路中用的原子气室为直径 2 cm、长度 10 cm 的圆柱体，其温度控制在室温 25℃左右。在单频状态下，通过调制转移谱，将激光频率锁定至铯原子 $6^2S_{1/2}F=4 \rightarrow 6^2P_{3/2}F'=5$ 的循环跃迁谱线，大幅度提高了法拉第激光的频率稳定度；在双频状态下，将其中一个激光频率锁定至铯原子 $6^2S_{1/2}F=3 \rightarrow 6^2P_{3/2}F'=2$ 的跃迁谱线，有效压窄了双频激光之间拍频信号的线宽，降低了微波信号的噪声，为光生微波开辟了新的途径，该项工作对于科学研究具有重要意义。

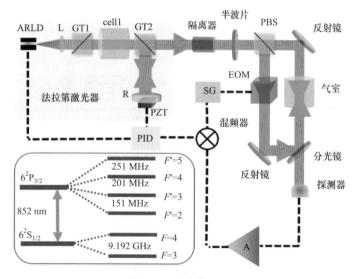

图 5-8　实验装置图

(ARLD：镀增透膜的激光二极管；L：透镜；GT1：格兰泰勒棱镜 1；cell1：气室 1；GT2：格兰泰勒棱镜 2；
R：腔镜；PZT：压电陶瓷；PID：比例积分微分反馈电路；PBS：偏振分光棱镜；EOM：电光调制器；SG：信
号发生器；A：放大器)

　　2022 年，国防科技大学唐浩等人利用基于 ^{87}Rb 的法拉第反常色散原子滤光器作为原子选频器件，以 18 个阶梯组合的输出功率为 47 W(驱动电流为 5 A)的激光二极管模块作为光源，实现了 5 A 驱动电流下 38.3 W 输出的法拉第激光，同时将激光输出光谱由 4 nm 压窄至 0.005 nm(2.6 GHz)[20]。为了避免自由运转情况下的模式竞争，激光二极管模块后端面镀增透膜，具有小于 0.5%的反射率。实验装置如图 5-9 所示，为了改善法拉第反常色散原子滤光器选频相关特性，该团队采用了图 5-9 所示的环形谐振腔结构，以此增加外腔效率，以保证高功率的输出。该项工作中的 FADOF 磁场强度 111 G，由内径 55 mm、外径 80 mm、长 10 mm

的两块圆柱形磁铁提供；原子气室为长度 20 mm、直径 25.4 mm 的圆柱形，内充有纯 ^{87}Rb，为了提高透过率，两通光窗口外端面镀增透膜。采用控温精度达 1℃ 的电阻丝对原子气室进行加热，通过获得不同温度下 FADOF 的透射谱并进行比较，确定 80℃ 为最佳工作温度。在上述工作条件下，实现了大功率法拉第激光的稳定输出，在激光二极管工作温度在 28～38℃ 变化范围内，驱动电流在 1.5～5 A 变化范围内，激光输出波长始终在 780.23 nm 附近(铷原子谱线)。虽然在该最优条件下激光输出为多频，但是由于输出光谱压窄后激光能量有较好的集中效果，因此，对于二极管泵浦碱金属激光器、量子光学等都有着较为重要的潜在应用价值。

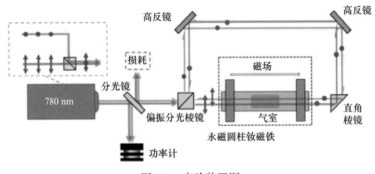

图 5-9　实验装置图

2022 年，北京大学史航博等人实现了基于 Cs 原子法拉第反常色散原子滤光器的法拉第激光器，并利用调制转移谱对其输出频率进行了锁定，获得输出激光频率的剩余误差评估短期稳定度为 $5.8 \times 10^{-15}/\sqrt{\tau}$，在 50 s 时为 2.0×10^{-15}[21]。实验装置图与图 5-8 相似，155 mm 长的谐振腔由镀增透膜的激光二极管的后端面与反射腔镜组成，FADOF 放置于谐振腔中。该项工作中，FADOF 采用的磁场强度为 900 G，原子气室为长度 30 mm、直径 15 mm 的圆柱体，内充有 Cs 原子及 10 torr Ar 作为缓冲气体，气室加热至 72℃，以确保最佳性能。在调制转移谱部分，参考原子气室为长度 11 cm、直径 2.6 cm 的圆柱体，内充有纯 Cs，并且采用双层结构，两层玻璃之间为真空，可以有效抑制参考原子气室内的温度波动，从而降低对频率稳定性的影响。在利用调制转移谱锁定频率时，通过固定探测功率，测量不同泵浦功率对稳频效果的影响，找寻最佳泵浦功率；而后固定已经找到的最佳泵浦功率，测量不同探测功率对稳频效果的影响，从而确定泵浦功率与探测功率的最优值，以获得最好的稳频效果。该项工作通过采用在法拉第反常色散原子滤光器的气室中充入缓冲气体，并且采用双层原子气室作为调制转移谱中的参考信号来源，提升了法拉第激光输出频率的稳定效果，在量子光学、量子精密测量等领域均有着广泛应用。

目前法拉第激光器因其优异的性能及巨大的应用潜力，正处在飞速发展中，取得了一系列重要的进步，虽然仍有一些研究难点，例如，如何精确获得FADOF在激光器内部形成谐振腔时的透射谱，如何避免 FADOF 内原子退极化对法拉第激光器性能的影响，如何实现大功率、窄线宽、单纵模的法拉第激光器等，都是目前法拉第激光研究中的难点。但随着研究的继续，上述难点势必会迎刃而解。同时在未来法拉第激光器的发展中，交叉融合将扮演重要角色，由于法拉第激光器的性能特点，将其与精密光谱学、冷原子物理相结合的研究将成为未来法拉第激光器的重要研究方向。

5.1.3　感生二向色法拉第激光器

感生二向色法拉第激光器以感生二向色型原子滤光器作为选频器件、镀增透膜的激光二极管作为增益介质，结合谐振腔反馈，实现激光激射输出。其中，感生二向色型原子滤光器作为核心器件，与基于磁致双折射旋光原理的法拉第反常色散原子滤光器和佛克脱反常色散原子滤光器不同，其不需要施加磁场，具体利用圆偏振光极化泵浦产生感生二向色性从而实现滤光透射。因此，对于一些对磁场敏感的特殊应用场景，感生二向色法拉第激光器更为适用。

感生二向色法拉第激光器的基本构造如图 5-10 所示。两个偏振片 G1 和 G2 相互正交，原子气室位于两者之间，激光二极管出射的线偏振光与经过 1/4 波片传输后变成σ^+或σ^-圆偏振的泵浦激光反向重合经过原子气室。以σ^+圆偏振泵浦激光为例，下面结合图 5-11，具体说明感生二向色法拉第激光器的工作原理。

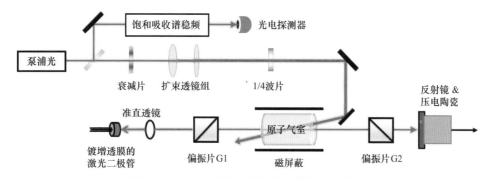

图 5-10　感生二向色法拉第激光器的基本构造

在σ^+圆偏振泵浦激光的作用下，基态原子由热平衡状态的均匀分布逐渐向磁量子数最高的磁子能级上布居，造成原子在最大磁子能级上的积聚。这种不对称的原子分布使得激光二极管出射的线偏振光的右旋圆偏振分量存在可跃迁的激发态上能级，从而与原子发生共振相互作用，折射率发生变化。而左旋圆偏振分量由于没有可以跃迁的上能级，不能与原子发生共振相互作用，折射率将保持不变。

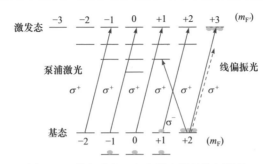

图 5-11　基态感生二向色激光器的能级结构

上述即是光致双折射(感生二向色性)的产生过程。与法拉第反常色散原子滤光器和佛克脱反常色散原子滤光器类似,基于双折射效应,右旋和左旋圆偏振分量在原子气室内传播一定距离后带来的相位差使最终叠加而成的线偏振出射光的偏振面发生旋转,进而通过第二个偏振片 G2 形成透射谱线。之后在激光二极管后端面和耦合腔反射镜的反馈共振作用下,形成感生二向色激光器的激光出射。这里,需要注意:感生二向色激光器仅工作在跃迁上能级的最大磁量子数不大于跃迁下能级的最大磁量子数的情况,仅此才能产生感生二向色性。

此外,感生二向色激光器也可工作于激发态之间。如图 5-12 所示,σ^+ 圆偏振极化泵浦激光通过不断地泵浦使原子仅在第一激发态磁量子数最大的磁子能级上具有一定的布居分布,接下来,与基态感生二向色激光器类似,激光二极管出射的线偏振光在第一激发态和第二激发态之间产生感生二向色性,最终配合谐振腔反馈实现起振输出。相比于基于磁致旋光效应的法拉第激光器,感生二向色激光

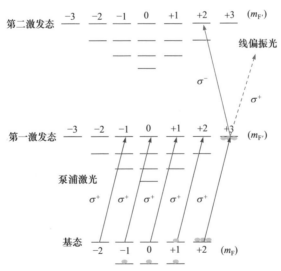

图 5-12　激发态感生二向色激光器的能级结构

器无须施加磁场，在一定程度上简化了激光器的结构。不足的是，感生二向色激光器需要一束额外的泵浦激光，这也给其应用带来了一些限制。

5.1.4 磁致旋光效应佛克脱激光器

如 5.1.1 节所述，佛克脱激光器在工作性能上与最新报道的法拉第激光器相近，其频率限制在原子滤光器的 1 GHz 透射带宽中。因此，无论激光二极管驱动电流和激光二极管工作温度如何波动，佛克脱激光器都可以保持在原子跃迁附近的 1 GHz 范围内，实现对激光二极管参数波动的免疫。图 5-13 所示为两种激光器的磁场发生装置，佛克脱激光器与法拉第激光器最大的差异在于结构上的不同。法拉第激光器中磁铁往往放置在原子气室轴向方向上，而佛克脱激光器磁铁放置在原子气室的径向方向上。一般而言，考虑到原子相互作用长度的问题，两者使用的原子气室轴向长度会远大于径向长度。因此，佛克脱激光器更容易产生足够强的磁场，可以探索更大磁场范围内激光器的性能，事实上，目前佛克脱激光器使用的最大磁场强度为 3500 G，而法拉第激光器目前使用的最大磁场强度为 1750 G。此外，法拉第激光器磁铁放置在原子气室两侧，无可避免会增大法拉第激光器的谐振腔长，不利于进一步小型化。佛克脱激光器结构相对更简单，不用增大激光器腔长，对后续激光器的便携化、小型化更有利。

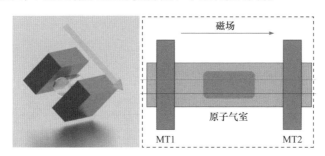

图 5-13 佛克脱激光器与法拉第激光器的磁场发生装置
(MT1：磁铁 1；MT2：磁铁 2)

2023 年，北京大学刘子捷等人提出并实现了佛克脱激光器，研究了 [87]Rb VADOF 的主要影响因素，探索并验证 VADOF 的性能参数[6]。将 [87]Rb VADOF 作为激光谐振腔中的选频器件，成功实现了佛克脱激光器。该佛克脱激光器输出频率保持在 VADOF 的透射带宽 500 MHz 的频率范围内，在不同激光二极管驱动电流(73~150 mA)和工作温度(12~30℃)变化下表现出稳定性。这种理想的激光源可用于设计结构紧凑且即插即用的原子器件。

图 5-14 所示为研究 VADOF 性能参数的实验装置图，考虑到至今为止有关 VADOF 的研究数量稀少，应用至佛克脱激光器时，该选择何种磁场参数还需要详

细研究。因此，对 VADOF 中磁场发生装置进行了详细的仿真模拟设计，使磁场强度在 50～3500 G 可调。此外，输入激光的光强和 VADOF 的温度都会对 VADOF 的透射性能产生巨大影响。对 VADOF 在各个参数下的性能进行了详细研究后，获得了佛克脱激光器中 VADOF 的最佳工作参数。

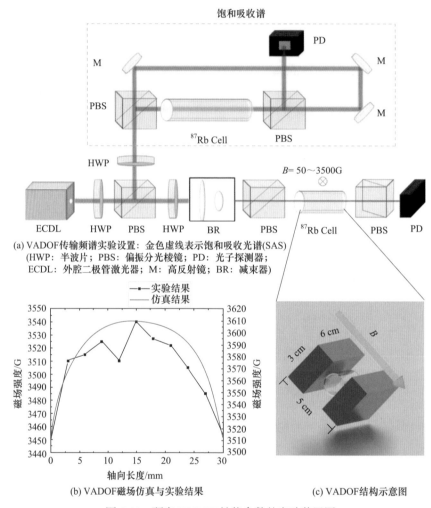

(a) VADOF传输频谱实验设置：金色虚线表示饱和吸收光谱(SAS)
(HWP：半波片；PBS：偏振分光棱镜；PD：光子探测器；
ECDL：外腔二极管激光器；M：高反射镜；BR：减束器)

(b) VADOF磁场仿真与实验结果　　　　　　(c) VADOF结构示意图

图 5-14　研究 VADOF 性能参数的实验装置图

佛克脱激光器的原理如图 5-15 所示。该实验装置由一个 ^{87}Rb VADOF、一个镀增透膜的激光二极管、一个非球面透镜、一个高反射镜和一个压电陶瓷管组成，其中，佛克脱激光器的光学腔长为 20 cm。经过非球面透镜准直后，激光二极管发出的光束直径扩大到 2 mm。然后，准直光通过高反射镜反馈到激光二极管，并经过两次 VADOF。将对 780 nm 激光具有 99.9%反射率的高反射镜固定在压电陶瓷上以调谐腔长。第二个偏振分光棱镜输出激光束，并监测其波长和扫描法布里-珀罗光谱以评估佛克脱激光器的性能。

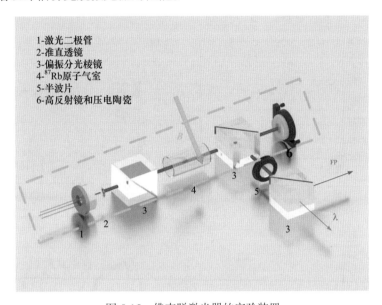

1-激光二极管
2-准直透镜
3-偏振分光棱镜
4-^{87}Rb原子气室
5-半波片
6-高反射镜和压电陶瓷

图 5-15　佛克脱激光器的实验装置

(HWP：半波片；PBS：偏振分光棱镜；HR：高反射镜；PZT：压电陶瓷管；FP：扫描法布里-珀罗干涉仪；λ：光学波长计)

　　基于对 VADOF 影响因素的研究结果，在参数设置方面选择磁场强度 $B = 3500$ G 和气室温度 $T = 75℃$。佛克脱激光器单纵模输出频率为 780.255 nm，且在激光二极管驱动电流从 73 mA 变化至 150 mA，以及二极管工作温度从 12℃变化至 30℃时保持稳定，输出波长波动小于 0.5 pm(见图 5-16(a)和图 5-16(b))，这表明佛克脱激光器对激光二极管参数的变化具有极佳的鲁棒性。随着激光二极管驱动电流增加，监测到输出功率抖动上升(见图 5-16(c)，抖动来源于光强对 VADOF 透射谱的透过率的影响)。此外，还监测了佛克脱激光器 48 小时自由运行的性能，其中，激光二极管驱动电流设置为 150 mA，工作温度设置为 22℃，如图 5-16(d)所示，即使偶尔发生模式跳变，输出波长也始终保持在 0.5 pm 以内，证明了佛克脱激光器具有良好的长期可重复性。此外，半年多次实验证明，佛克脱激光器输出波长在 0.5 pm 范围内保持不变，无须人工调节，显示出良好的再现性。因此，佛克脱激光器特别适用于对长期可重复性要求高的原子物理等领域相关设备的设计与应用。

　　目前佛克脱激光器还只有对应 780 nm 的铷原子佛克脱激光器，使用其他种类如钾、铯等碱金属原子，同样可以实现佛克脱激光器。但是需要注意的是，佛克脱激光器要想实现稳定的输出，需求的磁场强度一般会大于法拉第激光器，在设计实验时需要特别关注。其次，佛克脱激光器磁场方向和激光偏振方向的夹角也会影响佛克脱激光器的输出波长，需要提前理论计算相应角度下的原子滤光器透射谱，选择需求的参数。

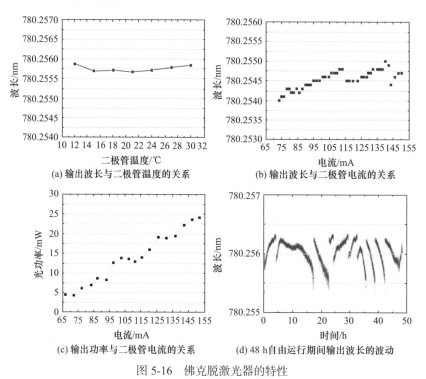

图 5-16　佛克脱激光器的特性

5.2　光学谐振腔

　　光学谐振腔是法拉第激光器实现激光起振、选频的根基，谐振腔内包含的光学元件和外腔反馈光路决定了法拉第激光器的选频效果和线宽压窄效果。法拉第激光器发展至今，已经在对应铷原子的 780 nm 波长和对应铯原子的 852 nm 波长取得不菲的成果，也发展出了使用不同的反馈结构和光学元件种类的法拉第激光器，接下来对它们分别进行讨论。

5.2.1　谐振腔光路结构

　　法拉第激光器的谐振腔光路主要可分为直腔反馈和 L 腔反馈。两者主要的区别是：直腔反馈的法拉第激光器中激光二极管发射的荧光在到达反馈腔镜前未经过其他光学元件反射，其光路图是一条直线，因此称为直腔反馈；而 L 腔反馈的法拉第激光器中激光二极管发射的荧光在到达反馈腔镜前被偏振分光棱镜或者高反射镜反射，光路图呈现 L 型或者更复杂的形状。除反馈光路结构之外，根据使用的反馈腔镜是平面镜还是角锥，也可以将法拉第激光器分为平面镜反馈法拉第激光器和角锥反馈法拉第激光器。

图 5-17 所示是一个平面镜反馈的直腔反馈法拉第激光器，荧光自激光二极管发射后经过一个 PBS、原子滤光器，到达平面镜(反射腔镜)后原路返回形成反馈，整个反馈光路是一条直线。显而易见，直腔反馈法拉第激光器结构最简单，组装激光器及调节反馈时也简单。同时，由于大部分光学元件基本不影响透射光路，环境波动导致内部光学元件发生偏移时，直腔反馈法拉第激光器抵抗能力更强。但是，若需要搭建较长腔长的激光器，直腔反馈激光器只能通过不断拉伸反馈腔镜和激光二极管的距离来实现拉长腔长，这会导致激光器在光轴方向上的尺寸变得很不合理，影响美观的同时，限制了激光器的便携性，不利于激光器后续整合至其他复杂系统。

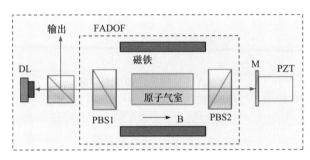

图 5-17　直腔反馈法拉第激光器

(DL：镀增透膜的激光二极管；PBS1：偏振分光棱镜 1；PBS2：偏振分光棱镜 2；M：腔镜；PZT：压电陶瓷)

图 5-18 所示则为一个平面镜反馈的 L 腔反馈法拉第激光器，荧光自激光二极管发射后经过原子滤光器，由原子滤光器中第二个 PBS 和一个高反射镜反射后，到达平面镜(反馈腔镜)，再原路返回形成反馈。在这个激光器装置中，反馈光路经过多次反射才到达反馈腔镜，虽然其光路图比 L 型更加复杂，但是也可以称其为 L 腔反馈激光器，事实上，若取消高反射镜，将反馈腔镜移动到高反射镜的位置，此时的光路图就是 L 型。由于反射光路受反射元件的位置、角度影响极大，因此，当环境波动导致内部光学元件发生偏移时，特别是当 PBS 和高反射镜受到影响时，会给激光器的反馈效果带来不利影响。但是，相对于直腔反馈，L 腔反馈在搭建大腔长的激光器时有很大的优势，对比该 L 腔反馈法拉第激光器和上述直腔反馈法拉第激光器，相同腔长下，L 腔反馈法拉第激光器体积很有可能减少一半。因此，L 腔反馈法拉第激光器能在小型化、工程化上发挥更大的作用。

无论对直腔反馈激光器还是对 L 腔反馈激光器而言，外界环境的干扰(机械振动和温度波动等)都是阻碍进一步提升激光器长期运行性能的重大桎梏。激光二极管和反馈腔镜分别作为反馈光路的首尾元件，提升它们对环境干扰的抵抗能力是提升激光器长期运行性能的最有效的方法。激光二极管的抗干扰能力可以通过设计相应抗振支撑系统、高精度温控系统来实现。而对反馈腔镜而言，将平面镜更换为角锥棱镜，就可以极大地提升对外界干扰的抵抗能力。因为相对于平面镜，角锥棱镜对于入射荧光角度和位置的要求极低，基本上实现只要激光射入角锥就可起振的功能，无须进一步调节。使用角锥可以极大地提升装配效率，并且能使激光器的抗干扰能力增强，提升长期运行性能，图 5-19 所示为一个角锥反馈的 L 腔反馈法拉第激光器。

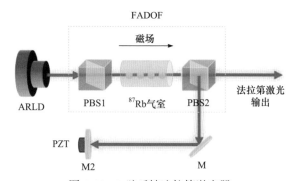

图 5-18　L 腔反馈法拉第激光器

(ARLD：镀增透膜的激光二极管；PBS1：偏振分光棱镜 1；PBS2：偏振分光棱镜 2；M：高反射镜；M2：腔镜；PZT：压电陶瓷)

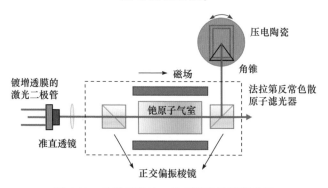

图 5-19　角锥反馈的 L 腔反馈法拉第激光器

5.2.2　线宽压窄技术

激光具有良好的单色性和相干性，在精密测量、光通信、原子/分子光谱和原子钟领域应用广泛。自 20 世纪 70 年代以来，随着半导体激光介质制作工艺的改进和完善，半导体激光器的性能不断提高，是获得窄线宽激光源的重要途径之一。一般的 F-P 型半导体激光器由于自发辐射导致的线宽在几百 MHz 水平，基于相位扩散的热动力学模型，其辐射谱为洛仑兹线型，半高全宽可以用修正的 Schawlow-Townes 线宽表示：

$$\Delta v_{LD} = \frac{2\pi h v_0 \left(\Delta v_{1/2}\right)^2 \mu}{P}\left(1+\alpha^2\right) \tag{5-1}$$

其中，P 为输出功率；$\mu = N_2/(N_2-N_1)$，是描述粒子数反转的参数；$\Delta v_{1/2}$ 为谐振腔的腔模线宽；α 为 Henry 耦合参数，取决于半导体激光材料。

由式(5-1)可知，可通过减小损耗、提升功率、增大光子寿命的方法来压窄线宽，主要包括外腔、自注入、优化半导体工艺、互注入锁定、电学负反馈等方式，首先介绍外腔压窄线宽的方法。

1. 外腔法压窄线宽

1978 年，Velichansky 等人先后提出采用外腔光反馈的方法可以有效压制自发辐射噪声，进而压窄激光线宽，并称之为外腔半导体激光，原理图如图 5-20 所示，此时激光线宽将变为

$$\Delta v = \frac{\Delta v_{LD}}{\left[1+\left(L_d / nL_{LD}\right)\right]^2} \tag{5-2}$$

其中，n 为激光二极管的折射率；L_d 和 L_{LD} 分别为外腔和激光二极管的长度。

式(5-2)表明，采用外腔的方法，可以有效地将半导体激光器的线宽压窄至百 kHz 量级。外延腔长可达 30 cm，因此，相邻纵模间隔约为 500 MHz，此纵模间隔相比于半导体增益带宽而言非常小，导致很难实现稳定的单纵模输出，所以一般采用光栅、棱镜和干涉滤光片等作为选频器件进行模式选择。

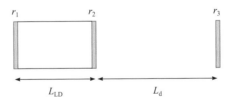

图 5-20　外腔光反馈法压窄线宽

对于光栅选频，波长选择可以通过衍射公式计算：

$$m \lambda = a \left(\sin \theta_i + \sin \theta_d\right) \tag{5-3}$$

其中，输出波长取决于入射角 θ_i，衍射角 θ_d；a 为衍射常数；m 为衍射阶数。常见的光栅半导体激光器有 Littrow 和 Littman 结构。Littrow 结构的外腔半导体激光器将反射光栅作为外延腔的输出耦合镜，通过调节衍射角度，令 $\theta_i = \theta_d$，使一阶衍射光与入射光重合反馈回激光管，将零级衍射光作为输出光，通过旋转光栅角

度调节半导体激光器的输出波长。Littman 结构使用折叠激光腔，与 Littrow 结构相比，入射光束和衍射光束不共线，衍射光从反射镜反射回来，通过光栅发生第二次衍射后直接反馈回激光二极管，波长调节通过旋转反射镜实现。Littman 结构的优点是调谐不会改变输出光束的方向，并且波长与入射角无关，因此，可以选择较大的入射角，提高分辨率。然而，二次衍射会导致腔内损耗增加，因此，需要高反射率的光栅。

以上两种结构的外腔半导体激光器均采用光栅作为选频器件置于外腔结构中，并利用光栅衍射选择特定频率的光进行光反馈，以降低自发辐射噪声对激光频率的影响，由于光栅同时用于选频和光反馈，外部环境振动会影响输出激光的模式和功率，激光器对外界振动和温度波动较敏感，激光线宽一般在百 kHz 水平。若要获得线宽更窄的激光器，可利用窄带干涉滤波片作为选频器件置于外腔结构中，该结构激光器的模式选择与光反馈相对独立，具有更好的稳定性，从而实现窄线宽可调谐的外腔半导体激光器。

2. 自注入锁定压窄线宽

激光器外腔自注入锁定是在激光器外加谐振腔构成外腔自注入锁定系统，激光器存在两种工作模式，即自由振荡模式以及由受激辐射引发的锁定模式，自注入锁定技术的激光随着自发辐射噪声而产生，由于谐振腔内同时存在多种模式的激光，在半导体激光器外部设置的谐振腔对自发辐射产生的激光起到选频的作用，并实现对激光器输出光的选频和滤波，使得初始输出光其中一个模式的光能够返回到半导体激光器内，即反馈光，亦可称之为种子光。种子光到达半导体激光器后将使该模式的光具备更强的竞争能力，抑制其他模式的增长。当反馈光强超过激光器的锁定所需要的最低限度时，激光器的受激光场会被锁定到注入光。此时，当注入激光器的光功率与激光器本身的光场功率之比达到一定数值时，激光器输出频率便会与注入光相同。而在自发辐射的工作模式中，激光器工作的中心波长仍然保持不变。光从激光器进入外部谐振腔，并经其反馈后再次回到激光器中完成受激辐射，在这一环节中，腔内的载流子发生改变，导致反馈模式的增益再次增大，强度大大提高；而除反馈模式外的其他模式增益进一步减少，强度也同时减小。激光器增益随着腔内载流子的变化而变化，从而使得增益介质的介质折射率也随之发生变化，激光器的工作频率随之发生改变。

目前研究的自注入锁定系统有如下几种：光栅外腔注入锁定、F-P 腔注入锁定、主-从注入锁定、回音壁注入锁定。

1) 光栅外腔注入锁定

如图 5-21 所示，利用光栅外腔对激光器选频，对其输出光进行耦合与反馈，完成激光器线宽的窄化，能有效地避免内腔集成光栅的光波衍射与散射损耗，使输出线宽变窄。但存在可靠性低、对噪声敏感、耦合度大等问题。

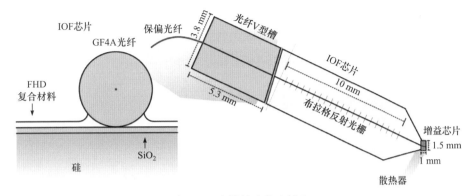

图 5-21　光栅外腔注入锁定

2) F-P 腔注入锁定

由于 F-P 腔具有高 Q 值、窄半高全宽等优势，可通过将激光器的工作频率锁定到 F-P 腔的谐振点上，以完成激光线宽的窄化，光路如图 5-22 所示。F-P 腔的谐振频率与激光频率二者的稳定程度关系密切。但是，F-P 腔注入锁定受外界温度、机械噪声影响明显，需对系统进行精密控制，初始光频率须与 F-P 腔谐振频率一致。

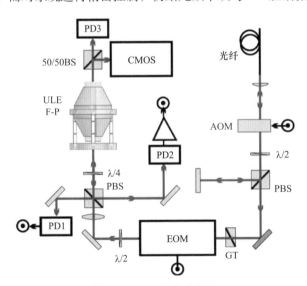

图 5-22　F-P 腔注入锁定

(PD: 光电探测器；CMOS: 感光芯片；ULE F-P: 超低膨胀系数 F-P；PBS: 偏振分光棱镜；EOM: 电光调制器；AOM: 声光调制器；GT: 格兰泰勒棱镜；λ/2: 半波片；λ/4: 1/4 波片)

3) 主-从注入锁定

该方法将主激光器的出射光注入到从激光器，使从激光器与主激光器的工作频率一致，如图 5-23 所示。由于该锁定方法中的主从激光器为两套独立的激光器系统，增大了实验装置体积，且系统器件多，结构复杂，在实际应用很受限制。

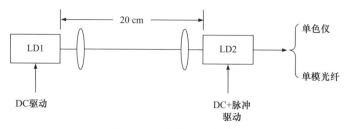

图 5-23　主-从注入锁定

4) 回音壁注入锁定

回音壁模式是光在谐振腔内发生全内反射而形成的谐振模式。通过把激光器在微腔中产生的回音壁模式注入回激光器，实现线宽窄化，如图 5-24 所示。回音壁腔虽然有着尺寸小、Q 值高等优点，且具有模式选频特性，但其仍存在制备成本高、难度大、不易耦合等缺点。

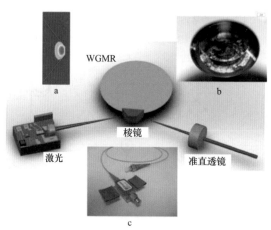

图 5-24　回音壁注入锁定
(WGMR：回音壁微腔)

自注入锁定的适用范围广泛，简单来说，只要激光器的增益谱包含外腔的谐振谱，即可在原理上实现自注入锁定，它与第一种外腔方式的区别是，第一种方式的外腔是谐振腔的一部分，而这里的外腔不是。同时，自注入锁定不依赖其他电学器件，因此，可以给自注入系统提供更好的小型化能力和更高的集成度，此外在热稳定性的优化以及噪声抑制等方面也有显著的贡献。与此同时，由于外腔对半导体激光器原始光的选频滤波作用，导致经由自注入锁定受激辐射后的出射光线宽与原始线宽相比出现急剧窄化效果，实现了线宽压窄。

3. 电学负反馈压窄线宽

半导体激光器的线宽易受温度和驱动电流的影响，因此，通过温度补偿电路和电流控制单元，可以在压窄激光器线宽的同时稳定激光器的中心频率。依据负反馈原理设计温度控制部分和驱动电流控制部分，从而实现对激光器注入电流功率以及温度的自动控制。通过电学负反馈压窄激光器线宽的原理图如图 5-25 所示。

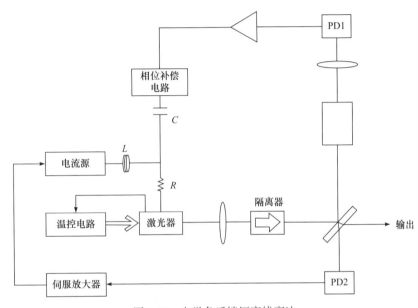

图 5-25 电学负反馈压窄线宽法

电反馈方法主要通过鉴频器(如 F-P 干涉仪)检测激光器的频率浮动信号，再将该信号转变成电信号，通过伺服控制回路控制激光器的温度和驱动电流。图 5-25 的激光器固定在一个由铜块和帕尔贴元件构成的散热器上，热敏电阻可以感应散热片的温度浮动变化量，因此，温度控制电路可以即时调整半导体激光器的工作温度。隔离器保证外部光器件的反射信号不进入激光器。F-P 干涉仪的两端镀有高反射率的多层介质膜，光入射到干涉仪通过谐振曲线的斜率鉴别激光器的频率调制噪声，再通过宽带运算放大器后进入相位补偿电流形成修正电流。通过电反馈方法可以有效地压窄激光器线宽，无须调节激光器的腔结构。但是，电反馈的噪声消减带宽是有限的，对高频噪声的抑制效果不容易实现。因此，基于电反馈的半导体激光器适用于低比特率的相干光通信，如光纤陀螺仪和光泵浦原子钟等。

4. 互注入锁定压窄线宽

采用弱耦合互注入锁定降低半导体激光器的线宽，主要机理是通过两个激光器锁相抑制它们的相位噪声，同时通过耦合腔延长光子寿命，如图 5-26 所示。由集成器件和光纤链路系统实现短时延和长时延，对于短延迟集成激光器，实现了亚 MHz 线宽，对于光纤链路耦合的长延迟激光器，本征线宽降低到 100 Hz 以下。

图 5-26　互注入锁定压窄线宽法

　　在以上多种方法中，法拉第激光器利用增加腔长和原子选频压窄激光线宽，由于 FADOF 的透射谱带宽为 1 GHz 左右，远小于光栅或者干涉片的几百 GHz 带宽，对激光模式竞争的抑制效果更好，而且 FADOF 的透射谱对机械振动不敏感，所以法拉第激光器的激光线宽也会小于光栅或者干涉片的外腔半导体激光器，法拉第激光器或将拥有更好的抗机械振动能力。

5.2.3　主要光学器件

1. 激光二极管

1) 激光二极管荧光谱线和自激现象

　　F-P 型激光二极管作为一种半导体激光器，其基本原理是，在外部电激励源作用下，在半导体晶体的 PN 结两端加上适当的电压，使载流子形成反转分布，即导带中拥有电子，而其对应的价带中则留有空穴。导带中的电子向下跃迁至能量低的价带，而发生电子和空穴的复合，跃迁时发出光子，由于谐振腔的反馈作用(后腔反射率>99%，前腔反射率为 14%～70%)产生激光。

　　早期外腔半导体激光器采用上述激光二极管，通过控制外腔腔长和反馈强度，实现线宽压缩和单频输出。但由于芯片内腔模的扰动，激光器只能工作在某些偏置电流点上，且激光器易出现模式跳变、低频波动的现象。通过对芯片的耦合端面(前腔反射面)做减反处理，即镀增透膜，可以抑制内腔纵模，加强外腔的反馈作用。法拉第激光器作为一种原子选频半导体激光器，利用 ARLD 消除内腔模，ARLD 作为增益介质，其光谱(半高宽)宽度大于 10 nm，容易覆盖要求的原子谱线，这样即使其增益中心波长偏离期望的原子谱线中心波长 5 nm，甚至更多时，也不会对法拉第激光器的输出波长造成影响。

　　未镀增透膜的激光二极管在增大工作电流时，输出窗口和后端面会形成谐振腔，激光二极管自发起振，产生内腔模激光输出。在法拉第激光器中，内腔模会和 FADOF 选频后的模式发生竞争，导致法拉第激光器输出不稳定，不能长时间保持单纵模输出。因此，要对激光二极管的输出窗口镀增透膜，防止有回返光产生内腔模，保证在 0～200 mA 的激光二极管工作电流范围内，激光二极管没有内腔模激光输出，其光谱始终为荧光谱。

2) 激光二极管的光束质量

激光二极管光束质量包括其发散角和横向模式分布。对于法拉第激光器，激光二极管发出的光经过准直后，利用谐振腔镜提供反馈，光反馈回芯片的比例直接影响外腔激光器的输出效率。当芯片本身输出横向模式为单横模时，外腔激光器输出光斑才有可能是基模高斯分布。

激光二极管由于自身波导结构的不对称性($1 \times 3~\mu m^2$)，发出的光在平行 PN 结的方向上(慢轴)典型发散角约为 10°，在垂直 PN 结的方向上(快轴)典型发散角为 20°~30°，光斑发散为椭圆形状。激光二极管半峰全宽发散角 $\theta_{x,y}$ 与远场发散半角 $\alpha_{x,y}$ 的关系为

$$\alpha_{x,y} = \frac{\theta_{x,y}}{\sqrt{2\ln 2}} \tag{5-4}$$

应用于法拉第激光器的 780 nm 及 852 nm 激光二极管，外延结构采用非对称大光腔设计，波导层及限制层采用成熟的 AlGaAs 材料体系，量子阱采用 GaAsP 或 InGaAsP 无铝材料体系，具有极高的可靠性和一致性。芯片采用脊型波导结构，脊宽 4 μm；为准确控制激光器的横向模式，在外延层上设计有刻蚀阻挡层，从而准确控制脊型波导宽度和厚度，避免模式的跳变。芯片快轴 FWHM 发散角 20°，慢轴 FWHM 发散角 10°。为抑制内腔模对法拉第激光器的影响，前腔反射率低于万分之三，从而将激光二极管自激电流控制在工作电流之上。芯片设计腔长 1500 μm，芯片宽度 500 μm，厚度 130 μm，采用 TO9 封装形式，封装焊料采用高可靠性的金锡焊料封装，全面满足激光二极管高功率输出、高可靠性的要求。

边发射结激光二极管输出光束具有像散特性，根本原因在于垂直结方向与平行结方向对激光的约束机制不同，因而使得近场位置，即解理面处的波前不一样。在垂直于结平面方向上，光束是平面波，高斯光束束腰在解理面处；在平行于结平面方向增益非均匀分布，光束沿纵向传播时表现出朝向轴心的"增益聚焦"现象，导致激射光场的波前变得弯曲。在对这种光束进行准直透镜的光学设计时，即使忽略透镜各种像差，即理想成像的情况下，该光束也会表现为无法在快轴和慢轴方向同时输出准直光。如果将短焦距透镜放置在其一倍焦距以外，会很明显出现两个聚焦焦点。这种现象在 Toptica 的激光二极管芯片中观察到过，但由于像散量很小，因此，这种现象几乎可以忽略不计。理论上，这种不对称的波导结构一定会带来快慢轴束腰分离，但分离量大小如果在几微米量级，透镜焦距在 4 mm 附近，在进行准直时，几乎无法观察到上述现象。如果分离量在几十微米量级，会严重破坏光束准直效果，影响外腔反馈效率。表 5-2 为准直合格的激光器的光束质量测试结果。

表 5-2　二极管光束质量测试

距　离	波长 780 nm	波长 852 nm
30 cm 处		
50 cm 处		
100 cm 处		

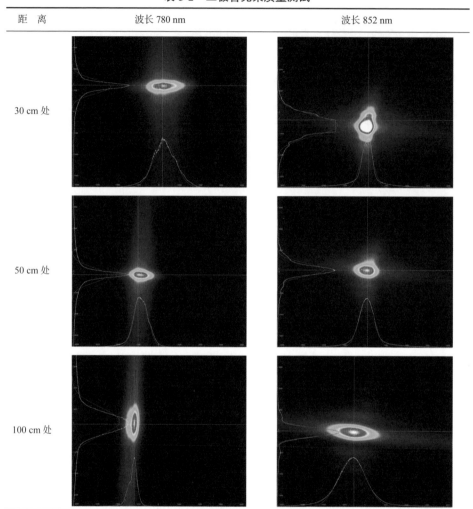

3) 激光二极管的偏振方向

　　法拉第激光器是利用原子滤光器作为选频器件的半导体原子选频激光器，其选频原理是通过两个正交的偏振分光棱镜，利用置于磁场中原子的塞曼效应和磁致旋光效应，获得高信噪比窄带透射谱。因此，为了减少腔内偏振损耗，需要激光二极管出射光为高消光比的线偏振光。激光二极管的波导结构决定了其出射光只能是横电模(TE)或者横磁(TM)模，并且其出射光不能是完美的线偏振光。

2. 原子滤光器

原子滤光器透射峰的频率和透过率通过调节其内部原子气室的温度和磁场来控制。利用原子滤光器的窄线宽透射谱、透射谱的温度和磁场调谐特性，以及原子滤光器透射谱的长期稳定性，作为镀增透膜的激光二极管的选频器件。为了保证原子滤光器透射谱的长期稳定性，使激光器可长期工作于原子滤光器的透射峰频率，需要精确控制原子滤光器内原子气室所处的温度和磁场，研究不同原子气室原子滤光器的工作参数要求，通过实验记录大量数据并研究变化规律，例如，透过率受温度、磁场、原子气室内缓冲气体密度等因素变化的影响，原子气室感受到的磁场均匀性、温度均匀性等因素对透过率和透过峰的影响，以及原子气室玻璃壁材料、器壁平整度、光学损耗、入射光角度等因素的影响。通过理论计算和实验测试获取最佳透过频率的温度和磁场条件，使对原子滤光器的研究更深入、更仔细，为需要应用的场景提供可靠数据。由于第 4 章已对原子法拉第滤光器的透射谱受气室长度、温度、磁场和 PBS 偏振角度的影响做了深入理论研究和大量的实验测试，因此，在此仅对原子滤光器的机械设计和装配工艺做分析和介绍，一体化的法拉第原子滤光器如图 5-27 所示。

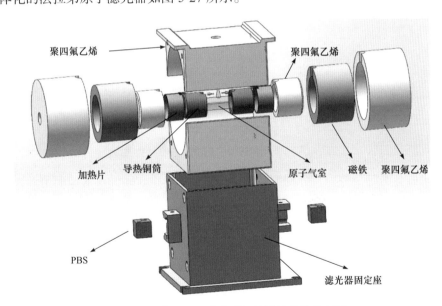

图 5-27　一体化原子滤光器机械设计整体装配图

在整体设计中，为了减小外界温度波动对原子气室温度的影响，在原子气室外部包裹三重聚四氟乙烯材料制成的保温层，最后放置在 6061 铝合金材料做成的壳体中并固定，整个壳体尺寸为 $100 \times 90 \times 85 \ mm^3$。原子滤光器的透过峰位置和透过率会受到磁场、温度、原子气室成分、缓冲气体数密度等因素影响，一方面进行相关的理论计算，设计合理实验参数，另一方面通过实验尝试不同的原子气室成分、缓冲气体数密度以获得最佳透过光谱。带外抑制比主要决定于偏振分光棱镜的消光比，而光路中光学器件的色散等非理想特性会降低带外抑制比，因此，在选择光学器件时要对其光学特性进行测试，对偏振分光棱镜要求其透过率高，且平行度<5′。原子泡表面平面度<$\lambda/6$，且镀增透膜。

3. 激光外腔反馈腔镜

除了猫眼结构，法拉第激光器的腔镜还有两种：平面镜和角锥。平面镜作为激光谐振腔反馈元件，对入射光角度敏感。如图 5-28 所示，假设激光二极管发光面尺寸为 1μm×4μm，法拉第激光器谐振腔腔长为 160 mm，则平面镜最大允许偏转角<1.2′。在激光器搬动或环境振动时，容易发生谐振腔失谐。用角锥替代平面镜，根据透镜有效通光口径的大小，可得该失谐角<2°，极大地提高了激光器的抗失谐性能。

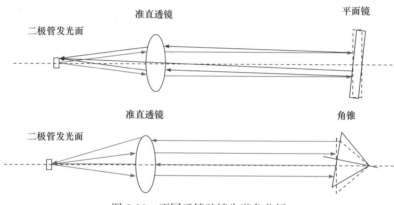

图 5-28   不同反馈腔镜失谐角分析

角锥分为三个种类，分别为利用全反射玻璃角锥、镜面反射玻璃角锥和空心角锥，如图 5-29 所示。分别对其进行理论分析和实验，其中，由于全反射极大地改变了光的偏振状态，线偏振光入射，椭圆偏振光输出，当光再次经过 PBS 时，导致腔内损耗增大，激光器难以起振；镜面反射玻璃角锥作为腔镜，约有 10%的单程损耗，激光器阈值相对提高；空心角锥避免了上述情况，且空心角锥的结构更有利于与 PZT 装配，利用腔长调谐获得激光调谐。

图 5-29   三种不同类型的角锥：(左)全反射玻璃角锥；(中)镜面反射玻璃角锥；(右)空心角锥

　　在介绍角锥调节机械装置之前,对光在角锥中的传播作如下简单介绍。如图 5-30 所示,激光器中光入射到角锥中心位置,然后反射回到第二个偏振棱镜中。对于常规的角锥,如图 5-31 所示,光从角锥的任何一个扇形部分(1、2、3、4、5、6)入射,再从对称的(4、5、6、1、2、3)方向出射,左右移动会导致光斑的横向错位,上下移动会导致光斑的高低错位。如果角锥放置不合理,会出现光斑入射到角锥棱上,破坏光斑质量或者降低反馈效率。结合图 5-30 和图 5-31,法拉第激光器中光入射到角锥的位置除了需要注意左右上下错位外,还需要注意俯仰偏摆调节。而如果从准直透镜出射的光没有方向误差,则极大地减小角锥的角度调节量。

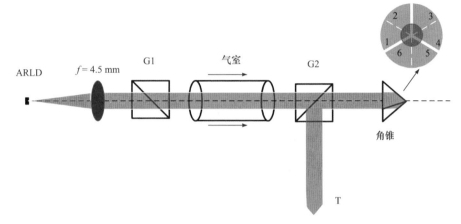

图 5-30　法拉第激光器中光入射到角锥的位置示意图
(ARLD:镀增透膜的激光二极管; $f=4.5$ mm:准直透镜焦距; G1、G2:一对偏振正交的格兰棱镜对)

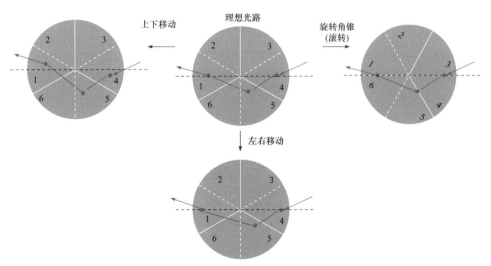

图 5-31　入射光与出射光位置在角锥中的关系

角锥出现调节误差，主要影响的是反馈效率，即激光器的斜效率。此外，反馈效率对激光器输出波长是否有影响需要进一步的理论分析和系统的实验设计才能判断。

如图 5-32 所示，考虑到激光器光学稳定性问题，在设计角锥机械固定件时，去掉了 XY 方向平移可调旋钮，避免螺丝或者弹簧在激光器长期工作时，因为弹性形变导致的激光器性能不稳定。为了追求激光器的最佳工作状态，对角锥预采取腔外辅助调节装置，如图 5-33 所示，通过上下左右旋钮，调节光入射到角锥的位置，保证最佳反馈。当激光器输出稳定后，用形变量小、固化时间长的胶将其与固定 PZT 的氧化铝转接件粘接。在胶水固化过程中，全程监测激光输出功率和波长的稳定性，防止激光器性能下降。

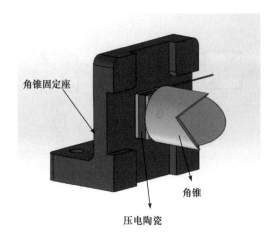

图 5-32　角锥固定件机械设计

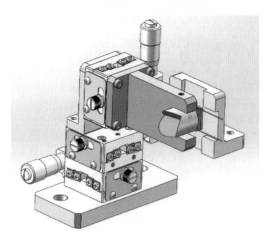

图 5-33　角锥辅助调节设计

5.3 电路系统

5.3.1 控温电路系统

1. 激光器的控温电路

激光器的控温电路在激光器的工作中起到至关重要的作用。它可以保证激光器稳定运行、延长使用寿命、提高输出功率等。控温电路系统简述说明，半导体激光器一般通过内置半导体热电制冷器(TEC)和温度传感器等相关温控原件来保证激光器管芯温度可控。温度传感器(常用负温度系数的热敏电阻)与激光管安装在同一个热沉上，起到实时监测激光管温度的作用。此系统案例主要以温度设定单元、比较运算单元、输出单元三个单元组成(见图 5-34)。

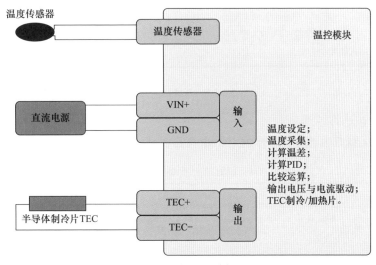

图 5-34 控温电路框图

2. 控温电路原理解析

1) 温度设定单元

单元中使用 LM399H 作为稳压基准源，其特性参数见表 5-3。

表 5-3　LM399H 特性参数

序 号	性 能	指 标
1	高精度	典型输出电压稳定度为 0.0005%
2	低温漂	典型温度系数为 2×10^{-6}/℃

序　号	性　能	指　标
3	高稳定性	长期稳定性为每 1000 h 0.5×10⁻⁶
4	工作温度范围宽	−55℃至+125℃
5	低噪声	典型噪声为 0.1 μVp-p

LM399H 应用原理图如图 5-35 所示。

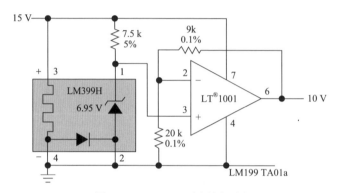

图 5-35　LM399H 应用原理图

2) 比较运算单元

使用运算放大器 OP07 作为电压跟随器，其特性参数见表 5-4。

表 5-4　运算放大器 OP07 特性参数

序　号	性　能	指　标
1	超低偏移	150 mV 最大
2	低输入偏置电流	1.8 nA
3	低失调电压漂移	0.5 mV/℃
4	超稳定时间	2 mV/月最大

OP07 芯片内部原理图如图 5-36 所示，该运算放大器的目的是降低输出阻抗，提高带负载能力。

恒温控制原理如图 5-37 所示，选用单片机作为主控制器，通过设定数模转换器(DAC)的模拟电压来完成温度设定，选用负温度系数的热敏电阻器(NTC)进行温度采集，将采集到的电压值与温度设定的电压值进行比较，得到温度差值信号，完成误差信号提取，并送入 PID 闭环控制环节，最后通过加法电路送入 TEC 完成对激光温度的控制。

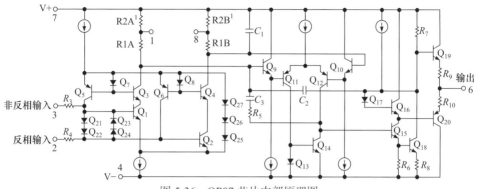

图 5-36　OP07 芯片内部原理图

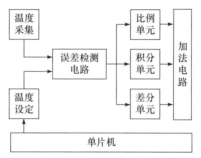

图 5-37　恒温控制原理框图

3) 输出单元

输出单元使用 L165 CV 功率运算放大器以及限流功率电阻搭建而成(见图 5-38)，并输出给半导体制冷器(TEC)，L165 CV 可提供高达 3.5 A 的电流，内部具备 SOA 保护、热保护等。L165 被连接为电压放大器，放大 R_1 和 R_2 之间结处的可用电压。输出电压始终是输入电压(V_{in})的一半。例如，如果在输入端(V_{in})提供 24 V 电压，

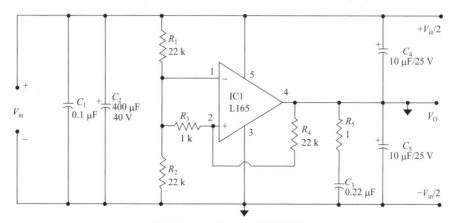

图 5-38　L165 CV 应用原理图

则输出端将获得+12 V/−12 V 电压。C_2 为输入滤波电容，C_1 为输入去耦电容。C_4 和 C_5 用于改善输出电压的对称性。

5.3.2　控流电路系统

1. 控流电路

激光器的输出特性与其驱动电源的性能密切相关，电流的起伏及噪声会影响激光输出波长及功率的稳定性。结合激光器的需求设计一款恒流输出 mA 级控流电路，电路设计框图见图 5-39。下面对稳压电路、电流限制单元、电流驱动部分进行单元解析。

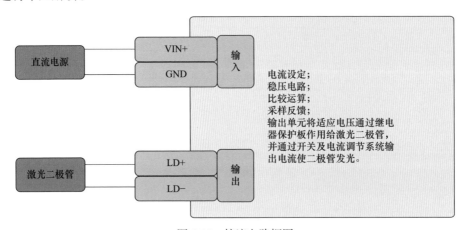

图 5-39　控流电路框图

2. 控流电路原理解析

1) 稳压电路设计

线性稳压器使用 LM317 搭建，LM317 是应用最为广泛的电源集成电路之一，它不仅具有固定式三端稳压电路的最简单形式，同时具备输出电压可调的特点。此外，还具有调压范围宽、稳压性能好、噪声低、纹波抑制比高等优点。LM317 是可调节三端正电压稳压器，在输出电压范围 1.2～37 V 时能够提供超过 1.5 A 的电流。故此可根据需求使用采样运算电路调整出激光器所需要的电压并进行自适应调整。

LM317 特性参数见表 5-5，LM317 应用参考电路如图 5-40 所示。

表 5-5　LM317 特性参数

序号	特性参数	序号	特性参数	序号	特性参数
1	可调整输出电压低到 1.2 V	4	典型负载调整率 0.1%	7	过流、过热保护
2	输出电流 1.5 A	5	20 dB 纹波抑制比	8	调整管安全工作区保护
3	典型线性调整率 0.01%	6	输出短路保护	9	标准三端晶体管封装

稳压基准源使用 LM399 搭建，参考电路如图 5-41 所示。

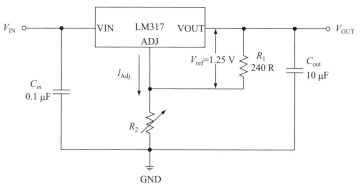

图 5-40　LM317 应用参考电路

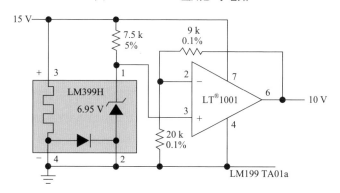

图 5-41　LM399H 应用参考电路

2) 电流限制单元

使用运算放大器 OPA2192 搭建电流限制单元，OPA2192 具有卓越的直流精度和交流性能，包括轨到轨输入/输出、低偏移(典型值：±5 μV)、低温漂(典型值：±0.2 μV/℃)和 10 MHz 带宽。OPA2192 特性参数见表 5-6，电流设定原理如图 5-42 所示。

表 5-6　OPA2192 特性参数

序　号	特性参数	序　号	特性参数	序　号	特性参数
1	低失调电压：±5 μV	5	低偏置电流：±5 pA	9	低静态电流：每个放大器 1 mA
2	低失调电压漂移：±0.2 μV/℃	6	轨到轨输入输出	10	宽电源电压：±2.25～±18 V，4.5～36 V
3	低噪声：1 kHz 时为 5.5 nV/√Hz	7	高带宽：10 MHz GBW	11	已过滤电磁干扰(EMI)/射频(RFI)的输入
4	高共模抑制：140 dB	8	高压摆率：20 V/μs	12	高容性负载驱动能力：1 nF

3) 电流驱动设计

使用运算放大器 AD8042 搭建，AD8042 是一款低功耗、高速电压反馈型放大器，采用+3 V、+5 V 或± 5 V 电源供电。它具有单电源供电能力，输入电压范围从负供电轨以下 200 mV 至正供电轨 1 V 范围以内。

图 5-42　电流设定原理框图

AD8042 输出电压摆幅可以扩展至各供电轨 30 mV 以内，以提供较大的输出动态范围。此外，其 0.1 dB 增益平坦度带宽为 14 MHz，采用 5 V 单电源时的差分增益和相位误差分别为 0.04% 和 0.06°。因此，AD8042 适合专业视频电子设备应用，如相机、视频切换器或任何高速便携式设备。低失真和快速建立特性则使它成为单电源、高速模数转换器(ADC)的理想缓冲器件。

AD8042 的电源电流较低，最大仅 12 mA，并且可以采用 3.3 V 单电源供电。这些特性均非常适合对尺寸和功耗有严格要求的便携式和电池供电应用。

AD8042 采用 5 V 单电源时，具有 160 MHz 的宽带宽和 200 V/μs 的压摆率，因此，可用于需要+3.3 V 至+12 V 单电源和最高±6 V 双电源的许多通用型高速应用。

AD8042 特性参数见表 5-7，参考电路见图 5-43(简化示意图)、图 5-44(容性负载与闭环增益)和图 5-45(电流驱动电路原理图)。

表 5-7　AD8042 特性参数

序　号	特性参数	序　号	特性参数
1	额定电源电压：+3 V、+5 V 和±5 V	5	输入超过电源电压 0.5 V 不会反相
2	输出摆幅扩展至任一供电轨 30 mV 范围以内	6	低功耗：每个放大器 5.2 mA
3	输入电压范围扩展至地电压以下 200 mV	7	压摆率：200 V/μs
4	0.1%建立时间：39 ns	8	从供电轨驱动 50 mA，0.5 V

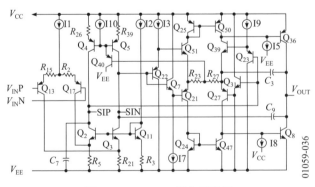

图 5-43　AD8042 简化示意图

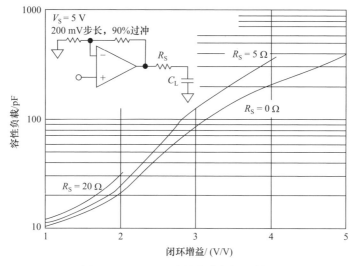

图 5-44　AD8042 容性负载与闭环增益

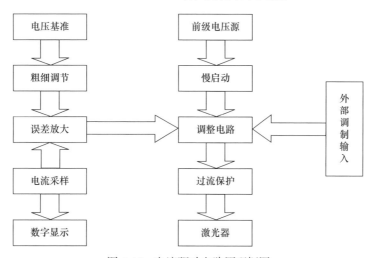

图 5-45　电流驱动电路原理框图

5.4　激光稳频电源

5.4.1　一体化稳频电路组成

对法拉第激光器的一体化稳频电路进行详细设计。该稳频电路可以分为 10 个模块，包括电源接口电路设计、SPI(serial peripheral interface，串行外设接口)拓扑电路设计、主控电路设计、激光二极管电流源电路设计、LD(laser diode，激光二极管)一级温控电路设计、LD 二级温控电路设计、PZT(piezoelectric ceramics，压电陶瓷)驱动电路设计、PID(proportional integral differential，比例积分微分)反馈电路设计、 ADC(analog-to-digital converter，模数转换器)采集电路设计、信号源电路设计。

(1) 电源接口电路设计，如图 5-46 所示。

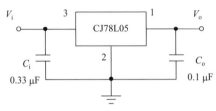

图 5-46　电源接口电路

(2) SPI 拓扑电路设计，如图 5-47 所示，采用多路光耦隔离驱动不同 SPI 芯片。

图 5-47　SPI 拓扑电路设计

(3) 主控电路设计，如图 5-48 所示。目前使用的 Arduino 系统开发板(开源电子原型平台，包括软件和硬件)，需要通过开发板引出的接口控制外部电路。

Arduino 系统数字板主控部分包括一组引出的 SPI 接口，MISO 直接连接到 ADC 的 AD_OUTA 网络上，包括其他的 ADC 控制端口、+12 V 供电、开发板输出+5 V 和+3.3 V、8 路继电器控制接口、8 路 SPI 控制接口。

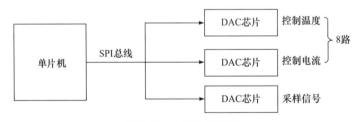

图 5-48　主控电路框图

(4) 激光二极管电流源电路设计，如图 5-49 所示。AD5541 使用+14 V 电源，使用基准源 LM399，通过分压得到输出电压 0～5 V，输出电压经过由 OP07 构成的电压跟随器，电压跟随器的低输出阻抗可增强驱动能力，同时高输入阻抗可以稳定基准源的输出电压，再通过 1 V/1 mA 的恒流源驱动电路进行调制。

(5) LD 温控电路设计，如图 5-50 所示。LD 温控电路使用基准电压源，温度设置经一级运放环路减小输入阻抗后，与基准电压一同输入到二级运放环路，产

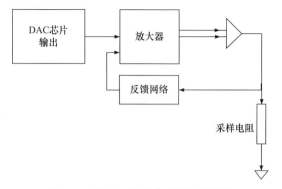

图 5-49　激光二极管电流源电路设计

生温度差值信号，该差值信号进入反馈网络环路将温度差值补偿到一级运放输入口，达到控制温度波动的目的。

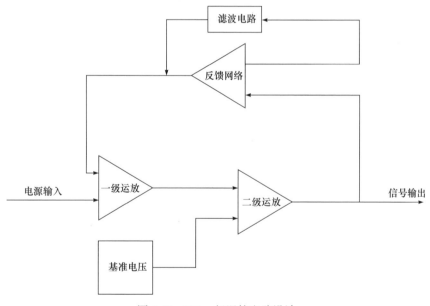

图 5-50　LD 一级温控电路设计

(6) LD 二级温控电路设计，如图 5-51 所示。电路方案与一级温控一样。

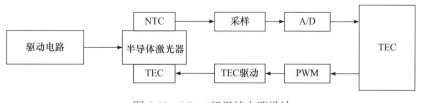

图 5-51　LD 二级温控电路设计

(7) PZT 驱动电路设计，如图 5-52 所示。基准源用的仍然是低噪声高稳定型基准源 LM399。

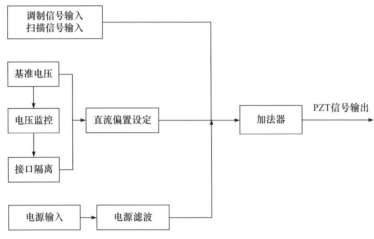

图 5-52　PZT 驱动电路设计框图

(8) PID 反馈电路设计，如图 5-53 所示。其中，JP16 为 PZT 积分反馈通道，JP4 为快反电流通道，JP8 为慢反电流通道。

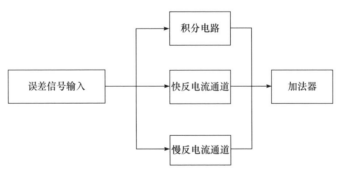

图 5-53　PID 反馈电路框图

(9) ADC 采集电路设计，如图 5-54 所示。

ADC 的输入电源，模拟电源采用+5 V 供电，数字电源采用+3.3 V 供电。采用串行读写模式，外围配置为 PAR/SER/BYTE SEL=1，并且 DB15=0。STBY 为待机模式，低电平有效，默认正常工作，上拉到+3.3 V_VDD 电源，模拟输入范围设置为±10 V。并且参考选择内部参考 REF SEL=1。

(10) 信号源电路设计。信号源电路的系统框图如图 5-55 所示，包括 DDS 芯片，衰减电路，带通滤波器，功率放大器等，以及其他的外围电源。主要是通过 DDS 芯片产生需要的正弦波，在输出端调节好功率，经过 3 MHz～6 MHz 的带通滤波器，再经过功率放大，分别输出到混频器的本征信号和驱动 EOM。

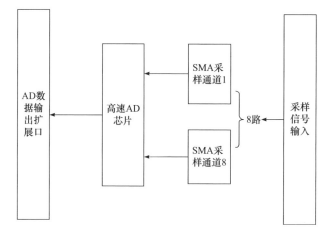

图 5-54 ADC 采集电路设计

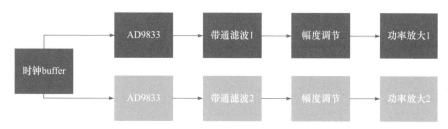

图 5-55 信号源电路系统框图

5.4.2 一体化稳频电路关键部件——恒流源

除了上述组成一体化稳频电路的 10 个模块以外，还需要单独的恒流源设计，保证激光稳频电路的稳定、可靠输出。电流源的性能直接决定法拉第激光稳频系统的性能，因此，深入研究稳频系统中的电流源是非常必要的，确保稳频系统中电流源的低噪声和长期温度尤为关键。对于恒流源的低噪声、长期高稳定性设计，精密信号链、低噪声稳压器和开关转换器、精密的监控和可靠的保护是必不可少的。电源上通过高电源抑制比(PSRR)低压降稳压器(LDO)和片上滤波实现更高的系统级抗干扰和抗噪性能。器件选择上选择高稳定性、高精度的 IC 和采样电阻等，都是确保实现低噪声高稳定性的技术手段。恒流源拓扑选择使用高精度电阻作为采样电阻，运算放大器作为负反馈，MOS 管用作扩流的形式，电阻的误差只会影响输出电流的值，不会影响输出特性。实际使用 VMOS 管替代 MOS 管。VMOS 管具有较小的栅极电流和较大的漏极电流，使运算放大器不需要过大的驱动能力，电路就能正常工作。VMOS 管具有温度稳定性好、噪声低的特点，弥补三极管的不足，有助于提高恒流源的温度稳定性。运算放大器的选用有较高的增益，较低的输入失调电压和失调电流，以及低温漂和低噪声电压。在实际的电路设计时，注意局部区域功率器件布局导致的温升，对整体温度系数的降低也能起到很好的作用。使用 NI Multisim 14.0 仿真软件，预采用的恒流源基本电路如图 5-56 所示。

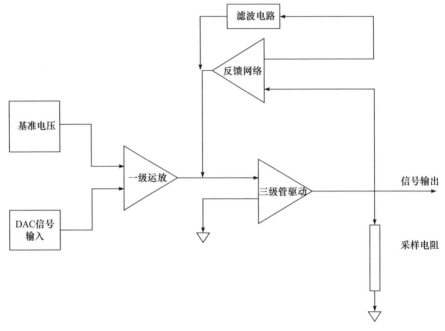

图 5-56　恒流源电路原理图

仿真时用 LED 代替半导体激光器，LED 正向压降 2.18 V，电流 100 mA，仿真结果为电压噪声≤100 fV。在实际电路中由于供电电源噪声、电压基准源噪声、电阻噪声及运算放大器的噪声影响，使得该恒流源电流总噪声为 0.1 μA。该恒流源电路的温漂取决于电路中取样电阻 R_{10} 的温度稳定性，实际使用±0.1×10⁻⁶的精密无感电阻以保证恒流源长期的稳定性。同时采用多个相同的取样电阻并联方式，如 5 个 50Ω 电阻并联为 10Ω，降低了每个取样电阻的电流，也降低了取样电阻的温升，保证恒流源的长期稳定性。

恒流源噪声优化常用措施包括：①整体热稳定性的提升，敏感器件的恒温保温处理。②采用低噪声的电子元器件，减小器件本身导致的固有噪声。③采用有效的电磁屏蔽材料，减少空间杂波的拾取，避免干扰电流的产生。测试结果如图 5-57～图 5-60 所示。

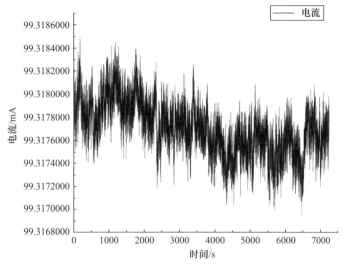

图 5-57 恒流源模块电流噪声测试

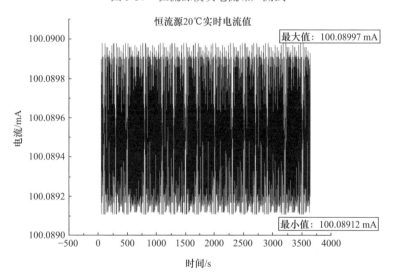

图 5-58 恒流源 20℃测试

5.4.3 一体化稳频电路关键部件——高精度温控模块

为了提高温度稳定性，还需要对长时间控温结果进行优化。由于激光频率受电流、温度、腔长等参数影响较大，尽可能降低激光本身频率抖动和漂移的措施之一就是要有稳定度极高的温控系统。目前高精度的数字温控系统仍然存在控温

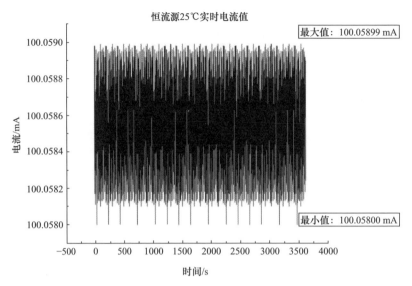

图 5-59　恒流源 25℃测试

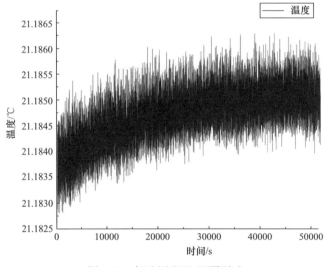

图 5-60　恒流源室温-温漂测试

稳定度不够、分辨率不足等缺陷，通常使用的稳频激光器的温度控制仍然采用模拟 PID 模块的形式，基本原理如图 5-61 所示。电路的基本原理是激光管内采用 10 kΩ@25℃的热敏电阻，基准电压源驱动热敏电阻，并通过一个分压器，将温度信号转换为电压信号，与设定电压经过差分放大后，再经过 PI 处理，输出到功率输出级结合电流负反馈驱动 TEC，进而控制激光管的温度。

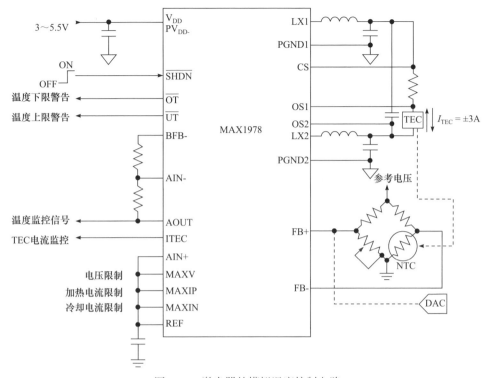

图 5-61　激光器的模拟温度控制电路

此方法的优点是纯模拟电路实现，调节速度快，结构简单。主要缺点是对应不同的热负载时需要手动更换阻容器件，不符合数字系统的要求，只能模拟实现。目前市场上激光器的温度控制器有较多型号，如美国 Newport 公司的 LDT-5900C 32 W 激光二极管温度控制器(见图 5-62)，以及美国 Thorlabs 公司的 TED200C 激光二极管温度控制器(见图 5-63)等。

图 5-62　美国 Newport 公司 LDT-5900C 激光二极管温度控制器

LDT-5910 C 产品是单独分离的系统，尺寸较大，无法集成，且无相应的控制接口，可以借鉴的优点是完全可编程的 PID 回路，另外其支持几乎所有的常用温度传感器，如热敏电阻、RTD、IC 传感器等，可适应不同的热负载。

图 5-63　美国 Thorlabs 公司的 TED200C 激光二极管温度控制器

　　美国 Thorlabs 公司的 TED200C 是一款设计用于驱动半导体制冷片(TEC)元件的精密温度控制器，电流高达到±2 A。TED200C 是分离式的数字 PID，P、I、D 均可以分别调整性能参数，且产品尺寸是无法集成的。

　　由北京大学和浙江法拉第激光科技有限公司联合研制的全自动激光稳频系统的温度控制系统如图 5-64 所示，该系统采取高分辨率的 DAC 设置温度值，以达到优于 50μK 的设置步长，另外采取增量式的数字 PID，可通过数字方式单独控制 P、I、D 的值，以此保证温度稳定性小于±5 mK。

图 5-64　北京大学和浙江法拉第激光科技有限公司联合研制的全自动激光稳频系统

　　由于外界环境的温度扰动对激光器影响明显，为将温度的长期稳定性做到±5 mK 以下，对采集的温度值进行滤波处理，提升采集温度值的准确性。卡尔曼滤波器是时域内直接设计的最优滤波器，1961 年卡尔曼将这一滤波理论推广到连续时间系统中，形成了卡尔曼滤波的完整体系，对于系统噪声是高斯分布的线性系统可以递推出最小均方差估计。对于温度系统，干扰系统测量准确性的主要是高斯白噪声，因此，可将卡尔曼滤波引入到温度应用中，提升温度控制系统的稳定性。通过稳频激光谱微弱信号多通道高速高精度数据采集系统，对温度数据进

行采集，送至 FPGA 或者 DSP 中，进行卡尔曼滤波数据处理，再采用增量式 PID
数据处理，进而控制 TEC 加热或者制冷激光器。

该系统主要包含数字电路和模拟电路两部分。数字电路用作数据处理，如卡
尔曼滤波和增量式 PID 数据处理，模拟电路用作数据采集和 DAC 数模转换，模
拟低通滤波以及最后的功率放大。数字控温系统框图如图 5-65 所示。

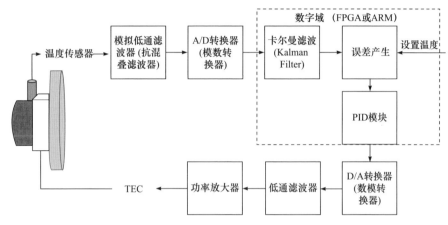

图 5-65　数字控温系统框图

图 5-65 所示的数字控温流程包含以下 5 个步骤：

(1) 温度传感器信号首先经过模拟的低通滤波器(抗混叠滤波器)，由于温度信
号是个缓变量，可将低通滤波器的截止频率设置到 10 Hz 以下，滤除影响信号质
量的高频成分，减少高频成分混叠到数字信号中。

(2) 由稳频激光谱微弱信号多通道高速高精度数据采集系统，采集所需要的
温度电压信号到 ARM 或者 FPGA 内部，之后对采集的温度电压值使用卡尔曼滤
波，提升温度控制精度，减小误差。

(3) 与设置值做减法，得出与设置值之间的误差，输入到增量式 PID 模块中，
经过 PID 运算后得出控制增量 $\Delta\mu(k)$。

(4) 再经过高精度的 DAC 转化为模拟电压，再次经过低通滤波，此处滤除
DAC 的高次谐波。

(5) 将输出的模拟电压信号经功率放大，通常通过控制施加在 FET 上的栅
压来控制加载在 TEC 上的电流，用于驱动半导体制冷片 TEC，从而控制物体
的温度。

温控采用 NTC10K 作为温度传感器对温度进行表征，所以对温度波动的
测量可以转化为对热敏电阻值的测量。温控电路从控制方式上可以分为模拟温
控与数字温控。目前市场上的方案一般采用模拟温控的形式，现有 MAXIM 的
MAX1978 与 ADI 的 ADN8831 均是内部运算放大器构成的 PID 调节回路，功

率输出级均为 MOS 管实现的 PWM 调节，通过占空比调节 TEC 上的电流，具体的电路实现形式如图 5-66 所示，此方法具有较高的效率，但可能引入 PWM 频率的干扰。

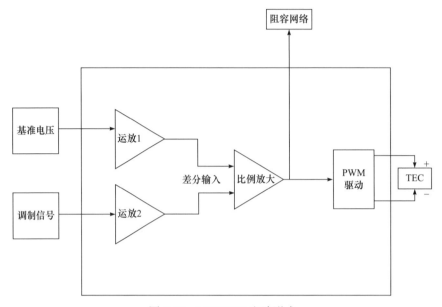

图 5-66　MAX1978 电路形式

因此，综合温度控制的形式，采用模拟温控，为减少 TEC 电流可能引入的干扰，将功率输出级改为功率运放输出，牺牲效率，需要较大的散热片，减少纹波，减少温控对其他模块的干扰。具体的功率运放电路形式如图 5-67 所示。

图 5-67　功率运放输出级

温控的温度稳定度是关键指标，测试热敏电阻的电压，通过热敏电阻的阻值与温度对应关系可计算出温度稳定度，变化范围不超过 60 mV，NTC 热敏电阻的阻值在 25℃附近与温度对应关系为 1.5 mK 对应 100 mV，因此，温度最大变化 ±0.3 mK，如图 5-68 所示。

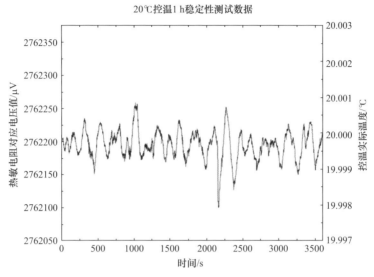

图 5-68　20℃控温 1 h 测试指标

　　同时,北京大学和浙江法拉第激光科技有限公司共同研发了双通道 0～5 MHz 数字化信号源模块,双路 DDS 频率和相位均可独立配置,支持高稳定度正弦波、三角波等波形输出。研发信号处理模块,采用 4 层板设计保留内层完整的平面以保证本振信号和荧光信号回路的阻抗连续性,能够混频输出高信噪比误差信号。研发锁频模块,锁频 PID 部分通过 MCU 数字化控制,并结合信号源模块、信号处理模块、控温模块实现自动锁频。如图 5-69～图 5-71 所示。

图 5-69　信号源模块

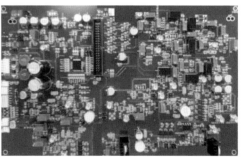

图 5-70　稳频模块

图 5-71　锁频模块

5.4.4　一体化稳频电路关键部件——功率稳定模块

　　激光功率稳定性对量子精密测量领域相关研究尤为关键，例如，对于冷原子钟的频率稳定度，需要在 10^4 秒积分时间进入 10^{-15}，这要求激光相对功率起伏 $(\Delta I / I)$在 10^{-5} 量级；此外，诸多光吸收型的测量系统测量精度/分辨率均与激光功率稳定性直接相关。为此，采用激光功率自动补偿技术，根据光电探测器监测到的激光功率，调节注入声光晶体的射频电压幅值，从而改变声光晶体的衍射效率，达到控制输出光功率稳定的目的，使激光功率输出满足需求。

　　影响激光功率的长期稳定性的因素有很多，一方面有来自激光本身的驱动电流引起的功率波动，所有激光驱动器不可避免地存在电流漂移与噪声，这将导致激光功率跟随电流产生同样变动。半导体激光器的量子亏损会让激光管变成一个热源，热引起的温度变化同样会影响激光输出功率。稳频激光器有高精度的控温控流电路，但激光稳频过程中会利用注入电流与激光频率相关且响应速度的特点，通过改变电流来稳定激光频率。长期实测结果显示激光电流波动在±8μA 左右，对于输出功率几 + mW 的激光器，会带来万分之一级别的功率波动；另一方面，激光传输和调制(如分光)等外光路也会影响功率稳定性，激光器和光路中偏振光学器件(波片、单模光纤)等受外界条件(锁定点漂移、气流温度的变化)的影响而导致光学特性产生变化。比如激光的偏振面会随着运行时间的增加而发生旋转，虽然使用的是偏振无关分光器件，但是仍然会引起分光比的变化；环境温度起伏会直接导致光路方向的变化等。这些因素都会导致功率稳定的效果变差。

　　为了解决输出光长期稳定性的问题，采取激光外调制的方式，通过分光取样获得激光功率波动信息。在目前的激光系统中为避免取样干扰，通过在激光从单模保偏光纤出射进入分光棱镜之前添加一片高消光比(＞40000)的线性薄膜偏振片，固定其透振方向于一个合适位置，这样就可以将激光偏振面的旋转转化为功率的起伏,通过后面的功率稳定环路将这种起伏加以修正,如图 5-72 所示。

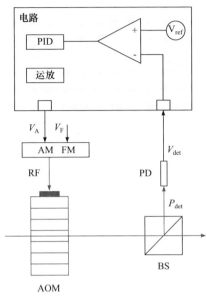

图 5-72　功率稳定光路示意图

　　激光功率取样和稳定电路采用精度匹配的元器件、功率稳定伺服电路和监测光光电管的跨阻抗放大电路(trans-impedance amplifier),监测光光电管采用 PIN 硅管(Hamamatsu S2386-44 K),光电转换效率为 0.5 A/W。由于监测光功率在 μW 量级,经过光电管转换后的光电流在 μA 量级。跨阻抗放大器采用精密运算放大器 OP27 和 100 kΩ 的低温漂电阻将光电流信号转换为电压信号,电流/电压转换系数为 10^6,转换为电压后再放大 10 倍输出。跨阻抗放大器电路滤波带宽 100 kHz,对噪声具有一定的滤波作用。伺服控制电路的电压基准源选芯片 MAX6341 (+4.096 V 输出,温漂系数 1×10^{-6}/℃),比例积分运算后的输出电压经过低通滤波(带宽约为 15.9 kHz)后注入给后面的声光驱动源。声光晶体最后对激光进行功率调节,主要是通过改变声光驱动调幅电压来控制其微波输出功率,从而改变声光晶体的光衍射效率,实现功率调节。因此,其驱动源的噪声水平将直接影响探测光的品质。

　　根据系统需求设计专用声光晶体驱动电路(移频固定在 125 MHz)。该驱动电路主要思路是由低相噪晶体振荡器(125 MHz)及微调电路产生所需频率信号,经过衰减器和功率放大后注入声光晶体产生声光衍射,原理如图 5-73 所示。

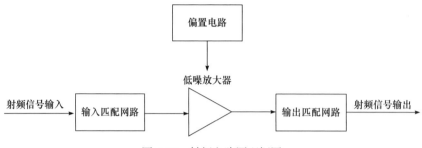

图 5-73　射频电路原理框图

通过将稳功率系统封装成独立模块，既方便集成和使用又降低了外界对电路的干扰，提高了系统稳定性。

采取以上措施后长期监测激光功率变化并记录，经过计算后得到激光功率起伏的 Allan 偏差如图 5-74 所示。由图中可以看出经过上述优化后，激光功率的长期稳定性得到了较大提高。

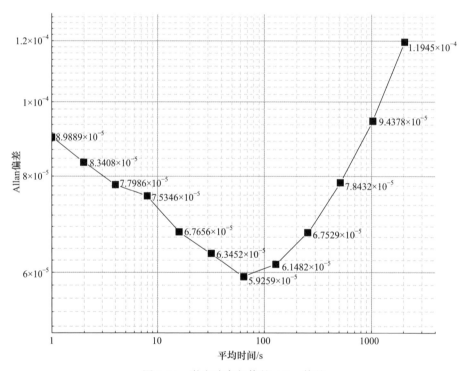

图 5-74　激光功率起伏的 Allan 偏差

此外，通过研发稳功率驱动电路板和光路系统，开展了光功率稳定性测试，对电路驱动板设计方案以及光路系统进行不断优化，精调电路 PID 反馈部分元器件参数，并对受温度影响较大的温漂器件进行升级替换，选用低温漂、低抖动系数的时频器件，实现了光功率秒稳达到 8.57×10^{-6}，千秒稳达到 3.37×10^{-5}，如图 5-75 所示。

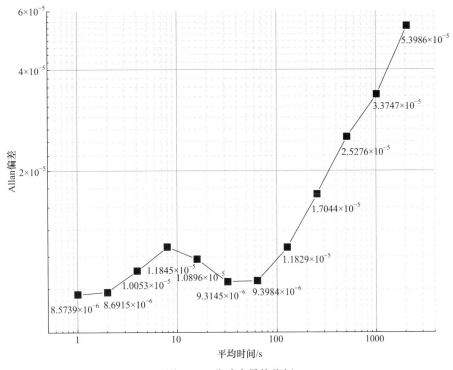

图 5-75　稳功率最终指标

5.4.5　激光稳频电路参数特性

综上，激光稳频电路具有以下 4 个主要特性：

1) 稳定性

由于激光器在工作过程中可能会受到温度、压力、振动等多种外界因素的影响，导致其输出频率产生漂移，从而影响激光器的应用效果。为保持激光输出频率的恒定，这种稳定性是通过采用特定的控制机制和技术来实现的，例如，频率锁定环(FLL)或相位锁定环(PLL)等。

2) 抗干扰性

激光稳频电路通常具有较强的抗干扰能力，能够在存在外部干扰的情况下保持激光输出频率的稳定性。这种特性使得稳频电路在电磁环境较为复杂的情况下也能正常工作。

3) 精确性

激光稳频电路能够控制激光提供非常精确的频率输出。通过采用高精度的控制机制和技术，激光稳频电路可以实现非常高的频率精度，满足各种精确控制的需求。

4) 快速响应

激光稳频电路通常具有快速响应的能力，能够在短时间内对激光频率变化进行调整和校正。这种特性使得激光稳频电路能够适应快速变化的环境条件和应用需求。

激光稳频电路具有稳定性、抗干扰性、精确性和快速响应等特性，这些特性使得激光稳频电路在各种需要精确激光频率控制的应用中发挥着重要作用。

5.5 主要性能特征及指标

5.5.1 法拉第激光器性能特征概述

法拉第激光器作为一种新型的原子选频半导体激光器，其本质是利用 FADOF 作为原子选频器件，通过选频器件的特殊性质，将输出激光波长限制在原子跃迁谱线的多普勒展宽范围之内。同时，相比于传统的外腔半导体激光，法拉第激光对二极管驱动电流和工作温度波动鲁棒性很好，输出波长始终限制在原子滤光器透射谱带宽内，与原子跃迁谱线对应。法拉第激光器在光频标、激光冷却等方面具有广阔的应用前景。随着法拉第激光相关科学与技术的发展，势必会在更多重要领域发挥重要的作用，为理论创新、技术创新以及应用创新等提供重要支撑。

5.5.2 功率电流(P-I)曲线

改变激光二极管电流，输出激光的输出频率会在原子滤光器最高透射峰的透射带宽内发生漂移。图 5-76 所示为铯原子 FADOF 透射谱，最高透射谱的带宽范围内透射峰并不平坦，透过率从 0.65 到 0.75 变化，因此，改变电流时，激光谐振腔内的总损耗也会相应地发生变化，导致激光器的输出功率发生波动。因此，升高电流时，激光器输出功率不仅会因为泵浦功率上升而变大，还会因为原子滤光器透过率的变化而波动，这种波动与激光输出的纵模频率强相关。图 5-77、图 5-78 为 852 nm 法拉第激光器升高电流时，输出波长和输出功率的变化，可以看出，输出功率整体呈现上升趋势，但是在输出激光发生模式跳跃时，输出功率也会发生相应的跳动。图 5-79 为 Toptica 780 nm 角锥法拉第激光器功率随电流变化的情况，图 5-80 为双频 780 nm 激光输出功率与驱动电流的关系。

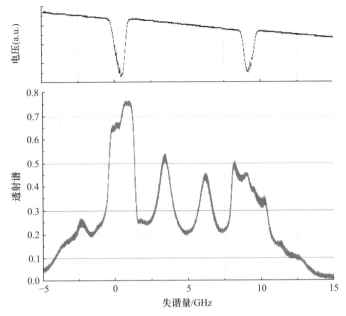

图 5-76 铯原子 FADOF 透射谱

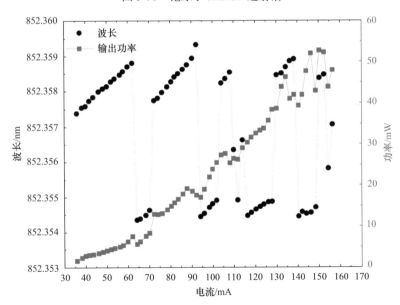

图 5-77 激光二极管法拉第激光器测试结果

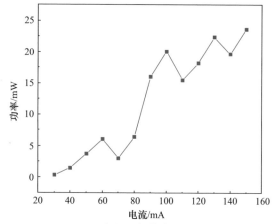

图 5-78　Toptica 852 nm 角锥法拉第激光器功率随电流变化情况

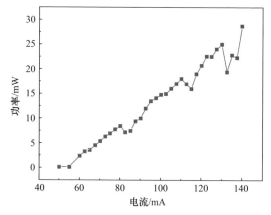

图 5-79　Toptica 780 nm 角锥法拉第激光器功率随电流变化情况

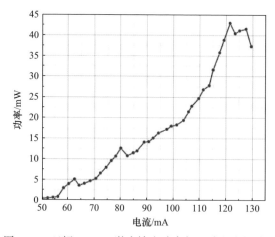

图 5-80　双频 780 nm 激光输出功率与驱动电流的关系

5.5.3 抗温度变化能力

在法拉第激光器的概述中提到，法拉第激光器相对于传统的外腔半导体激光器最大的优点，就是能自动与目标谱线(一般是原子谱线)对应且对激光二极管温度和电流具有极佳的鲁棒性。实现上述能力的关键在于，合理地设计原子滤光器的结构和性能参数，使其透射谱的最高峰与目标谱线相对应。原子滤光器透射峰的带宽越小，搭建而成的法拉第激光器输出激光频率波动越小，但是相应的，自由运转时也会更加容易发生激光模式跳跃。因此，在实际搭建激光器选择原子滤光器参数时，不能像在光通信领域选择原子滤光器参数一样，让透射带宽越小越好，在实际运用中，要综合考虑激光器性能指标，权衡输出激光频率波动范围和跳模概率对应用的重要程度，再做决定。

在此，分别以 780 nm 的法拉第激光器和 780 nm 的佛克脱激光器举例，分析它们对激光二极管工作温度变化的抵抗能力。图 5-81 所示为 780 nm 的法拉第激光器的原子滤光器透射谱以及输出波长与激光二极管工作温度的关系。可以看到，当 ^{87}Rb 法拉第原子滤光器工作在不同温度时，其透射谱将发生明显的变化，当工作温度为 50℃时，最高透射峰与 ^{87}Rb 原子 D_2 跃迁谱线的多普勒展宽相对应，透过率约为 0.55，而当工作温度为 65℃时，最高透射峰与 ^{85}Rb 原子 D_2 跃迁谱线的多普勒展宽相对应，透过率约为 0.78。

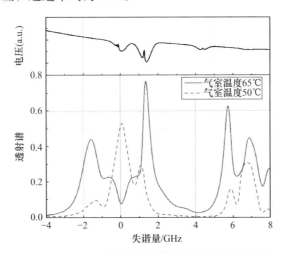

图 5-81 780 nm 法拉第激光器的原子滤光器透射谱

当利用该法拉第原子滤光器搭建法拉第激光器时，FADOF 的工作温度也会导致法拉第激光器具有不同的输出性能，当工作温度为 50℃时，激光器的输出频率应与 ^{87}Rb 原子 D_2 跃迁谱线的多普勒谱相对应，即输出波长在 780.246 nm 附近

1～2 pm 范围内波动，具体波动范围取决于原子滤光器的透射带宽，如图 5-81 所示。此时，若改变激光二极管的工作温度，会使得激光二极管的增益发生变化，同时也会影响激光器的腔长，使得法拉第激光器的输出波长发生漂移，但是无论输出波长如何漂移，都不会超出原子滤光器的带宽范围，实现了对激光二极管工作温度变化极佳的抵抗能力。

　　将 FADOF 的工作温度设置为 65℃，由原子滤光器的透射谱可知，此时法拉第激光器的输出频率在 ^{85}Rb 原子 D_2 跃迁谱线附近，对应的输出波长在 780.244 nm 附近 1～2 pm 范围内波动，由于此时的透射峰带宽比 FADOF 的工作温度 50℃更窄、透过率更高，因此，输出波长的波动范围会更小，输出功率会更大。图 5-82 所示为 FADOF 工作温度 50℃时，输出波长与激光二极管温度的关系。

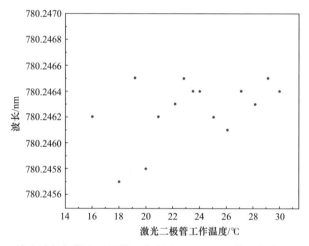

图 5-82　输出波长与激光二极管工作温度(FADOF 工作温度为 50℃)的关系

　　不仅法拉第激光器拥有对激光二极管工作温度变化的抵抗能力，佛克脱激光器对激光二极管工作温度变化同样拥有抵抗能力，事实上，这种抵抗能力是以原子滤光器作为选频器件的半导体激光器的内在属性。佛克脱激光器中原子滤光器透射谱详见第 4 章，可通过选择不同的温度和磁场来控制原子滤光器最高透射峰的位置和形态，实现对佛克脱激光器输出性能的控制。当 VADOF 的工作温度和磁场确定后，激光器的输出波长也会被限制在原子滤光器最高透射峰的透射带宽内。佛克脱激光器输出与激光二极管工作温度的关系如图 5-83 所示，输出波长始终保持在 780.2557 nm 附近 1 pm 范围内波动。

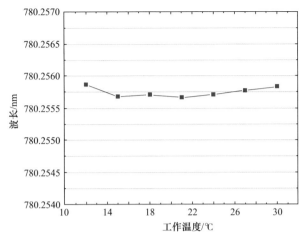

图 5-83　佛克脱激光器输出波长与激光二极管工作温度的关系

5.5.4　抗电流变化能力

在上一节中，分别讨论 780 nm 法拉第激光器和 780 nm 佛克脱激光器对激光二极管工作温度变化的抵抗能力，认为这是以原子滤光器作为选频器件的半导体激光器的内在属性。除此之外，因为相同的原因，以原子滤光器作为选频器件的半导体激光器还有对激光二极管驱动电流变化的抵抗能力。两者相结合，可以说该类型的激光器对激光二极管参数的变化具有极佳的抵抗能力。

承接上一节，介绍 780 nm 法拉第激光器和佛克脱激光器的抗驱动电流变化能力。图 5-84、图 5-85 所示分别为 780 nm 法拉第激光器和佛克脱激光器输出波长与激光二极管驱动电流的关系。

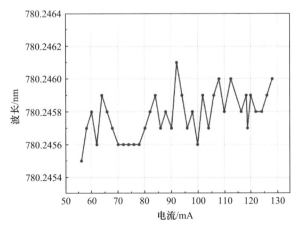

图 5-84　法拉第激光器波长与驱动电流的关系

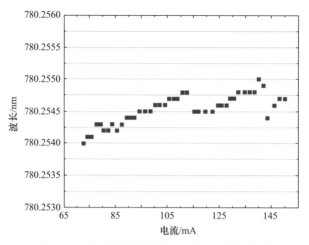

图 5-85　佛克脱激光器波长与驱动电流的关系

对于法拉第激光器，当驱动电流从 55 mA 变化到 129 mA 时，激光工作的中心波长为 780.2458 nm，对应铷原子跃迁谱线，变化范围在 0.6 pm 以内。由此可以得出法拉第激光器的输出波长几乎不受驱动电流变化影响。

对于佛克脱激光器，驱动电流从 70 mA 变化到 150 mA 时，激光工作的中心波长为 780.2545 nm，变化范围在 1 pm 以内(见图 5-85)，由此得出佛克脱激光器输出波长几乎不受驱动电流变化影响。可以通过更换磁场和工作温度来改变佛克脱激光器输出波长，对于不同的应用场景可通过调节参数来选择合适的输出波长。

除 780 nm 的法拉第激光器外，基于铯原子的 852 nm 法拉第激光器也已十分成熟，在输出波长为 852 nm 的半导体激光器中，拥有极佳的性能。在此，以 852 nm 的法拉第激光器为例，介绍其对激光二极管工作温度变化的抵抗能力。图 5-86 所示为 852 nm 的法拉第激光器的原子滤光器透射谱。可以看到，透射谱最高透射峰与铯原子 D_2 跃迁谱线的多普勒谱相对应，透过率约为 0.83，透射带宽为 2.2 GHz，透射带宽大于上一节中 780 nm 激光器的透射带宽，因此，以该原子滤光器搭建的法拉第激光器输出波长的波动范围应该会大于上一节中 780 nm 激光器输出波长的波动范围。

图 5-87 所示为 852 nm 法拉第激光器输出波长随激光二极管驱动电流变化的曲线，激光器的输出频率应与铯原子 D_2 跃迁谱线的多普勒谱相对应，即输出波长在 852.356 nm 附近。此时，若改变激光二极管的工作温度，会使得激光器的泵浦功率变大，同时也会增大激光器整体的功耗，一定程度上影响激光器腔长，使得法拉第激光器的输出波长发生漂移，但是无论输出波长如何漂移，都不会超出原子滤光器的带宽范围，目前该激光器输出波长范围小于 2 pm，体现其对激光二极管工作温度变化极佳的抵抗能力。

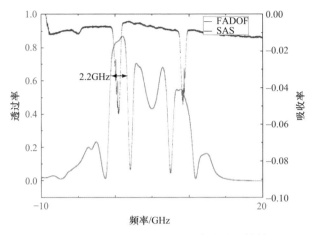

图 5-86　铯原子 852 nm 原子滤光器透射谱

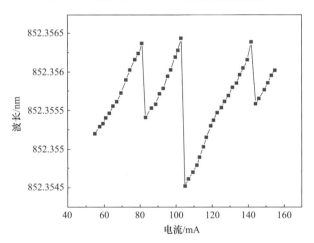

图 5-87　852 nm 法拉第激光器波长随驱动电流变化情况

5.5.5　抗机械振动能力

　　法拉第激光器利用原子滤光器替代传统半导体激光器中的干涉滤光片和光栅作为选频器件，最大的优势就是利用原子选频实现自动与原子跃迁谱线对齐，且对激光二极管参数变化有极佳的鲁棒性。除此之外，考虑到输入激光的入射角度对原子滤光器选频能力影响不大，主要取决于原子滤光器的工作温度和磁场大小，而干涉滤光片和光栅的选频效果却完全取决于输入激光的入射角度。因此，当激光器受到机械振动干扰时，相对于以干涉滤光片和光栅作为选频器件的半导体激光器，法拉第激光器表现出更好的机械鲁棒性。

　　除法拉第激光器可能存在的固有抗机械振动的能力外，还可以通过利用角锥替代平面镜作为激光器的反射腔镜的方式，来提高激光器的抗机械振动能力。如

图 5-88 所示，旋转角锥的角度在-3°到 3°之间，法拉第激光器始终能保持起振，并且一直拥有对激光二极管驱动电流变化的鲁棒性。若是以平面镜作为反馈腔镜，旋转角度即使小于 0.01°，也会导致激光器无法起振。相对于平面镜，角锥作为反射腔镜，对入射激光的角度不敏感，很容易使激光原路返回实现激光器起振，因此，角锥法拉第激光器将拥有更好的抗机械振动能力。

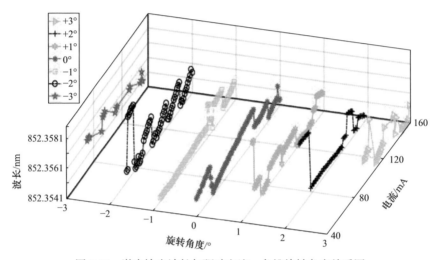

图 5-88　激光输出波长与驱动电流、角锥旋转角度关系图

5.5.6　自由运行波长稳定性能(含 λ-t 曲线)

在长期自由运行过程中，环境干扰(温度、振动等)将会导致激光器谐振腔内的光学器件位置、姿态发生变化，进而带来激光器输出腔模的漂移，这是无法避免的。一般而言，可以通过使用热膨胀系数低的材料来定制激光器腔体、设计合适的温度控制系统、设计合适的机械结构来提升抗机械振动的能力等方法来限制激光腔模的漂移，防止激光器输出频率在长期自由运行的过程中远离目标工作频率。但这种方法仍有其局限性，即使激光器系统的抗干扰能力做得再好，一旦激光器长期运行的时间变长，由于材料的老化等原因，激光器的输出频率终究会偏离目标频率，需要人为干预来补偿这种漂移。

法拉第激光器的激光频率始终被限制在原子滤光器的透射带宽范围内，只要原子滤光器的透射峰能对准目标工作频率，那么法拉第激光器的输出频率也会始终对准目标工作频率，即使其激光腔模发生漂移，也会保持在原子滤光器的透射带宽内，如图 5-89 和图 5-90 所示。一般来说，原子滤光器的透射带宽在百 MHz 量级，与原子跃迁谱线的多普勒展宽同量级，因此，当目标工作频率为原子跃迁谱线时，法拉第激光器会始终对准原子跃迁谱线的多普勒谱。

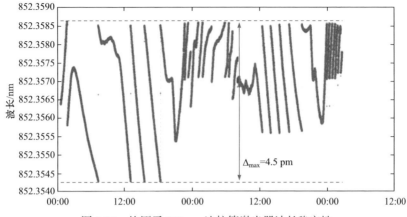

图 5-89　铯原子 852 nm 法拉第激光器波长稳定性

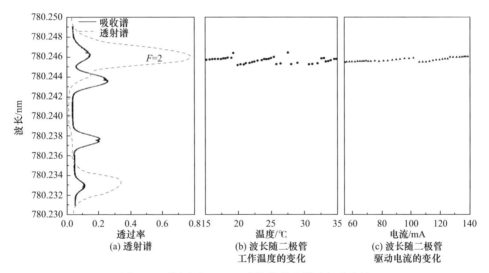

图 5-90　铷原子 780 nm 法拉第激光器波长稳定性

参 考 文 献

[1] J N Holonyak, S F Bevacqua. Coherent (visible) light emission from Ga (As$_{1-x}$P$_x$) junctions[J]. Applied Physics Letters, 1962, 1(4): 82-83.

[2] R N Hall, G E Fenner, J D Kingsley, et al. Coherent light emission from GaAs junctions[J]. Physical Review Letters, 1962, 9(9): 366.

[3] M I Nathan, W P Dumke, G Burns, et al. Stimulated emission of radiation from GaAs p‐n junctions[J]. Applied Physics Letters, 1962, 1(3): 62-64.

[4] V L Velichansky, A S Zibrov, V S Kargopol'Tsev, et al. Minimum line width of an injection laser[J]. Soviet Technical Physics Letters, 1978, 4(9): 438-439.

[5] Miao X Y, Yin L F, Zhuang W, et al. Note: Demonstration of an external-cavity diode laser system

immune to current and temperature fluctuations[J]. Review of Scientific Instruments, 2011, 82(8): 086106.

[6] Liu Z, Guan X, et al. An atomic filter laser with a compact Voigt anomalous dispersion optical filter[J]. Applied Physics Letters, 2023, 123(13).

[7] M Faraday. On the magnetization of light and the illumination of magnetic lines of force[J]. Philosophical Transactions of the Royal Society of London, 1846, 136: 1-20.

[8] Y Öhman. A tentative monochromator for solar work based on the principle of selective magnetic rotation[J]. Stockholms Observatoriums Annals, 1956, 19(4):9-11.

[9] P P Sorokin, J R Lankard, V L Moruzzi, et al. Frequency‑locking of organic dye lasers to atomic resonance lines[J]. Applied Physics Letters, 1969, 15(6): 179-181.

[10] W D Lee, J C Campbell. Optically stabilized $Al_xGa_{1-x}As$/GaAs laser using magnetically induced birefringence in Rb vapor[J]. Applied physics letters, 1991, 58(10): 995-997.

[11] Tao Z M, Hong Y L, Luo B, et al. Diode laser operating on an atomic transition limited by an isotope [87]Rb Faraday filter at 780 nm[J]. Optics Letters, 2015, 40(18): 4348-4351.

[12] Tao Z M. Zhang X G, Pan D, et al. Faraday laser using 1.2 km fiber as an extended cavity[J]. Journal of Physics B: Atomic, Molecular and Optical Physics, 2016, 49(13): 13LT01.

[13] J Keaveney, W J Hamlyn, C S Adams, et al. A single-mode external cavity diode laser using an intra-cavity atomic Faraday filter with short-term linewidth< 400 kHz and long-term stability of< 1 MHz[J]. Review of Scientific Instruments, 2016, 87(9): 095111.

[14] Chang P Y, Peng H F, Zhang S N, et al. A Faraday laser lasing on Rb 1529 nm transition[J]. Scientific Reports, 2017, 7(1): 8995.

[15] M D Rotondaro, B V Zhdanov, M K Shaffer, et al. Narrowband diode laser pump module for pumping alkali vapors[J]. Optics Express, 2018, 26(8): 9792-9797.

[16] Chang P Y, Chen Y L, Shang H S, et al. A Faraday laser operating on Cs 852 nm transition[J]. Applied Physics B, 2019, 125(12): 230.

[17] Shi T T, Guan X L, Chang P Y, et al. A dual-frequency Faraday laser[J]. IEEE Photonics Journal, 2020, 12(4): 1-11.

[18] Tang H, Zhao H Z, Wang R, et al. 18W ultra-narrow diode laser absolutely locked to the Rb D 2 line[J]. Optics Express, 2021, 29(23): 38728-38736.

[19] Chang P, Shi H, Miao J, et al. Frequency-stabilized Faraday laser with 10^{-14} short-term instability for atomic clocks[J]. Applied Physics Letters, 2022, 120(14): 141102.

[20] Tang H, Zhao H, Zhang D, et al. Polarization insensitive efficient ultra-narrow diode laser strictly locked by a Faraday filter[J]. Optics Express, 2022, 30(16): 29772-29780.

[21] Shi H, Chang P, Wang Z, et al. Frequency stabilization of a Cesium Faraday laser with a double-layer vapor cell as frequency reference[J]. IEEE Photonics Journal, 2022, 14(6): 1-6.

第6章　法拉第激光器稳频技术

　　半导体激光器在量子精密测量、量子光学、原子物理等许多研究领域非常重要，传统的半导体激光器通常采用光栅、干涉滤光片来调整输出频率，通过精细的机械调节使输出频率处于原子跃迁谱线附近，然后通过精密光谱，如饱和吸收光谱、调制转移谱等方法实现激光频率的锁定。同时，Pound-Drever-Hall (PDH)技术也通常被用于激光频率的锁定与激光线宽的压窄。在利用精密光谱技术对激光频率进行锁定时，传统半导体激光器的频率在长期运行或工作参数变化的情况下，会发生漂移或突变，导致系统失锁。而法拉第激光器在激光二极管的驱动电流和工作温度有大幅波动的情况下，激光频率能够在长时间运行期间持续保持与原子跃迁谱线共振，这将极大地提高初始锁频和失锁后再锁频过程的便利性和效率。本章将以精密光谱锁定中的调制转移谱技术为例，展示如何实现法拉第激光频率的锁定。与此同时，将展示如何通过 PDH 技术实现法拉第激光输出频率的锁定。

6.1　法拉第激光器的饱和吸收谱稳频

6.1.1　基本原理

　　饱和吸收光谱技术是用于测量原子、分子消多普勒跃迁谱线的一种通用技术，在激光稳频领域具有重要价值。将窄线宽的饱和吸收峰或交叉峰作为激光频率的量子参考，通过反馈系统，可以将激光频率锁定在特定的吸收峰位置，从而实现将激光输出频率精确定位于原子某跃迁频率处。饱和吸收光谱应用简单、可靠、分辨率高的特性使其最早被用于激光锁定，是稳频技术的奠基石之一。

　　1. 吸收光谱的经典理论和功率饱和效应

　　光与原子的基本相互作用原理中，当光子频率与静止基态原子的跃迁频率相等时，原子通过吸收光子跃迁到激发态，这种现象称为共振吸收。将激光透过原子气室并扫描其频率，当频率与原子跃迁频率一致时，激光透过率降低，吸收率增加，形成吸收信号。这种信号反映了原子的吸收光谱，广泛用于物质成分分析。量子力学中，能级的有限寿命导致跃迁频率的不确定性，形成自然线宽，洛伦兹线型宽度反映能级寿命。在高光强下，吸收信号随光强增加最终饱和，这种称为功率饱和效应的现象表明，所有原子都参与相互作用，样品对光的吸收不再增加。

2. 吸收谱线的多普勒展宽与饱和吸收光谱

在实际应用中，原子与光子的相互作用受到多普勒效应的影响，因为原子通常处于热运动状态。例如，当原子与光子相向运动时，原子感知到的光子频率较高；相反，当原子与光子背离运动时，感知到的光子频率较低。这种现象导致原子的共振吸收依赖于原子的运动速度。理想气体状态下的原子蒸气，其速度分布遵循麦克斯韦-玻尔兹曼分布，从而导致光子的吸收频率呈高斯分布，这称为多普勒展宽效应。多普勒线宽，即高斯分布的半高宽，大于原子跃迁的自然线宽，这影响吸收谱线的分辨率。

为了减少多普勒展宽的影响，可以通过功率饱和效应来构建饱和吸收峰。在此过程中，使用一束强激光照射原子蒸气，使位于基态的原子被抽运到激发态，达到功率饱和。这种状态下，基态原子数量的减少在速度分布图中显示为一个倒置洛伦兹线型的凹陷(称为 Bennet 孔或烧孔)[1]，其宽度由自然线宽决定，通常远小于多普勒展宽，从而提高了测量的精确性。图 6-1 所示为二能级系统示意图及强共振光作用下 Bennet 孔图。

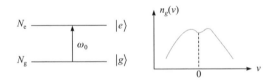

图 6-1　二能级系统示意图及强共振光作用下 Bennet 孔

在 20 世纪 70 年代初，Schawlow 和 Hänsch 开发了一种探测 Bennet 孔的实验方法[2,3]，所探测到的光谱称为饱和吸收光谱，谱线宽度不受多普勒展宽的影响，远小于多普勒线宽，可在实验中得到更接近于自然线宽的原子谱线。该方法利用两束重叠、相向传播的激光束与原子的相互作用，产生带有饱和吸收峰的光谱。来自同一激光器的激光被分为强度不同的两束，较强的一束被称作"泵浦(pump)"激光，较弱的一束被称作"探测(probe)"激光，两束光的频率完全相同，即 $\omega_{pump} = \omega_{probe} = \omega$。两束光分别从原子气室的两端透过原子蒸气，并且二者的光路重叠，该装置如图 6-2 所示。

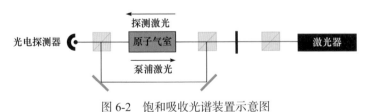

图 6-2　饱和吸收光谱装置示意图

　　在泵浦和探测激光相反方向传播的设置中，原子蒸气同时受到两束激光的作用。若原子在 z 轴的速度分量为 v_z，则其感受到的泵浦和探测激光频率分别调整以匹配跃迁频率 ω_0，从而实现共振吸收。特别地，当 $v_z=0$ 时，原子同时与两束激光共振，有效地"筛选"出无多普勒效应影响的原子。

　　在多能级系统中，例如一个三能级模型，两个激发态共享一个基态，且其跃迁频率之差小于多普勒线宽。这种设置下，泵浦和探测激光相同频率的情况下，会有两群原子分别与泵浦和探测激光共振，其中一群原子向红移方向吸收泵浦光子跃迁到一个激发态，另一群原子向蓝移方向与探测激光共振。这导致在速度分布上形成 4 个 Bennet 孔，显示为特定频率下的饱和吸收交叉峰，这是两个相邻跃迁之间形成的饱和吸收特征。这些交叉峰提供了对原子跃迁和光谱特性的深入理解，有助于精确控制和应用在高精度光谱测量中。图 6-3 所示为饱和吸收交叉峰。

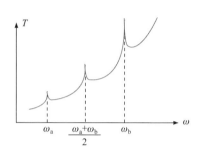

图 6-3　饱和吸收交叉峰

6.1.2　法拉第激光器的饱和吸收谱

　　法拉第激光器的输出频率始终限制在原子滤光器的透射峰之内，同时可以通过腔长等参数的改动进行微调，并对应超精细能级跃迁。图 6-4 中红线所示为铯原子 852 nm 单频模式法拉第激光器扫描腔长时得到的饱和吸收谱，谱中可见 4 个吸收峰，但对应于 $6S_{1/2}F=4 \rightarrow 6^2P_{3/2}F'=3$ 跃迁和交叉峰并未被观测到。主要原因是在这两个峰附近法拉第原子滤光器透射谱的透过率降低，处于此频率的模式并未形成反馈振荡和激光输出，因此，法拉第激光器无法调谐至这一范围。如进一

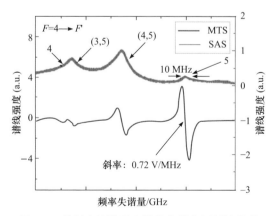

图 6-4　单频法拉第激光器饱和谱和调制转移谱

步增加法拉第原子滤光器的透射带宽和峰值透过率，以覆盖交叉峰频率范围，则可能扫描得出完整的饱和吸收谱线。

6.2　法拉第激光器的调制转移谱稳频

6.2.1　基本原理

对于调制转移谱基本原理的解释主要有两种[4]：一种是基于四波混频非线性效应；一种是烧孔效应。其中，采用四波混频效应来解释调制转移谱是目前使用最广泛的方法。

四波混频是一种三阶非线性效应，是实现光学相位共轭的普遍方法。具体模型可描述为，在非线性介质中，两束光相对传播，第三束输入光波与其中一束光波方向相同或有一小夹角，在非线性介质中发生相互作用，产生第四束光。若三束输入光的频率都相同，则是简并四波混频，若频率不同，则是非简并四波混频[5,6]。

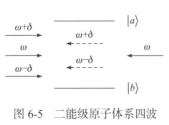

图 6-5　二能级原子体系四波
混频原理

以二能级原子体系为例，光与二能级原子相互作用的四波混频原理如图 6-5 所示[7]。二能级原子体系的上下能级分别为 $|b\rangle$ 和 $|a\rangle$，两束频率都为 ω 的光对打，在二能级原子体系中相互作用，其中一束加上了调制信号，调制频率为 δ，中心频率两侧产生一阶边带，包含 $\omega+\delta$ 和 $\omega-\delta$ 两个频率成分。由四波混频原理可知，任何三束光都会发生四波混频作用产生新的频率成分的光，只有符合条件的产生新的边带 $\omega+\delta$ 和 $\omega-\delta$。当这两束频率成分的光与未调制的光 ω 一起进入光电探测器，通过拍频滤波后只留下频率为 δ 的电信号。并与频率同为 δ 的参考信号混频，即相敏解调得到调制转移谱信号。

四波混频共振吸收过程如图 6-6 所示[7]。由光子共振吸收可知，在图 6-6 左图中，$\omega-kv=\omega_0$，$\omega-kv-(\omega+\delta-kv)+\omega+kv=\omega_0$，得 $\omega=\omega_0+\delta/2$，其中，kv 为多普勒频移；在图 6-6 右图中，由 $\omega+\delta-kv=\omega_0$，$\omega+\delta-kv-(\omega-kv)+\omega+kv=\omega_0$，得 $\omega=\omega_0-\delta$。

调制转移的过程发生在未调制的探测光和调制的泵浦光一起与非线性介质相互作用时，由探测光获得调制边带。对泵浦光的调制方式可以是相位调制和幅度调制，其中，相位调制可以通过相敏检测方式将调制的相位信息提取出来，得到高分辨率调制转移谱。具体二能级原子的相位调制的调制转移过程，可以由图 6-7 来进行阐述。当只对泵浦激光进行相位调制时，调制的泵浦激光和未调制的探测激光一起与原子相互作用，通过原子将泵浦光的调制转移到探测光上(四波混频的解释

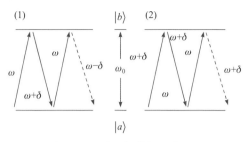

图 6-6　四波混频共振吸收过程

是三种频率的光与原子相互作用，满足频率匹配、相位共轭的条件下即可产生第四种频率的光)，经调制转移的探测光同样具有相位调制的特性，但探测光的调制边带(即±1 阶边带)强度与激光相对原子中心频率的失谐量 $\Delta = (\omega_L - \omega_0)$ 相关，其与频率失谐量表现为明显的吸收线型关系，即激光与原子共振时调制边带的强度最大。

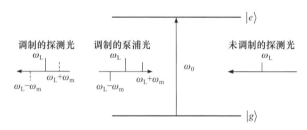

图 6-7　二能级原子的相位调制的调制转移过程示意图

通过对探测光边带与主频的拍频信号进行相敏解调得到调制转移谱线，此过程通过高频调制与解调，将激光频率转移到高频处进行探测。根据噪声频谱规律，高频频率噪声远小于低频处，所以在高频提取激光频率信息可显著提升谱线信噪比，并有效减小环路低频噪声的影响。同时，当失谐量过大时，探测光调制边带的强度迅速减小，所以调制转移光谱表现为无多普勒背景的特征。采用外差探测方式能有效消除与激光频率(相位)独立无关的噪声(不能被相位调制)的影响，且能实现高灵敏度的谱线探测。

6.2.2　铯原子 852 nm 法拉第激光器的单频调制转移谱(MTS)稳频系统

2023 年，北京大学史航博等实现了铯原子 852 nm 法拉第激光器的单频调制转移谱稳频[8]，该研究组搭建了基于单频法拉第激光器的调制转移谱，通过双层原子气室的应用，实现长期频率稳定度的改善。本节对这一工作做详细介绍。

1. 铯原子 852 nm 法拉第激光器的 MTS 稳频系统

法拉第激光调制转移谱一体化稳频系统的原理图如图 6-8 所示。图 6-9 和

图 6-10 分别为法拉第激光调制转移谱一体化稳频系统的机械图和实物图。系统中，法拉第激光首先通过光隔离器防止杂散光反馈，随后被半波片和偏振分光棱镜分为两束，透射光作为稳频激光输出，反射光用于 MTS 稳频。反射光进一步经过半波片和偏振分光棱镜分为两束，其一作为泵浦光，功率为 1.2～1.5 mW，另一束作为探测光，功率为 0.2～0.3 mW，两者的光强可通过半波片和偏振分光棱镜组合来调节。泵浦光经过共振型电光调制器进行相位调制，其可调谐范围为 3.5～7 MHz。当调制深度为 1 rad 时，效率最高的共振频率点为 4.6 MHz(−3 dB)，EOM 由信号发生器产生的射频信号进行驱动，产生两个一阶调制边带。通过 EOM 调制的泵浦光经偏振分光棱镜反射进入铯原子气室，探测光经反射镜反射也进入铯原子气室，与调制的泵浦光在原子气室中和铯原子发生相互作用。通过调节反射镜和偏振分光棱镜的角度，让泵浦光和探测光在空间严格重合，并且经过原子气室的中心。经过四波混频作用后，探测光经偏振分光棱镜透射进入高速光电探测器被探测到。PD 探测到的信号，与频率和 EOM 驱动频率一致的参考信号进行混频，然后解调出调制转移谱信号，即误差信号。该误差信号再经过电路模块里的合适频段范围的低通滤波、高通滤波和微波放大进行滤波、放大后输入到 PID 反馈锁定模块，PID 输出 3 个反馈信号分别连接到法拉第激光器驱动电源的压电陶瓷端、电流端和激光头，最终将法拉第激光器的频率稳定至量子频率参考铯原子对应的原子跃迁频率上，实现法拉第激光器的频率稳定。

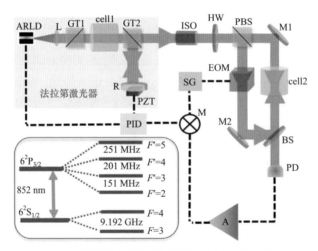

图 6-8　调制转移谱稳频法拉第激光器的装置图

(ARLD：镀增透膜的激光二极管；L：透镜；GT1：格兰泰勒棱镜 1；cell1：气室 1；GT2：格兰泰勒棱镜 2；
R：腔镜；PZT：压电陶瓷；PID：比例积分微分反馈电路；PBS：偏振分光棱镜；EOM：电光调制器；SG：信
号发生器；A：放大器)

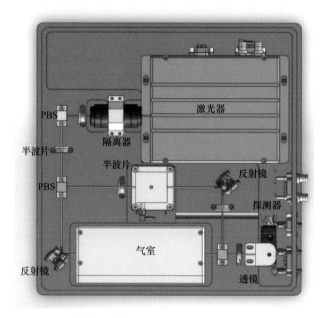

图 6-9 调制转移谱稳频法拉第激光器一体化系统机械图

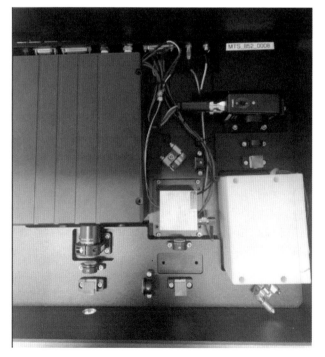

图 6-10 调制转移谱稳频法拉第激光器一体化系统实物图

2. 铯原子 852 nm 法拉第激光器 MTS 稳频系统测试原理

利用 MTS 稳频技术，当法拉第激光器工作在单频模式下时，将激光器频率锁定在量子参考铯原子 D_2 跃迁谱线 852 nm 的 $6S_{1/2}F = 4 \rightarrow 6P_{3/2}F' = 5$ 循环跃迁峰上，误差信号反馈至法拉第激光器的激光头、电流和压电陶瓷端口。

当法拉第激光器通过 MTS 被锁定时，频率波动范围小于百 Hz，与自由运行的频率波动范围达数百 MHz 相比，频率波动被显著抑制。这里，频率波动是从剩余误差信号中推导出来的。为了清楚地解释从剩余误差信号到频率波动的转换过程，图 6-11 给出了 MTS 信号和锁定后的剩余误差信号。

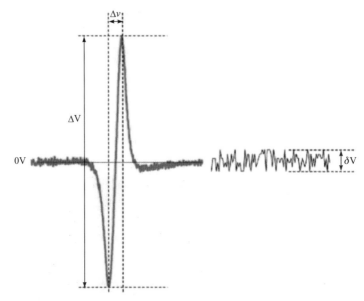

图 6-11　MTS 信号(红线)和锁定后的剩余误差信号(黑线)

通过记录误差信号的电压波动，由关系式 $\delta\nu/\Delta\nu = \delta V/\Delta V$ 可以导出频率波动 $\delta\nu$，其中，$\delta\nu$ 和 δV 分别为频率波动和电压波动，$\Delta\nu$ 和 ΔV 分别是 MTS 误差信号的线宽和电压幅值，取线性范围 90%，由此可以从剩余误差信号电压波动推导出频率波动。此外，频标的频率稳定度可以用下式表示：

$$\sigma_y(\tau) = \frac{1}{K}\frac{1}{Q}\frac{1}{S/N}\frac{1}{\sqrt{\tau}} \tag{6-1}$$

其中，K 是一个单位阶常数，$K \approx 1$；$Q = \nu_0/\Delta\nu$ 是原子共振谱线的品质因子；S/N 是由信号 $S = I_{max}$ 和噪声 N 由 $\sigma'(\tau = 1)$ 确定的信噪比。用于稳定激光频率的解调误差信号的振幅波动与激光的频率波动成正比，当激光器锁定在误差信号的零点附近时，通过测量谐振频率附近的误差信号斜率，由 σ' 描述的振幅波动可以转换为

由 σ^ν 描述的频率波动，即

$$\sigma^\nu = \frac{\sigma^I \Delta \nu}{I_{\max}} \tag{6-2}$$

$\Delta \nu$ 是误差信号最大值和最小值之间的频率间隔，$I_{\max}$ 是误差信号的振幅。根据已知的 $I_{\max}$，σ^I，$\Delta \nu$，ν_0 四个参数，可以得到激光系统的频率稳定度表达式为

$$\sigma_y(\tau) = \frac{1}{Q} \frac{1}{S/N} \frac{1}{\sqrt{\tau/s}} = \frac{\sigma^I \Delta \nu}{I_{\max} \nu_0} \frac{1}{\sqrt{\tau/s}} = \frac{\sigma^\nu}{\nu_0} \frac{1}{\sqrt{\tau/s}} \tag{6-3}$$

在只有一个频率标准系统的情况下，通过剩余误差信号测量稳定度是频率计量领域评估频率标准的常用方法之一。该方法将剩余误差信号的电压波动转换为频率波动来测量频率波动的 Allan 偏差，可以真实地反映本振激光跟踪量子参考的能力。

量子参考谱线的扫描获取和谱线锁定都需要对激光器的频率进行调谐和控制，这通常由激光器驱动电路和电子伺服反馈环路共同完成。对于半导体激光器，可以通过改变驱动电流(对应改变激光管增益介质的折射率)、工作温度(对应改变半导体增益的载流子密度)和谐振腔腔长分别实现对激光频率的调谐。其中，谐振腔腔长的调谐是通过改变半导体激光器上压电陶瓷(PZT)的驱动电压实现的。工作温度是通过加热或制冷装置(如半导体制冷器，TEC)和温度传感装置(如热敏电阻)配合调谐的。同时，在自由运转的条件下，为了使激光的频率漂移和噪声都处于较低水平，需要对引起激光频率变化的参量采用精密控制电路进行精确稳态控制，包括驱动电流、工作温度和驱动电压。这样的精密控制电路通常能够输出低噪稳定的电压或电流信号，实现对以上参量的控制。考虑到工作温度对激光频率的调谐较为缓慢，所以在半导体激光器中通常通过外部控制驱动电流和驱动电压来实现激光频率的锁定。同时通过慢速补偿工作温度，拉回已经漂移的激光中心频率。

3. 铯原子 852 nm 法拉第激光器单频 MTS 稳频结果

实验装置如图 6-12 所示。法拉第激光器被用作本地振荡器。由两个偏振分束器(PBS)、一个铯原子气室和 NdFeB 磁体组成的 FADOF 用于频率选择。原子气室长 3 cm、直径 1.5 cm，充有铯原子和 10 torr Ar 缓冲气体，通过铜线圈加热并由热绝缘的聚四氟乙烯层包裹。10 torr 的 Ar 缓冲气体可以拓宽 FADOF 透射谱的半高宽(FWHM)，从而增大法拉第激光器的无跳模间隔，并且可以抑制透射谱的杂峰。气室的温度控制在 72℃，温度波动在 0.1℃ 以内，从而维持气室内铯饱和蒸气压及原子数的稳定，NdFeB 磁铁提供 900 G 的轴向稳恒磁场。激光由镀增透膜的激光二极管发射，该激光二极管消除了内腔模式。第一个 PBS 用于产生线偏

振光，由于法拉第效应，光通过铯气室后，光的偏振发生旋转。只有偏振旋转90°的光可以通过第二个正交的 PBS。光在高反射镜(R)处被反射以用于光学反馈。随后再次穿过用于频率选择的 FADOF，返回至 ARLD 形成连续的光反馈、频率选择和光放大，由此改善激光相干性并压窄激光线宽。法拉第激光稳频系统的稳定度主要受限于作为调制转移谱量子参考的气室的温度波动，温度的波动会引起原子体系的碰撞展宽和碰撞频移发生变化，并影响气室内的原子密度，使原子气室的透过率产生波动，从而影响误差信号和反馈信号。因此，北京大学研究组提出采用双层气室作为量子频率参考，双层原子气室的两层石英玻璃之间被抽成了真空，可以有效抑制气室与环境之间的热传导，有助于解决原子气室温度波动的问题。探测光功率、泵浦光功率、调制频率和气室温度对稳定度的影响如图 6-13～图 6-16 所示。依据此规律可对系统参数进行逐一优化，最终选定系统工作条件为泵浦光功率 0.9 mW，探测光功率 0.7 mW，气室温度 25℃，调制频率 4.6 MHz。

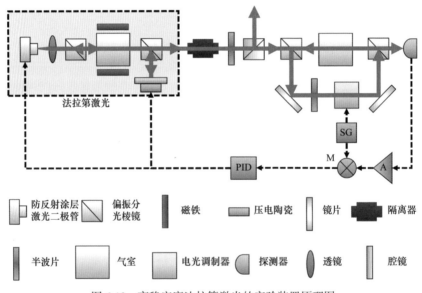

图 6-12　高稳定度法拉第激光的实验装置原理图

经过剩余误差信号评估方法测量，系统秒稳可达 5.8×10^{-15}，50 秒时可达 2.0×10^{-15}。随着温度的起伏，气室内的原子密度和原子速度分布会产生变化，因此，碰撞增宽效应和碰撞频移效应也会随之发生改变，从而造成了原子频率的漂移和谱线线宽的增宽。因为温度漂移主要是以低频率进行漂移，因此主要影响系统的长期稳定度。由于双层气室的两层石英层之间是真空的，可以基本隔绝气室内部和外界环境的热传导，温度变化很慢。也就是说，气室内部铯原子的温度来

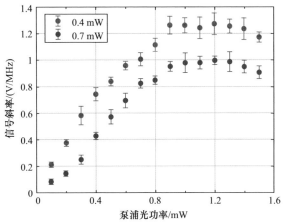

图 6-13　泵浦光功率对 MTS 信号斜率的影响

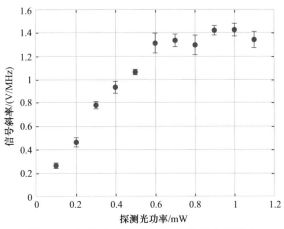

图 6-14　探测光功率对 MTS 信号斜率的影响

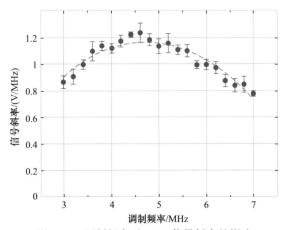

图 6-15　调制频率对 MTS 信号斜率的影响

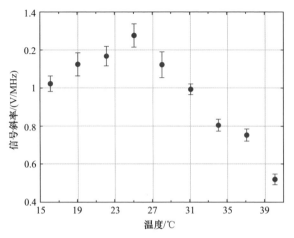

图 6-16　气室温度对 MTS 信号斜率的影响

不及跟上外界温度的变化，从而极大地减小了气室内部的温度波动。因此，采用双层气室，会使得系统的长期稳定度得到极大改善。实验结果表明，与采用单层原子气室相比，激光频率的稳定性明显提高，如图 6-17 所示。

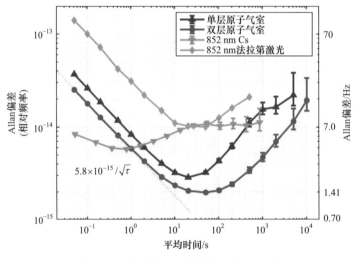

图 6-17　高稳定度法拉第激光的稳定度

6.2.3　铯原子 852 nm 单频模式和双频模式可切换的法拉第激光稳频

法拉第激光器的工作模式取决于作为选频器件的法拉第原子滤光器(FADOF)的透射峰数量及其相对透过率大小，因此，通过对法拉第原子滤光器透射谱的调控可以实现多频法拉第激光器。2022 年，北京大学常鹏媛等人[9]实现了工作在单频和双频模式可切换的铯原子法拉第激光器，并通过调制转移谱将输出频率稳定至超精细跃迁谱线。

图 6-18 所示为法拉第激光器内 FADOF 的透射谱,从图中可以看出主要有两个较大的透射峰,而且随着 FADOF 温度的改变,这两个透射峰的最大透过率也会发生改变。当两个透射峰的透过率有明显差距时,透过率较大的频率成分将形成谐振,激光在单频模式下工作。而两个透射峰的透过率相当时,相对应的两个频率成分将同时在腔内形成谐振,此时法拉第激光工作在双频模式。

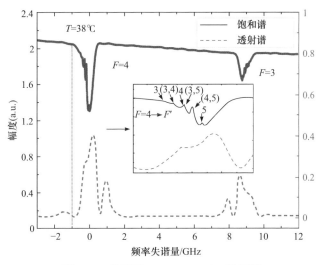

图 6-18　铯原子 852 nm FADOF 透射谱

FADOF 内部磁场为 330 G,改变法拉第激光器的工作条件,如电流和温度时,法拉第激光器可以工作在单频模式或双频模式,这取决于铯原子 $6S_{1/2}(F = 4)$ 和 $6S_{1/2}(F = 3)$ 到 $6P_{3/2}$ 两个跃迁谱线的透射峰透过率的大小关系。处于单频模式时,激光器工作在基态 $F=4$ 至激发态 $6P_{3/2}$ 跃迁峰上,饱和谱及调制转移谱如图 6-19(a)所示。调制转移谱线宽为 10 MHz,调制频率取 5.4 MHz 时得到最大斜率为 0.72 V/MHz。将法拉第激光器通过调制转移谱锁定至 $6S_{1/2}F= 4 \rightarrow 6P_{3/2} F'= 5$ 循环跃迁峰上,采用剩余误差信号评估方式得到的秒稳为 $3 \times 10^{-14}/\sqrt{\tau}$。在平均取样时间 50 s 内,稳定度降低至 9×10^{-15}。而在双频模式下,自由运转的法拉第激光器输出频率对应 $6S_{1/2}(F = 4)$ 和 $6S_{1/2}(F = 3)$ 到 $6P_{3/2}$ 两个跃迁,探测得到的双频饱和谱及调制转移谱如图 6-19(b)所示。激光锁定后探测法拉第激光器两个模式之间的拍频信号,该信号绝对值对应铯原子基态超精细能级跃迁的微波频率。由于两个频率模式共用同一个谐振腔,腔长抖动带来的共模噪声被抑制,该微波信号线宽被压窄到 85 Hz,如图 6-20 所示。通过对此微波信号性能的进一步提升,有望实现更稳定的光生微波,并在喷泉原子钟、CPT 原子钟等系统中应用。

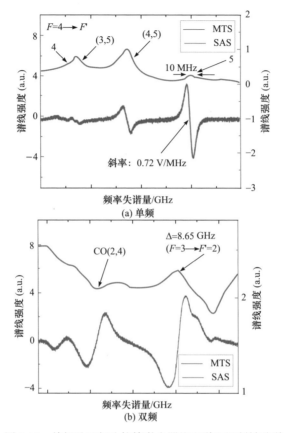

(a) 单频

(b) 双频

图 6-19　单频及双频法拉第激光器饱和谱和调制转移谱

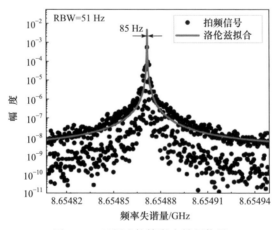

图 6-20　双频法拉第激光拍频信号

6.2.4 铷原子 780 nm 法拉第激光器的 MTS 稳频系统

对于铷原子法拉第激光器,其相对于铯原子法拉第激光器最大的区别在于,铷原子具有 ^{85}Rb 和 ^{87}Rb 两种同位素,而铯原子只有单一同位素,因此,在实现的过程中存在些许区别。具体来说,铯原子具有更加简单的能级结构,FADOF 参数的设置更加简易,能更加轻松地与目标输出激光的波长对应。而 780 nm 铷原子法拉第激光器则会由于双同位素的存在具有更加多样的情况。对于自然铷,考虑到双同位素谱线同时存在时的复杂程度,一般难以产生直接对应原子谱线的激光频率,而是在不同的跃迁谱线之间具有特定的失谐关系[10]。然而,这种激光仍存在应用价值,例如,在原子磁力仪中,需要用到频率具有一定失谐量(GHz)的激光光源。在研制频率对应原子跃迁谱线的法拉第激光器时,研究者往往采用单同位素 FADOF 实现目标频率的选择,例如,可以通过设置单同位素(^{85}Rb 或 ^{87}Rb)中 FADOF 的参数实现频率对应 ^{85}Rb 或 ^{87}Rb-D_2 线跃迁的频率。一个有趣的现象是,通过 FADOF 参数的选择,可以实现透射峰对应另一种同位素的选频效果,即采用 ^{85}Rb(或 ^{87}Rb)-FADOF 可以实现 ^{87}Rb(或 ^{85}Rb)-D_2 跃迁频率输出。此外,北京大学秦晓敏等人[11]还报道了采用单一同位素 FADOF(^{87}Rb-FADOF)实现的,频率可在 ^{85}Rb 和 ^{87}Rb 两种同位素 D_2 跃迁频率之间切换的可切换法拉第激光器 (switchable Faraday laser)。这方面的研究主要包括 2024 年北京大学高志红等实现锁定到铷原子超精细跃迁谱线的 780 nm 单频法拉第激光器,以及 2024 年北京大学秦晓敏[11]等实现锁定到铷原子超精细跃迁谱线的 780 nm 单双频可切换法拉第激光器。这些系统都通过调制转移谱方法,将法拉第激光器的输出频率稳定在铷原子 D_2 线的循环跃迁峰上。本节将对这些工作进行详细介绍。

1. 单频模式下的 780 nm 稳频法拉第激光器

北京大学研究组使用 5 torr 混合 Ar 缓冲气体的 ^{85}Rb FADOF 作为频率选择器件,构建了一个单频法拉第激光器。利用 MTS 技术,将激光器的输出频率锁定在 ^{87}Rb D_2 线的 $5^2S_{1/2}$ $F=2\rightarrow5^2P_{3/2}$ $F'=3$ 循环跃迁峰上。

使用 MTS 技术将法拉第激光器锁定到 ^{87}Rb D_2 跃迁谱线的实验设置如图 6-21 所示。该单频法拉第激光器由一个镀有增透膜的激光二极管、一个校准透镜(CL)、FADOF、一个空心角锥金属反射镜和一个压电陶瓷(PZT)组成。从 ARLD 出射的 780 nm 光束通过一个焦距为 4.5 mm、数值孔径为 0.55 的非球面透镜校准,然后进入 FADOF 系统进行选频。在 FADOF 系统内,PZT 附着在角锥上以调整腔长,使激光频率可以调谐。由法拉第激光器发射的光通过一个 30 dB 的隔离器以避免有害的杂散光反馈,然后被一个半波片(HWP)和偏振分光棱镜(PBS)分成两束。透射光作为稳频激光输出,只有 2 mW 的反射光进入 MTS 系统进行稳频。反射光

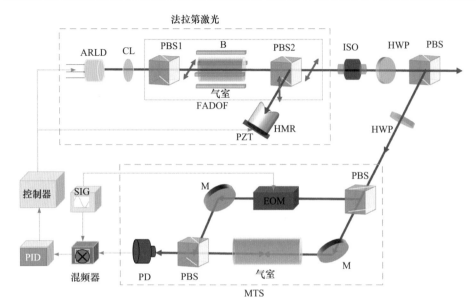

图 6-21　铷原子 780 nm 单频法拉第激光器的 MTS 稳频系统

(ARLD：镀增透膜的激光二极管；CL：校准透镜；PBS：偏振分光棱镜；ISO：隔离器；HWP：半波片；M：反射镜；PZT：压电陶瓷；HMR：空心角锥金属反射镜；EOM：电光调制器；PD：光电探测器；SIG：信号发生器；PID：比例积分微分反馈电路)

进一步经过半波片和偏振分光棱镜分为两束，其中一束作为探测光，另一束为反向传输的泵浦光。实现 MTS 系统的气室是一个双层气室，两层石英层之间有一个真空区域，这样的结构已经被证实可以提高激光系统的频率稳定度[12]。泵浦光束经过一个电光调制器(EOM)进行相位调制，调制频率为 5.8 MHz，调制深度 $\delta = 0.4$。信号发生器(SIG)的一个通道驱动 EOM，而另一个通道作为混频器的本地振荡器信号。通过 EOM 调制的泵浦光经偏振分光棱镜反射进入铷原子气室，与探测光在原子气室中和铷原子发生相互作用。经过四波混频后，探测光经偏振分光棱镜透射进入高速光电探测器被探测到。PD 探测到的信号经过混频器解调，产生类似色散的调制转移谱信号，即误差信号。误差信号再经过比例积分微分(PID)伺服控制模块，PID 输出反馈信号反馈到法拉第激光器驱动器的电流和 PZT 端口，最终将法拉第激光器的频率锁定在铷原子对应的原子跃迁频率上，实现法拉第激光器的频率锁定。

图 6-22 显示了该套系统的饱和吸收谱(SAS)和调制转移谱(MTS)信号，从左往右，SAS 信号对应 ^{87}Rb $5^2S_{1/2}$ $F=2\rightarrow5^2P_{3/2}$ F'=3、3 和 2 以及 1 和 3 交叉线跃迁。由于 FADOF 的超窄透射谱和激光跳模的综合影响，法拉第激光器的输出频率在 PZT 扫描期间仅显示了 3 个饱和吸收峰。在 ^{87}Rb $5^2S_{1/2}$ $F=2\rightarrow5^2P_{3/2}$ F'=3 跃迁处，SAS 谱线的线宽和 MTS 谱线的峰-峰值分别为 13.5 MHz 和 11.4 V，MTS 的最大

斜率为 0.84 V/MHz。

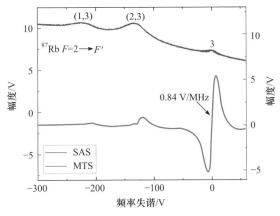

图 6-22　铷原子 780 nm 单频法拉第激光器的饱和吸收谱(SAS)和调制转移谱(MTS)

通过使用六位半数字万用表记录误差信号的电压波动，利用前述关系式 $\delta v / \Delta v = \delta V / \Delta V$ 转换为频率波动。该套法拉第激光器锁定时，通过剩余误差信号方法测量得到的 Allan 偏差在 1 s 时达到 2.87×10^{-14}，在 100 s 时降低至 1.25×10^{-14}，测量结果如图 6-23 所示。与其他半导体激光器不同，该套法拉第激光器可以在 75～140 mA 的电流范围内实现对饱和吸收峰的扫描，尽管在这些条件下获得的 MTS 信号的斜率会略有不同。通过使用 MTS 技术，该法拉第激光器系统可在较大的注入电流范围内，快速准确地锁定到原子超精细跃迁谱上，实现"即开即用"的效果。

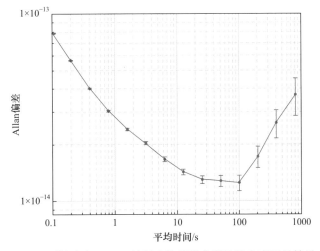

图 6-23　铷原子 780 nm 单频法拉第激光器的稳定度测量结果

2. 双频可切换的 780 nm 稳频法拉第激光器

该研究组使用单一同位素 [87]Rb-FADOF，构建了一个双频可切换的 780 nm 法拉第激光器，其频率对应 [85]Rb 和 [87]Rb D$_2$ 线中的循环跃迁。

为了实现特定的选频功能，该研究组研究了不同温度和激光强度对 [87]Rb-FADOF 透射谱的影响，如图 6-24 所示。图中实线和虚线分别表示强激光 (66.37 mW/mm^2)和弱激光(4.42 mW/mm^2)下的透射曲线，饱和谱的峰 1、2、3 和 4 分别标记 [87]Rb D$_2$ 线、[85]Rb D$_2$ 线、[85]Rb D$_1$ 线和 [87]Rb D$_1$ 线跃迁峰。在温度为 60℃ 和 65℃时，FADOF 透射峰对应 1 和 2 的位置具有相似的透过率。同时，在小光强(即小驱动电流)时，峰 2 的透过率最好，对应 [85]Rb D$_2$ 线跃迁峰。而在大光强(即大驱动电流)时，峰 1 的透过率增加至与峰 2 相当，此时可以实现对应 [87]Rb D$_2$ 线跃迁的频率。因此，在适当的温度下，通过改变驱动电流大小，可以使该系统的输

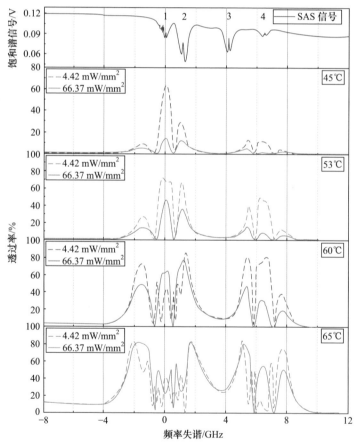

图 6-24　不同温度和激光强度下，[87]Rb-FADOF 的透射谱

出激光频率在 ^{85}Rb D$_2$ 线和 ^{87}Rb D$_2$ 线跃迁之间切换。同时，该研究组还发现法拉
第激光器系统对激光二极管电流和温度波动具有鲁棒性，输出波长随驱动电流和
工作温度的变化如图 6-25 所示。

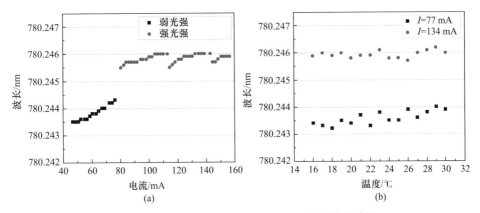

图 6-25 不同电流和温度的变化下，系统的输出波长

研究组搭建了一套调制转移谱装置，能够将法拉第激光频率稳定到 ^{85}Rb 或
^{87}Rb D$_2$ 线的循环跃迁上(即 ^{85}Rb 5^2S$_{1/2}$ ($F=3$) → 5^2P$_{3/2}$ ($F'=4$)和 ^{87}Rb 5^2S$_{1/2}$ ($F=2$)
→ 5^2P$_{3/2}$ ($F'=3$))。实验示意如图 6-26 所示。

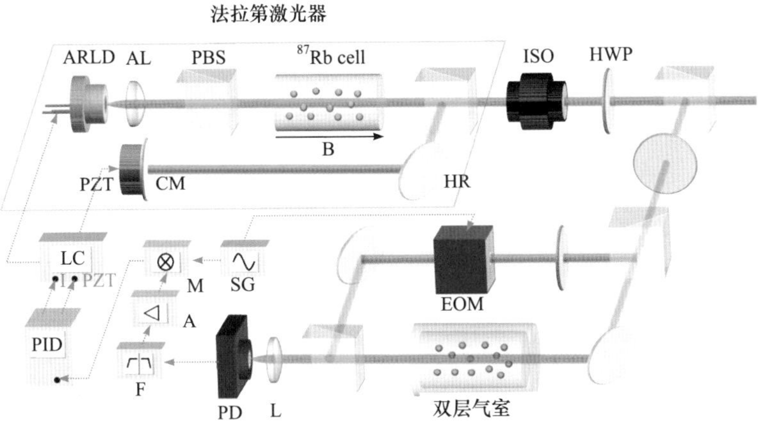

图 6-26 铷原子 780 nm 双频可切换法拉第激光器的 MTS 稳频系统

(ARLD：镀增透膜的激光二极管；AL：透镜；PBS：偏振分光棱镜；^{87}Rb cell：^{87}Rb 气室；ISO：隔离器；
HWP：半波片；HR：高反射镜；PZT：压电陶瓷；EOM：电光调制器；PD：光电探测器；SG：信号发生器；
M：混频器；A：放大器；PID：比例积分微分反馈电路)

在法拉第激光器中，^{87}Rb-FADOF 由一对偏振分束器(PBS)，一个长 30 mm、
直径 15 mm 的圆柱形单一同位素 ^{87}Rb 铷气室，由 4 个永磁体形成的 300 G 轴向
磁场，以及精度为 0.1℃的温度控制系统组成。通过改变 FADOF 内气室温度或驱

动电流实现输出频率的切换。

　　得到调制转移谱信号后，该系统有三个反馈端口，包括控制激光电流的慢速反馈端口，控制 ARLD 的快速反馈端口，以及控制 PZT 的反馈端口，从而实现更好的噪声压制和稳频效果，实现了对噪声抑制的频率稳定。

　　为了表征锁定系统的频率稳定度，研究组同时使用了内环和外差两种测量方法，如图 6-27 所示。内环评估方法只采用一套法拉第激光系统，当系统分别锁定在 ^{85}Rb 和 ^{87}Rb D$_2$ 线的循环跃迁上时，系统的 Allan 偏差均优于 $3 \times 10^{-14}/\sqrt{\tau}$。此外，一套具有相同 FADOF 参数的法拉第激光器 MTS 系统锁定在 ^{87}Rb D$_2$ 线的循环跃迁上，与另一套锁定在 ^{85}Rb D$_2$ 线的循环跃迁上的法拉第激光系统，通过拍频外差测量得到的秒稳为 2.8×10^{-12}，千秒稳为 8.2×10^{-12}。

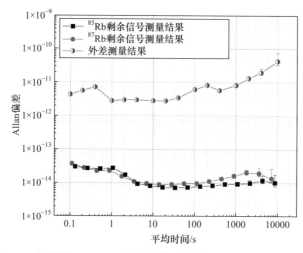

图 6-27　铷原子 780 nm 双频可切换法拉第激光系统的频率稳定度

　　此研究工作扩展了法拉第激光器的应用范围，为冷原子物理、原子干涉仪、紧凑光学时钟和其他原子物理应用提供了关键激光源。此方案还可以扩展到铯、钾等原子，利用上述 FADOF 实现不同频率的可切换的法拉第激光器及佛克脱激光器。

6.2.5　波长可切换的钾原子法拉第激光器

　　钾元素与铷、铯同为碱金属元素，其核外均只有一个电子，因此三者具有某些相似的性质。钾有多个同位素，其中最常见的是钾-39(^{39}K)和钾-41(^{41}K)。^{39}K 是最丰富的同位素，占钾的天然存在量的约 93.3%，而 ^{41}K 占约 6.7%。此外，还存在一些放射性同位素——钾-40(^{40}K)，广泛用于冷原子物理实验中。

　　钾原子法拉第激光器以钾原子 FADOF 作为选频元件，其内部原子气室充有自然钾，为钾原子法拉第激光器提供量子参考。图 6-28 展示了 ^{39}K D$_1$ 和 D$_2$ 跃迁线的相关能级。与铷和铯相比，钾的能级间隔较窄，其基态 $F=1$ 与 $F=2$ 的能级间隔小于多普勒宽度。因此，在跃迁过程中存在等效能级(1,2)。^{39}K D$_1$ 跃迁谱线波长约为 770.108 nm，D$_2$ 跃迁谱线波长约为 766.701 nm。这两个波长广泛应用于钾原子冷却和囚禁、玻色-爱因斯坦凝聚(BEC)、钾原子磁力仪、光学频率标准、高分辨率光谱等领域。

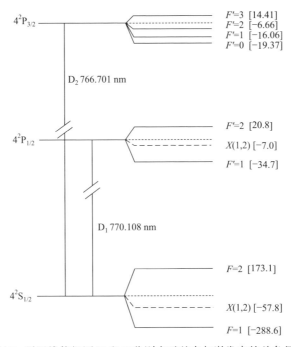

图 6-28　^{39}K D$_1$ 与 D$_2$ 跃迁线能级图(F 和 F'分别表示基态与激发态的总角量子数(电子总角量子数与核总量子数之和)，括号内的数值表示超精细能级裂距，单位为 MHZ)

^{39}K D$_1$ 和 D$_2$ 跃迁谱线的波长接近，均位于同一个激光二极管的光谱范围内，这使得在同一个激光器系统中实现两个波长(770 nm 和 766 nm，分别对应 D$_1$ 和 D$_2$ 跃迁谱线)的切换输出成为可能。首先探究了原子气室的温度、磁场大小对钾原子 FADOF 透射谱线的影响，实验结果如图 6-29 所示。选定最佳工作磁场大小为 1500 G，在该磁场下，原子气室温度为 105℃为 D$_1$ 跃迁线的最佳工作温度，95℃为 D$_2$ 跃迁线的最佳工作温度。此时钾原子 FADOF 的峰值透过率均大于 60%，透射带宽大于 2 GHz。实验研究表明，当钾原子 FADOF 内的原子气室工作在 105℃时，钾原子法拉第激光器输出 770 nm 的波长，而当原子气室的工作温度切换到 95℃时，钾原子法拉第激光器的工作波长自动切换到 766 nm。

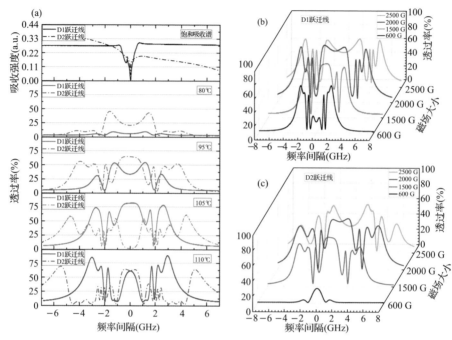

图 6-29 钾原子 FADOF 工作在不同参数下，D_1 和 D_2 跃迁线的透射光谱

((a)钾原子 FADOF 透射谱线随温度的变化关系：顶部黑线为 ^{39}K 的饱和吸收谱信号，红、粉、绿、蓝四条线分别代表温度为 80℃、95℃、105℃ 和 110℃ 时的透射光谱，实线表示 D_1 线，虚线表示 D_2 线，磁场保持在 1500 G；(b)在不同磁场，600 G(黑线)、1500 G(红线)、2000 G(蓝线)和 2500 G(绿线)下，钾原子 FADOF 的透射光谱，原子气室温度保持在 105℃；(c)在不同磁场 600 G(黑线)、1500 G(红线)、2000 G(蓝线)和 2500 G(绿线)下，工作在 D_2 跃迁线下的 FADOF 的透射光谱，原子气室温度保持在 95℃)

图 6-30 展示了波长可自由切换的钾原子法拉第激光器及其调制转移谱一体化稳频系统的原理图。系统的设计首先包括一个自制的钾原子法拉第激光器，该激光器通过光隔离器来阻止杂散光的反馈。激光器输出的光束首先经过半波片和偏振分光棱镜，被分为两部分：透射光和反射光。透射光作为稳频激光输出，而反射光则用于调制转移谱(MTS)稳频。反射光进一步被另一组半波片和偏振分光棱镜分为两束，分别作为调制转移光谱中的泵浦光和探测光。这两束光的光强可以通过调整半波片和偏振分光棱镜的组合来进行调节。泵浦光通过共振型电光调制器进行电光相位调制，后在双层原子气室与探测光发生四波混频，将调制信息转移给了未调制的探测光，随后被光电探测器接收。探测到的信号经过解调处理后，通过 PID 控制器输出三个反馈信号，分别连接到法拉第激光器的压电陶瓷端、电流端和激光头，从而实现对法拉第激光器频率的精确稳定，确保其频率稳定在钾量子频率参考上。

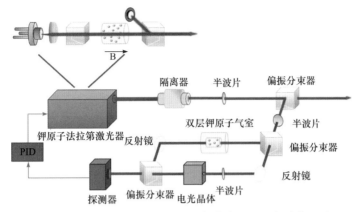

图 6-30 波长可自由切换的钾原子法拉第激光器的实验装置图

实验得到的 ^{39}K 饱和吸收谱和调制转移谱如图 6-31 所示。其中，图 6-31(a)为 ^{39}K D$_1$ 跃迁线的饱和吸收谱(SAS)和调制转移谱(MTS)信号。^{39}K D$_1$ 跃迁线的两个激发态 F'=1 和 F'=2 之间相差约为 55.5 MHz，明显大于自然线宽。因此可以较清晰地分辨出从基态到各个激发态的跃迁谱线。图中从左至右分别对应基态 F=2 与 F=(1, 2) 至激发态的跃迁。图 6-31(b)为 ^{39}K D$_2$ 跃迁线的饱和吸收谱(SAS)和调制转移谱(MTS)信号。由于钾原子 D$_2$ 跃迁线的各能级间隔较小，接近自然线宽量级，因此很难分辨出从基态到各个激发态的跃迁谱线。图中从左至右分别对应基态 F=2，F=(1, 2)，F=1 至激发态的跃迁。

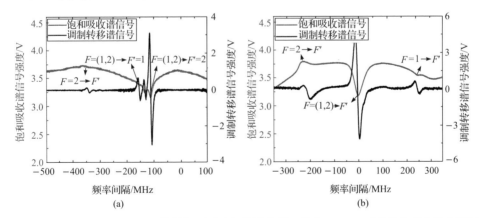

图 6-31 (a)波长可自由切换的钾原子法拉第激光器工作在 770 nm 时的饱和吸收谱和调制转移谱信号，图中从左至右分别对应基态 F=2 与 F=(1,2)至激发态的跃迁；(b)波长可自由切换的钾原子法拉第激光器工作在 766 nm 时的饱和吸收谱和调制转移谱信号，图中从左至右分别对应基态 F=2，F=(1,2)，F=1 至激发态的跃迁

通过优化 EOM 的调制频率、泵浦光和探测光的功率、双层钾原子气室的工

作温度，得到了较大的鉴频信号斜率。进一步的，实现了 770 nm 和 766 nm 钾原子法拉第激光器的锁定，环内稳定度分别如图 6-32(a)和图 6-32(b)所示,分别为秒稳 $2.2×10^{-14}$(770 nm)和 $7.0×10^{-15}$(766 nm)。

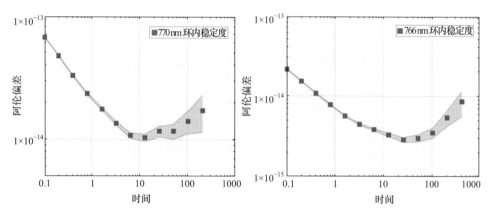

图 6-32 　(a)波长可自由切换的钾原子法拉第激光器工作在 770 nm 时经 MTS 稳频后的环内稳定度；(b)波长可自由切换的钾原子法拉第激光器工作在 766 nm 时经 MTS 稳频后的环内稳定度

　　随后，利用两台完全一致的钾原子法拉第激光器进行拍频实验，得到锁定后拍频信号的频率稳定度秒稳分别为 $2.23×10^{-12}$ (770 nm) 和 $1.24×10^{-12}$(766 nm)。假设两台激光器的贡献相同，由此可以得到单台激光器的频率稳定度为秒稳 $1.57×10^{-12}$(770 nm)和 $8.77×10^{-13}$(766 nm)，如图 6-33 所示。未来，为了提高钾原子法拉第激光器的中长期稳定性，将使用楔形 EOM 从而抑制剩余幅度调制噪声的影响。此外，由于激光功率波动会导致能级频移，稳定激光功率将进一步提高激光器的长期稳定性。

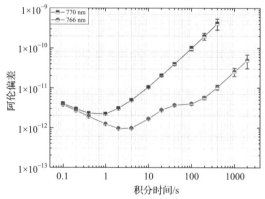

图 6-33 　利用调制转移谱稳频后，两台钾原子法拉第激光器得到的拍频信号的阿伦偏差(蓝线为工作在 770nm，红线为工作在 766nm)

6.3　法拉第激光器的 PDH(Pound-Drever-Hall)稳频

6.3.1　基本原理

1. 法布里-珀罗谐振腔的频谱特性

超稳光学谐振腔用于产生具有高度相位相干性、频率稳定的激光源，被广泛应用于激光频率稳定[13,14]，对光学 F-P 腔的特性进行透彻的分析是必要的工作。本节推导了任意腔镜反射率下 F-P 腔精细度和 FWHM 的精确解，该结果与传统教科书给出的高反射率 F-P 腔中的结果存在差异[15,16]。并且，分析了任意反射率下腔增强因子的广义表达式，并证明了相同腔镜反射率下，共振 F-P 腔引入的腔内光强增强与反共振 F-P 腔引入的腔内光强抑制呈对称分布。

2. Airy 函数和功率反射因子

利用光学腔的典型模型，假设由两个平面镜 M_1 和 M_2 组成的 F-P 腔，腔长为 L，两个腔镜的反射系数和透射系数分别是 r_1，t_1 和 r_2，t_2，两个腔镜的反射率和透过率分别是 $R_1= r_1^2$，$T_1= t_1^2$ 和 $R_2= r_2^2$，$T_2= t_2^2$，光场在 F-P 腔内的路径如图 6-34 所示。假设入射到 M_1 的电磁场的复振幅为 E_0，E_T 和 E_R 分别是经过 F-P 腔透射和反射电磁波的复振幅。

经 F-P 腔透射的光强与入射光的光强之比被称为 Airy 函数，如下式所示：

$$T(\omega) = \frac{E_T E_T^*}{E_0^2} = \frac{t_1^2 t_2^2}{1 + r_1^2 r_2^2 - 2 r_1 r_2 \cos(\omega 2L/c)} \tag{6-4}$$

其中，$\Delta \varphi = \omega 2L/c$ 表示腔内反射场相移；ω 为入射光的角频率；c 是光速。对应透射光，经过 F-P 腔反射的功率可以表示为

$$R(\omega) = \frac{E_R E_R^*}{E_0^2} = \frac{2 r_1 r_2 \left[1 - \cos(\omega 2L/c) \right]}{1 + r_1^2 r_2^2 - 2 r_1 r_2 \cos(\omega 2L/c)} \tag{6-5}$$

由上述两式可知，透射和反射全部依赖于相移 $\Delta \phi$，透射因子 $T(\omega)$ 和反射因子 $R(\omega)$ 随相移的变化如图 6-35 所示，并满足条件 $T(\omega)+ R(\omega)=1$。值得注意的是，Airy 函数除了适用于入射光从一面腔镜入射进 F-P 腔的情况，同样适用于辐射源位于两个 F-P 腔正中心的情况，这两种情况分别对应图 6-34(a) 和图 6-34(b)。

很显然，随着腔镜反射率增大，F-P 腔在反共振区域的功率透射逐渐降低，且共振区域的 FWHM 逐渐增大。反射与透射正好相反，如图 6-35 所示。

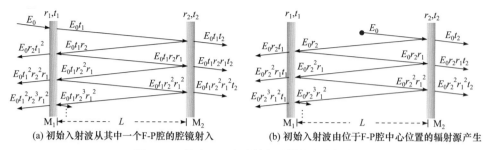

(a) 初始入射波从其中一个F-P腔的腔镜射入　　　　(b) 初始入射波由位于F-P腔中心位置的辐射源产生

图 6-34　通过 F-P 腔透射和反射的光波幅度

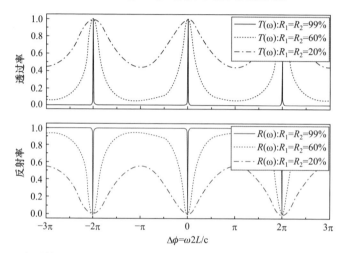

图 6-35　由 F-P 腔透射的光强与入射光强之比随相移的变化，呈现周期性的透射峰(上图)和由
F-P 腔反射的光强与入射光强之比随相移的变化，呈现周期性的反射峰(下图)

当光频与腔共振频率重合时，透过率达到最大值，当光频位于两个相邻腔模正中心时，透过率达到最小值。反射的情况与透射情况正好相反。图 6-35 上下两图共用一个横坐标轴，实线、点线、点划线分别表示腔镜反射率为 $R_1 = R_2 = 99\%, 60\%, 20\%$ 的情况。

3. 腔精细度和 FWHM 的精确解

根据式(6-4)，对于一个空的 F-P 腔，最大和最小透过率可以表示成

$$T_{\max} = \frac{t_1^2 t_2^2}{1 + r_1^2 r_2^2 - 2 r_1 r_2} \tag{6-6}$$

和

$$T_{\min} = \frac{t_1^2 t_2^2}{1 + r_1^2 r_2^2 + 2 r_1 r_2} \tag{6-7}$$

　　上述结果是腔模频率分别对应第 q 个共振频率 ω_q 附近，以及腔模频率正好位于两个相邻共振腔模正中心处。由于在高反射率情况下，最小的透射 $T_{\min}$ 可忽略不计，因此，FWHM 通常被表达为一个透射谱最大透过率一半处的频率间隔[15,16]。然而，随着腔镜反射率降低，$T_{\min}$ 逐渐增加以至于在计算 FWHM 时不可忽略。因此，为了获得普适的表达式，本节用 $T_{\max}$ 与 $T_{\min}$ 之和的一半求解 FWHM，如下式所示：

$$T(\omega)=\frac{1}{2}\left(T_{\max}+T_{\min}\right) \tag{6-8}$$

　　根据式(6-4)和式(6-8)，求解得到共振腔一个周期性透射谱的 FWHM(即腔模线宽)的精确解，如下式所示：

$$\Delta\nu_r=\frac{\Delta\omega_r}{2\pi}=\frac{\text{FSR}}{\pi}\arccos\left(\frac{2r_1r_2}{1+r_1^{\,2}r_2^{\,2}}\right) \tag{6-9}$$

其中，自由光谱范围 $\text{FSR}=c/2L$，相应的，腔精细度为

$$\mathcal{F}_r=\frac{\text{FSR}}{\Delta\nu_r}=\frac{\pi}{\arccos\left(\dfrac{2r_1r_2}{1+r_1^{\,2}r_2^{\,2}}\right)} \tag{6-10}$$

　　需要指出的是，当腔镜反射率趋近于 1 时，式(6-9)和式(6-10)可以化简为传统表达式：

$$\Delta\nu_r^{'}=\text{FSR}\frac{1-r_1r_2}{\pi\sqrt{r_1r_2}} \tag{6-11}$$

和

$$\mathcal{F}_r^{'}=\frac{\pi\sqrt{r_1r_2}}{1-r_1r_2} \tag{6-12}$$

然而，当反射率非常低直至趋近于零时，式(6-10)可以通过泰勒展开表示成

$$\mathcal{F}_r^{''}=\frac{\pi}{\dfrac{\pi}{2}-\dfrac{2r_1r_2}{1+r_1^{\,2}r_2^{\,2}}}=2+\frac{8r_1r_2}{\pi\left(1+r_1^{\,2}r_2^{\,2}\right)-4r_1r_2} \tag{6-13}$$

很显然，当反射率 R 逐渐趋近于零，腔精细度逐渐趋近于最小值 2，这与通过式(6-12)得到的结果不同。

　　通常情况下，为了实现激光振荡并产生一个高度相干的激光源，腔模频率被调谐到精确共振的位置。这种反直觉的反共振腔，即腔模频率位于两个相邻腔模正中间的情况，很少被考虑。但是，这并不代表反共振激光不能实现，而且其具

有独特的激光特性，并具有宝贵的研究价值。为了将反共振腔与传统的共振腔相区分，反共振腔的腔模线宽和精细度如下式所示：

$$\Delta\nu_{\text{antires}} = \text{FSR} - \Delta\nu_{\text{r}} = \text{FSR}\left(1 - \frac{1}{\pi}\arccos\left(\frac{2r_1r_2}{1+r_1^2r_2^2}\right)\right) \tag{6-14}$$

和

$$\mathcal{F}_{\text{antires}} = \frac{\text{FSR}}{\Delta\nu_{\text{antires}}} = \frac{1}{1 - \frac{1}{\pi}\arccos\left(\frac{2r_1r_2}{1+r_1^2r_2^2}\right)} \tag{6-15}$$

同样，式(6-14)和式(6-15)在高反近似情况下，可以分别化简成下式：

$$\Delta\nu'_{\text{antires}} = \text{FSR}\left(1 - \frac{1-r_1r_2}{\pi\sqrt{r_1r_2}}\right) \tag{6-16}$$

和

$$\mathcal{F}'_{\text{antires}} = \frac{1}{1 - \frac{1-r_1r_2}{\pi\sqrt{r_1r_2}}} \tag{6-17}$$

当反射率极低直至趋近于零时，式(6-15)可以表示成

$$\mathcal{F}''_{\text{antires}} = \frac{1}{1 - \frac{1}{\pi}\left(\frac{\pi}{2} - \frac{2r_1r_2}{1+r_1^2r_2^2}\right)} = 2 - \frac{8r_1r_2}{\pi\left(1+r_1^2r_2^2\right)+4r_1r_2} \tag{6-18}$$

并趋近于最大值 2，这与共振情况得到的结果在 $R=0$ 处趋于重合。

此外，根据式(6-5)可得 R_{max} 与 R_{min} 的平均值，即反共振腔的 FWHM 也可以通过功率反射因子求解，利用该方法得到的一个反射谱的 FWHM 与式(6-14)一致。图 6-36(a)与图 6-36(b)分别给出了腔模线宽与 FSR 的比值，以及腔精细度随腔反射率 R 的变化规律。黑色点划线(近似值)与红色实线(确切值)表示共振 F-P 腔的计算结果，蓝色短点划线(近似值)与绿色虚线(确切值)表示反共振 F-P 腔的计算结果。插图表示反射率 R 取 0～0.5 的结果，黑色星点和黑色圆点是之前工作已经实现的结果[17,18]。由图 6-36 可知，当反射率低于一定值时，高反近似结果已经不准确，不能用来描述 F-P 腔特性。随着反射率 R 的增加，腔模线宽(腔精细度)的准确值和近似值趋于重合。图 6-36(a)[图 6-36(b)]表明由式(6-9)和式(6-14)[式(6-10)和式(6-15)]得到的共振处与反共振处的 FWHM(腔精细度)在 $R=0$ 处重合，而不像由近似值求得结果那样，在 $R=0$ 处分离，这也在一定程度上反映了高反近似结果在反射率很低时是不适用的。本节提出了 FWHM 与腔精细度的准确表达式，可以

有效解决传统表达式存在的奇点问题[19]。

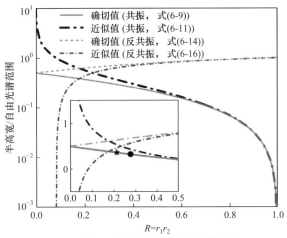

(a) 当F-P腔与入射光共振以及反共振时，
半高宽与自由光谱范围之比随腔镜反射率的变化曲线

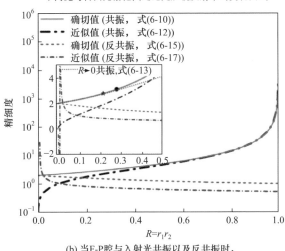

(b) 当F-P腔与入射光共振以及反共振时，
精细度随腔镜反射率的变化曲线

图 6-36

　　其中，主图纵坐标为对数坐标系，插图为线性坐标系。红色实线和绿色虚线表示精确解，黑色点划线和蓝色短点划线表示高反近似的结果。结果表明，当腔镜反射率大于等于70%时，无论 F-P 腔工作在共振还是反共振区域，由精确解和近似解表达式得到的结果趋近于重合，小于70%时分离，该现象在插图里可以更清楚地表示。同时，插图也证明了本工作计算的结果是可信的，因为在 $R=0$ 处，由精确解求得的共振与反共振的结果重合，而由近似解求得的结果在 $R=0$ 处存在断点。黑色星点和圆点代表已经实验验证的典型值。

利用式(6-9)和式(6-14)，当反射率趋近于零时，共振腔与反共振腔的腔模线宽均趋近于 FSR/2，而非无穷大。并且，当反射率趋近于 1 时，共振腔与反共振腔的腔模线宽分别趋近于零和 FSR。同样地，腔精细度在 $R=0$ 时等于 2 而非等于零。以上结果对于超低精细度 F-P 腔的研究与发展具有很强的借鉴意义。

4. 腔增强因子与腔抑制因子的对称特性

根据以上结果对腔增强因子进行分析。由于 Purcell 效应，相比于自由空间，在共振腔中二能级原子的自发辐射速率可以被增强 $\eta_c = 3Q_c\lambda^3/4\pi^2 V$ 倍，其中，$Q_c = v_0/\Delta v$ 代表腔品质因子，被定义为原子跃迁频率与共振腔的腔模线宽之比；λ 表示原子跃迁波长；V 表示等效腔模体积。因此，Purcell 因子正比于腔品质因子，也就是正比于腔精细度。共振腔增强自发辐射速率，相反地，反共振腔抑制自发辐射速率，即抑制因子反比于腔精细度[20]。

假设原子偶极子位于一个对称共焦腔中，如图 6-37 所示，腔镜 M1 和 M2 的曲率半径相等，且它们的反射率分别为 $R_1=R_2=R$。为了计算原子偶极子辐射的总功率，假设功率在一个球面内辐射，该球面可以分为三部分：S_1，由腔镜 M1 辐射输出的部分；S_2，由腔镜 M2 辐射输出的部分；S_{side}，球面的剩余部位。S_1，S_2 和 S_{side} 包含的固体角分别为 $\Delta\Omega_1$，$\Delta\Omega_2$ 和 $\Delta\Omega_{side}$，且满足 $\Delta\Omega_1 + \Delta\Omega_2 + \Delta\Omega_{side} = 4\pi$。腔的固体角可以表示成 $\Delta\Omega_c = \Delta\Omega_1 + \Delta\Omega_2$。

由参考文献[21]可知，通过 S_{side} 的功率可以看作辐射到自由空间的总功率减去辐射进入 $\Delta\Omega_c$ 的功率，表示为

$$P_{side} = \left(1 - \frac{3}{8\pi}\Delta\Omega_c\right)P_{free} \tag{6-19}$$

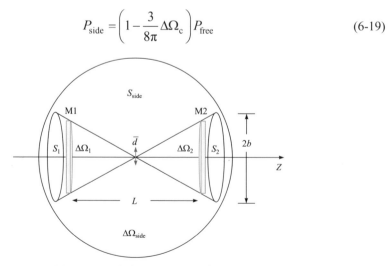

图 6-37　对称共焦腔内的原子偶极子

(由两个平面镜 M1 和 M2 组成，M1、M2 间距为 $L=2a$，M1 和 M2 的曲率半径分别为 $+a$ 和 $-a$)

通过计算透射通过 S_1 和 S_2 的功率，可得

$$P_c = \frac{1-R^2}{1+R^2-2R\cos(\omega 2L/c)}P_{\text{free}} \tag{6-20}$$

其中，$R=r_1r_2$ 表示腔镜反射率，这表明由偶极子辐射进入腔内的功率遵循腔的 Airy 函数线型。

最终，由偶极子辐射的总功率可以表示成由边界和腔镜辐射的总功率之和：

$$P_{\text{total}} = \left[1+\left(\frac{1-R^2}{1+R^2-2R\cos(\omega 2L/c)}-1\right)\frac{3}{8\pi}\Delta\Omega_c\right]P_{\text{free}} \tag{6-21}$$

根据式(6-21)，辐射进入 $\Delta\Omega_{\text{side}}$ 的功率是固定的，当反射光场的相位变化时，只有辐射进入 $\Delta\Omega_c$ 的功率是变化的，因此，总功率也遵循腔吸收线型变化。为了便于分析，本工作对辐射进腔内的功率随相移的变化关系进行了研究。

定义辐射进入腔内的功率与辐射进入自由空间的功率之比为 $\alpha = P_c/P_{\text{free}}$，该比值与相移有关，当腔共振时，达到最大值 $\alpha_{\text{max}}=(1+R)/(1-R)$，当腔反共振时，达到最小值 $\alpha_{\text{min}}=(1-R)/(1+R)$。以共振情况为例，下面对 $R\to 1$ 和 $R\to 0$ 时，腔增强因子与腔精细度之间的关系进行分析。

(1) 对于 $R\to 1$，

$$\alpha_{\text{max}} = \frac{1+R}{1-R} \approx \frac{2}{1-R} \tag{6-22}$$

且

$$\mathcal{F}_r^{'} = \frac{\pi\sqrt{R}}{1-R} \approx \frac{\pi}{1-R} \tag{6-23}$$

因此，

$$\alpha_{\text{max}} = \frac{2\mathcal{F}_r^{'}}{\pi} \tag{6-24}$$

(2) 对于 $R\to 0$，利用泰勒展开，$\frac{1}{1-R}=1+R+R^2+\cdots$，因此，

$$\alpha_{\text{max}} = \frac{1+R}{1-R} = \frac{2}{1-R}-1 \approx 1+2R \tag{6-25}$$

根据式(6-13)，

$$\mathcal{F}_r^{''} \approx 2+\frac{8R}{\pi-4R} \tag{6-26}$$

由此可得

$$\alpha_{\max} = 1 + \frac{\pi}{2\mathcal{F}_r{''}}(\mathcal{F}_r{''} - 2) \tag{6-27}$$

由于 $R \to 0$ 时 $\mathcal{F}_r{''} \to 2$，所以此时腔增强因子趋近于 1，该结果进一步证明了上述分析的正确性。

综上，对于共振腔，当 $R \to 1$ 时，$\alpha_{\max}$ 可以用 $2\mathcal{F}_r'/\pi$ 简单表示；对于反共振腔，$\alpha_{\max}$ 化简为 $1/(2\mathcal{F}_r'/\pi)$。该结果表明，对于高精细度 F-P 腔，腔增强效应很明显，相反，对于超低精细度腔（$R \to 0$，甚至无腔镜时），a 在共振与反共振腔处均接近于 1，此结果是显而易见的，因为光可以几乎不受阻拦地通过具有超低反射率的 F-P 腔。本工作给出了腔增强因子的普适表达式，而非传统的高反近似结果。P_c/P_{free} 与腔相移的变化关系如图 6-38(a) 所示，为了使该结果更易理解，图 6-38(b)显示了对数坐标系下 P_c/P_{free} 与腔相移的变化关系。由图可知，随着反射率的降低，该比值逐渐趋近于 1，这表明腔增强因子在 $R=0$ 处为 1。该结果与根据传统表达式 $2\mathcal{F}_r'/\pi$ 得到的结果不同，传统表达式只适用于高反近似结果，而不适用于高损耗的 F-P 腔，因为当反射率趋近于零时，腔增强因子应该趋近于 1，而传统的 $2\mathcal{F}_r'/\pi$ 表达式明显是不准确的。另外，共振腔的增强因子与反共振腔的抑制因子是对称的，如图 6-38(b)所示。

结果表明了共振腔腔增强因子以及反共振腔腔抑制因子的对称特性。黑色实线、红色虚线、蓝色点划线、紫色短点划线分别表示腔镜反射率为 $R=99\%$，60%，20%，1%的结果。随着反射率降低，P_c/P_{free} 逐渐趋近于 1。

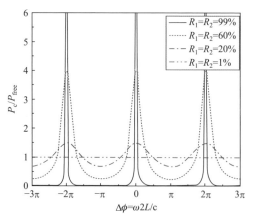

(a) 线性坐标系下，辐射到腔内的功率与
辐射到自由空间的功率比值随相移的变化

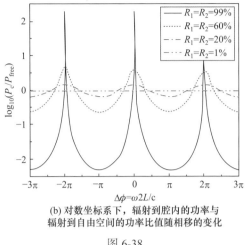

(b) 对数坐标系下，辐射到腔内的功率与
辐射到自由空间的功率比值随相移的变化

图 6-38

5. PDH 稳频技术的原理和特性

PDH 稳频技术在 1983 年由 Drever 和 Hall 提出[22]，用于将激光频率锁定到 F-P 参考腔上以压窄线宽。它以光学谐振腔的共振频率作为频率参考标准，将激光发出的频率首先利用晶体进行射频相位调制，然后入射到谐振参考腔上。通过对射频调制产生的边带进行光外差探测，获得高灵敏度的共振信息，解调后得到高信噪比的误差信号。PDH 稳频方法能够快速响应系统的相位变化，其伺服系统的带宽不受谐振腔响应时间的限制，可以实现将激光频率高速锁定到参考腔的谐振频率上。PDH 稳频技术实现的基本原理如图 6-39 所示。

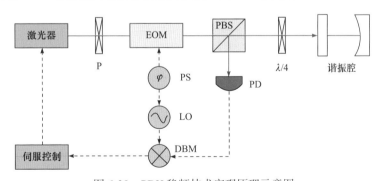

图 6-39　PDH 稳频技术实现原理示意图

(P：起偏器；EOM：电光调制器；PBS：偏振分光镜；λ/4：1/4 波片；PD：光电探测器；DBM：双平衡混频器；LO：本振信号源；PS：移相器)

激光器的输出经过起偏器(P)调整偏振态后，通过电光相位调制器(EOM)，得到幅度相等、相位相反的一对边带，载波与边带一同入射到法布里-珀罗(F-P)谐振腔上。由于用作频率稳定的 F-P 谐振腔的本征模线宽比较窄，当激光频率偏离腔

的谐振频率时，透射光中仅有很小一部分边带频率，功率很弱，不容易被探测。而反射光功率较强，它包含直接由腔镜反射没有进入谐振腔的光，以及在谐振腔内振荡后的泄漏光。即使激光频率不在腔的谐振频率中心，边带频率也能被反射回来，因而信号较强，容易被探测。所以，PDH 稳频技术一般探测 F-P 谐振腔的反射信号。并且，反射光中这两部分光的合成相位在腔的共振峰附近是个类色散曲线，很适合相位解调后作为稳频的误差信号。

6. PDH 稳频技术误差信号的产生原理

PDH 稳频激光技术是一种主动反馈调节技术[22,23]，核心是误差信号的产生。PDH 稳频激光技术需要用电光调制器(EOM)对光进行调制，用探测器(PD)收集腔的反射光，再通过解调反射光中的频率失谐信息，产生误差信号。误差信号经过比例积分微分电路的处理后，反馈到激光器的压电陶瓷或者声光调制器等其他频率响应器件，进行频率补偿。

将激光场强 $E(t)$ 随时间的变化表示为

$$E(t) = E_0 e^{i\omega_c t} \tag{6-28}$$

激光输出经过 EOM 进行相位调制后入射到谐振腔，入射光场强 $E_i(t)$ 表示为

$$E_i(t) = E_0 e^{i(\omega_c t + \beta \sin \Omega t)} \tag{6-29}$$

其中，E_0 为初始光场强度；ω_c 为激光载波频率；Ω 为射频调制频率；β 为调制系数。当 β 比较小(PDH 锁定方法的调制深度一般比较小，只出现一阶调制边带)时，忽略高阶调制边带，用贝塞尔函数展开，得到入射光场强 $E_i(t)$ 表示为

$$E_i(t) = E_0 \left[J_0(\beta) e^{i\omega_c t} + J_1(\beta) e^{i(\omega_c + \Omega)t} - J_1(\beta) e^{i(\omega_c - \Omega)t} \right] \tag{6-30}$$

式中，$J_n(\beta)$ 为 n 阶第一类贝塞尔函数，公式中仅给出了载波 ω_c 与一阶调制边带 $\omega_c + \Omega$。激光频率经过相位调制后，在频域上的幅度表现如图 6-40 所示。

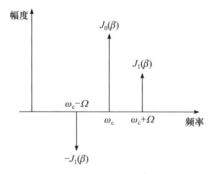

图 6-40　激光频率经过相位调制形成的边带

激光经过射频驱动频率为 Ω 的 EOM 调制后，在载波两侧，与其频率间隔为 Ω 处，出现两个幅度相等、相位相反(相差为 π)的调制边带。当调制深度很低，只考虑一阶调制边带的情况下，被调制的光入射到 F-P 腔上后，反射光的表达式为

$$E_r(t) = E_0\left[F(\omega_c)J_0(\beta)e^{i\omega_c t} + F(\omega_c+\Omega)J_1(\beta)e^{i(\omega_c+\Omega)t} - F(\omega_c-\Omega)J_1(\beta)e^{i(\omega_c-\Omega)t} \right]$$

(6-31)

式中，$F(\omega_c)$ 是腔的反射函数，与腔镜的反射率及激光在腔内往返一次的相位有关。为了解调得到反射光的相位信息，采用本振信号(LO)的输出频率与调制频率 Ω 相同，但与调制频率存在相位差 φ，其表达式为

$$E_L(t) = E_{LO}e^{i(\Omega t+\varphi)}$$

(6-32)

LO 信号与探测器得到的腔反射信号在混频器(DBM)上混频。只考虑载波频率接近谐振腔共振的情况，且上式选择合适的相移($\varphi=\pi/2$)，对式(6-31)解调后，混频器的输出信号即为含有相位信息的误差信号，表示为

$$\varepsilon = -2J_0(\beta)J_1(\beta)E_0^2\text{Im}\left[F(\omega_c)F^*(\omega_c+\Omega) - F^*(\omega_c)F(\omega_c-\Omega) \right]$$
$$\approx -\frac{4}{\pi}J_0(\beta)J_1(\beta)E_0^2\frac{\Delta\omega}{\Delta\nu_c}$$

(6-33)

式中，$\Delta\omega=\omega_c-\omega_0$，$\omega_0$ 为 F-P 腔的共振频率，$\Delta\nu_c$ 为 F-P 腔的本征模线宽，且满足 $\Delta\omega<<\Delta\nu_c$。图 6-41 给出了激光频率在谐振腔共振频率附近且频率扫描范围大于腔的自由光谱范围时，观测到的谐振腔的透射峰，以及解调后含有相位信息的误差信号的对应关系示意图。

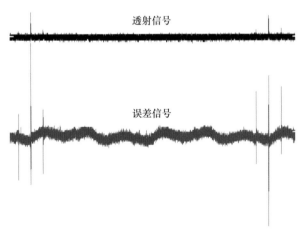

图 6-41 激光扫描腔共振频率附近得到的透射峰、反射峰及误差信号

6.3.2　法拉第激光器的 PDH 稳频

2024 年，北京大学研究组通过 PDH 稳频方法将法拉第激光器与自主研制的可搬运光学参考腔进行锁定，有效压窄法拉第激光器的线宽并降低其短期频率不稳定度。本章节中就该研究组的工作做详细介绍。

1. F-P 光学谐振腔的设计和加工

PDH 超稳谐振腔的核心组件是 F-P 光学谐振腔。F-P 光学谐振腔由两面高反射率的反射镜组成，入射激光在两面反射镜间反射，在腔内形成多束干涉，当出现一种稳定的相长干涉时，表示腔内发生谐振，如图 6-42 所示。这时候，超稳腔的光频率不稳定度等于 F-P 腔光学长度的不稳定度，公式可表示为

$$\mathrm{d}\nu / \nu = -\mathrm{d}(nL)/nL \tag{6-34}$$

其中，$\mathrm{d}\nu$ 是频率的抖动；$\mathrm{d}(nL)$ 是腔的等效光学长度抖动；n 是介质折射率；L 是腔长。

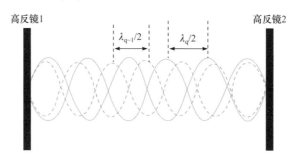

图 6-42　F-P 谐振腔原理

将式(6-34)展开可以得到

$$\mathrm{d}\nu / \nu = -(\mathrm{d}n / n + \mathrm{d}L / L) \tag{6-35}$$

由公式可以看出，腔的频率不稳定度由两部分不稳定度叠加，介质折射率的不稳定度 $\mathrm{d}n/n$ 和腔长的不稳定度 $\mathrm{d}L/L$，因此，降低介质的折射率的不稳定度有两种方法，一种是抽真空来制造超低压环境，另一种是将环境温度控制在腔材料热膨胀系数零点对应的温度处或者利用制冷机制造超低温环境减小热噪声。前者抽真空在实际中更容易实现，因此常用的方法是将光学参考腔放置在真空环境中，所以需要设计真空腔来确保参考腔处于高的真空度环境中。而腔长的不稳定度受温度、振动和热噪声影响，温度的波动会使材料发生膨胀或收缩，所以要控制温度和使用超低膨胀系数的微晶玻璃或单晶硅作为腔体材料；振动会使腔内部产生相对应的应力从而发生形变，所以可以采用主动或被动的隔振平台、隔音箱，设计对振动不敏感的腔型及支撑位置等措施；热噪声是由腔体、腔镜和镀膜内部微

粒的布朗运动热噪声所造成的腔长的波动，等效腔长的热噪声大小主要取决于腔的材料、形状和温度等性质。所以需要对参考腔进行控温，选择合适的材料以及设计合适的腔的形状。

1) F-P 光学谐振腔的设计

为了使得光学参考腔对惯性力不敏感，参考腔的物理结构和支撑结构都应该具有高度的对称性。同时为了满足可搬动性，参考腔还应在所有空间自由度方向被完全约束。鉴于此，可以采用立方体腔的光学参考腔。将立方体的 8 个顶角进行切割，切割深度为参数 d_c，通过改变切割深度可以减弱在挤压力作用下两个腔镜的形变。在 4 个顶角的切割处使用支撑物挤压支撑，支撑力定为参数 F_a。腔体采用超低膨胀系数的玻璃(ULE)，立方腔体的 3 对平行平面中心各开有一个通孔，其中一个为通光孔，另外两个为排气孔。通光孔的长度为腔长，定为参数 L。在通光孔的两端面采用超高反射率的熔融石英腔镜，腔镜的直径为参数 d_m，腔镜厚度为参数 T_m。

参考腔的振动敏感度是指光学参考腔因所处环境的加速度变化而产生的腔长的相对变化，公式为

$$S \propto (L - L_i) / L \tag{6-36}$$

其中，S 表示参考腔的振动敏感度；L 表示原来的腔长；L_i 表示形变后的腔长。

图 6-43 是光学参考腔的设计图纸，腔长为 50 mm，通光孔径为 6 mm。图 6-44

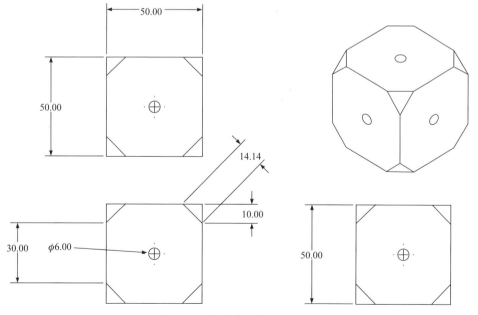

图 6-43 光学参考腔的设计图

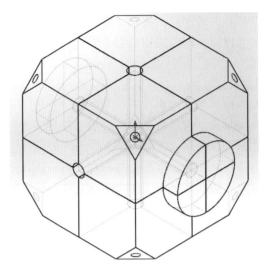

图 6-44　光学参考腔的建模图

是结合设计图纸构建的光学参考腔的结构模型，包含 ULE 腔体和一对腔镜。这里，立方体的腔长为 50 mm，切割深度为 10 mm，腔镜直径为 1 in，通光孔径为 6 mm。

2. F-P 光学谐振腔设计的仿真分析

1) 不同压力下参考腔压力敏感度随切割深度变化的情况

将挤压力分别设置为 1 N、2 N、3 N、4 N、5 N，仿真得到的参考腔压力敏感度随切割深度的变化情况如图 6-45 所示。由结果可知，不同压力下的参考腔压力敏感度不同，在其他条件不变的情况下，存在最合适的切割深度，在此切割深度

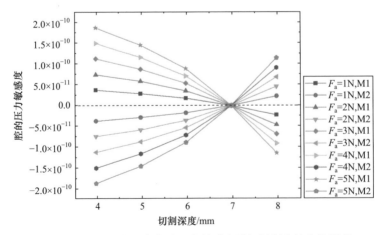

图 6-45　不同压力下参考腔压力敏感度随切割深度的变化情况

对用于固定的压力不敏感。图 6-45 的图例中力 F_a 的单位为牛顿(N)，镜 1、2 分别代表两个腔镜的位置。

2) 不同通孔直径下参考腔压力敏感度随切割深度变化的情况

不同通光孔直径下参考腔压力敏感度随切割深度的变化情况如图 6-46 所示。通光孔径取值 4 mm、5 mm、6 mm，切割深度的步长为 1 mm，共得到 24 个仿真点，绘制成 6 条曲线。得到不同通光孔径下最合适的切割深度，使得腔镜形变为零。在切割深度 7 mm 处，可选择通光孔径为 5 mm，腔的压力敏度接近于零。

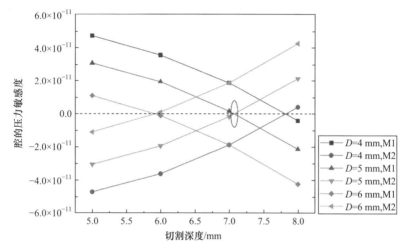

图 6-46　不同通光孔直径下参考腔压力敏感度随切割深度的变化情况

3. F-P 光学谐振腔的加工及系统搭建

在上述的理论研究和有限元仿真分析的基础上，该研究组和合作单位设计并加工了立方腔。图 6-47 为加工后的参考腔实物图，包括 ULE 材料的腔体和腔镜。参考腔采用立方体结构，立方体的腔长为 50 mm。立方腔拥有 8 个切割顶角，切割深度为 10 mm。为了尽可能地保持结构对称性和稳定性，参考腔除了水平方向的通光孔径以外，还有两个与通光孔径直径相同的排气孔径，形成 3 个长度等于腔长的孔径。考虑制作成本，腔镜选择了一对直径 1 in、厚度 4 mm 的高反射率反射镜，通光孔径为 6 mm。

超稳谐振腔腔镜选择 1 in 的 ULE 材料腔镜，镀膜范围覆盖 780.243± 0.001 nm、852.356±0.001 nm 波长，反射率大于 99.999%，

图 6-47　光学参考腔实物图

由式(6-30)，腔的精细度大于 30 万。

$$F = \frac{\pi\sqrt{R}}{1-R} \tag{6-37}$$

采用 PerkinElmer 厂家生产的 PE_Lambda950 型号紫外可见近红外分光光度计对国内镀膜的腔镜进行测试。紫外可见近红外分光光度计的工作原理是双光束双单色器光谱仪，采用卤钨灯和氘灯光源，用软件控制实现全自动切换和自动准直，在紫外可见区检测器为高灵敏度的光电倍增管，在近红外区为 PBS 检测器，可检测的波长范围为 175～3300 nm，波长精度为 ± 0.08 nm。

测试采用正入射，入射波长范围 320～855 nm，波长间隔 1 nm。得到的腔镜的反射率测试结果如图 6-48 所示，其中，780 nm 处的透过率为 0.000557%，反射率为 99.999443%，852 nm 处的透过率为 0.000689%，反射率为 99.999311%，反射率均大于 99.999%。

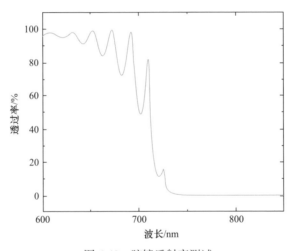

图 6-48　腔镜反射率测试

根据式(6-29)，在正常的实验室开放环境中，温度及空气折射率变化引起的激光频率不稳定度太大，必须对光学参考腔内的温度和折射率进行控制，常用的方法是将光学参考腔放置在真空环境中。

在室温下，1 Pa 的气压变化会引起 2.8×10^{-9} 的折射率变化。因此，想要达到 10^{-15} 量级的激光频率稳定度时，气压的变化率应小于 2.8×10^{-7} Pa。这就要求参考腔处于 10^{-5} Pa 量级的真空环境中。真空的抽取需要机械泵和分子泵先将真空室内部气压抽取至离子泵可开启的真空度，然后配合离子泵进一步降低真空度，最后断开机械泵与分子泵，由离子泵单独工作以保持真空室内的真空度。所以真空腔的设计需要预留分子泵的接口，图 6-49 所示为真空腔的设计及仿真模型图。

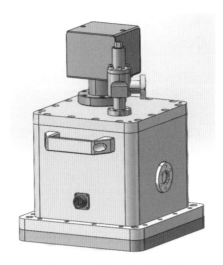

图 6-49　真空腔仿真模型图

真空腔的实物如图 6-50 所示，真空腔的外壳为铝壳，外壳上面包含离子泵和分子泵接口。考虑到真空腔的体积，采用 5 L/s 抽速的离子泵可以维持 10^{-6}Pa 量级或者更低的真空度。

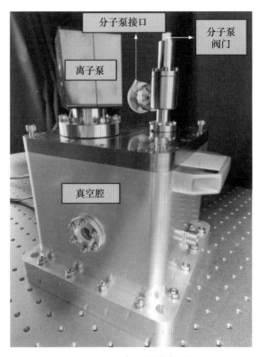

图 6-50　真空腔实物图

参考腔提供了真空环境后，参考腔内的介质折射率可以认为近似等于真空折射率 1，变化率也维持在近似等于 0。此时激光的频率不稳定度基本等同于参考腔的长度不稳定度：

$$\mathrm{d}\nu / \nu = -\mathrm{d}L / L \tag{6-38}$$

由于参考腔的热膨胀效应会对参考腔的长度产生显著影响，超低膨胀系数 (ULE)玻璃具有最小的热膨胀系数，且在常温下的热膨胀系数接近零。ULE 在室温附近的热膨胀系数在 $-30\times10^{-9}\sim30\times10^{-9}$ 基本呈线性变化，热膨胀系数零点在 20℃附近。

对于参考腔的热量变化，真空腔内热传导和热对流被阻隔，因此，热辐射是热传递的主要因素。

图 6-51 所示为热屏蔽层设计结构 3D 剖面图，采用两层辐射系数很低的(镀金)黄铜作为隔热罩材料，将方形光学参考腔放置在两层隔热罩中，可以确保热辐射的时间常数很大。在温度稳定的实验室条件下，可以保持参考腔的温度较为稳定。热屏蔽层实物如图 6-52、图 6-53 所示。

图 6-54 为方型 PDH 超稳谐振腔的结构图，包含了 F-P 光学参考腔、热屏蔽层、真空腔和 5 L/s 抽速的离子泵。左图为超稳谐振腔的左视图，右图为剖面图，可以清晰地看到光学参考腔、两层热屏蔽层、真空结构和离子泵的结构关系。

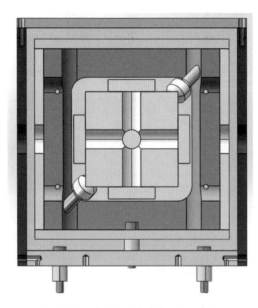

图 6-51　热屏蔽层结构剖面设计图

图 6-52　热屏蔽层第一层加工实物图　　　图 6-53　热屏蔽层第二层加工实物图

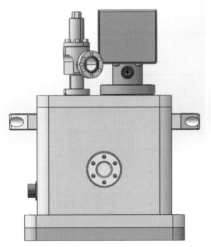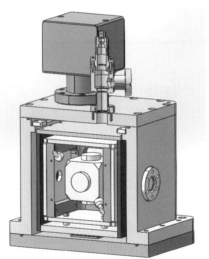

图 6-54　方型超稳谐振腔的结构图

　　将镀膜范围覆盖 780.243 ± 0.001 nm、852.356 ± 0.001 nm 波长的超稳谐振腔腔镜光胶贴于 F-P 光学参考腔腔体通光孔两侧，由无氧铜的热辐射屏蔽层包裹着放入真空系统中。将镀膜范围覆盖 780.243±0.001 nm、852.356±0.001 nm 波长的石英窗片贴于真空系统两侧，要求光透过率大于 99.5%。采用标准真空泵-离子泵抽真空，离子泵最高电压为 7 kV，离子泵的极限真空优于 10^{-8} Pa。最小启动压强优于 10^{-4} Pa。系统极限真空优于 5×10^{-6} Pa，漏率优于 1×10^{-10} Pa·m³/s。整体系统结构实物如图 6-55、图 6-56 所示。

图 6-55　PDH 超稳谐振方腔结构分解实物图　　　图 6-56　超稳谐振方腔实物整体图

4. PDH 稳频法拉第激光器

　　PDH 稳频法拉第激光器的光路单元包括激光器、传输光路(包含光纤部分和自由空间光两部分)、PDH 超稳谐振腔和透射/反射信号接收器,如图 6-57 和

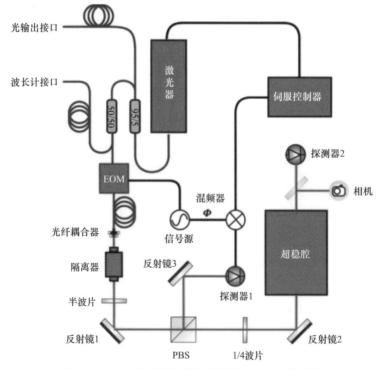

图 6-57　PDH 稳频法拉第激光器的光路单元设计图

图 6-58 所示。激光器发出的激光经过光纤分光后，一路输出，一路可接波长计，另一路经过光纤耦合器发出自由空间光。自由空间光经过半波片、反射镜、偏振分光棱镜、1/4 波片等光学元器件进入超稳腔，透射信号由相机和光电探测器 2 接收，反射信号由光电探测器 1 接收。

PDH 稳频法拉第激光器的物理单元包括 F-P 光学谐振腔及配套的温控结构和真空结构，如图 6-59 所示。

法拉第激光器锁定至 PDH 系统时的锁定带宽如图 6-60 中(a)所示，图 6-60(b) 为 Toptica 激光器锁定后的带宽显示。可以看出法拉第激光器 PDH 锁定一般需要的带宽约为 220 kHz，考虑继续增大带宽及低频增益，很可能能够进一步提高法拉第激光器锁定至 PDH 超稳谐振腔后的性能。目前法拉第激光器 PDH 锁定带宽最大可达 400 kHz。

为测量法拉第激光器与 Toptica TA 激光器自由运转时的特性，采用锁定至 PDH 的另一台 Toptica DL pro 激光器作为参考。图 6-61(a)所示为法拉第激光器自由

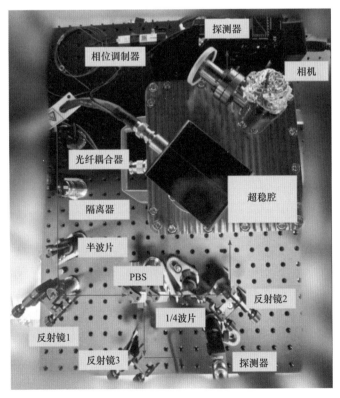

图 6-58　PDH 稳频法拉第激光器的光路单元实物图

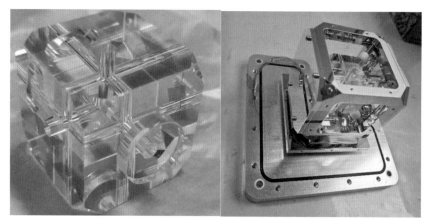

图 6-59　光学谐振腔(5 cm 方腔)实物图

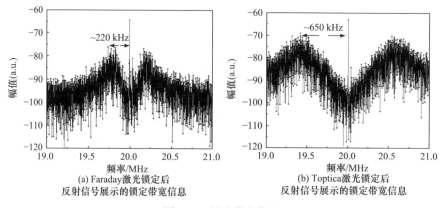

(a) Faraday激光锁定后
反射信号展示的锁定带宽信息

(b) Toptica激光锁定后
反射信号展示的锁定带宽信息

图 6-60　锁定带宽信息

运转时，与锁定至 PDH 超腔系统的 Toptica DL pro 激光器拍频结果，以及 Toptica TA 激光器自由运转时，与锁定至 PDH 超腔系统的 Toptica DL pro 激光器拍频结果。PDH 锁定，测量 Toptica 自由运转，可以看出法拉第激光器自由的短期频率稳定度约为 4.5×10^{-10}/s，Toptica TA 自由运转的短期频率稳定度约为 4.1×10^{-10}/s。

　　为了评估法拉第激光器 PDH 锁定后的特性，采用三角帽的方法，测量法拉第激光器 PDH 锁定，Toptica TA PDH 锁定以及 Toptica DL pro PDH 锁定后的短期(1 s)频率稳定度。图 6-61(b)所示为三角帽拍频的结果，其中法拉第与 Toptica TA 均采用 5 cm 的腔，Toptica DL pro 采用 10 cm 的腔，解出法拉激光器短期(1 s)频率稳定度为 5.29×10^{-15}/s，Toptica TA 短期频率稳定度为 5.4×10^{-15}/s，Toptica DL pro 短期频率稳定度为 5.56×10^{-15}/s，均处于同一性能水平。同时还可以看出，10 cm 的腔存在较为严重的漂移。

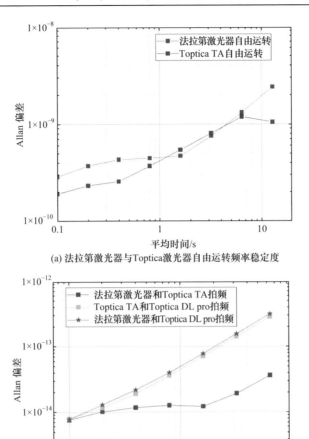

(a) 法拉第激光器与Toptica激光器自由运转频率稳定度

(b) 锁定至PDH系统的法拉第激光器与锁定至
PDH系统Toptica激光器拍频结果

图 6-61

图 6-62(a)所示为法拉第激光器锁定至 PDH 超腔系统的 Toptica TA 激光器同样锁定至超腔系统的拍频相位噪声结果，从相位噪声中也可以看出，法拉第激光器的锁定带宽在 200 kHz 附近，Toptica TA 激光器锁定带宽在 700 kHz 左右。图 6-62(b)所示为运用 FFT 频谱仪测量的锁定后的拍频线宽，RBW 为 4 Hz，拟合后法拉第激光器线宽约为 8 Hz。

6.3.3　基于法拉第激光器的回音壁微腔 PDH 稳频

传统的法布里-珀罗(F-P)腔能达到较高的 Q 值，并且在很多领域都有广泛应

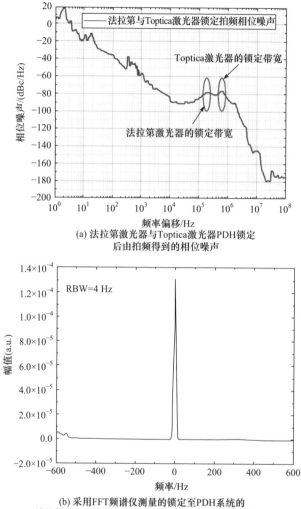

(a) 法拉第激光器与Toptica激光器PDH锁定
后由拍频得到的相位噪声

(b) 采用FFT频谱仪测量的锁定至PDH系统的
法拉第激光器与锁定至PDH系统Toptica激光器拍频线宽

图 6-62

用。但是其腔体尺寸较大不易于集成，并且高反射率的腔镜造价高，且需要复杂的稳定装置，这些都会限制 F-P 腔的应用。回音壁模式光学微腔的品质因子高、模式体积小，内壁一般做得非常光滑，光可以在腔内循环多次，因此，容易将光束缚在特定的区域内，从而增加了腔内光的能量密度，有利于非线性光学效应的发生，下面是基于法拉第激光器的回音壁微腔 PDH 稳频。

1. 微腔的工作原理

图 6-63(a)和图 6-63(b)分别是北京天坛和英国伦敦圣保罗大教堂的回音壁，都

有一个结构类似的环形"耳语回廊"，它们的共同特征是，当两个人贴近墙内壁站立，若一个人在一端对着回廊窃窃私语，即便他们相隔很远，走廊另一端的人也可以清楚地听到，犹如耳边低语，因此称为"耳语回廊"。1910 年，Lord Rayleigh 发表的论文中详细阐述了它的物理学原理[24]，声波可以不断地在弯曲光滑的墙面反射而损耗很小，所以声音可以沿着墙壁传播很远的距离，这种效应被称为耳语回廊模式(whispering gallery mode，WGM)，通常将其称为"回音壁模式"，圆形电介质中的类似效应可以导致光学中的类似效应。类似于声波在墙面反射，当光在从光密向光疏介质入射且入射角足够大时，也可以在两种介质表面发生全反射，那么在弯曲的高折射率介质界面也存在光学回音壁模式。在闭合腔体的边界内，光可以一直被囚禁在腔体内部保持稳定的行波传输模式[25]。

(a) 天坛回音壁　　　　　　　　　　　(b) 圣保罗大教堂

图 6-63

图 6-64 左侧中假设谐振腔内进入一束光，它沿着谐振腔的圆周运动。如果光线的角度很陡，根据斯涅尔定律，光线会以同样的角度部分反射，部分折射出去。当光线以 θ_{inc} 大于总内反射角 $\arcsin n_0 / n$ 的角度入射到表面，则所有光将被反射并限制在谐振腔中。如果谐振器是圆形或椭圆形，由于系统的对称性，光线将在 θ_{inc} 处从表面反复反射，光线再次与起始位置重叠。如图 6-64 右侧所示，如果在

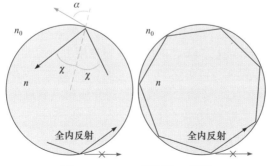

图 6-64　WGM 谐振腔二维图

这样的往返之后，光线又处于同相位(这取决于光的频率)，那么就会发生驻波共振。这就是所谓的回音壁模式，其中用来约束光场的环形结构被称为回音壁模式光学微腔(WGM 微腔)[26,27]。

如果 N_R 非常大，则完整往返的路径接近圆的周长，一个往返之后产生的相位差是 2π 的整数倍。对于半径为 a 的谐振腔，相位差为 $k \cdot 2\pi a \cdot n$，其中，k 为 $\frac{2\pi}{\lambda}$，n 是折射率，l 为谐振腔的模式，共振的条件为 $\frac{2\pi}{\lambda} \cdot 2\pi a \cdot n = l \cdot 2\pi$，化简后为

$$n \cdot 2\pi a = l \cdot \lambda \tag{6-39}$$

2. WGM 微腔的基本参数

描述光学微腔的回音壁模式通常有几个特征参数，其中最重要的参数是品质因子(quality factor，Q)和模式体积(mode volume，V)，另外还有自由光谱范围(free spectral range，FSR)。在传感领域通常要求微腔具有高品质因子和小模式体积来增加传感器的灵敏度，如果要测量模式光谱的移动和展宽等，会比较关注自由光谱范围和精细度[28]。

1) 品质因子 Q

衡量谐振腔优劣很重要的参数就是其品质因子(Q 值)，定义如下：

$$Q = \omega \frac{E_{stored}}{P_{loss}} = \frac{2\pi \vartheta_0 T_{rt}}{I} \tag{6-40}$$

其中，ω 为角频率；E_{stored} 为每个周期腔内存储能量；P_{loss} 是每个周期损失功率；ϑ_0 是光频率；T_{rt} 是腔内的往返时间；I 是每次往返的相对功率损耗。

因此，回音壁模式微腔的 Q 值与能量损耗成反比，其中总的本征损耗主要由辐射损耗、吸收损耗、散射损耗构成，都是微腔的本征损耗：

$$\frac{1}{Q_{int}} = \frac{1}{Q_{rad}} + \frac{1}{Q_{abs}} + \frac{1}{Q_{sca}} \tag{6-41}$$

(1) Q_{rad} 指辐射损耗，辐射损耗与微腔尺寸参数 R / λ，以及微腔组成材料与外界折射率对比度有关，Q_{rad} 随 R 的增大而指数增大，腔足够大时，辐射损耗可以忽略不计。

(2) Q_{abs} 指吸收损耗，来源于构成微腔的介质材料和周围环境对电磁波的吸收，不同工作波段，吸收损耗不一样。

(3) Q_{sca} 指散射损耗，来源于实际制备的微腔表面的不均匀起伏和介质内部的缺陷，引起的散射光造成的损耗，可以通过改进光学材料制备技术以及微腔加工工艺来减小。

　　另外，实验中引入外部耦合器件激发和收集回音壁模式，也会带来额外损耗 Q_{ext}，实际测量中 Q 值为

$$\frac{1}{Q} = \frac{1}{Q_{\text{ind}}} + \frac{1}{Q_{\text{ext}}} \tag{6-42}$$

　　在一般情形下，耦合器件能保证有效耦合时，引入的损耗都是非常小的，依然能够保持高 Q 值。

　　理想情况下的微腔，不存在腔内损耗时，Q 值是无穷大的，实际上光在微腔中传播时包含很多损耗。腔内耗散因子与光子寿命和共振线宽有关，Q 的表达式为

$$Q = \omega_r \tau_p \approx \frac{\vartheta_r}{\Delta \vartheta_r} = \frac{\lambda}{\Delta \lambda} \tag{6-43}$$

式中，τ_p 是光子寿命(photon lifetime)；$\Delta \vartheta_r$ 是半高全宽(full-width half-maximum，FWHM)的线宽；λ 是腔内谐振波的波长；$\Delta \lambda$ 是透射谱的 FWHM，测量进入腔内的波长和透射谱的 FWHM 可以得到微腔的品质因子 Q 值。

　　2) 微腔的模式体积

　　微腔的模式体积也是一个重要参数，模式体积的大小，通常代表着微腔对腔内的光的囚禁空间的大小。模式体积 V 可以表示为

$$V = \frac{\int \rho \mathrm{d}x\mathrm{d}y\mathrm{d}z}{\max(\rho)} \tag{6-44}$$

式中，ρ 为光场能量密度，并且 $\rho = \varepsilon E^2$。模式体积强烈依赖于微腔大小，通常，微腔的半径越小，其内部束缚的光的模式体积也越小，其腔内的光与介质之间的相互作用越强，更容易发生各种非线性相互作用。

　　3) 微腔的自由频谱宽度

　　自由频谱宽度(free spectra range，FSR)是指相邻两个谐振模式之间的波长间隔，主要由 WGM 微腔的尺寸和其自身材料的折射率决定，可以表示为

$$f_{\text{FSR}} = \frac{c}{2\pi nR} \qquad \lambda_{\text{FSR}} = \frac{\lambda^2}{2\pi nR} \tag{6-45}$$

式中，f_{FSR} 和 λ_{FSR} 分别为频率间隔和波长间隔；c 为光速；n 为 WGM 材料的折射率；R 为 WGM 微腔的半径；λ 为谐振波长。由式(6-45)可以看出，FSR 的大小和微腔的半径成反比，越小的微腔其 FSR 越大，在实际过程中可以根据需要增大或减小制备的微腔的半径，来控制微腔的 FSR。

3. 微腔的耦合

光耦合进入腔体的机制是实验装置的关键部分，目前普遍采用的是使用微腔外部的近场耦合器件，将光有效地耦合进入到微腔之中。采用较多的耦合器件可以分为三类：锥形光纤耦合、成角度光纤耦合和棱镜耦合[28]，如图 6-65 所示。三种方法的原理是一样的，光束的倏逝场与 WGM 的倏逝场重叠，当相位匹配满足条件时，可高效激发腔的谐振模式[29]。

锥形光纤耦合是目前耦合效率最高的一种方法，可以稳定地制备高透光率的锥形光纤。锥形光纤耦合法简单、成本低，在实验室常用来测量微腔的 Q 值。

倾角光纤耦合类似于棱镜耦合，倾角光纤端面通过精密切割和抛光技术抛光成反射面，光束通过全反射耦合到微腔内，但是该方法加工要求较高，生产难度较大，耦合效率较低。

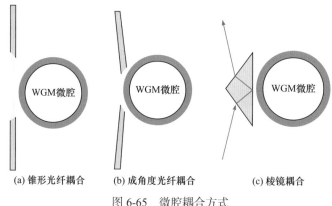

(a) 锥形光纤耦合　　　　　(b) 成角度光纤耦合　　　　　(c) 棱镜耦合

图 6-65　微腔耦合方式

棱镜耦合是通过调节微腔与棱镜之间的距离实现不同的耦合状态以及不同的耦合效率，利用光学透镜将输入光聚焦到棱镜与微腔的耦合面上，输入光在耦合界面处被充分反射，以倏逝波的形式耦合到微腔内。在微腔中谐振一段时间后，光以同样的方式耦合出微腔并进入棱镜。它的特点是性能结构稳定，有利于微腔最终封装和实际应用，但目前棱镜耦合的效率仍较低，最高为 80% 左右，并且需要较多的光学器件，在实验室测试微腔的 Q 值时仍不常用。

4. 基于法拉第激光器的回音壁微腔 PDH 稳频

为了测试所使用的晶体微腔的谐振光谱特性，搭建了晶体微腔 Q 值测试系统。由于这是一种近场相互作用，耦合效率很大程度上取决于谐振器-耦合器间隙，并且需要纳米级的定位稳定性[30]。

图 6-66(a)是微腔耦合测试系统示意图，光源采用中心波长为 1550 nm 的连续

可调谐激光器(Toptica, CTL1550), 信号发生器(Keysight, 33500B)产生幅值为 1 V, 频率为 20 Hz 的三角波对激光器进行扫描。出射光经 90/10 分束器, 一束进入波长计(High Finesse, WSU10-IR2)用于检测扫描光的波长, 另一束进入偏振控制器来控制出射光的偏振态。利用锥形光纤将光耦合进晶体微腔, 出射光经光电探测器(Throlabs, PDA10CS2)进入示波器(Keysight, DSOX2002A)。图 6-66(b)是微腔耦合测试系统实验图, 晶体微腔和锥形光纤分别置于三维精密位移平台上, 借助光学显微镜调节位移平台使光纤锥逐渐靠近微腔。如图 6-66(c)所示, 可以观察到晶体微腔外圆表面的中间区域亮度较高, 说明该区域粗糙度很低, 有利于实现高效耦合。当观察到锥形光纤时, 同时左右调节微腔的位置并观察示波器是否有谐振谱线来确定锥形光纤与晶体微腔是否耦合[30]。

　　耦合得到的谐振谱线如图 6-67 所示。可以看到谐振谱线非常密集, 在一个扫描周期内激发大量的高阶模式, 并且几乎所有模式都在基线以上。这是由于微腔内的光延迟发生波长偏移与激光器的出射光干涉形成阻尼振荡, 从而产生指数衰减振荡。微腔内光场能量的衰减快慢可以通过提取衰减振荡谱线的包络来表征, 这说明晶体微腔绝大多数模式具有非常高的 Q 值, 符合要求。

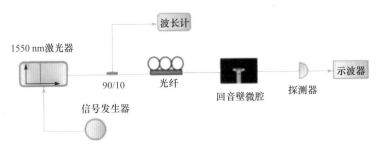

(a) 晶体微腔耦合测试系统示意图

(b) 耦合测试系统实验图

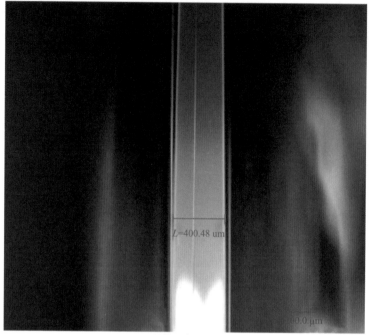

(c) 晶体微腔与锥形光纤的耦合

图 6-66

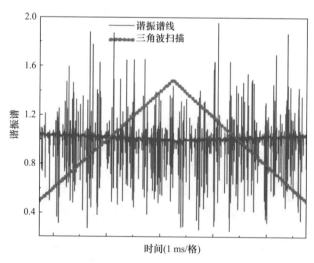

图 6-67　晶体微腔耦合谐振谱线

　　图 6-68 是法拉第激光器的回音壁微腔 PDH 稳频系统示意图，780 nm 的法拉第激光器出射的光经过隔离器后耦合进入光纤，信号源输出的正弦信号调制电光调制器 EOM 来获得 PDH 的边带，激光通过电光调制器调制出边带后通过光纤法

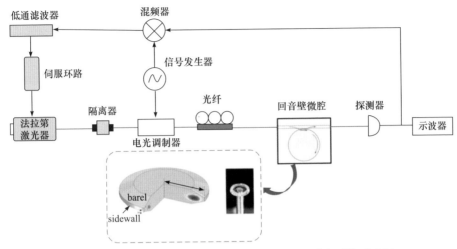

图 6-68　基于法拉第激光器的回音壁微腔 PDH 稳频系统示意图

兰连接进入已经通过锥形光纤耦合好的 WGM 微腔，通过微腔的透射光进入探测器，探测器输出的信号经过电子学分束器后分开，一路输入到示波器进行监测，另一路输入到混频器中与本地振荡信号进行混频，混频器输出的误差信号通过低通滤波后输入到 PID 伺服环路中，反馈信号分别反馈到激光器电流、压电陶瓷对激光器进行调节，最终实现基于法拉第激光器的回音壁微腔 PDH 稳频。实验中使用 MgF_2 晶体微腔，MgF_2 晶体微腔半径尺寸 R=4.5 mm，厚度 H=400 μm，楔角 $\theta = 40°$，本征 Q 值最高达 9.24×10^9 [31]。法拉第激光器利用法拉第原子滤光器选频，激光输出波长自动对应原子跃迁，利用 PDH 稳频技术，将法拉第激光器的输出激光频率稳定到晶体微腔，从而抑制激光频率漂移，实现几十 Hz 量级的窄线宽激光光源。

6.3.4　法拉第激光器 PDH 与原子稳频结合

由于法拉第激光输出波长可直接与原子跃迁谱线相对应，且具有对激光二极管工作温度及驱动电流变化免疫的特点，在以量子精密测量为代表的众多实际应用中都具有巨大的潜力。在量子精密测量领域，因为具体应用的不同，对激光器频率锁定后具有的短期稳定度、中长期稳定度、长期稳定度及全域稳定度有着不同的要求及侧重。以进行时间频率测量的原子钟为例，独立作为守时钟的原子钟都更关注长稳，但若只用为其他长稳好的原子钟(守时钟或者基准钟)提供本地振荡器(替代晶振)的原子钟(或者振荡器)则更关注短稳。

PDH 稳频技术与原子/分子超精细跃迁参考稳频技术是目前激光稳频最常用的两种技术。PDH 稳频技术以超高精细度的 F-P 腔作为频率参考，可以提供极高的短期频率稳定度，有着非常广泛的应用。一般采用 PDH 稳频时，需要考虑其独特的技术特性，首先是 PDH 稳频采用的频率参考非绝对频率参考，其次是作为参考的超高精细度的 F-P 腔会受到外界环境如温度等变化的影响，使得 PDH 稳频技术的长期频率稳定性(一般指>100 s 的时间尺度)受到一定程度的损害。与 PDH 稳频技术不同，原子/分子超精细跃迁参考稳频技术是采用原子或分子能级间的跃迁频率作为绝对频率参考，跃迁频率具有更低的环境敏感性，可以提供更好的长期频率稳定性。但相较于 PDH 稳频技术，由于一般绝对频率参考的线宽更宽，一定程度上减小了锁定时的信噪比，使其短期频率稳定度略逊于 PDH 稳频技术。针对一些对激光的短期频率稳定度及长期频率稳定度均有较高要求的应用，如新一代卫星导航定位系统，通过双向光链路实现卫星网络同步时，对激光的短期稳定度(1 s)有着极高的要求，而随后星座自主运行的过程中(数小时至数天的时间尺度)，则需要激光具有较好的中长期稳定性[32-34]。本节着重介绍通过结合 PDH 稳频技术与原子稳频技术，从而使得法拉第激光器在原有特性的基础上，同时具有极好的短期频率稳定度及中长期频率稳定度，使其能够为量子精密测量领域的发展以及全球卫星导航定位系统的建设贡献更大的力量。

对于将 PDH 稳频与原子稳频相结合进行法拉第激光频率的锁定，关键在于两个锁相环之间的配合，即要通过锁相环拐点频率的设定，确保两个锁相环之间是互不干扰且能够互相配合，共同作用，使得激光频率锁定后，有效地压制激光噪声，使其既具有较好的短期频率稳定度，又具有较好的长期频率稳定度。在理想情况对数坐标表示下，采用 PDH 锁定后，激光的频率噪声极限应为超高精细度 F-P 腔的热噪声，即频率闪烁噪声，在相位噪声功率谱密度上一般表现为 f^{-3}，频率噪声功率谱密度上一般表现为 f^{-1}，转换到 Allan 偏差，斜率为 0，即为一条平线。同样在理想情况下，采用原子锁定后，激光的频率噪声极限应为白频率噪声，相位噪声功率谱密度上一般表现为 f^{-2}，频率噪声功率谱密度上一般表现为 f^{0}，即为一条平线，转换到 Allan 偏差，斜率为 $\tau^{-1/2}$。我们以归一化的频率噪声($1/\sqrt{\text{Hz}}$)进行表征，如图 6-69 所示，$S=N_0$ 表示仅原子/分子锁定后的白频率噪声，一般可处于约 $10^{-13}/\sqrt{\text{Hz}}$ 水平，仅利用 PDH 技术锁定后，可表示为 $S=C_0/\sqrt{f}$，C_0 一般处于 $10^{-15}/\sqrt{\text{Hz}}$ [30]。当构建两个锁相环，实现联合锁定时，便可同时具有 PDH 锁定特性和原子/分子锁定特性，其中，f_c 为混合锁定相交频率，一般可计算为 $f_c=(C_0/N_0)^2$。f_c 还可根据实际应用情况进行相应调整，通过改变两个锁相环的 PID 参数，便可实现。

图 6-70 所示为原子锁定结合 PDH 锁定形成法拉第激光联合锁定的示意图。原子锁定中以调制转移谱为例，进行具体的说明。法拉第激光经调制转移谱锁定后输出给 PDH 锁定模块，进行二次锁定。虽然经过 MTS 锁定后，相较于自由运转时，激光的频率噪声得到了很大的压制，但在将经过 MTS 锁定的激光输入给

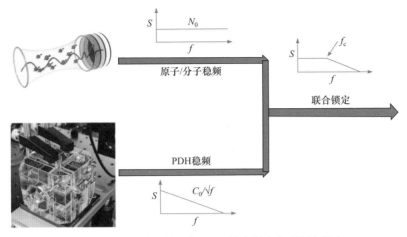

图 6-69　原子/分子锁定与 PDH 锁定混合实现频率锁定

PDH 锁定模块进行锁定的过程中，其仍然相当于携带一定的频率噪声，用 ν_{MTS} 表示。采用 MTS 对法拉第激光频率进行锁定后，在一定程度上激光的频率已经固定，很大概率无法和高精细度的 F-P 腔形成共振，因此，需要移动激光频率，使其能够与腔形成共振。根据激光频率移动范围的大小，一般可选用声光调制器或电光调制器作为具体的移频器。PDH 锁定过程中，同样需要调制解调过程形成误差信号作为伺服反馈的输入，联合锁定示意图中采用 EOM 作为移频器，移频信号和调制信号共同输入给 EOM。因为移频信号还需要作为 PDH 锁频的反馈对象，且一般频率范围较大，因此，需要采用 VCO 提供移频信号，且作为反馈环路的执行器实现锁定，调制信号采用一般的信号发生器提供。采用 EOM，需要考虑调制深度对整体锁定环路的影响，可根据贝塞尔函数进行相应的计算。移频与腔实现共振的过程，实际上与腔形成共振的应该是 1 阶边带(根据具体情况，确定移频频率是+1 阶还是−1 阶更为适合)，贝塞尔函数如图 6-71 所示，实际移频过程中，可选取±1 阶边带及 0 阶高度相似的点作为调制深度的选取点，这样既可以保证共振所需边带的大小，还能够尽量抑制其他阶边带的噪声干扰。形成误差信号的调制解调过程，同样可采用贝塞尔函数进行计算，确定误差信号鉴相斜率最大所需的调制深度，从而确定射频信号驱动功率。假设鉴相斜率为 D，根据误差信号形成过程，其正比于贝塞尔函数的 0 阶及 1 阶乘积，即 $D \propto J_0(\beta) J_1(\beta)$，一般情况下 β=1.08 时，$J_0(\beta) J_1(\beta)$ 取值最大。对于 R=50 Ω 负载的 EOM，调制深度 $\beta = \pi V / V_\pi$，V 为调制的驱动电压，V_π 为 EOM 的半波电压，而后根据 dBm=10 log[$(V^2/2R)$/1mW]确定相应的值。当然理论和实验会有一定的偏差，计算出对应的值后，还需要进行适当的调整，以达到最佳实验效果。

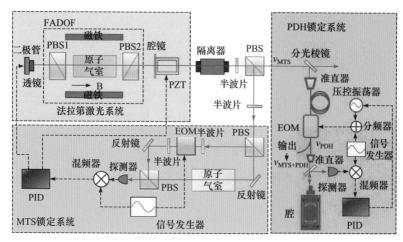

图 6-70　混合锁定示意图

从混合锁定示意图，可以得到：

$$\nu_{MTS+PDH} = \frac{1}{1+G}(\nu_{MTS} + G\nu_{PDH})\qquad(6\text{-}46)$$

其中，G 为 PDH 锁定时的开环环路增益，可简单表示为鉴相斜率 D 与伺服环路增益 G_{servo} 及 EOM(VCO)传递函数的乘积。通过图 6-72 中原子锁定与 PDH 锁定联合实现锁定过程的频率噪声分析可知，当 $f < f_c$ 时，原子锁定为主导，即 $|G|$ 为 0；当 $f \geqslant f_c$ 时，PDH 锁定发挥作用，$|G| \gg 1$。一般来说，通过 $|G|=1$ 时确定 f_c 的大小。G 值与伺服环路参数设定有着密切的关系，通过改变伺服环路参数即可根据实际应用需求改变 f_c。

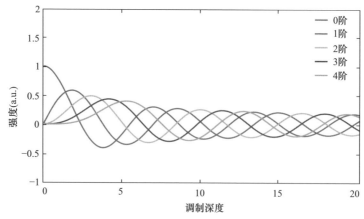

图 6-71　0 阶、1 阶、2 阶、3 阶、4 阶贝塞尔函数曲线

法拉第激光 PDH 锁定过程中，由于腔共振波长可以提前确定，不通过扫描激

光频率也可实现锁定。如果执行过程中，不扫描频率无法实现锁定，可在 EOM 之前添加 AOM 进行频率扫描，以与传统的激光频率锁定相符。AOM 不仅可以实现频率扫描，还可作为 PDH 伺服环路锁定的另一个执行器，用于消除频率噪声，调整 f_c 大小。需要注意的是，引入 AOM 后，需要考虑 AOM 本身引入的频率噪声的大小，一定要小于原子锁定后频率噪声的大小，不然会损害原子锁定环路的效果。引入 AOM 后，若将其作为 PDH 锁定的另一个反馈元件，G 也要相应地增加 AOM 的部分。

实现联合锁定后，预计法拉第激光的短期频率稳定度可保持在 PDH 锁定的水平，长期频率稳定度可保持在原子锁定的水平，将同时拥有较好的短期稳定度和长期稳定度，为不仅需要激光短期频率稳定度还需要激光长期频率稳定度的应用提供更多选择。更为重要的是，由于法拉第激光器极强的鲁棒性及环境适应性，相比于其他激光器锁定 MTS 再锁定 PDH，可以提供即开即用的能力和自动锁定的能力。即使使用过程中出现突发状况，导致失锁，法拉第激光器的输出也可以一直在原子跃迁谱线的周围，能够轻而易举地实现重锁，进而实现 PDH 的重锁。

参 考 文 献

[1] W R Bennett. Hole burning effects in a He-Ne optical maser[J]. Physical Review Letters, 1962, 126(2): 580-593.

[2] T W Hänsch, I S Shahin, A L Schawlow. High-resolution saturation spectroscopy of the sodium D lines with a pulsed tunable dye laser[J]. Physical Review Letters, 1971, 27(11): 707-710.

[3] R L Barger, J L Hall. Pressure shift and broadening of methane line at 3.39μ studied by laser-saturated molecular absorption[J]. Physical Review Letters, 1969, 22(1): 4-8.

[4] J H Shirley. Modulation transfer processes in optical heterodyne saturation spectroscopy[J]. Optics Letters, 1982, 7(11): 537.

[5] M Ducloy, D Bloch. Theory of degenerate four-wave mixing in resonant Doppler- broadened systems-I. Angular dependence of intensity and lineshape of phase-conjugate emission[J]. Journal de Physique, 1981, 42(5): 711-721.

[6] M Ducloy, D Bloch. Theory of degenerate four-wave mixing in resonant Doppler- broadened media-Ⅱ. Doppler-free heterodyne spectroscopy via collinear four-wave mixing in two- and three-level systems[J]. Journal de Physique, 1982, 43(1): 57-65.

[7] R K Raj, D Bloch, J J Snyder, et al. High-frequency optically heterodyned saturation spectroscopy via resonant degenerate four-wave mixing[J]. Physical Review Letters, 1980, 44(19): 1251-1254.

[8] H Shi, P Chang, Z Wang, et al. Frequency stabilization of a cesium Faraday laser with a double-layer vapor cell as frequency reference[J]. IEEE Photonics Journal, 2022, 14(6): 1-6.

[9] Chang P, Shi H, Miao J, et al. Frequency-stabilized Faraday laser with 10⁻¹⁴ short-term instability for atomic clocks[J]. Applied Physics Letters, 2022, 120(14): 141102.

[10] Miao X, Yin L, Zhuang W, et al. Note: Demonstration of an external-cavity diode laser system

immune to current and temperature fluctuations[J]. Review of Scientific Instruments, 2011, 82: 086106.

[11] Qin X, Liu Z, Shi H, et al. Switchable Faraday laser with frequencies of [85]Rb and [87]Rb 780 nm transitions using a single isotope [87]Rb Faraday atomic filter[J]. Applied Physics Letters, 2024, 124: 161104.

[12] Shi H, Chang P, Wang Z, et al. Frequency stabilization of a cesium Faraday laser with a double-layer vapor cell as frequency reference[J]. IEEE Photonics Journal, 2022, 14: 1561006.

[13] R W P Drever, J L Hall, F V Kowalski, et al. Laser phase and frequency stabilization using an optical resonator[J]. Applied. Physics, 1983, B31:97-105.

[14] J M Robinson, E Oelker, W R Milner, et al. Crystalline optical cavity at 4 K with thermal-noise-limited instability and ultralow drift[J]. Optica, 2019, 6: 240.

[15] A E Siegman. Lasers. University. CA: Mill Valley, 1986.

[16] F Riehle. Frequency Standards: Basics and Applications. New York: Wiley, 2004.

[17] T T Shi, D Pan, J Chen. Realization of phase locking in good-bad-cavity active optical clock[J]. Optics Express, 2019, 27: 22040.

[18] T T Shi, D Pan, J Chen. An inhibited laser. Commun. Physics, 2022, 5: 208.

[19] N Ismail, C C Kores, D Geskus, et al. Fabry-Pérot resonator: spectral line shapes, generic and related airy distributions, linewidths, finesses, and performance at low or frequency-dependent reflectivity[J]. Optics Express, 2016, 24(15): 16366-16389.

[20] D Kleppner. Inhibited spontaneous emission. Physics Review Letters, 1981, 47: 233-236.

[21] D J Heinzen, M S Feld. Vacuum radiative level shift and spontaneous-emission linewidth of an atom in an optical resonator[J]. Physics Review Letters, 1987, 59: 2623.

[22] R W P Drever, J L Hall, F V Kowalski, et al. Laser phase and frequency stabilization using an optical resonator[J]. Applied Physics B, 1983, 31(2): 97-105.

[23] R L Barger, M S Sorem, J L Hall. Frequency stabilization of a cw dye laser[J]. Applied Physics Letters, 1973, 22(11): 573-575.

[24] L Rayleigh. CXII. The problem of the whispering gallery[J]. The London, Edinburgh and Dublin philosophical magazine and journal of science. 1910, 20:1001-1004.

[25] L Baumgartel. Whispering gallery mode resonators for frequency metrology applications [M]. ProQuest Dissertations Publishing, 2013.

[26] B E A Saleh, M C Teich. Fundamentals of Photonics. 2nd ed. Hoboken, N. J: Wiley- Interscience, 2007.

[27] B Sprenger. Stabilizing Lasers Using Whispering Gallery Mode Resonators[M]. ProQuest Dissertations Publishing, 2010.

[28] 刘博缘. 超高 Q 值微腔激光器实验研究[D]. 电子科技大学, 2022.

[29] Jiang X F, Xiao Y F, Zou C L, et al. Highly unidirectional emission and ultralow-threshold lasing from on-chip ultrahigh-q microcavities[J]. Advanced Materials, 2012, 24(35): OP260- OP264.

[30] 翟志二. 高品质因子回音壁模式晶体微腔的制备与应用研究[D]. 北京理工大学, 2023.

[31] Qu Z, Liu X, Zhang C, et al. Fabrication of an ultra-high quality MgF_2 micro-resonator for a single soliton comb generation[J]. Optics Express. 2023, 31:3005-3016.

[32] J K Abich, L L Blümel, et al. Simultaneous laser frequency stabilization to an optical cavity and an iodine frequency reference[J]. Optics Letters, 2021, 46(2): 360-363.

[33] C Günther. Kepler–Satellite Navigation without Clocks and Ground Infrastructure[C]// Proceedings of the 31st international technical meeting of the satellite division of the institute of navigation (ION GNSS+ 2018). 2018: 849-856.

[34] G Giorgi, T D Schmidt, C Trainotti, et al. Advanced technologies for satellite navigation and geodesy[J]. Advances in Space Research, 2019, 64(6): 1256-1273.

第7章　法拉第激光器推广应用

法拉第激光器输出激光具有窄线宽、高稳定度等特点，在基础物理研究和量子精密测量等领域具有广阔的应用前景。本章主要介绍法拉第激光器在原子钟、原子干涉重力仪、磁力仪、光通信以及作为激光波长标准、超窄带弱光相干放大等领域的应用。

7.1　法拉第激光器在原子钟领域的应用

7.1.1　法拉第激光器应用于原子钟的方案

法拉第激光器采用原子滤光器作为选频器件，因此，输出频率可以自动限制在原子跃迁波长附近，是量子精密测量领域的优选光源。原子钟作为量子精密测量的基础核心仪器，其性能优异对测量精度具有决定作用，在国际单位制秒的现定义及重新定义、引力波探测、暗物质探测、重力势测量、物理常数测量等方面发挥重要作用。其中，高性能激光源几乎是所有原子钟的关键组成部件，例如，在微波原子钟领域，冷原子喷泉钟、积分球冷原子钟、光抽运原子钟、磁选态光检测原子钟、CPT 原子钟等，均需要激光作为探测光、抽运光、冷却光或者重泵光；在光频原子钟领域，冷原子光晶格钟、冷离子囚禁光钟、冷原子超辐射主动光钟、小型光钟和芯片光钟等，均需要窄线宽、低频率噪声的激光器作为本振激光，以及冷却光、重泵光实现原子冷却，探测光实现谱线探测。综上，激光器的性能直接影响原子钟的关键指标，激光器是发展高性能原子钟的核心部件。

利用法拉第激光器天然的量子选频优势，应用于上述原子钟，有望推动现有原子钟的关键参数(频率稳定度)实现质的提升。以法拉第激光器已经实现应用的原子钟为例，本节将具体介绍方案。作为抽运光和探测光，应用于光抽运小铯钟和磁选态光检测小铯钟；作为本振光实现高性能光频标，并结合光梳实现可搬运小光钟；此外，结合大功率单管激光器或者阵列激光器作为增益介质，实现功率在瓦量级甚至百瓦量级的大功率激光器，并利用原子谱稳频，可用于冷原子钟的冷却光、重泵光和泵浦光，尤其在冷原子主动光钟方面具有重要应用价值。下面依次进行介绍。

7.1.2　法拉第激光器应用于激光抽运小铯钟

在时间计量领域，紧凑型铯束原子钟占有重要地位，其具有优异的中长期频率稳定度，可应用于授时、定位、导航和高速数字通信领域。铯束原子钟可分为两类：磁选态型铯束原子钟和光抽运型铯束原子钟，后者可实现更高的谱线信噪比和更优的频率不确定度，并且便于真空密封，成为目前小铯钟的研究热点。

1. 基于法拉第激光器的光抽运小铯钟系统原理

光抽运小铯钟主要包括铯原子束管(物理部分)、铯钟整机电路和激光系统，由铯原子束管提供定向铯原子束流作为量子频率参考，由激光系统分别提供抽运激光和探测激光，用于粒子数的抽运和量子态的探测，最终得到钟跃迁谱线并经铯钟整机电路实现对微波源或晶体振荡器的频率锁定，输出 10 MHz 的原子钟信号。由于光抽运过程会引入光频移，因此，能够长期稳定运行的超稳激光系统对实现高性能的光抽运小铯钟至关重要。

光抽运小铯钟的原理图如图 7-1 所示，铯炉加热喷出铯原子束，铯原子束和抽运光相互作用，使基态 $F=4$ 的铯原子全部被抽运到 $F=3$ 态，在微波作用区与 9.19 GHz 的微波相互作用后返回 $F=4$ 态，再与检测激光相互作用后在 $F=4$ 和 $F'=5$ 之间循环到 $F=4$ 态，相应的能级如图 7-2 所示。最终检测这些原子的荧光信号并获得 Ramsey 条纹，经过伺服系统处理后反馈给晶振，来稳定其频率。

限制光抽运铯原子钟性能的主要因素是铯原子的散粒噪声和激光的频率噪声。增加相互作用原子数量可以有效减小铯原子散粒噪声，可以通过提高铯炉温度进而提高通量来实现。然而，在铯炉温度确定时，采用窄线宽、低频率噪声的激光器可以提高光抽运小铯钟 Ramsey 条纹的信噪比，从而有效地提高铯束钟的性能。因此，线宽窄和频率噪声低的激光器是解决问题的关键。

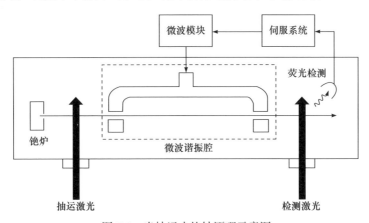

图 7-1　光抽运小铯钟原理示意图

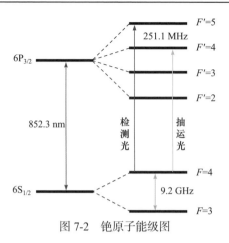

图 7-2　铯原子能级图

与其他类型的外腔半导体激光器相比，如干涉片外腔半导体激光器和光栅外腔半导体激光器，法拉第激光器具有线宽窄、激光频率自动对应原子跃迁谱线的优点。通过采用调制转移谱对法拉第激光器进行二次频率锁定，可有效抑制高频噪声，提高光抽运小铯钟的谱线信噪比。

通过改变铯炉温度可以提升铯束管内的原子通量。铯炉温度一般被设定为100℃，当铯炉温度提高时，原子通量提升，Ramsey 条纹信噪比提高，铯束原子钟的短期稳定度便得以提升。但考虑到铯束原子钟的寿命问题，束管温度不能无限制地提高。综合考虑，铯炉温度被设定为 110℃。

将稳频法拉第激光分为两束，分别作为光抽运小铯钟的检测光和抽运光。法拉第激光被锁定在铯原子 $6\ s^2S_{1/2}\ |F=4\rangle - 6p^2P_{3/2}|F'=5\rangle$ 跃迁上，可直接作为检测光，而泵浦光对应铯原子 $6\ s^2S_{1/2}\ |F=4\rangle - 6p^2P_{3/2}|F'=4\rangle$ 跃迁，因此，需要对一部分稳频法拉第激光进行移频。实验装置图如图 7-3 所示。稳频法拉第激光经过半

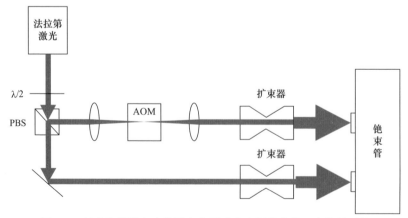

图 7-3　以法拉第激光为检测光和泵浦光光源的光抽运小铯钟系统

(λ/2：半波片；PBS：偏振分光棱镜；AOM：声光调制器)

波片和 PBS 后分为两束，一束经过透镜扩束后直接作为检测光，另一束经过透镜缩束，再经过 AOM 移频 251.1 MHz，最后经过一个透镜进行准直。准直后的光进入扩束器实现扩束，作为抽运光。

2. 基于法拉第激光器的光抽运小铯钟系统性能

通过拍频测量对法拉第激光器的性能进行评估，稳频法拉第激光器的秒级频率稳定度(秒稳)为 2.7×10^{-12}，即单套系统的秒稳为 1.9×10^{-12}。法拉第激光器自由运转情况下，拍频测量法拉第激光器线宽为 20.0 kHz，即单套系统线宽为 11.9 kHz，通过 MTS 稳频后，测量的拍频线宽为 3.5 kHz，即单套系统线宽为 2.3 kHz。因此，通过 MTS 稳频，法拉第激光线宽被明显压窄。进而，以此法拉第激光作为光抽运小铯钟的检测光和抽运光，因法拉第激光线宽较窄且频率噪声低，并进一步将铯炉温度提高到 110℃来提高原子通量，可以提升 Ramsey 条纹的信噪比，进而提高铯束钟的性能。如图 7-4 所示，将铯钟与氢钟进行拍频测量，秒稳为 7.9×10^{-13}，百秒稳为 1.3×10^{-13}，万秒稳为 1.4×10^{-14}[153]。国际上，美国 Microsemi 研制的 5071A 磁选态铯束钟百秒稳为 8.5×10^{-13}，万秒稳为 8.5×10^{-14}；法国 Thales[1]和瑞士 Oscilloquartz[2]等公司也实现了性能优异的光抽运铯束钟。基于法拉第激光器的光抽运小铯钟性能优于美国 5071A 及目前国际上各单位已实现的铯钟。总的来说，这种基于窄线宽、高频率稳定度的法拉第激光器的光抽运小型铯原子钟，具有国际领先的频率稳定度指标，可用于守时与授时、导航和通信等领域，并有利于推动时频和计量领域的发展。

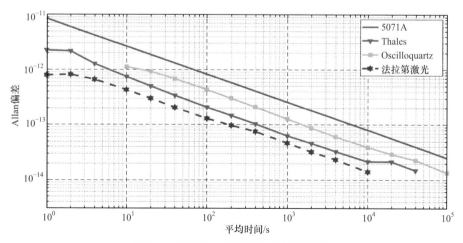

图 7-4　光抽运小铯钟频率稳定度[1,2,153]

7.1.3　法拉第激光器应用于光频-微波双频原子钟

时间/频率是目前能够被测量的最准确的物理量,原子钟作为实现时频测量的高精密仪器,具有重要应用。比如,通过频率比对进行基础物理研究(广义相对论验证、暗物质探测、引力波探测、物理常数随时间的变化)、秒的现定义以及重新定义、建立量子传感网络、时频传递等。这些广泛的应用促进了原子钟技术和种类的飞速发展,从微波钟到光钟,甚至核钟[3,4]、脉冲星天文钟,原子钟种类层出不穷。通过光频比对,已经证明了光晶格钟、离子光钟是目前性能最优的原子钟。即便如此,为了应对不同的应用场景,科学家们还是在极力丰富原子钟的种类,高电离钟、单分子离子钟、分子晶格钟、氢原子晶格钟、汞原子晶格钟、铟离子钟等,甚至是自然含量稀缺的钍 229 核钟[3,4]、毫秒波脉冲星天文钟等,原子钟的类型还在不断丰富,探索自然界的奥秘,丰富人类的现有认知,尤其是扩展量子精密测量的应用范围。

虽然原子钟种类繁多,但是目前实现秒定义的原子钟还是铯原子微波钟,预计 2026 年确定用光钟进行秒定义的路线图。铯原子钟具有独特的优势,1955 年英国国家物理实验室研制成功出世界上第一台基于铯原子的原子束钟,实现后不久,1967 年,第十三届国际计量大会将 1 秒定义在铯原子基态超精细能级跃迁频率上,铯原子成为一级时间计量标准的参考。而现如今,微波原子钟的精度已经不能满足某些应用需求,用光钟进行秒定义修改的工作正在如火如荼地开展,光晶格钟、离子光钟可能会成为秒重新定义的基准钟。但是,由于秒定义的三种方案还未最终确定[5,6],且有可能采用微波钟、光钟齐头并进的方式,通过确定权重来实现秒定义的过渡以及重新建立。因此,如何利用微波钟的实用优势,同时结合光钟的性能优势,是一件极具挑战且应用前景广阔的事情。

由于独特的性能优势,以铯原子作为量子参考实现的原子钟意义重大,与光晶格钟和离子钟不同,基于热铯原子实现的光钟不需要超稳本振和超冷原子量子参考,具有体积小、系统简单,且长时间连续运行的优势。由于光频中心跃迁频率远高于微波,因此,其短期频率稳定度与微波钟相比更具优势,适用于目前对高性能光频标的需求。此外,将上述小体积高性能的法拉第光钟应用于光抽运小铯钟的抽运光和检测光,可以获得性能优异的微波钟。综上,本书提出利用铯原子量子参考,实现微波和光学两种不同波段的原子钟,且两个波段可以随意切换输出,也可以同时输出。微波原子钟和光频原子钟分别具有更加优异的长期频率稳定度和短期频率稳定度,实现了一种基于铯原子的双波段光频-微波原子钟。且本方案只需要一个法拉第激光器作为本振激光源[7],输出频率自动对应原子跃迁波长,系统结构简单、操作方便、性能优异,实用性极强,扩展了基于法拉第激光器的微波原子钟和小型化高性能光频原子钟的应用范围。

　　双波段光频-微波原子钟的工作原理如图 7-5 所示。法拉第激光器的频率通过调制转移谱锁定在铯原子 $6S_{1/2}(F=4)$ 到 $6P_{3/2}(F'=5)$ 的超精细跃迁能级，实现一个稳定的激光源，稳频后的激光分出来一束，进行频率下转换，其中激光的频率为 f_L，与光学频率梳中频率接近的一个光谱成分拍频，即第 N 根梳齿 f_N，得到拍频频率 $f_b=f_L-f_N$，通过微波锁相技术严格控制拍频频率 f_b 和光梳的初始频率 f_0。因此，光梳的重复频率 f_r 与 f_b、f_L 和 f_0 有关，且由光梳的工作原理可知，f_r 的频率稳定度和精确度由激光频率 f_L 决定，以此实现光学频率向微波频率的高精度传递，形成基于法拉第激光器的光频原子钟。

　　稳频后的法拉第激光器作为光抽运小铯钟的抽运光和检测光使用，其中抽运光经 251 MHz 移频，频率对应铯原子 $6S_{1/2}(F=4)$ 到 $6P_{3/2}(F'=4)$ 的超精细跃迁能级，将铯原子基态 $6S_{1/2}(F=4)$ 的原子全部抽运至 $6S_{1/2}(F=3)$ 态。在 Ramsey 微波分离场作用下，将铯原子从基态 $6S_{1/2}(F=3)$ 又激励回 $6S_{1/2}(F=4)$。检测光频率对应铯原子 $6S_{1/2}(F=4)$ 到 $6P_{3/2}(F'=5)$ 的超精细跃迁能级，检测在 Ramsey 微波激励场作用下基态 $6S_{1/2}(F=4)$ 的粒子数变化。通过光抽运小铯钟整机电路，对微波源的频率进行锁定，使微波源输出原子钟信号，形成基于法拉第激光器的微波原子钟。

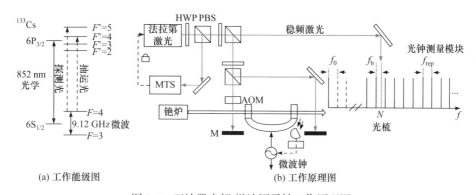

(a) 工作能级图　　　　　　　　　　　　(b) 工作原理图

图 7-5　双波段光频-微波原子钟工作原理图

(HWP: 半波片；PBS: 偏振分光棱镜；AOM: 声光调制器；M: 全反镜；MTS: 调制转移谱稳频；f_0: 光梳初始频率；f_b: 激光与光梳单个梳齿的拍频信号；f_{rep}: 光梳重复频率)

　　利用这种方式，可以实现一种基于法拉第激光器的双波段光频-微波原子钟。创新性地利用目前实现秒定义的铯原子，分别作为微波原子钟和光频原子钟的量子参考，实现微波和光频两种不同波段的原子钟，且两个波段可以随意切换，也可以同时输出。与光晶格钟和离子钟相比，基于热铯原子实现的光钟不需要超稳本振和超冷原子量子参考，具有体积小、系统简单，且长时间连续运行的优势；与传统的微波光抽运小铯钟相比，将光钟输出的激光应用于光抽运小铯钟的抽运光和检测光，可以获得频率稳定度更高的微波钟；并且，此方案只需要一个本振激光源，即法拉第激光器，其输出频率自动对应量子跃迁波长，整机系统结构简单、操作方便、性能优异。基于法拉第激光器实现的双波段光频-微波原子钟[7]、微波原子钟和光频原子钟分别具有更加优异的长期频率稳定度和短期频率稳定度，如图 7-6 所示，广泛扩展了法拉第激光器在实用化微波原子钟和小型化高性能光频原子钟的应用范围。

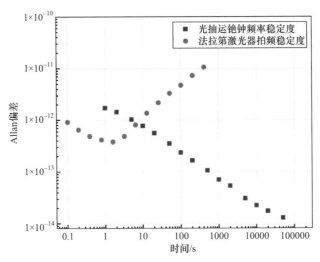

图 7-6　光抽运铯钟和法拉第激光器 Allan 偏差

7.1.4　法拉第激光器应用于冷原子主动光钟

　　光频原子钟(简称光钟)由于工作频率更高，其性能已经超过了微波原子钟，在基础物理研究、高速通信、高精度定位等科研、工程领域均有广泛应用。目前，最先进的光钟频率稳定度与频率不确定度都已进入了 10^{-19} 量级[8-10]。根据工作模式，光钟可以分成两个类别：主动光钟和被动光钟[11]。被动光钟是将预稳频的激光器锁定到一个外部的、极窄的原子自发辐射谱线上，例如，激光冷却的铯原子束[12]，或是囚禁于光晶格中的锶原子[13]。被动光钟本振激光通常采用 PDH 方法锁定到超腔上，其系统结构复杂、工作条件较苛刻。并且，由于被动光钟工作在好腔激光区域，系统的频率稳定度和输出的光学频率标准线宽将会受到腔长热噪声的制约，其性能的进一步提升面临很大挑战[14]。

　　相比之下，主动光钟无须外部频率参考，直接利用原子作为增益介质，在谐振腔弱反馈下，将布居数反转的增益介质原子产生的受激辐射信号作为频率标准。主动光钟工作在坏腔区域，增益线宽远小于腔模线宽，光频标信号频率取决于量子参考的中心频率，对腔长热噪声带来的腔牵引效应有天然的抑制作用[15]。主动光钟输出的光频标信号相位相干性极好，线宽甚至可以超越自发辐射量子线宽极限[16,17]。综合来看，主动光钟有望在性能最好的钟的基础上，再将稳定度提升 2

个数量级。同时，主动光钟系统的结构简单，更易于小型化、集成化[11]。

目前提出的主动光钟主要使用热原子作为增益介质，而热原子因布朗运动引起的多普勒效应和原子之间的碰撞展宽，会使得受激辐射产生的频率标准信号发生频率漂移，导致主动光钟系统的频率稳定度变差。将增益介质替换为漫反射多普勒冷却得到的冷原子团，能够大幅抑制多普勒和碰撞展宽现象，进一步提高主动光钟的频率稳定度。本节将以漫反射多普勒冷却技术制备冷原子增益介质为例，提出法拉第激光器在冷原子主动光钟方向的一种应用与实验方案。

漫反射多普勒冷却是基于多普勒冷却原理，发展出来的一种结构简单、性能较好的激光冷却方案[18]。其利用漫反射光子的速度随机性，连续地补偿减速中原子所需的多普勒频移，实现对原子多次、连续减速，直到原子被冷却到很低的温度。在漫反射多普勒冷却技术中，需要大功率、窄线宽、频率稳定在原子跃迁谱线上的激光来充当冷却光和重泵光，而大功率稳频的法拉第激光器很好地满足了这些需求，在冷原子主动光钟方向有很重要的应用价值。

以铷原子 1367 nm 四能级主动光钟为例，法拉第激光器应用于冷原子主动光钟的实验方案及铷原子能级图如图 7-7 所示。两台大功率 420 nm 法拉第激光器作为激光冷却的冷却光和重泵光，通过饱和吸收谱(或调制转移谱等)将输出频率分别锁定在对应冷却、重泵能级跃迁频率上。420 nm 冷却光锁定在铷原子 $5S_{1/2}F=2 \to 6P_{3/2}F'=3$ 跃迁上，再经过 AOM 移频产生红失谐，失谐量 Δ 在铷原子自然线宽的两倍左右，约为 10 MHz；420 nm 重泵激光锁定在铷原子 $5S_{1/2}F=1 \to 6P_{3/2}F'=2$ 跃迁上。冷却光和重泵光经过 PBS 合束后，通过耦合器耦合入光纤中。载有冷却、重泵混合光的光纤通过分束器分成多束，光纤的另一端固定在冷原子室侧壁上，从不同位置射入冷原子室中。冷原子室由透明的石英玻璃材料制成，侧壁包裹漫反射材料，进入冷原子室的冷却、重泵混合光将在侧壁上发生漫反射。与冷却光子相向运动的基态铷原子将吸收该红失谐光子，跃迁到 $6P_{3/2}$ 态上，然后发生自发辐射，释放光子并掉落到基态。根据动量守恒，原子吸收光子时，其动量发生一个定向的改变；通过自发辐射释放光子时，其动量改变量的方向是随机的。于是，从统计上看，原子相当于受到一个总是与其运动方向相反的力，即被减速了。由于漫反射光具有各种方向，对铷原子来说，总能找到一个光子，其相对于原子的表观红失谐量恰好满足共振吸收的要求。$6P_{3/2}$ 态的铷原子发生自发辐射跃迁至下能级时，可能会掉落到 $5S_{1/2}F=1$ 态上，为了防止铷原子在 $F=1$ 上聚集，需要重泵激光的作用，使铷原子发生 $5S_{1/2}F=1 \to 6P_{3/2}F'=2$ 的跃迁，再通过自发辐射掉落回 $5S_{1/2}F=2$ 态。于是，在冷却光和重泵光的作用下，这种减速过程能循环往复下去，实现多普勒冷却效果，得到均匀分布在整个冷原子室空间中的冷铷原子，作为主动光钟的增益介质。

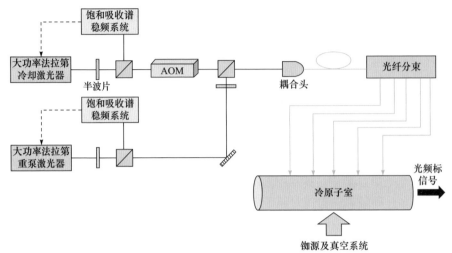

(a) 法拉第激光器应用于冷原子主动光钟的实验方案

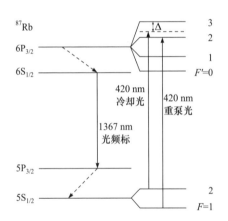

(b) 铷原子多普勒冷却及主动光钟相关能级

图 7-7

　　冷原子室的一侧窗口为平面，一侧窗口为凸面，两个窗口均镀有对 1367 nm 有一定反射率的介质膜，充当平凹谐振腔的前后腔镜。铷原子在大功率冷却激光和重泵激光的作用下，被泵浦到 $6P_{3/2}$ 态上，在自发辐射掉落的过程中，将会建立起 $6S_{1/2}$ 态与 $5P_{3/2}$ 态之间的布居数反转，由自发辐射产生的 1367 nm 荧光信号在谐振腔内触发受激辐射，被不断放大，最终形成 1367 nm 受激辐射光信号，作为主动光钟的光学频率标准信号，从冷原子室的窗口输出，这便是冷原子主动光钟的主要物理过程。经过光梳拍频，就能将光频信号转换到微波频域，实现时间信号的输出。

　　同样地，如果将主动光钟增益介质换为铯原子，并更换对应的冷却、重泵激光器的波长及锁定的跃迁谱线，就能实现 1470 nm 波长光学频率标准信号的冷原子主动光钟，相应的铯原子能级图如图 7-8 所示。两个大功率 455 nm 法拉第激光器用于产生冷却光和重泵光，分别被锁定在铯原子 $6S_{1/2}F=4 \rightarrow 7P_{3/2}F'=5$ 以及 $6S_{1/2}F=3 \rightarrow 7P_{3/2}F'=4$ 跃迁频率上，实现对冷原子室内铯原子的漫反射多普勒冷却。同时，由于自发辐射过程，达到稳态时，在 $7S_{1/2}$ 和 $6P_{3/2}$ 态之间将形成布居数反转，自发辐射产生的 1470 nm 荧光信号在冷原子室两窗口构成的谐振腔中不断放大，形成 1470 nm 光学频率标准信号并从窗口输出。

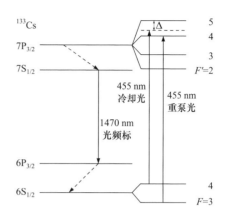

图 7-8　铯原子多普勒冷却及主动光钟
相关能级

　　以 1470 nm 的铯原子钟激光跃迁为例，对于热原子主动光钟，铯原子气室的工作温度在 130℃附近，由于多普勒效应带来的激光线宽展宽约为 7.31 MHz，而 1470 nm 跃迁的自然线宽仅为 1.81 MHz[19]。将主动光钟的增益介质换为冷原子，就能几乎消除多普勒效应的影响，从而压窄输出光频标信号的线宽，提高频率稳定度。更窄的增益介质线宽还能够进一步提高坏腔因数(即增益介质线宽与腔模线宽之比)，从而更好地抑制腔长热噪声对频率稳定度的影响。

7.2　法拉第激光器在原子干涉重力仪中的应用

　　重力加速度，通常用符号"g"表示，是由地球或任何其他天体的引力产生的加速度，它决定了物体在自由下落时的速度增加率。在地球表面，g 的大小约为 9.8 m/s²，方向总是指向地球的质心。在测量重力加速度时还常用到伽利略(Gal)作为单位(1 m/s²=100 Gal)。然而，由于地球并不是一个完全均匀的球体，其质量分布也不完全均匀，不同地点的"g"大小略有差异。

　　测量得到高精度的重力加速度对于科学研究和技术应用具有极其重要的意义[20-23]。这不仅可以帮助科学家更深入地了解地球内部结构，还在重力测绘、导航等多个领域发挥关键作用。例如，通过精确的重力测量，可以探测地下的矿藏分布，优化航海和航空导航系统的精度。此外，高精度的重力加速度值还在国际单位制中对千克的定义发挥了作用[24]。

　　重力仪是一种专门设计用于精密测量重力加速度 g 值的科学仪器，它的性能主要通过灵敏度、不确定度和稳定度等指标来评估。灵敏度是指重力仪能够检测到的最小重力变化量，用于衡量重力仪的测量噪声。不确定度用于表征重力仪测量重力加速度 g 值的准确性。稳定度一般指长期稳定度，反映了重力仪在长时间内保持测量一致性的能力。一个稳定的重力仪可以在长时间运行过程中，即使环境条件发生变化，也能提供一致的测量结果。

重力仪可分为相对重力仪和绝对重力仪。其中，相对重力仪是探测重力加速度的相对变化值，该类重力仪通常具有出色的灵敏度，例如，LaCoste-Romberg 零长弹簧重力仪[25]灵敏度可达 $0.1\ \mu Gal/\sqrt{Hz}$，美国 GWR 公司生产的 iGrav 轻便型超导重力仪[26]灵敏度为 $0.3\ \mu Gal/\sqrt{Hz}$，在长期稳定性方面，一个月内的漂移小于 $0.5\ \mu Gal$。绝对重力仪是对地球表面加速度的直接测量，最初起源于单摆结构，不确定度在 $10^{-4}\ g$ 量级[20]。在激光技术的诞生和发展下，产生了激光干涉绝对重力仪。激光干涉绝对重力仪普遍采用迈克尔逊干涉仪结构，通过观察干涉明暗条纹判断落体下落的距离，连续记录干涉条纹周期明暗变化以及对应的时钟信号，由此得到落体轨迹，从而得到重力加速度。美国 Colorado 大学和天体物理联合研究所(JILA)研制的移动式重力仪不确定度可达 $10^{-8}\ g$ 量级[27]。目前商品化较成熟的绝对重力仪有美国的 FG5、A10 型系列激光干涉绝对重力仪，以最新型的 FG5/FG5X 型产品为例，其测量不确定度可达 $2\ \mu Gal$，灵敏度可达 $15\ \mu Gal/\sqrt{Hz}$ [28]。

7.2.1 原子重力仪原理及研究现状

由德布罗意波公式可知，物质也具有波粒二象性，因此，用原子的物质波干涉构建重力仪在原理上是可行的。原子重力仪经过数十年的发展目前已衍生出多种不同类型的原子重力仪。根据原子干涉路径操纵方式的差异可划分为拉曼跃迁型原子重力仪、布拉格衍射型原子重力仪和布洛赫振荡型原子重力仪等。其中，拉曼跃迁型原子重力仪是基于原子的受激拉曼跃迁原理实现原子干涉，这种类型的原子重力仪比较常见，本节主要对该类型的原子重力仪展开介绍。

类比光学干涉仪需要对一束光进行分束、反射和合束(见图 7-9(a))，原子干涉仪包含原子量子态的干涉、叠加与探测等操作步骤，利用了拉曼激光的三脉冲序

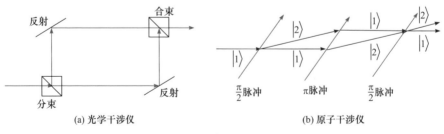

(a) 光学干涉仪　　　　　　　　　　(b) 原子干涉仪

图 7-9

列($\pi/2-\pi-\pi/2$)来操控原子的内部能态，如图 7-9(b)所示，该种构型的原子重力仪又称马赫-增德尔型原子重力仪。通过适当调节激光的频率和强度，可以实现原子的分束、反射和合束，从而形成物质波干涉效应。这种技术使科学家能够精确地控制原子的量子态，为原子干涉的实现提供了基础。

原子重力仪一般采用超高真空系统中的碱金属原子(Rb，Cs 等)作为操控对象，这是因为这类原子的能级相对简单，易于操控分析和研究。首先通过磁光阱技术对原子进行激光冷却与囚禁，再通过偏振梯度冷却等手段使原子团的温度进一步降低，从而提高原子团的相干性。然后让超低温的原子团在重力作用下自由下落，通过作用一束微波脉冲或拉曼 π 脉冲激光，选择出对磁场不敏感的 $m_F=0$ 磁子能级的原子。之后在原子下落的不同时刻分别作用三个拉曼脉冲($\pi/2-\pi-\pi/2$)，完成对原子团的分束、态反转和合束过程。在此过程中，原子团不仅受到拉曼脉冲的作用，发生内态之间的跃迁和外态动量的变化，同时还受到重力场的作用，导致分束后的原子在各自路径上的相位积累不同，最后表现为内态原子布居数上的干涉现象以及外态物质波之间的原子干涉现象。通过扫描其中某一变量(如拉曼光频率啁啾率 α)，便可得到干涉条纹。由于原子在重力场中自由下落，可通过干涉条纹得到重力的信息。

最早实现冷原子干涉仪并用于测量重力加速度的是美国斯坦福大学朱棣文(S. Chu)研究小组[29]。他们利用了冷原子喷泉和双光子拉曼(Raman)跃迁过程。在 1992 年，该小组使用冷钠原子喷泉实现了对重力加速度 g 的测量，其灵敏度约为 $1.3\times10^{-6}\,g/\sqrt{\text{Hz}}$ [30]。随后于 1999 年，他们将系统更新为冷铯原子喷泉，重力测量的灵敏度提高到 $2\times10^{-8}\,g/\sqrt{\text{Hz}}$ [31]。法国巴黎天文台(LNE-SYRTE)的 Santos 小组自 2004 年开展冷铷原子干涉重力仪的研究[32]，采用自由下落的冷铷原子测量重力加速度，该方案在 2008 年重力测量灵敏度达到 $1.4\times10^{-8}\,g/\sqrt{\text{Hz}}$ [33]。法国宇航局(ONERA)自 2013 年开展小型原子干涉重力仪的研制，该种类型的小型化原子重力仪的测量灵敏度可以达到 $4.2\times10^{-8}\,g/\sqrt{\text{Hz}}$，在 1000 s 时，稳定度接近 $1\times10^{-9}\,g$ [34]。该小组随后又分别报道了船载型原子重力仪[35]和机载型原子重力仪[36]。2019 年，美国加州理工学院伯克利分校报道实现了一种可移动原子重力仪并进行了车载实验，测量灵敏度为 $3.7\times10^{-8}\,g/\sqrt{\text{Hz}}$，半小时稳定度达到 $2\times10^{-9}\,g$，系统不确定度为 $1.5\times10^{-8}\,g$ [37]。

2011 年，中国科学院精密测量科学与技术创新研究院(原中国科学院武汉物理与数学研究所)的周林研究团队实现了基于铷原子喷泉的原子重力仪，测量灵敏度达到 $2\times10^{-7}\,g/\sqrt{\text{Hz}}$，236 s 稳定度达到 $2\times10^{-9}\,g$ [38]。2012 年，华中科技大学研究小组的胡忠坤研究团队实现了基于主动隔振的铷喷泉原子重力仪，测量灵敏度达到 $4.2\times10^{-9}\,g/\sqrt{\text{Hz}}$，稳定度 0.3 μGal@300 s [39]。2014 年，浙江大学王兆英等人实现了下落式的原子重力仪，灵敏度达到 $1.0 \times 10^{-7}\,g/\sqrt{\mathrm{Hz}}$，200 s 稳定度达 $1.1 \times 10^{-8}\,g$，1000 s 稳定度达到 $5.7 \times 10^{-9}\,g$ [40]。随后该小组研制了小型化原子重力仪，测量灵敏度为 $2.6 \times 10^{-7}\,g/\sqrt{\mathrm{Hz}}$，8000 s 稳定度为 $2.5 \times 10^{-9}\,g$，系统评定不确定度 $2.0 \times 10^{-8}\,g$ [41]。2018 年，中国计量科学研究院重力基准实验室的吴书清团队研制的 NIM-AGRb-1 下落式原子重力仪，测量灵敏度达 $44\,\mu\mathrm{Gal}/\sqrt{\mathrm{Hz}}$，测量不确定度 $5.2\,\mu\mathrm{Gal}$ [42]。

7.2.2　基于法拉第原子滤光器的拉曼激光源

原子干涉过程是通过拉曼激光脉冲与原子的相互作用，实现原子的受激拉曼跃迁。拉曼激光本质上是由一对具有特定频率差的激光器产生。传统拉曼激光的产生方式主要通过光学锁相[43,44]或电光相位调制[45-47]来实现优越的相干特性。后者通常用于紧凑可搬运型的原子重力仪，这是因为采用电光相位调制方法实现的拉曼激光只需一台激光源，从而简化了原子重力仪的光学系统。此外，由于拉曼激光的两个不同频率的光是由同一束光调制而来的，因此它们具有出色的相位相干性。然而，在电光相位调制的过程中除产生两个一阶边带，还同时产生附加边带。这些附加边带会带来系统误差并直接影响重力测量结果。为了抑制这些额外的边带，2018 年，国防科技大学朱凌晓等人使用基于倍频 I/Q 调制器的单一边带激光系统，可实现对附加边带超过 20 dB 的抑制[48]。2022 年，华中科技大学罗覃等人预测并设计了魔术时间间隔，以进一步消除附加边带的影响，这种方法对附加边带的抑制效果超过 20 dB 但低于 30 dB。可将由附加边带引起的不确定度降低到 $0.5\,\mu\mathrm{Gal}$ [49]。2022 年，国防科技大学王国超等人提出了一种基于 FBG 的光学矩形滤波的单边带调制方法，其信噪比优于 19 dB [50]。

利用法拉第反常色散原子滤光器的光学滤波特性，通过设置法拉第反常色散原子滤光器的工作参数，使拉曼光的一阶边带对应频率可以通过原子滤光器，而高阶边带无法通过原子滤光器，从而得到单一边带的拉曼光。

2023 年，中国计量科学研究院赵阳等人利用 FADOF 的光学滤波特性，提出了一种产生光学单边带调制拉曼激光的新方法[51]。拉曼激光频率如图 7-10(a)所示，较低频率的拉曼光 1 通过调制转移谱锁定于 $^{85}\mathrm{Rb}$ 原子的 $F=3 \rightarrow F'=4$ 跃迁谱线上，失谐于 $^{87}\mathrm{Rb}$ 的 $\mathrm{P}_{3/2}$ $F'=3$ 约 1.18 GHz，拉曼光 2 则由电光相位调制产生。

如图 7-10(b)所示，1560 nm 激光器(Quantel, EYLSA780)输出激光经过一个光纤电光调制器(KG-PM-15)进行电光相位调制，调制后的信号经放大和倍频产生波长为 780 nm 的调制激光。调制激光的载波与调制边带经过 FADOF 光学滤波，滤除高阶边带后产生所需 OSSB 拉曼光。该研究组将 FADOF 产生的光学单边带拉曼激光应用于 $^{87}\mathrm{Rb}$ 自由落体原子重力仪进行重力测量，并对其进行了实验研究。

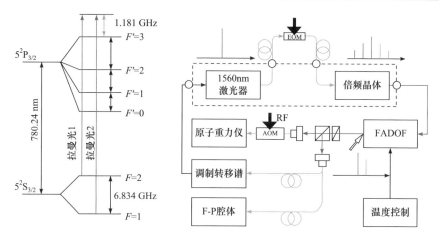

(a) ^{87}Rb原子D$_2$线对应的能级图和拉曼激光频率　　　　　　(b) 实验装置图

图 7-10

(EOM：电光调制器；AOM：声光调制器)

FADOF 的功能和结构如图 7-11(a)所示。FADOF 的输入功率设定为 300 mW，输出功率约为 120 mW。利用法拉第磁致旋光效应，通过设定合适的工作参数，将拉曼光的零级和正一阶边带以较高透过率通过 FADOF，将其他边带光学滤波。

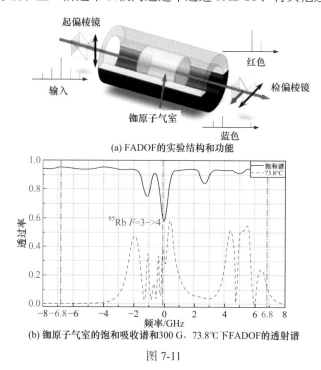

(a) FADOF的实验结构和功能

(b) 铷原子气室的饱和吸收谱和300 G、73.8℃下FADOF的透射谱

图 7-11

实验中，分别利用磁环控制磁场，加热板控制温度，将磁场设定为 300 G，温度设定为 73.8℃。该工作条件下的铷饱和吸收谱和 FADOF 透射谱如图 7-11(b)所示。图中蓝色点线代表拉曼光 1 的载波以及被电光调制器调制后 ±1 级边带，调制频率为 6.834 GHz。红线透射谱在−1 级边带处具有非常低的透过率，如图 7-11(b)所示，FADOF 只能透射 0 级和+1 级成分，滤除了−1 级和更高阶边带。

为了评估 FA-OSSB(基于 FADOF 的光学单边带拉曼光)系统的性能，该研究团队研究了没有 FADOF 滤波(黑线)和存在 FADOF 滤波情况下的拉曼光谱功率分布(红线)，如图 7-12 所示。当没有 FADOF 滤波时，载波和每一阶的边带分布情况表明，−1 阶边带仅略低于载波，2 阶边带甚至 3 阶边带同样清晰可见。经过 FADOF 滤波后，多余的边带被显著抑制 50～60 dB。基于之前的研究结果，抑制比在 30 dB 以上的附加边带效应是可以忽略的[38-41]，因此，可以判定由 FADOF 获得的单边带拉曼激光谱纯度很高，理论上来说可以消除附加边带效应。

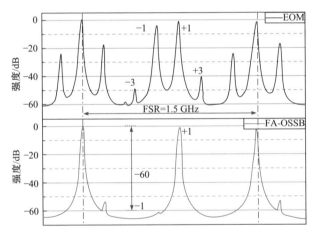

图 7-12 没有 FADOF 滤波(黑线)和使用 FADOF 滤波(红线)的拉曼强度谱

为了证明 FA-OSSB 拉曼激光器的特性，该研究组将其应用于自由落体原子重力仪，如图 7-13 所示。研究组首先测量了距离磁光阱中心 10～83 mm 的干涉区域，在电光调制和 FA-OSSB 两种情况对比下得到的 π 跃迁空间概率分布，如图 7-13(b)所示。电光调制情况下在空间中存在拉曼 π 跃迁概率的振荡，半周期为 11 mm，这和基态超精细能级 $F=1$ 和 $F=2$ 的频率间隔 6.834 GHz 是吻合的[42]，即正常 EOM 调制中的附加边带效应会产生有效拉比频率的空间依赖性。然而，FA-OSSB 方案中的 π 跃迁概率与位置无关。它进一步证明了 FADOF 可以有效地进行边带抑制。

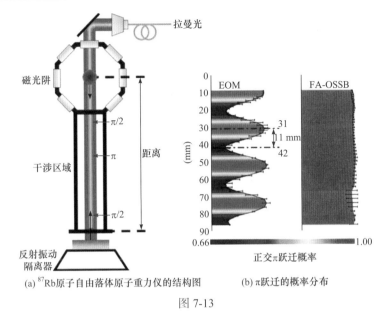

(a) ^{87}Rb原子自由落体原子重力仪的结构图　　　(b) π跃迁的概率分布

图 7-13

　　此外，由于 π 跃迁概率变化最大时相移最大，在图 7-13 (b)中选择 31 mm(峰)和 42 mm(谷)两个位置，在 30 ms 和 65 ms 两个不同的自由演化时间间隔(T)下，分别用电光调制(EOM)和 FA-OSSB 测量了原子干涉条纹。原子干涉条纹可以表示为 $P = \frac{1}{2}\left[1 - \cos(\Delta\Phi)\right]$，其中相移变化量 $\Delta\Phi = (k_{\text{eff}}g - \alpha)T^2 + \Delta\Phi_0$，$\Delta\Phi_0$ 包含附加边带效应的相移的效果。图 7-14(a)给出了 Lissajous 图来比较在 T=30 ms 时采用 EOM 和 FAOSSB 的 31 mm 和 42 mm 两位置之间的相移。可以明显地观察到，正常电光调制方案下条纹的相位和对比度都发生了变化，而 FA-OSSB 方案几乎没有变化。

　　如图 7-14(a)所示，EOM 方案在两个不同位置测量的相位在 30 ms 时相移达到 358.8 mrad，条纹对比度从 59.7%下降到 45.5%。FA-OSSB 方案相移减小到 2.2 mrad，对比度基本不变。图 7-14(b)为 T=65 ms 情况下的对比。在 EOM 方案中，相移约为 126.9 mrad，在 FA-OSSB 方案中，相移被压缩到 2.3 mrad。这说明 FA-OSSB 方案可以抑制 ASB 对相移和对比度的影响。

　　该研究小组进一步将 FA-OSSB 系统应用于 ^{87}Rb 原子重力仪的重力测量。图 7-15 所示为 2023 年 11 月 17 日 22:00 至 11 月 18 日 4:30 的连续测量。黑线为理论潮汐模型，红点为实验模型数据。蓝线是实验数据减去理论模型后的残差。该研究设计了一种基于 FADOF 的 OSSB 拉曼激光系统，其信噪比优于 50 dB 可以完全消除 ASB 效应。与其他 OSSB 比，FA-OSSB 拉曼方案具有控制简单、信噪比高的特点。

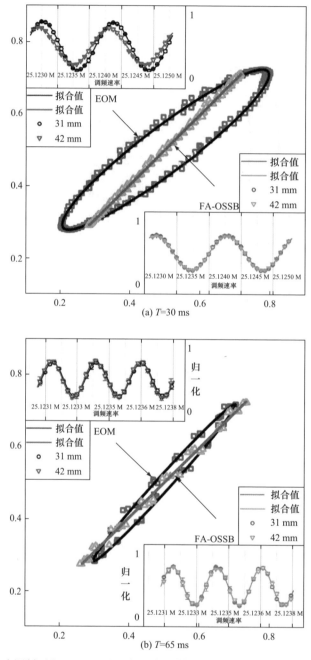

图 7-14 电光调制下和 FADOF 基于光学单边带拉曼光的原子干涉条纹和 Lissajous 图

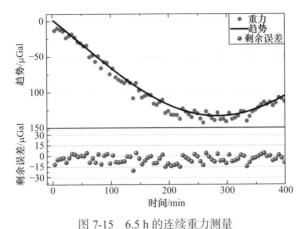

图 7-15　6.5 h 的连续重力测量

(图中的每个点都是 5 min 平均值的结果,黑色为理论趋势;红色为实验数据;蓝色为实验数据与
理论趋势的剩余误差)

7.2.3　法拉第激光器在原子重力仪的应用展望

如 7.2.2 节所述,北京大学研发的国际首创双频法拉第原子滤光器已成功应用于中国计量科学研究院的拉曼激光系统[51]。利用透射谱分别对应铷原子 $5S_{1/2}(F{=}1){\to}5P_{3/2}$ 和 $5S_{1/2}(F{=}2){\to}5P_{3/2}$ 的原子滤光器作为滤波器件,两个透射窄带均小于 1 GHz,且对应量子跃迁频率,实现了拉曼激光的谐波抑制,成功应用于中国计量科学研究院研制的 NIM-AGRb 型原子干涉绝对重力仪系统。

利用双频法拉第原子滤光器,可以有效抑制激光相位调制产生的边带,直接产生原子重力仪系统所需的核心部件即拉曼激光,与传统的两台激光锁相方案相比,系统大大简化,且相位噪声更低。与使用传统滤波器件相比,使用双频法拉第原子滤光器,直接滤出对应原子谱线的频率成分,其信噪比优于 50 dB,双频法拉第原子滤光器可以有效简化原子重力仪系统复杂度,提高重力测量的性能。

如图 7-10(a)所示,上述实验使用的激光器是 1560 nm 的光纤激光器,首先通过电光相位调制得到一阶边带,主频与一阶边带再通过晶体的倍频作用实现波长为 780 nm 的激光输出。这种拉曼激光的产生方式增大了系统的复杂性,且电光相位调制晶体与倍频晶体的作用增加了激光的损耗,引入了系统的噪声,从而降低了拉曼激光的品质。那么,如果直接使用 780 nm 的双频法拉第激光器作为拉曼激光,是否可以进一步提升原子重力仪的性能?

在原子干涉过程中,激光器扮演着至关重要的角色,其在原子的冷却、囚禁、上抛和探测等关键步骤中发挥着重要作用。原子干涉重力仪的性能在很大程度上取决于激光器,包括激光的线宽、频率稳定度、频率漂移、锁定性能和功率稳定度等指标。

考虑拉曼激光的相位噪声对原子干涉仪灵敏度的影响,需要关注多个潜在因素。首先，激光器自身的相位噪声是一个重要因素。激光器的稳定性和准确度直接决定了其发出激光的相位特性，而这一特性会传递到原子干涉过程中，影响原子干涉相位的稳定性和准确性。此外，拉曼激光系统中的电子电路也可能引入相位噪声，直接影响激光频率的稳定性。参考频率源引入的相位噪声也是一个考虑的因素，因为任何参考频率的不稳定性都会直接影响到拉曼激光的频率，进而影响原子的干涉过程。

基于以上分析，可以发现法拉第激光器是产生拉曼激光的理想选择。首先，法拉第激光器配合全自动稳频激光系统，通过调制转移谱将输出激光的中心波长锁定至原子跃迁谱线，具有窄线宽和出色的激光频率稳定度。再者，法拉第激光器及其稳频系统采用集成化设计，体积小、结构稳定，适用于各种工作环境。而且，配套的全自动稳频激光系统具有一键自动锁定功能，能够在偶发失锁时迅速重新恢复锁定状态，确保仪器的连续可靠运行。

在测试中，法拉第激光器锁定后的线宽小于 100 kHz，输出功率达到 90 mW，表现出了出色的性能。根据对重力仪指标的推算，激光器的剩余频率波动不超过 50 kHz，重复锁定频率误差在 100 kHz 以内，满足原子干涉仪对激光性能的要求。法拉第激光器在原子重力仪的应用势必推动原子干涉测量领域的进一步发展，为量子精密测量领域的研究和应用提供可靠的工具和方法。

7.3　法拉第激光器在原子磁力仪中的应用

磁现象是人类认识最早的物理现象之一，其研究历史悠久且具有极其重要的科学价值。早在 5000 年前人类就发现了天然磁铁(Fe_3O_4)。在中国战国时期，人们创造性地发明了最早的指南针——司南，利用地球的磁场来指引方向。在磁学领域的发展历程中，1785 年法国物理学家库仑通过扭秤实验得到了用于描述电荷与磁极间相互作用的库仑定律。1820 年丹麦物理学家奥斯特发现电流感生磁的现象。1831 年英国物理学家法拉第发现了电磁感应现象，并首次引入了磁感应强度这一基本物理量。法拉第的这一提出标志着对磁场性质进行定量研究的开端，为后续的磁学研究奠定了坚实的基础。这个重要概念的引入推动了磁学的进一步发展，为科学家们更深入地理解和解释磁现象提供了有力工具。

磁学在当代科技和工程领域具有广泛的应用。例如，在生物医学领域，目前研究火热的脑机接口(brain-computer interface，BCI)与磁学技术息息相关。BCI 是一种直接连接人脑和外部设备的技术，通过记录和解释大脑活动实现人脑和计算机的直接交互。其中，为获取大脑活动的空间分布信息，解码大脑活动，使用了磁共振成像(magnetic resonance imaging，MRI)技术；为激活或抑制特定的脑区，改变大脑活动，实现对大脑活动的控制，需借助磁刺激技术。在地质探测领域利用磁学技术进行地磁场的异常检测和突变检测[52]。例如，火山和地震活动会导致地磁场的强度和方向发生短期变化，从而产生地磁脉动，利用磁力仪可以对这些变化进行检测；地质构造(如断裂带、褶皱带等)会导致地下岩石的磁性发生变化，产生地磁脉动，磁力计阵可以研究这些地质构造的分布和性质。在无损检测技术中，通过测量磁化工件近表面的漏磁场，实现快速、精确地定位缺陷位置[53]。此外，磁记忆检测是一种新兴的磁技术，它通过在被检测物体表面施加磁场，然后记录磁场的变化，当磁场的变化超过一定阈值时，可以判断出被检测物体存在的缺陷。在军事国防领域，磁场探测技术主要应用于反潜、未爆弹探测、水下地磁场导航等领域，这些应用有助于提高军事作战的效率和安全性[54,55]。

通常将精确测量磁场(包括磁感应强度的方向和大小)的仪器称为磁力仪。根据测量原理的不同，磁力仪可以分为磁通门磁力仪[56]、质子旋进磁力仪[57]、SQUID(超导量子干涉磁力仪)[58]和原子磁力仪[59]等。其中，原子磁力仪是一种基于原子能级结构及磁共振原理的磁场测量仪器。类似于核磁共振(NMR)和电子自旋共振(ESR)技术，原子磁力仪利用原子在外磁场中的能级跃迁特性实现对磁场强度和方向的测量，具有非常高的精度和灵敏度。

7.3.1　原子磁力仪原理

原子磁力仪作为目前高灵敏度磁场精密测量的科学仪器设备，其实现是通过泵浦激光使原子系综产生极化，再通过探测激光对处于磁场中的发生塞曼(Zeeman)分裂效应的原子系综进行探测，从而实现高灵敏度的磁场测量。具体而言，采用光泵浦技术实现光场和原子之间的角动量传递，将原子系综制备到非热平衡态，改变基态原子的布居数分布。通常，泵浦激光的频率被选择为原子的共振频率，这样可以有效地激发原子的内部能级。在光泵浦过程中，泵浦激光的光子会被原子吸收，使原子的电子从基态跃迁到激发态，这种能级跃迁会导致原子的电子云在空间上发生变化，从而使原子系综产生极化。这种极化状态的原子系综对外磁场非常敏感，因此可以用来测量非常弱的磁场。

在磁场存在的情况下，原子的能级会发生塞曼分裂。这是因为磁场会对原子的磁矩产生力矩，从而改变原子的能级。这种塞曼分裂会导致原子的能级在磁场中发生分裂，得到具有不同磁量子数 m 的塞曼子能级。

原子在磁场中的自旋极化可以近似为经典的拉莫尔进动，原子的拉莫尔频率 ω_L 与磁场 $\boldsymbol{B}$ 的关系满足 $\dfrac{\mathrm{d}\boldsymbol{M}}{\mathrm{d}t} = \omega_L \times \boldsymbol{B}$，其中，$\omega_L = \gamma \boldsymbol{B}$；$\gamma$ 是旋磁比。对于确定的原子处于外磁场中，原子拉莫尔频率将与外磁场磁感应强度成正比。进一步地，利用另一特定波长的线偏振光作为探测光入射到原子气室，通过检测线偏振光的偏振面摆动频率即可反推出被测磁场强度。

在原子磁力仪的发展历程中，光源的选择扮演着至关重要的角色。光源的性能直接影响原子的能级跃迁和光子的吸收过程，影响磁场的测量准确度(不确定度)和灵敏度。因此，研究人员一直在寻找和开发更优质的光源。早期，人们主要采用无极灯作为磁力仪的光源。例如 1961 年，Bell 和 Bloom 利用无极放电灯作为光源，制作了一种利用调制光代替射频场实现磁共振的磁力仪[60]。由于光的频率通常比射频场的频率高得多，理论上可以得到更高的准确度和灵敏度。然而，无极灯的光谱范围较宽，泵浦效率偏低。激光器诞生以来，凭借其出色的单色性、方向性和相干性等特点，逐渐取代无极灯等气体放电灯成为磁力仪的主要光源。激光器能够提供高度单色的光，这意味着磁力仪可以选择特定的谱线进行激发。此外，激光器还能够提高原子系综的相干性，使得测量结果更加可靠。以 ^{4}He 原子磁力仪为例，1987 年，D. D. McGregor 等人将 1083 nm 窄线宽激光器作为氦磁力仪的泵浦激光，并利用一个较大尺寸的原子气室(直径 2 in，长度 6 in)，显著提高了磁力仪的灵敏度和准确度[61]。2000 年，美国 Polatomic 公司将分布式布拉格反射式激光器应用于 P-2000 型激光泵浦 ^{4}He 原子磁力仪，在 0.03～1 Hz 的频带范围内，灵敏度达到 0.3 $pT/\sqrt{Hz}$ [62]。同一时期，法国原子能委员会电子与信息技术实验室(CEA - Leti)将 1083 nm 窄线宽光纤激光器应用到激光泵浦 ^{4}He 原子磁力仪，标量测量灵敏度(NSD)为 1 $pT/\sqrt{Hz}$ @10 Hz～100 Hz[63]。

在国内，1976 年北京地质仪器厂研制了我国第一台自激式灯泵铯原子磁力仪[64]。北京大学研制成功的激光泵浦 ^{4}He 原子磁力仪，灵敏度达到 0.28 $pT/\sqrt{Hz}$ @1 Hz [59]。2021 年，北京大学研制出基于 DAVLL 稳频的高灵敏度钾原子磁力仪[65]，该研究小组利用 DAVLL 稳频技术将半导体激光器稳定在钾原子 D_1 跃迁谱线，为钾原子磁力仪提供泵浦光和探测光。对实验参数进行优化后，实现的钾原子磁力仪开环运行，实现磁场强度为 50000 T(1 T=10^5 G)时磁场波动的峰-峰值为 1.892 pT，1 Hz 处的噪声约为 0.1 $pT/\sqrt{Hz}$ 的性能指标。

7.3.2 法拉第激光器在原子磁力仪的应用前景

原子磁力仪作为一种基于光与原子相互作用的高灵敏度磁场测量仪器，光源的优劣会直接影响原子磁力仪的性能。一方面，光与原子作用时的光频移效应会直接影响原子基态磁子能级的位置，从而影响磁场测量值[65]。光频移效应是指原子在光场中的作用下能级发生移动，这是由于光场的频率与原子的共振频率不完全匹配，光子的能量转移给原子，使得原子的能级发生移动。这种移动会影响原子的能级分裂，影响磁场的测量结果。另一方面，泵浦光与探测光的光强、谱线宽度和相干性等还会通过影响磁共振曲线的幅度、线宽等参数来影响磁场测量精度[65]。为了提高原子磁力仪的灵敏度，通常需要选择激光器的频率为某个特定值以使原子的吸收截面达到最大，同时，为了减少光频移的影响，提高原子磁力仪的灵敏度，需要对频率进行选择并将其尽量稳定在某一值下。因此，激光频率的稳定度对原子磁力仪有着重要意义。

法拉第激光器是一种利用法拉第效应进行频率选择的新型半导体激光器，凭借其线宽窄、频率稳定、对电流和温度波动鲁棒性强、多种波长可选等优势，是原子磁力仪光源的理想选择。首先，法拉第激光器的线宽窄，这使得法拉第激光器可以提供高度单色的光，从而提高测量的准确性。同时，法拉第激光器的频率稳定，这使得法拉第激光器可以长时间保持一个稳定的值，从而提高了磁力仪的测量稳定性。此外，法拉第激光器对电流和温度波动的鲁棒性非常强，这使得法拉第激光器可以在各种环境条件下稳定工作，从而提高了磁力仪的环境适应性。同时，法拉第激光器可以提供多种波长的激光，这使得法拉第激光器可以满足不同的实验需求，扩展了磁力仪的应用范围。

目前最新研制的钾原子法拉第激光器利用自然钾 FADOF 作为频率选择元件。自然钾包含 93.6%的 ^{39}K、0.01% ^{40}K 和 6.7%的 ^{41}K。实际应用中利用的是 ^{39}K 的透射谱。其中 ^{39}K D_1 跃迁线对应的波长为 770 nm，D_2 跃迁线对应的波长为 766 nm。在最优的工作参数下，钾原子 FADOF 透射谱带宽 >2 GHz，透过率 >60%。利用钾原子 FADOF 研制成的钾原子法拉第激光器，具有波长可在 770 nm 以及 766 nm 间自由切换的特性。具体而言，当 FADOF 工作在 105℃，钾原子法拉第激光器输出波长为 770 nm，一旦我们将 FADOF 的温度切换到 95℃，钾原子法拉第激光器的输出波长立即转为 766 nm。此外，钾原子法拉第激光器在一定范围内对激光二极管的温度和电流变化免疫，具有出色的性能。利用调制转移谱技术对钾原子法拉第激光器进行锁定，分别锁定在 ^{39}K $4S_{1/2}$ $F = (1, 2) \rightarrow 4P_{1/2}$ $F' = 2$ 以及 $4S_{1/2}$ $F = (1, 2) \rightarrow 4P_{3/2}$ F' 的跃迁线上，对应波长分别为 770.108 nm 和 766.701 nm，实现的超稳钾原子法拉第激光器的环内稳定度在 770 nm 时秒稳 2.2×10^{-14}，在 766 nm 时秒稳 7.0×10^{-15}。利用两台工作参数完全一致的钾原子法拉第激光器进行拍频实现，得到的单套钾原子法拉第激光器频率稳定度在 770 nm 时秒稳 1.57×10^{-12}，在 766 nm 时秒稳 8.77×10^{-13}。

钾原子法拉第激光器在原子磁力仪的应用正在有序推进。实验系统方案如图 7-16 所示，整个磁力仪系统可分为激光光源模块、探头模块，控制模块。770 nm 的钾原子法拉第激光器对应钾 D_1 跃迁谱线，作为原子磁力仪的泵浦光，766 nm 的钾原子法拉第激光器对应钾 D_2 跃迁谱线，作为原子磁力仪的探测光。首先通过 AOM 对两台法拉第激光器进行功率稳定，功率稳定后的激光通过保偏光纤打入磁力仪的探头部分。探头输出的信号通过多模光纤被探测器接收。当磁力仪系统处于开环运行时，通过信号发生器对 770 nm 的钾原子法拉第激光器(泵浦光)的幅度进行调制，使磁共振信号的幅度达到最大。设定调制频率 ω_m 保持不变。当外界

磁场发生微小变化,对应的拉莫尔进动频率 ω_L 会发生改变。这种改变会反映在色散型磁共振曲线零点附近出现的微小波动,即锁相放大器 Y 值(锁相放大器 Y 值是指锁相放大器输出的信号的幅度值,通常用来表示待测信号与参考信号之间的相位差)。通过计算色散线型的峰-峰值与线宽,可以得到零点处的斜率。然后,通过将 Y 值的波动除以斜率,可以得到频率的波动 $\Delta\omega = |\omega_1 - \omega_0|$。进一步,通过换算,可以得到磁场的波动 $\Delta B = \dfrac{\Delta\omega}{\gamma}$。在磁力仪系统处于闭环运行时,通过将频率波动的误差信号接入 PID 2 进行反馈,实现将锁相放大器 Y 值稳定在零点。此时,泵浦光的调制频率锁定在拉莫尔进动频率 ω_L,可实现对实际拉莫尔频率的实时响应。当外界磁场变化后引起 ω_L 发生变化时,变化的幅值正比于 PID 2 的输出信号。因此,可以通过检测 PID 2 输出的电压信号来对外磁场的波动进行检测。

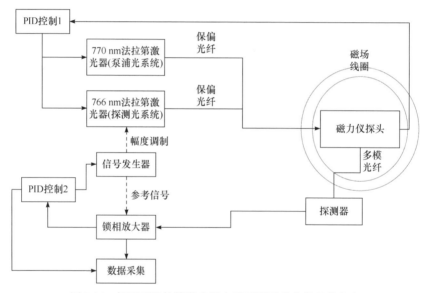

图 7-16　钾原子法拉第激光器应用于原子磁力仪系统方案

与基于 DAVLL 稳频的半导体激光器相比,MTS 稳频的法拉第激光器无疑具有更为出色的性能,首先,钾原子法拉第激光器具有波长在 770 nm 和 766 nm 之间自由切换的特性,且自动对准 ^{39}K D_1 和 D_2 跃迁线。因此,既可以为钾原子磁力仪提供高效的泵浦光,也可以作为探测光应用于磁力仪系统,从而降低了系统的成本,简化了系统的复杂度。其次,钾原子法拉第激光器具有窄线宽特性。此外,利用高信噪比的调制转移光谱对钾原子法拉第激光器进行激光稳频,分别锁定在 ^{39}K $4S_{1/2}$ $F = (1, 2) \rightarrow 4P_{1/2}$ $F' = 2$ 和 $4S_{1/2}$ $F = (1, 2) \rightarrow 4P_{3/2}$ F'跃迁线上。以铯原子法拉第激光器为例,环内频率稳定度 $5.8 \times 10^{-15}/\sqrt{\tau}$,50 秒处下降到 2×10^{-15}[65]。经实验测量，钾原子法拉第激光器工作在 770 nm 时的环内稳定度为秒稳 2.2×10^{-14}，而工作在 766 nm 时的环内稳定度为 7.0×10^{-15}。利用两台工作参数完全一致的钾原子法拉第激光器进行拍频实验，得到单台钾原子激光器的频率稳定度为秒稳 1.57×10^{-12}（770 nm），8.77×10^{-13}（766 nm），这意味着基于法拉第激光器的磁力仪将具备更为出色的灵敏度。

7.4　法拉第激光器在光通信中的应用

光通信利用光波作为信息载体进行信息传递，具备传输容量大、架设方式灵活、抗电磁干扰和保密性强等优势。由于激光具备良好的单色性、方向性和相干性，这些特性保证了信号传输的稳定性和可靠性，因而被广泛应用作光通信系统的发射光源。

7.4.1　激光器作为光通信的光源研究进展

1962 年，第一代半导体激光器——GaAs 同质结构注入型半导体激光器在美国研制成功[66]。随后，半导体激光器凭借更低的阈值、更好的单纵模特性等优势，在 1978 年首次被应用于光通信系统。针对光通信领域不同的应用场景，目前主要应用多种不同类型的半导体激光器，如法布里-珀罗(Fabry-Pérot LD，FP-LD)型、分布式反馈(distributed feedback laser LD，DFB-LD)型和垂直腔面发射激光器(vertical cavity surface emitting laser，VCSEL)等。

在半导体激光器领域，不同类型的半导体激光器具有各自独特的结构和特性。例如，法布里-珀罗(FP-LD)型半导体激光器采用法布里-珀罗腔(F-P 腔)结构，这种结构能够实现较低的阈值电流和较高的发射功率。FP-LD 具有较好的发散特性，适用于中远距离传输，如光通信中的长距离传输和光纤通信网络。分布式反馈激光器(DFB-LD)采用分布式反馈结构，这种结构使其能够实现单模输出和窄线宽。DFB-LD 具有高频率稳定性和低相位噪声的特点，因此，在需要高精度调制和长距离传输的场景中表现出色，如光通信系统中的高速数据传输和光纤传感应用。垂直腔面发射激光器(VCSEL)是一种新型的面发射激光器，具有制造工艺简单、自动化程度高和发射光束较好的特点。VCSEL 广泛应用于短距离通信和光纤传感等领域，如数据中心内部通信和光纤传感网络。这些新型半导体激光器的问世，为光通信系统的性能提升和应用拓展提供了强有力的支持。它们推动了光通信技术的不断进步和发展，为实现更快速、更稳定和更可靠的光通信网络打下了坚实基础。

本小节以 VCSEL 激光器为代表，简要介绍半导体激光器作为光通信的光源的研究进展。VCSEL 激光器由日本的 K. Iga 博士等人于 1977 年首次提出，并在

1979 年研制出基于 GaAs 材料的第一台 VCSEL 激光器[67]。由于 VCSEL 激光器的腔长短、可靠性高，具有高调制速率等优势，常被作为光通信领域的光源。为了适应大容量通信的需求，VCSEL 逐步向更高的调制速度和更大的调制带宽发展。例如，1997 年，Lear 等人实现了 850 nm 的 VCSEL 型激光器，能够实现 12 Gbit/s 的大信号调制速率，误码率低至 10^{-13} [68]。2008 年，美国 Finisar 公司采用非应变砷化镓量子阱技术，实现的短波通信 VCSEL 在室温下可达 30 Gbit/s 的速率[69]。2015 年，美国 IBM 的 Kuchta，Daniel M.等人实现了不归零调制的 850 nm 垂直腔面发射激光器，室温下无误码数据传输速率达 71 Gbit/s，90℃时为 50 Gbit/s [70]。2020 年，美国佐治亚理工学院的 J. Lavrencik 实现了传输速率超过 100 Gbit/s 的 850 nm VCSEL[71]。

近些年，为了扩展 VCSEL 在光通信中的应用范围，如利用 VCSEL 进行长波段通信，包括 1310 nm 和 1550 nm 等，研究人员在器件结构等方面进行了优化与创新，包括提高器件的折射率和热导率，形成有效的电流限制结构等。这些优化措施旨在提高长波段 VCSEL 的性能和稳定性，以满足更远距离通信的需求。2016 年，德国慕尼黑工业大学的 Silvia Spiga 等人实现了基于 InP 材料的单模 1.5 μm 波段的 VCSEL，该激光器的腔长为 1.5λ，通过非归零调制等技术实现了数据传输速率高达 50 Gbit/s，误码率略高于 10^{-12}，显示了其卓越的动态特性[72]。2019 年，俄罗斯国家研究型高等经济大学的 Sergey Blokhin 等人研究了 1.55 μm 单模 VCSEL 的动态特性[73]。通过减小光子寿命来增加光损耗，实现的 VCSEL 激光器在 20℃时调制带宽可从 9.2 GHz 增加到 11.5 GHz，而 85℃时的调制带宽也达到 8.5 GHz。2021 年，中国科学院长春光学精密机械与物理研究所的张建伟等研究人员成功实现了 1550 nm 波段的单横模 VCSEL 激光器，输出功率达毫瓦量级，在工作温度为 15℃时，最大边模抑制比达到 35 dB [74]。2022 年，同样来自中国科学院长春光学精密机械与物理研究所的韩赛一课题组与 Babichev 团队合作，采用晶圆熔合技术，成功实现了常温下调制速率达到 37 Gbit/s 的 1550 nm 波段 VCSEL 激光器[75]。这一研究成果标志着长波段 VCSEL 在高速通信领域的进一步突破，为实现更快速率、更远距离的光通信提供了新的可能性。

7.4.2　法拉第激光器应用于光通信系统

水下无线光通信(underwater wireless optical communication，UWOC)是当前无线光通信领域的研究热点，相对于水声无线通信来说，具有高速、低延迟的特点，同时其收发设备体积更小，能耗更低。然而水下环境及水下信道比较复杂，经常会有水下杂散光等环境光噪声的干扰，会使 UWOC 性能下降。2022 年，北京大学研究团队国际首创提出采用法拉第原子滤光器滤除水下环境噪声干扰，与北京邮电大学合作开发了一种抗宽带背景噪声干扰的 UWOC 系统[76]。该系统的原理图和实验装置分别如图 7-17 和图 7-18 所示。

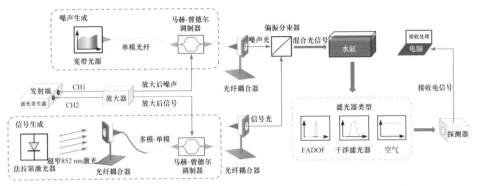

图 7-17　基于 FADOF 的抗背景光干扰水下无线光通信系统结构示意图

图 7-18　基于 FADOF 的水下无线光通信系统实验设置

　　在发射端，信号光载波由一个 852 nm 法拉第激光器产生，其最大输出功率可达 20 dBm。法拉第激光器输出的自由空间光束通过透镜耦合到一根多模光纤中，多模光纤的另一端与单模光纤熔接。单模光纤用于后续的外部光调制，将所需传输的信息编码到光载波上。调制完成后，已调制的法拉第激光信号光和未经调制的宽带环境背景噪声光通过偏振分束器汇合到同一光路，共同入射到一个长 2 m 的水缸中。在水缸中，信号光和背景光混合并在水下传播，传播距离可调，研究中设为 0.4 m，这一操作模拟了光信号和噪声的耦合与传播过程。

　　电信号和模拟的电噪声由一个双端口任意波形发生器生成。任意波形发生器产生的电信号首先通过一个放大器放大，之后通过一个带宽为 2.5 GHz 的 850 nm 马赫-曾德尔调制器，用于对法拉第激光器输出的窄带光信号进行强度调制。为了模拟宽带背景噪声，首先使用任意波形发生器输出该模拟的宽带背景噪声，放大后通过另一个相同类型的马赫-曾德尔调制器，调制一个中心波长为 850 nm、光谱范围为 20 nm 的宽带光源，这样就将此宽带背景噪声加载到宽带光源上。在研究中使用 M 阶正交幅度调制(M-ary quadrature amplitude modulation，M-QAM)和正交频分复用(orthogonal frequency-division multiplexing，OFDM)作为数字信号。模拟数字噪声的时间域波形和概率密度函数(probability density function，PDF)如图 7-19 所示，其中 PDF 遵循高斯分布。

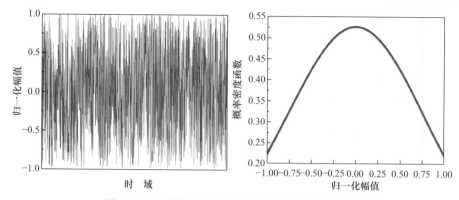

图 7-19　时域仿真数字噪声波形及其概率密度函数

　　为了探究不同滤光方案对系统性能的影响，研究中设置了三种接收端滤光方案：使用 FADOF 滤光、使用干涉滤光片滤光以及不使用任何滤光。理论上使用 FADOF 滤光具有最强的滤光能力；而使用干涉滤光片时，由于其透过带宽远大于 FADOF，对背景噪声的抑制能力相对较弱；不使用滤光时，信号光和背景光将直接输入到后级接收机电路，受到背景噪声光干扰影响最大。

　　图 7-20 展示了离线数字信号处理的流程。在发射端，使用伪随机比特序列 (pseudo-random binary sequence，PRBS)作为数字信号数据通过串行转并行(serial to parallel，S/P)转换为并行二进制流。接下来，这些并行的二进制数据被映射为 M-QAM 符号，通过对 M-QAM 符号序列执行 256 点的逆快速傅里叶变换(inverse fast Fourier transform，IFFT)操作，可以将其调制到 OFDM 信号的各个子载波上，形成一个完整的 OFDM 符号。将 300 个 OFDM 符号组成一个完整的数据帧，并在每帧的起始处添加了一个由 800 个数据点构成的同步头，用于接收端的帧同步。同时，为了减轻由于符号间干扰(inter symbol interference，ISI)引起的系统性能劣化，在每个 OFDM 符号的前面添加 16 个样本点的循环前缀(cyclic prefix，CP)。为了获得实值 OFDM 信号，在 IFFT 操作中施加了 Hermitian 对称。在接收端，到达光电探测器的光信号进行光电转换和放大，再由示波器对电信号进行采样。采样后按照与发射端相反的顺序依次经过帧同步、移除 CP、快速傅里叶变换(fast Fourier transform，FFT)、信道均衡、QAM 解映射、并行转串行(parallel to serial，

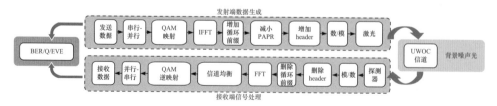

图 7-20　离线数字信号处理流程

P/S)转换等一系列数字信号处理步骤，最终恢复原始的比特序列。为了评估系统的传输质量和可靠性，计算了误码率、Q 因子和误差矢量幅度(error vector magnitude，EVM)等关键性能指标。

如图 7-21 所示，研究选取 QPSK、16 QAM、32 QAM 和 64 QAM 四种常见的 M-QAM 调制方式。在测试过程中，将偏振分束器输出端的信号功率固定在 −10 dBm，而让模拟太阳背景辐射的宽带光源的输出功率不断变化，模拟不同强度的背景噪声干扰条件。从图中可以看出，使用 FADOF 滤光后，系统的传输质量得到显著改善，尤其在强背景噪声环境下性能改善更加突出。当背景噪声功率为−13.67 dBm 时，FADOF 滤光系统的 Q 因子比无 FADOF 滤光的系统提高了 19.2 dB。对于 16 QAM 和 32 QAM 调制格式，当背景噪声功率为−16.2 dBm 和 −16.8 dBm 时，FADOF 带来的 Q 因子改善分别为 14.8 dB 和 12.9 dB。这表明调制阶数越高，系统对信噪比的要求也越高，FADOF 带来的增益虽略有下降，但仍有很大的性能改善。

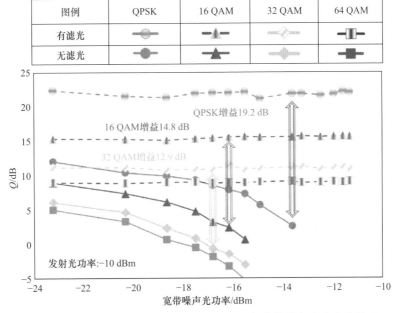

图 7-21 不同滤光条件和调制类型下 Q 因子与宽带噪声光功率的关系

从研究结果可以观察到，在不使用任何滤光措施的情况下，系统的传输质量会随着背景噪声功率的增加而劣化。当噪声功率大于−13.67 dBm 时，不使用 FADOF 滤光的 Q 因子低至不可接受的程度，已经无法正常通信。相比之下，使用 FADOF 进行滤光时 Q 因子的劣化情况并不明显，对于 QPSK、16 QAM 和 32 QAM 的调制格式，测出的最小 Q 因子分别为 21.8 dB、15.6 dB 和 10.9 dB，均在可用门限之上。

此外，研究还使用了窄带干涉滤光器(narrow-band interference filter，NBIF)进行滤光效果对通信质量影响的对比。使用的 NBIF 在 852 nm 中心波长处的带宽为 5 nm，峰值透过率为 95%。如图 7-22 和图 7-23 所示，基于 FADOF 的滤光、基于 NBIF 的滤光和无滤光都得到了实验和数值结果，其中，横轴"信号光功率/噪声光功率"表示滤光前信号光与背景环境光噪声的功率比；"Exp"表示实验结果；"Theo"表示理论结果；QPSK 调制时，发射端的光信号功率为–24 dBm；16 QAM 调制时，发射端的光信号功率为–21 dBm。

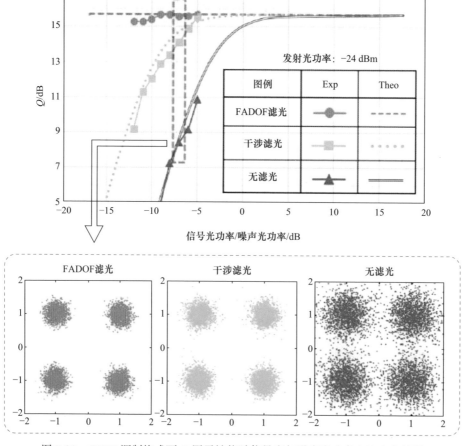

图 7-22　QPSK 调制格式下 Q 因子性能随信号光与噪声光功率之比变化情况

从图 7-22 和图 7-23 中可以看出，对于 QPSK 和 16 QAM 信号，实验结果与数值结果相当吻合。当功率比较高(如信号光与噪声光的功率比大于–5 dB)时，采用 FADOF 滤光和 NBIF 滤光的系统性能非常接近，二者的 Q 因子差异一般小于

0.4 dB(实验值)或 0.3 dB(理论值)。这表明在背景噪声干扰相对较弱的情况下，FADOF 滤光的增益优势并不明显，与传统的干涉滤光增益效果相当。然而，随着功率比的降低(如信号光与噪声光的功率比小于−10 dB)，FADOF 滤光的优势开始凸显。QPSK 和 16 QAM 调制系统的 Q 因子改善量可分别达到 3.37 dB 和 3.94 dB 以上。此外，与不使用滤光器的结果相比，使用 FADOF 滤光后，QPSK 的 Q 因子提高了 14.67 dB，16 QAM 的 Q 因子提高了 10.51 dB。

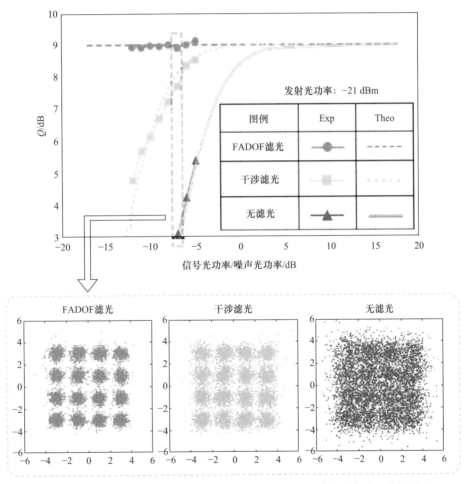

图 7-23　16 QAM 调制格式下 Q 因子性能随信号光与噪声光功率之比变化情况

7.5　法拉第激光器在激光波长标准中的应用

度量学是一门研究度量、度量单位和度量系统的学科，长度是度量学的重要组成部分，是用来描述物体在某一方向上的延伸程度的物理量。早期，人类使用身体部位、物体或自然现象作为长度的基准，比如手指、脚步、棍棒等，这些都是相对简单直观的度量方式。古埃及、古希腊和古罗马时期出现了简单的线尺和水平仪等测量工具，标志着人类开始系统地探索长度度量。随着社会的发展和商业贸易的兴起，为避免因长度度量单位差异而产生的误解和混淆，人们开始制定标准和统一的长度度量单位。比如古埃及的古尺、古罗马的步距，以及中国秦朝的统一度量衡。这些举措促进了商业和贸易的发展，为文明的交流和发展奠定了基础。随着科技的进步，度量学领域的技术也得到了极大提升。从传统的测量工具，如标尺、规等，到现代的激光测距仪等高精度设备，测量的准确性不断提高，为科学研究和工程实践提供了可靠的基础。

激光波长标准是利用激光光束的特定波长作为高精度长度标准的方法。激光波长具有高的稳定性和可重复性，在精密测量和校准领域得到广泛应用。激光波长标准通常通过将激光器的频率锁定到特定的量子跃迁谱线上来实现，这些谱线的波长非常稳定，可被视为一个常数长度标准。例如，碘分子稳频的氦-氖激光器发射的波长为 632.8 nm 的激光就是一种常见的激光波长标准。在精密测量中，激光波长标准常常与干涉测量或频率计数等技术联系在一起。通过将待测长度与激光波长标准进行比较，可以实现精度非常高的测量。

激光波长标准在科学研究、工程技术、地理测量、激光通信和天文观测等领域都有广泛应用。例如，激光跟踪仪是一种高精度的测量设备，它通过发射激光到待测目标上，并接收反射回来的激光，以此来测量目标的位置、距离和运动，而激光波长标准在其中扮演着至关重要的角色。高精度的激光波长标准可提高激光跟踪仪的准确性和可靠性，确保其在各种环境条件下都能提供一致的测量结果。

7.5.1　激光波长标准研究进展

在激光问世之前，人们为了定义长度单位做了多次努力。1875 年，在巴黎召开的国际会议上，17 个国家共同确立了《米制公约》，将以铂铱合金线纹米原器作为长度的基本单位来定义"米"。随着科学技术的进步，人们意识到使用光波波长来定义长度单位可能更为准确。1895 年，第二届国际计量大会通过了使用光波波长值来定义"米"的提案。在接下来的几届国际计量大会上，科学家们确定了适合作为长度单位基准的光波谱线。1960 年 10 月 14 日举行的第十一届国际计量大会上，经过广泛的讨论和研究，正式确定了长度单位"米"的新定义。根据这一定义，一米等于氪 86 原子 2p10 和 5d5 能级无微扰跃迁辐射谱线的真空波长值的 1650763.73 倍[77]。这一定义利用了氪 86 原子的稳定性和谱线的准确性，为世界范围内的长度测量提供了更为精确和可靠的标准。

　　1960 年，第一台激光器——红宝石激光器的诞生，为长度单位"米"的新定义奠定了基础。然而在早期，激光器的频率稳定性和复现性并不尽如人意，因此早期的激光技术并未得到广泛应用。随着激光稳频技术的不断发展，激光输出的线宽、稳定性和复现性得到显著提升。例如 1972 年，美国国家标准局(NIST)成功将氦-氖激光器稳定到甲烷的跃迁谱线上，并且通过精确地测量，确定了光速的数值为 $c=299792458.7(1.1)$ 米/秒，这一成就极大地提升了长度测量的准确度[78]。

　　随着光学频率梳的发明，光频与微波频率之间建立了直接联系，使得人们逐步实现了对激光波长的精确测量。飞秒光梳的发明极大地提高了光频的测量精度，从而促进了利用原子、分子谱线的频率值来复现长度单位"米"的发展。

　　目前常见激光波长标准所用的微观参考有碘分子、甲烷、乙炔等。对于利用碘吸收谱线实现的激光波长标准，其波长较多。例如 2014 年，中国计量科学研究院的臧二军研究团队对小型化碘稳频 532 nm 激光波长标准展开研究，他们实现的 532 nm 激光波长标准频率稳定度为 2.4×10^{-12}/s，频率绝对值为 563260223436 kHz，频率不确定度为 52 kHz(包含因子 $k=2$)[79]。2021 年，德国航空太空中心的 J. Sanjuan 等人同时用 PDH 和调制转移谱稳频技术将激光波长锁定在碘分子 R(56)32-0 的 a10 吸收线上，实现的激光波长标准稳定度秒稳接近 10^{-15} 量级，百秒稳在 10^{-14} 量级[80]。2022 年，日本横滨国立大学的 K. Ikeda 等人利用 $^{127}I_2$ 实现的碘分子激光波长标准绝对频率的不确定性为 5.4 kHz(相对不确定性为 9.3×10^{-12})[81]。目前，国际计量委员会推荐的光通信波段定标参考波长为基于乙炔稳频的 1542 nm，对于该领域的研究更为火热[82]。2017 年，同样来自日本横滨国立大学的 K. Yoshii 等人利用调制转移光谱实现的乙炔频率稳定度达 3.6×10^{-12} [83]。2020 年，美国 NIST 报道了一种芯片级乙炔波长参考标准，将乙炔与光波导芯片集成构建了分子包层波导(MCWG)，实现了 1.5 μm 激光波长锁定，34 s 的频率抖动小于 400 kHz [84]。

7.5.2　法拉第激光器作为激光波长标准

　　长期稳定且准确的激光波长标准在长度计量、光通信、遥感、雷达和信息通信网络等方面扮演着重要角色。目前的激光波长标准长时间连续运转下，激光频率或者波长会不可避免地发生漂移，这对需要长距离长时间工作的应用而言，显然是很难满足需求的。另一方面，目前商用产品输出的激光参考源几乎都是单波长，且在近红外和通信波段条件下是独立工作的，迫切需要覆盖全波段且长期稳定准确的激光波长标准。

　　目前原子钟等标准装置都需要用到与原子谱线对应的激光源，如铷原子谱线对应的 420 nm、421 nm、780 nm、795 nm、1529 nm，或铯原子谱线对应的 455 nm、

459 nm、852 nm、894 nm、1470 nm。激光源的频率稳定度是反映其性能的重要指标，传统的方法都需要将激光器通过复杂的稳频系统锁定到铷、铯原子，或者乙炔分子等的跃迁波长。但这种系统在长时间连续运转下，因信号幅度小、机械结构和环境变化等造成频率或波长不可避免地发生漂移，每种波长都需要通过校准或周期计量来检验其精度，因此，多波段激光波长标准的作用非常关键。

法拉第激光器是利用滤光器作为选频器件，使输出激光源的频率参考到原子的跃迁中心频率上，这样实现的激光参考源对外界环境、激光的工作温度和工作电流等因素的波动有很好的免疫能力，能够保证其长期连续运转同时对应原子的跃迁中心频率，是实现对应铷原子、铯原子跃迁频率的长期稳定准确的激光参考源的重要方法。2017 年，北京大学常鹏媛等人提出利用法拉第激光器实现波长标准，包括用射频激励铷原子气室实现一种对温度及电流噪声免疫的通信波段 1.5 μm 激光波长标准，以及将多个波段的法拉第激光波长标准集成在一个装置中的多波长标准。

1. 基于法拉第激光器的工作于通信波段 1.5 μm 处的激光波长标准

近年来，为应对日益增长的通信需求和对通信速率的追求，通信的工作波段逐渐向 1.5μm 波段发展。这一波段具有较低的大气衰减和较好的通透性，适合用于长距离、高速率的通信传输。在当前国际通信领域，1.5 μm 波段的激光器广泛采用光纤激光器，其具有窄线宽和小温度漂移系数等优点，但是要实现 1.5 μm 激光波长的绝对频率参考标准却是相当具有挑战性的，通信波段 1.5 μm 激光波长标准产生装置结构图如图 7-24(a)所示。为了达到这一目标，国际上的研究人员探索将激光频率锁定在乙炔分子或铷原子的激发态上的方法。然而，乙炔分子作为频率参考存在信号幅度较小和锁频过程复杂的问题，这给实现稳定的频率锁定带来了一定的困难。相比之下，铷原子的激发态(如铷原子 1529 nm 的 5P-4D 激发态，见图 7-24(b))通常被认为是更可行的选择。然而，目前国际上常规的铷原子激发态稳频系统需要额外的昂贵稳频泵浦激光和复杂的伺服环路，这使得系统成本高昂且体积庞大。

为了克服这一问题，2017 年北京大学提出了一种基于法拉第激光器的工作于通信波段 1.5 μm 处的激光波长标准产生方法[85]，其思路是采用由射频激励的铷原子激发态滤光技术，将镀增透膜的激光二极管发出的光束经过一个由射频激励的温度为 120℃的铷原子气室，在磁场旋光作用下选模后，由腔镜反馈回镀增透膜的激光二极管，在半导体激光二极管的后端面与腔镜组成的谐振腔中振荡、放大到超过激光器振荡阈值，使镀增透膜的半导体激光管直接在铷原子滤光对应的 5P-4D 跃迁波长 1529 nm 之上形成激射的激光波长标准。

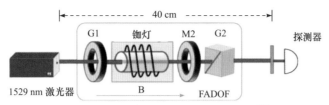

(a) 通信波段1.5μm激光波长标准产生装置结构图[86]

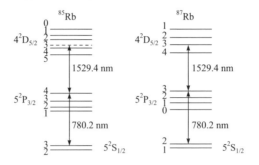

(b) 铷原子的两种同位素铷85和铷87的基态5S到激发态5P和4D的能级图

图 7-24

2. 基于法拉第激光器的集成化的多波段激光波长标准装置

当前国际上有多种不同波长的激光波长标准，最常用的有七种，分别是531 nm(半导体激光器，碘分子参考)、532 nm(Nd:YAG固体激光器，碘分子参考)、633 nm(氦氖气体激光器，碘分子参考)、778 nm(半导体激光器，铷原子参考)、1.5 μm(光纤激光器，乙炔分子参考)、3.99 μm(氦氖气体激光器，甲烷分子参考)。上述波长标准主要应用于光学频率计量、精密测量和光通信等领域。这些波长标准一般都是一个波长有独立的一套波长标准系统，那么如果能将不同波长标准由一套系统同时产生，这种方式将会带来诸多便利，并带来显著的经济效益。法拉第激光器正是具有这种优势。

多波长激光器是一种能够在一个装置中产生多个激光波长的激光器。以双波长激光器为例，当双波长激光装置工作在两个近距离波长时，能够产生微波频率下的拍频信号，可以用作电子信号处理系统中的微波信号源，直接由光频信号拍频得到微波信号，能够摆脱光梳，大大减小了系统复杂度。理论分析表明，激光两相邻纵模拍频频率的稳定度与激光频率稳定度相同。基于激光频率与纵模频率间隔的对应关系，通过精密锁相控制技术将两相邻纵模的拍频频率锁定在射频频率标准上，以控制激光谐振腔腔长，实现锁定激光频率的目的。

2020 年，北京大学在国际上首次提出一种新型的基于双波长法拉第半导体激光器[87]，利用其实现双波长标准。双波长法拉第半导体激光器结合法拉第反常色散原子滤光技术，由于法拉第反常色散原子滤光器在特定温度和磁场条件下，其透射谱包含两个透过率相近的透射峰，从而实现在半导体激光内腔选出两个激光模式，最终实现激光器的双波长输出。将双频激光器输出的其中一个频率经调制转移谱进行稳频，从而同时提高两个波长的频率稳定性，得到高稳定度的双频激光波长标准。

这种新型波长标准结构简单，并且秒稳定度可以优于到 10^{-14}。并且这种法拉第反常色散原子滤光器工作在特定的温度和磁场条件下时，法拉第反常色散原子滤光器的透射谱包含两个稳定且透过率相近的透射峰，确保了腔镜反馈输出双波长法拉第半导体激光器的波长分别对应法拉第反常色散原子滤光器的双透射峰，且能够保证长期稳定工作。镀增透膜的激光二极管没有内腔模的竞争，其输出频率对外界环境因素、二极管的工作温度、二极管的工作电流等因素的波动噪声有很好的免疫能力，双波长激光能够长期连续地工作在法拉第反常色散原子滤光器透射谱的双透射峰对应的频率上。当改变法拉第反常色散原子滤光器中原子气室的温度和磁场条件时，可以改变法拉第反常色散原子滤光器的两个透射峰对应的频率，从而改变选出的两个激光模式，实现双波长半导体激光器输出波长的可调谐性。

7.5.3　法拉第激光器应用于混合原子多波长标准

当前商用激光波长标准主要为单波长，一般在近红外和通信波段独立应用。然而近些年在光通信和原子钟领域对全波段长期稳定准确的激光波长标准需求日益增加。多波长输出的激光参考源不仅拓展了频率覆盖范围，还提高了系统的稳定性和可靠性，为各领域的应用提供更灵活可靠的工具。

2023 年，北京大学提出了一种基于法拉第激光器的集成化的多波段激光波长标准装置[88]。该装置的设计思路融合了原子滤光技术、静磁场调控、射频激励以及温度控制等多种技术手段，实现了对多波段激光波长的精准控制和标定。

首先，将铷和铯原子混合于一个原子气室中，利用不同原子的基态和激发态对应不同波长的特性，为不同波长的激光提供滤光条件。静磁场的施加使得原子在能级结构上发生变化，调节静磁场的大小和方向，可以实现对不同波长的激光频率的微调，进而影响其与入射激光的相互作用，实现了对不同波长的激光的频率调控。其次，可以在原子气室中引入外部射频场，通过控制射频场的频率和强度进一步调控原子的能级结构和跃迁条件，实现对激光波长的更精细的调节。同时，匹配的温度控制也是确保不同波长激光的选频效果的重要因素之一，通过控制温度可以实现对原子气室内原子的运动状态和能级分布的调控，从而影响激光的选择性透过特定波长。综合以上各项技术手段，该装置实现了对多波段激光波长的高度集成化和精确标定。最后通过使不同波长的激光与原子跃迁共振，选出与原子跃迁共振的模式，确保不同波长激光的稳定性和准确性，为长度计量、光通信、遥感、雷达和信息通信网络等领域的应用提供了可靠的激光波长标准。

7.5.4　法拉第激光器应用于冷原子波长标准

精密光学原子钟的实现验证了诺贝尔物理学奖得主 Arthur Schawlow 的座右铭：“除了频率以外，不需要测量任何物理量。”通过高分辨率的激光谱测量原子能级跃迁谱线，并将该光谱稳定激光频率可得到光学频率标准(光频标)，使时间/频率测量达到 3000 亿年误差一秒的精度。时间/频率测量能达到的精度是任何物理量不可比拟的，而且未来精密测量的趋势是尽可能把其他物理量通过一定的关系转换成频率或时间来测量。由于激光波长 $\lambda = c / \nu$ ，因此，光频标既可以用作时间标准也可以用作激光波长标准。由国际计量委员会 CIPM 推荐作为激光波长标准使用主要有 7 种[89]：以 $^{127}I_2$ 作为频率参考的 531 nm 半导体激光；以 $^{127}I_2$ 作为频率参考的 532 nm Nd:YAG 激光[90-93]；以 Rb 原子作为频率参考的 778/780 nm 半导体激光[94]；以 $^{127}I_2$ 作为频率参考的 633 nm He-Ne 激光[95]；参考乙炔谱线的 1.5 μm 激光；以 CH_4 作为频率参考的 3.99 μm He-Ne 激光。以上波长标准在量子精密测量波长标准和中红外通信领域具有重要应用价值。

但是，上述波长标准方案都是基于热原子/分子的。这些方案虽然系统紧凑，但是存在热原子带来的碰撞频移和多普勒频移的影响,不确定度有待进一步提高,因此,需要依靠采用冷原子作为量子参考。目前常见的冷原子方案包括光晶格、离子阱、MOT 等，这些方案虽然可以实现温度达到毫开尔文、微开尔文甚至更低的温度，但是普遍存在体积过大、系统复杂且信噪比相对较低的不足。因此，亟须寻找新方案，既能克服热原子碰撞频移、多普勒频移的影响，又可以解决光晶格、离子阱等传统激光冷却方案中原子数目有限、冷原子系统紧凑性不足等问题。

为了实现上述需求，北京大学首次提出将法拉第激光器应用于冷原子波长标准。采用基于高信噪比调制转移谱稳频的热原子法拉第光频标作为系统光源，利用漫反射激光冷却俘获的长条形冷铷原子团作为频率参考，探测获得高信噪比的冷原子跃迁光谱。对冷原子跃迁光谱进行闭环锁定，将剩余误差反馈校准热原子法拉第光频标输出频率的漂移，实现冷原子系综对多普勒频移和碰撞频移的抑制作用，光频标长期频率稳定度按 $\tau^{-1/2}$ 的趋势连续下降。

系统上，采用全国产自研的半导体激光器作为冷却和重泵激光源，将其输出频率稳定在 ^{87}Rb 原子超精细跃迁后对激光功率进行放大。放大后的激光分为两束，一束作为冷却激光，另一束经宽带电光调制器调频 6.58 GHz 对应重泵激光跃迁，实现一台激光系统直接满足冷原子的制备需求，如图 7-25 所示。在长条形真空玻璃管的外表面涂上对冷却激光和重泵激光具有高反射率的漫反射涂料，光纤耦合输出的冷却激光和重泵激光从管壁预留的小孔打入，在管内多次反射。在冷却激光辐射压力的作用下，管内的 ^{87}Rb 原子蒸气被冷却，整个长条形真空玻璃管

内都充满 ^{87}Rb 冷原子团。通过优化冷却激光功率与失谐、重泵激光功率与失谐，预期实现冷原子光学厚度≥2、冷原子数目≥2×10^9、冷原子温度≤50 μK。突破国际上冷原子数目有限、光学厚度低等应用问题，为获得高信噪比光谱的冷原子波长标准提供可靠保障。

　　通过上述漫反射冷却可以制备冷原子作为量子参考，在波长标准方面，以一台自研法拉第光频标作为系统光源，构建基于大数目漫反射冷原子团的调制转移谱。通过调制转移谱首先实现基于热原子的法拉第激光的高稳定度锁定。在此基础上，采用光路折叠方案压缩长条形真空玻璃管的长度，在保证激光能够充分地与冷原子相互作用的前提下，显著压缩系统体积，如图 7-26 所示。

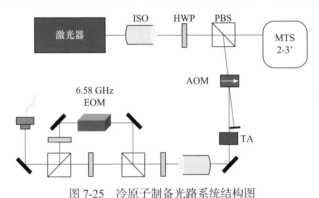

图 7-25　冷原子制备光路系统结构图

(ISO：隔离器；HWP：半波片；PBS：偏振分光棱镜；AOM：声光调制器；TA：放大；EOM：电光调制器)

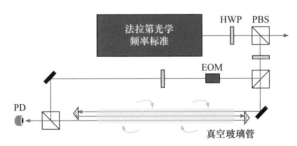

图 7-26　基于大数目冷原子的高信噪比调制转移谱结构图

(HWP：半波片；PBS：偏振分光棱镜；EOM：电光调制器；PD：光电探测器)

　　作为系统光源的热原子法拉第光频标实现闭环锁定后，输出激光分为两路，一路经声光调制器用作冷原子激光波长标准，另一路用于冷原子调制转移谱的误差反馈。将闭环锁定后的冷原子调制转移谱剩余误差信号反馈至用户端的声光调制器，校准系统最终输出频率的漂移(见图 7-27)，即实现冷原子系综对多普勒频移和碰撞频移的抑制作用，使冷原子激光波长标准长期稳定度按 $\tau^{-1/2}$ 的趋势连续下降。预期可以解决目前基于热原子/分子的波长标准受限于碰撞频移和多普勒频移带来的长期频率稳定度恶化的国际性难题。

现有的高准确、高稳定冷原子光钟装置大多采用 Pound-Drever-Hall(PDH)超稳光学谐振腔、磁光阱与光晶格囚禁原子等方案实现，本质上也是激光波长标准。以 PDH 超高精细度光学谐振腔为例，其必须依赖于超高真空维持和超高精度温控，毫无疑问会使系统结构复杂，成本昂贵，且不易搬运。相比这些技术，采用漫反射激光冷却方案的优点首先在于它是全光冷却，没有磁光阱捕获冷原子需要的大磁场；其次，漫反射激光冷却不受腔体几何形状的限制，体积小、质量轻、功耗低、结构简单。基于此，实现具有原创特色、高准确、高稳定冷原子激光波长计量标准装置，可以为 7 个国际基本单位之一的长度单位提供标准，具有更加精确和稳定的运行能力；同时，也可以为军用标准长度产生、高速通信、协同作战等领域的发展奠定坚实的技术基础。

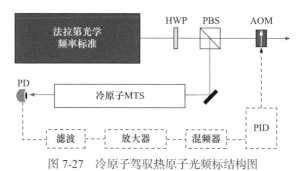

图 7-27　冷原子驾驭热原子光频标结构图

(HWP：半波片；PBS：偏振分光棱镜；AOM：声光调制器；PID：比例积分微分反馈电路；PD：光电探测器)

7.6　法拉第激光器在超窄带弱光相干放大的应用

法拉第原子滤光器(Faraday anomalous dispersion optical filter，FADOF)[96,97]具有超窄线宽[98]、高透过率和高信噪比[99,100]的特点，使得它作为频率选择器件广泛应用于光信号处理[101-104]和弱光通信领域，如自由空间光通信[105]和水下光通信[106]。对于典型应用，如自由空间量子密钥分布[107,108]和雷达远距探测系统[109-112]，可采用窄线宽法拉第探测器抑制带外噪声，从而减少误码率，实现强背景探测。在这些系统中，原子滤光器实现强背景噪声中提取弱信号的能力，主要取决于滤光器的带宽，而总的信号传递效率则与法拉第原子滤光器的透过率成正比。因此，为了实现更长的通信距离和更高的准确度，传统的法拉第激光器一直向更高透过率和更窄带宽的趋势发展。

法拉第原子滤光器提出以来，已进行了基于不同原子跃迁的实验探索，获得的透过率多在 40%～100%，等效透射带宽在 1 GHz 左右，相关跃迁谱线包括钠原子 589 nm(90%，5 GHz)[113]、铷原子 780 nm(83%，2.6 GHz)[114]、铷原子

795 nm(70%, 1.2 GHz)[115]，铯原子 459 nm(98%, 1.2 GHz)[116]，铯原子 852 nm(88%, 0.56 GHz)[117]，铯原子 894 nm(77%, 0.96 GHz)[118]，锶原子 461 nm(63%, 1.19 GHz)[119] 等。2012 年，北京大学研究组实现了一种 6.2 MHz 超窄带原子滤光器[120]，但由于透过率较低(仅为 9.7%)，应用受到局限。为了打破透过率的限制，法拉第原子滤光器可与拉曼光放大器串联使用[121-123]，此方案可使光信号强度相比未经拉曼放大的情况提高 85 倍，从而拓宽法拉第原子滤光器的应用范围。然而，对于极弱信号，这样的放大系数并不能满足需要，同时，该滤光器对本底噪声的抑制作用受法拉第滤光器带宽(0.6 GHz)限制，仍然非常有限。

面向极弱信号的长距离光通信应用，2018 年，北京大学潘多等人提出了一种基于原子受激放大与法拉第原子滤光作用的超窄带弱光相干放大器[124]，在单一铯原子气室中同时实现 1470 nm 弱光信号的相干放大[125]和原子滤光器的窄带噪声抑制。其放大原理利用原子的布居数反转和相干受激辐射，实验中测量到的增益因子大于 25000(44 dB)，增益带宽为 13 MHz，带外噪声抑制比优于 10^5。与传统原子滤光器相比，该放大器能够更有效地支持强背景下的弱信号提取，在光通信及弱信号检测中具有很好的应用前景。

7.6.1　法拉第原子滤光器应用于窄带弱光相干放大的方案

该方案的实验装置如图 7-28(a)所示，其中，SAS 为饱和吸收谱系统，OC 为光学斩波器，AS 为衰减片，LIA 为锁相放大器。M1 为 459 nm 高反射镜，M2 为 459 nm 部分反射镜，M3 为 459 nm 高反/1470 nm 高透镜，G1，G2 为一对相互正

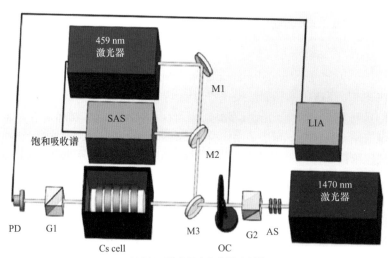

(a) 弱光相干放大器实验装置示意图

(SAS：饱和吸收谱系统；OC：光学斩波器；AS：衰减片；LIA：锁相放大器；
M1：459 nm 高反射镜；M2：459 nm 部分反射镜；M3：459 nm 高反/1470 nm 高透镜；
G1，G2：一对相互正交的格兰泰勒棱镜；PD：光电探测器)

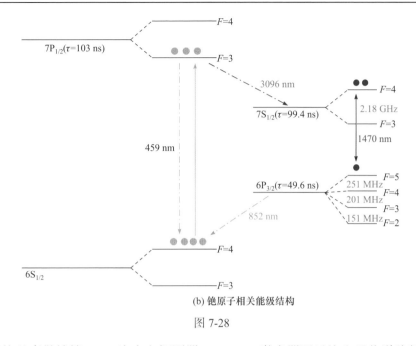

(b) 铯原子相关能级结构

图 7-28

交的格兰泰勒棱镜，PD 为光电探测器。459 nm 激光器通过饱和吸收谱稳频，随后将铯原子从基态 $6S_{1/2}$ (F=4)泵浦至 $7P_{1/2}$ (F=3)态，该跃迁是一个弱跃迁，泵浦后原子在多个中间态之间发生自发辐射[126-129]，随后在 $7S_{1/2}$ (F=4)和 $6P_{3/2}$ (F=5) 态之间形成粒子数反转[130]。此时在 1470 nm 信号光(与泵浦光重合)的作用下，原子发生两能级间的受激辐射，信号光被相干放大。同时对铯原子气室施加磁场，铯泡放置在一对相互正交的格兰泰勒棱镜之间，当信号光与原子相互作用时，其偏振方向会由于法拉第效应发生旋转而通过第二个格兰泰勒棱镜，未发生旋转的杂散光将被滤除。格兰泰勒棱镜的消光比为 10^5，这也决定了此系统的带外噪声抑制比。实验系统中的光学斩波器和锁相放大器用以消除静态超辐射造成的荧光本底。

考虑受激辐射放大过程，受激辐射可以将光信号进行相干放大，放大系数为 G_{SA}。考虑两个正交格兰泰勒棱镜的作用，受激辐射放大的法拉第原子滤光器的增益系数为

$$G = G_{SA} \times \sin^2\varphi \tag{7-1}$$

其中，旋转角表示为

$$\begin{aligned}
\varphi &= \frac{\pi l}{\lambda}(n_+ - n_-) = \frac{\pi l}{2\lambda}\text{Re}(\chi_+ - \chi_-) \\
&= \frac{3N\Gamma\lambda^2 l}{8\pi} \frac{g_F\mu_B B/\hbar}{\left(g_F\mu_B B/\hbar\right)^2 + \left(\Gamma/2\right)^2}
\end{aligned} \tag{7-2}$$

对于铯原子相关能级，弛豫速率 $\Gamma = 55\text{MHz}$，此处考虑了自发辐射过程和由泵浦光饱和效应带来的多普勒增宽过程的综合弛豫作用[130]。式中，λ 表示光束波长；g_F 为朗德 g 因子，μ_B 为玻尔磁子；B 为磁场大小。对于 $\varphi \leqslant \pi / 2$，当 $g_\text{F}\mu_\text{B}B / \hbar = \Gamma / 2$ 时 $\sin^2\varphi$ 具有最大值，此时有 $B \approx 7.8\,\text{G}$。实验中在 $B \approx 8\,\text{G}$ 时测得透射信号有最大值，且最大透过率在 135℃ 时接近100%，即此时有无格兰泰勒棱镜的情况下，增益系数基本相同。为简单起见，后续计算与实验过程中均保持磁场强度为最优值 $8\,\text{G}$，且在 135℃ 温度下假设 $G = G_\text{SA}$，对于二能级原子与辐射场的相互作用，跃迁概率可表示为 $W(t) = |c(t)|^2$，其中

$$c(t) = -i\frac{\Omega}{\sqrt{\Omega^2 + \Delta\omega^2}}\sin\left(\frac{\sqrt{\Omega^2 + \Delta\omega^2}}{2}t\right)\exp\left[-i\frac{\Delta\omega}{2}t\right] \tag{7-3}$$

式中，Ω 和 $\Delta\omega$ 分别代表拉比频率和频率失谐量。因此，对于共振辐射场，跃迁概率可表示为

$$W(t) = \sin^2\frac{\Omega t}{2} \tag{7-4}$$

对于平均寿命为 τ 的原子，其与辐射场的相互作用时间分布函数表示为 $f(t) = \frac{1}{\tau}e^{-t/\tau}$，所以跃迁概率表达式可以写作

$$\langle W\rangle = \int_0^\infty f(t)W(t)\text{d}t = \frac{1}{2}\frac{\Omega^2}{\Omega^2 + \Gamma^2} \tag{7-5}$$

同样，Γ 是考虑了自发辐射与多普勒展宽后的弛豫速率。为使理论计算与实验参数匹配，引入考虑铯泡长度 L 与 1470 nm 信号光腰斑半径 w_0，则信号光在气室中行进距离 $\text{d}L$ 后信号功率的改变量 $\text{d}P$ 为

$$\text{d}P = \frac{1}{2}\eta\Delta\rho\pi w_0^2 h\nu \times \frac{\Omega^2}{\Omega^2 + \Gamma^2}\text{d}L \tag{7-6}$$

其中，$\eta = 1/\tau_{cyc}$ 为泵浦速率；τ_{cyc} 为原子的循环跃迁时间。对于铯原子有

$$\tau_{cyc} = \frac{1}{\Omega} + \frac{1}{\Gamma_{23} + \Gamma_{24}} + \frac{1}{\Gamma_{35} + \Gamma_{36}} + \frac{1}{\Gamma_{51}} \tag{7-7}$$

其中，Γ_{23}，Γ_{24}，Γ_{35}，Γ_{36}，Γ_{51} 对应 $7\text{P}_{1/2} - 7\text{S}_{1/2}, 7\text{P}_{1/2} - 5\text{D}_{3/2}, 7\text{S}_{1/2} - 6\text{P}_{3/2}$，$7\text{S}_{1/2} - 6\text{P}_{1/2}$，以及 $6\text{P}_{1/2} - 6\text{S}_{1/2}$ 各跃迁的泵浦速率。所以计算可得 η 值为 $3.6\times10^6 / \text{s}$。135℃ 时，由热分布决定的铯原子数密度为 1.0×10^{20}，且粒子数反转比例约为 0.03[131]。所以 $7\text{S}_{1/2}(F = 4)$ 态和 $6\text{P}_{3/2}(F = 5)$ 态之间的反转粒子数为 3.0×10^{18}。由

于多普勒效应，只有多普勒频率处于1470nm 信号光线宽(约为300kHz)内的原子可有效放大信号光。所以最终有效原子数密度 $\Delta\rho$ 为 $3.4\times10^{15}/\mathrm{m}^3$。

因此，通过对原子与信号光相互作用长度 L 进行积分，且 $\Omega^2 = \dfrac{\Gamma^2}{2}\times\dfrac{I}{I_s}$ [132]，最终可得

$$P - P_0 + 2\pi w_0^2 I_s \times \ln\frac{P}{P_0} = \frac{1}{2}\eta\Delta\rho\pi w_0^2 h\nu L \tag{7-8}$$

式中，$I_s = h\pi c\Gamma/3\lambda^3$ 为饱和光强；P_0 为入射信号光强度。由于 $G = P/P_0$，可得

$$P_0\times(G-1) + 2\pi w_0^2 I_s \times \ln G = \frac{1}{2}\eta\Delta\rho\pi w_0^2 h\nu L \tag{7-9}$$

通过式(7-7)和式(7-8)可以得到透射光强和增益系数随探测光强的变化情况，将在后续进行展示和分析。

7.6.2　法拉第原子滤光器应用于弱光相干放大的作用效果

1. 超辐射本底

由于静态超辐射具有多粒子一致性特征[133,134]，形成粒子数反转的原子系综从 $7\mathrm{S}_{1/2}(F=4)$ 态自发辐射至 $6\mathrm{P}_{3/2}(F=5)$ 态，此过程比单个原子的自发辐射更快速，辐射强度更强，且具有确定的方向性。同时，静态超辐射荧光的强度会随着泵浦光功率及温度发生改变，且该荧光在空间上和频率上都与信号光重合，无法通过光学滤波手段滤除。因此当泵浦光功率及系统温度稳定时，此荧光将作为本底出现在探测信号中，荧光本底随泵浦光功率及温度变化情况如图 7-29(a)所示。这种荧光本底的影响可以通过同步调制的方式消除，实验中采用光学斩波器对信号光进行预调制，调制频率为 1.5 kHz。随后将探测到的增益信号通过锁相放大器进行解调，锁相放大器的参考信号与光学斩波器的调制信号同步。如此可以将信号光放大得到的增益信号从荧光本底中分离出来进行单独探测，对信号光施加调制前后的透射信号如图 7-29(b)上半部分所示，解调后的信号如图 7-29(b)下半部分所示，此时荧光本底得到有效抑制。此方法可以显著提高系统的信噪比，同时也可在其他基于原子谱灯的原子滤光器中使用，用以消除其中不容忽视的荧光效应引起的本底。

2. 增益系数

在弱光探测环境下,尤为重要的是得到更远的通信距离和更高的传输准确度，这就要求滤光器具有很高的透过率来抑制损耗，或者更理想的情况下，滤光器应

具有更高的增益。

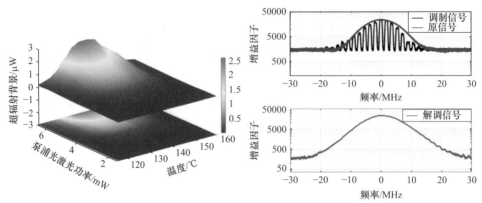

(a) 超辐射本底随泵浦光功率及系统温度变化情况　(b) 上图: 调制前后的透射信号; 下图: 解调后的透射信号

图 7-29

图 7-30(a)中紫色虚线为式(7-7)计算而得的, 在共振处透射光功率随探测光功率的变化情况, 此时铯泡温度为 135℃, 459 nm 泵浦光功率 3.5 mW。同时, 图中红色实线为式(7-8)计算得到的增益系数随探测光功率的变化情况。在图中可以看到, 随着信号光功率的增加, 透过光功率很快趋于一个饱和值, 这是由于原子体系的放大能力有限。在输出功率趋于饱和值之后, 增益系数与探测光功率近似成反比例关系。在实验中, 测量得到的输出功率和增益系数分别如图中绿色虚线和蓝色实线所示, 对于探测光功率相对较大的情况, 测量结果与理论值匹配完好。然而在探测光功率极其微弱的情况下, 测量得到的增益系数曲线相比理论值有明显下降趋势, 这可能是由于在极弱探测光情况下, 超辐射作用相对较强, 锁相作用不足以将探测光子从中剥离开来。探测光功率为 50 pW 时增益系数有最大值, 可达 25000 (44 dB) 以上。

对于不同的探测功率和铯泡工作温度, 测量得到的增益谱线分别如图 7-30(b)和图 7-30(c)所示。图 7-30(b)测量时温度维持在 135℃, 而图 7-30(c)中所采用的泵浦光功率为 50 pW。在温度较低的情况下, 由于铯原子密度较小, 增益随温度升高而逐渐增强。在温度较高时, 随之增强的原子间碰撞效应将使 $7S_{1/2}$ 态的相干时间缩短, 由此使得增益系数降低, 最优的原子气室温度为 135℃左右。类似的效应在主动氢激射器[135]以及铷、铯等原子体系中均有过报道[130,133,136]。

3. 增益带宽

对原子滤光器来说, 考虑到抑制背景噪声的需求, 增益带宽是一个重要的指标。在窄带相干放大器中, 由于原则上泵浦光通过饱和谱稳频, 可以选择零速原子参与放大作用, 增益带宽和对应跃迁的自然线宽相近。在实际工作过程中, 随着泵浦光功率增加，泵浦光的饱和效应将导致泵浦至 $7P_{1/2}$ 态的原子速率增宽，这些原子弛豫到 $7S_{1/2}$ 并参加受激辐射过程，最终通过多普勒效应导致放大器增益线宽的展宽。图 7-30(d) 给出了在气室温度 135℃情况下，增益系数和增益带宽随泵浦光功率的变化情况。可以看出，当泵浦光功率持续增大时，增益系数随之增大，增益带宽也随之增加。这意味着在不同的应用下，存在最优的泵浦光功率，由实际情况而定。

　　本章节描述了北京大学研究组对于超窄带弱光相干放大器的研究。该工作基于铯原子气室实现了基于受激发射的法拉第原子滤光器，即超窄带弱光相干放大器，系统工作在 1470 nm。该放大器可达到的最大增益系数为 25000(44 dB)，同时具有 13 MHz 的超窄带宽，在弱光探测及弱光通信领域具有潜在的应用。

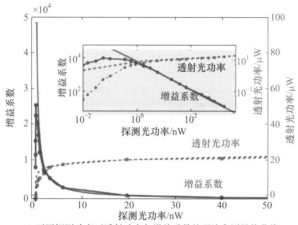

(a) 不同探测功率下透射功率与增益系数的理论和测量值曲线

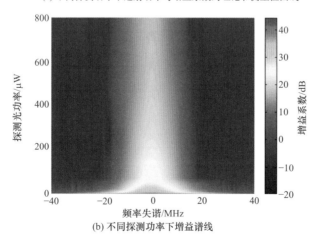

(b) 不同探测功率下增益谱线

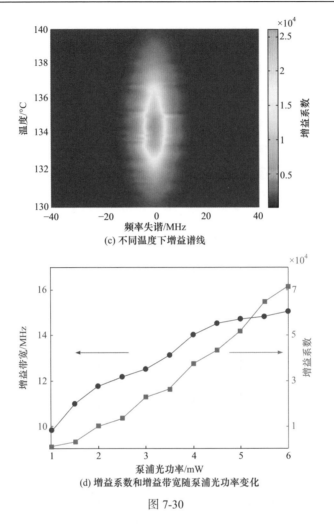

(c) 不同温度下增益谱线

(d) 增益系数和增益带宽随泵浦光功率变化

图 7-30

　　为了消除铯原子超辐射效应带来的荧光本底，该工作提出了一种同步调制的方法，在实验上抑制了背景噪声，此方法可以进一步扩展到其他基于放电灯的原子滤光器中，以消除原子的荧光本底。在实验上，对基于受激发射的法拉第原子滤光器的增益系数和增益带宽在不同泵浦光功率、探测光功率以及工作温度下的特性进行了研究，增益系数随探测光功率增加呈近似指数下降，并随泵浦光功率升高。增益带宽主要随泵浦光功率升高，所以在实际应用中，增益系数和增益带宽之间需要进行权衡。

7.6.3　法拉第激光器的大功率相干放大

　　气体激光器中的相干放大通常是指利用气体介质中的粒子(原子或分子)的能

级跃迁来实现光的放大。在气体激光器中，通过外部激励源(如电场或光场)激发气体介质中的粒子到高能级，当这些粒子从高能级跃迁回低能级时，会发射出相干光，即激光。相干放大是实现激光输出的关键过程之一，它保证了激光的单色性和相干性。

　　基于相干放大原理，北京大学首次提出利用法拉第激光器实现大功率相干放大。具体地，以 780 nm 激光器作为泵浦源提供能量来实现铷原子的能级跃迁，如图 7-31 所示。为了在铷原子蒸气中产生 795 nm 的 D_1 跃迁($5P_{1/2}$-$5S_{1/2}$)的粒子数反转和增益，采用具有与 D_2 线对应波长($5S_{1/2}$-$5P_{3/2}$)的 780 nm 法拉第激光器作为泵浦源将铷原子激发到 $5P_{3/2}$ 状态，如图 7-32 所示。利用缓冲气体将铷原子从 $5P_{3/2}$ 状态转移到 $5P_{1/2}$ 状态，为 795 nm 激光器的相干放大提供大增益介质。

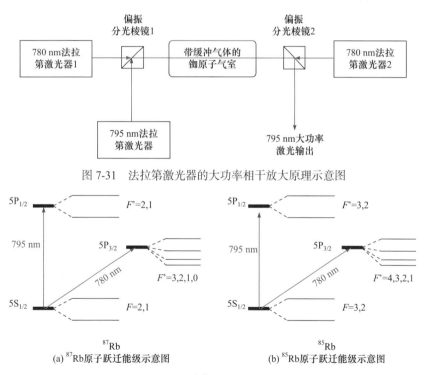

图 7-31　法拉第激光器的大功率相干放大原理示意图

图 7-32

　　795 nm 激光二极管的前表面镀有增透膜，后表面与后腔镜构成光学谐振腔，形成一套独立的法拉第激光器。795 nm 激光通过增益介质得到相干放大。激光的相干性来源于布居数反转的原子相干受激辐射。通过精确控制泵浦过程设计，可以实现高相干性的激光放大输出。高性能的大功率激光光源可以进一步广泛应用于科研、工业和军事等领域，例如，用于光谱分析、激光切割、激光雷达等。

7.7　法拉第激光器在拉曼光谱探测的应用

拉曼光谱技术[137,138]是材料特性研究、化学物质探测等领域必不可少的一项技术。低拉曼频移(GHz-THz)光谱信号的探测可以测量到更低能量的跃迁，例如，温度测量[139,140]、多晶结构检测[141]、半导体材料分析[142]、纳米材料分析[143]、大分子材料分析[144,145]及二维材料分析[146]。目前商用的探测低拉曼频移光谱信号的设备是级联的多个单色仪，可以测量到 10 个波数以下[147,148]，但是系统复杂，价格昂贵。实验上有研究组分别利用窄带布拉格滤光片[149]和全息光栅[150]进行了低波数拉曼信号的探测研究，基于全息光栅的商用系统可以测量到 5 个波数左右的拉曼信号。但是目前测量 5 个波数以下的拉曼散射光谱还存在困难，主要限制为泵浦激光本身线宽较宽，同时探测拉曼信号时过滤泵浦激光的滤光器件带宽较宽。

利用原子或分子在共振跃迁谱线附近的吸收或色散效应，可以选择特定频率的光信号，这种方法为获得超低频移的拉曼光谱信号提出一种全新的思路。2014年，美国东卡罗莱纳大学的 Jinda Lin 研究团队利用热铷原子气室的吸收谱线，对单个活细胞和微小颗粒的斯托克斯和反斯托克斯拉曼光谱展开研究，测量到低于 10 个波数的拉曼信号[149]。实验装置如图 7-33 所示，半导体激光器(TEC-420-0785-1500，Sacher Lasertechnik)输出的激光波长为 780.2 nm，对应 Rb $5S_{1/2} \rightarrow 5P_{3/2}$ 跃迁，经过反射型布拉格带通滤波器(BPF-785，OptiGrate Corp，Oviedo，Florida)，将背景噪声降低到-70 dB 以下。随后激光经带宽为 5 cm^{-1} 的陷波滤波器(BNF-785，

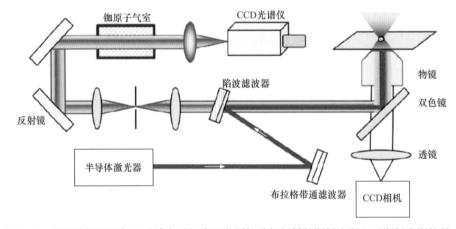

图 7-33　利用热铷原子气室对单个活细胞和微颗粒进行超低频斯托克斯和反斯托克斯拉曼光谱分析的实验方案[149]

OptiGrate Corp，Oviedo，Florida)反射，经双色镜(DM)进入装有物镜(100×，NA 1.30)的倒置显微镜，形成光学陷阱[151]。待观测的粒子位于激光的焦点处，通过 CCD 摄像机观察其明场图像，其拉曼散射光由原路径透射经过陷波滤波器，随后通过共焦针孔进入 5 cm 长的铷原子气室，最后被 CCD 光谱仪接收，用于得到拉曼光谱。

实验结果如图 7-34 所示，图 7-34(a)是在 25℃(蓝线)和 130℃(红线)温度下的铷原子气室透射谱的透过率随激光频率变化的曲线。图 7-34(b)是不同原子气室温度下的光学厚度(OD)，频率对应图 7-34(a)中箭头所示。从图中可以看出，热铷原子气室在 780.2 nm 处的吸收带宽为 10 GHz，最大光学厚度(OD)接近 5.0。

图 7-34 (c)为光学捕获的 2 μm 聚苯乙烯珠的拉曼光谱，分别测试了其在玻璃表面上方(曲线 a)、非常靠近玻璃表面(曲线 b)的拉曼光谱强度。曲线 c 是背景光谱，主要来自底部玻璃表面的瑞利散射。从图中可以看出，利用此套装置可以获得 10 cm⁻¹ 以下的拉曼光谱信号。

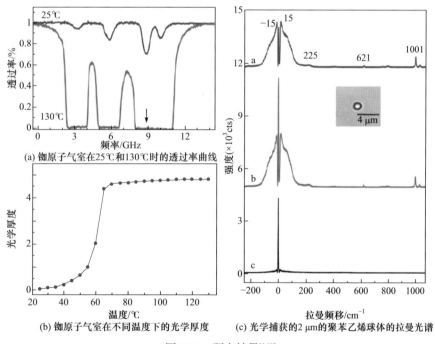

(a) 铷原子气室在25℃和130℃时的透过率曲线

(b) 铷原子气室在不同温度下的光学厚度

(c) 光学捕获的2 μm的聚苯乙烯球体的拉曼光谱

图 7-34 研究结果[149]

在上述实验的基础上，2016 年，北京大学与宾夕法尼亚州州立大学利用 FADOF 作为泵浦激光的滤光器，以滤掉宽谱杂散背景光，用原子吸收泡作为泵浦光的吸收介质，获得超低频移的拉曼光谱信号。

7.7.1　法拉第原子滤光器应用于拉曼光谱探测方案

法拉第原子滤光器应用于拉曼光谱探测方案的实验装置如图 7-35 所示[152]。实验中 FADOF 内的原子气室为 5 cm 自然丰度的铷泡，FADOF 内包含一对环形永磁铁和一对格兰泰勒棱镜，两个棱镜的透过偏振方向互相垂直。780 nm 泵浦激光频率调节到铷原子 FADOF 的最大透过峰，经过 FADOF 滤光后，通过 10 倍显微镜物镜耦合到约 2 km 长的多模光纤中，芯径 50 μm，光纤材料为二氧化硅。在光纤内产生二氧化硅材料的拉曼信号，从光纤输出光经过显微镜物镜准直，并由铷原子吸收泡吸收泵浦激光，最终产生的拉曼信号由光谱仪探测。该研究组在实验上测量到光纤中的拉曼散射信号，最低可以测量到 0.7 cm^{-1}，实现了小于 1 个波数的拉曼光谱探测。

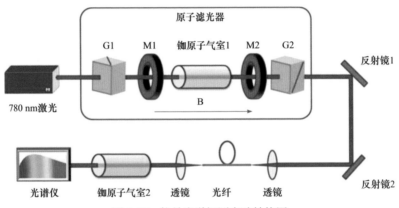

图 7-35　拉曼光谱探测实验结构图

实验中利用 780 nm 激光作为泵浦光产生拉曼信号，利用 FADOF 过滤泵浦光中的宽谱杂散本底，利用原子吸收泡吸收泵浦光，这就要求 FADOF 透过峰和原子吸收泡的吸收峰频率一致，并对原子气室温度和磁场进行控制。调节温度和磁场，以调节透过光谱形状，使与原子跃迁谱线频率对应的透过峰最高，以最大地降低其他透过峰的成分。FADOF 工作在 112℃。如图 7-36 所示，最下方曲线为 FADOF 的透过光谱，最上方绿色曲线为室温下铷原子吸收泡的吸收光谱，中间红色曲线为铷原子吸收泡 120℃时的吸收光谱。从图中看出 FADOF 最高的透过峰对应吸收泡吸收最强的 $5S_{1/2}(F = 3) \rightarrow 5P_{3/2}(F = 2,3,4)$ 跃迁谱线，因此，将激光频率稳定在最大透过峰频率点。

实验中得到原子滤光器的最高峰的透过率为 42%，其中包含了内部所有元件的损耗，且最高峰等效噪声带宽(ENBW)约为 2.3 GHz。该系统中入射激光的功率为 6.2 mW，经过原子滤光器的激光功率为 2.6 mW。边带外的抑制比为 5.5×10^5，主要受限于正交格兰泰勒棱镜的抑制比。这里可以通过使用更高抑制比的格兰泰勒棱镜，进而提升边带外的抑制比。实验中，通过将外腔半导体可调谐激光器的频率调谐至原子滤光器最左边的传输峰，对应于图 7-36 中频率失谐为零的位置。因此，原子滤光器可用作超窄的激光滤光片去消除激光腔体中自发辐射本底。

拉曼光谱探测实验结构如图 7-35 所示。所用激光器为外腔半导体激光器，G1 和 G2 为两个透过光偏振方向垂直的格兰泰勒棱镜，M1 和 M2 为环形永磁铁，气室 1 和气室 2 均为自然丰度纯铷泡，光纤长度约 2 km，芯径 50 μm。为了探测低频拉曼信号，实验中通过额外添加一个原子气室作为陷波滤波器来消除剩余泵浦激光本底。图 7-36 中上方绿色曲线为原子气室在室温下的吸收光谱。铷原子气室包含自然丰度的铷原子，其中 27.8% 为铷 87 原子，72.2% 为铷 85 原子，外边两个峰对应铷 87 原子，里面两个峰对应于铷 85 原子的跃迁。如图 7-36 所示，在激光频率失谐 1.8 GHz 和 4.5 GHz 附近，原子滤光器和原子陷波滤波器表现出明显的透射性，而这限制了这些波段附近自发辐射背景的抑制效果。如果使用纯的铷 85 原子或者铷 87 原子气室，同时进一步优化气室的偏置磁场和温度，可以提高滤波器的响应，抑制自发辐射背景。当温度较低时，由于原子的密度较低和饱和效应，导致较高的能级原子数较多，使得原子陷波滤波器的吸收有限。然而随着温度的增加，原子密度显著增加，吸收增强，因此可以通过加热原子气室来增加吸收。图 7-36 中间的红色曲线为 112℃时的吸收光谱，在入射功率为 0.5 mW、温度为 112℃时，光学厚度为 5.5。原子气室的光学厚度随温度变化的关系如图 7-37 所示。

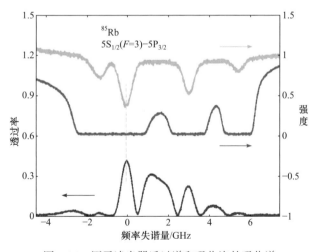

图 7-36　原子滤光器透过谱和吸收泡的吸收谱

7.7.2　法拉第原子滤光器应用于拉曼光谱探测的作用效果

如图 7-37 所示，实验上测量了光学厚度随温度的变化，在 50℃ 以下，随着温度升高，光学厚度缓慢增大，在 50~70℃，光学厚度随着温度升高迅速增大，在

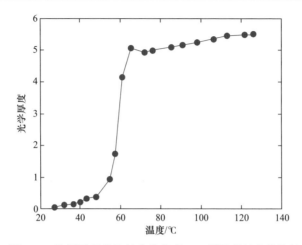

图 7-37 铷原子吸收泡的光学密度(OD)随温度的变化特性

70℃以后增长再次平缓并趋于稳定。原子气室内的粒子数密度随着温度升高，呈指数型增大。由于泵浦激光较强，远大于饱和光强，在温度较低时，饱和效应明显，原子激发态形成粒子数布居，因此对泵浦光的吸收有限。随着温度升高，原子之间碰撞效应增强，处于激发态的原子可以通过碰撞效应迅速回到基态，泵浦光的饱和效应减弱，因此对泵浦光的吸收快速增强。在温度较高时，由于激光的剩余自发辐射荧光限制，光学厚度不再增加。

为了验证原子滤光器和铷吸收泡的有效性，可利用光谱仪测量单一吸收泡的透过光谱和级联原子滤光器时的透过光谱。当光路内无原子滤光器时，泵浦光经过铷吸收泡后，由光谱仪探测，得到光谱如图 7-38(a)所示，可以看到中心 780 nm 激光强度得到较高的吸收，激光的荧光本底很明显，光谱覆盖范围超过 1000 cm^{-1}(约 57 nm)。将法拉第原子滤光器置入光路，激光依次经过法拉第原子滤光器、吸收泡后，由光谱仪探测得到的光谱如图 7-38(b)所示，图中只有 780 nm 泵浦激光成分，激光的荧光本底全部被法拉第原子滤光器滤除。将约 2 km 长的多模光纤置

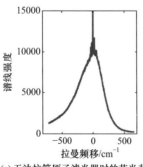

(a) 无法拉第原子滤光器时的荧光背景

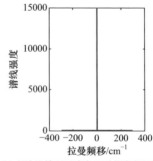

(b) 有法拉第原子滤光器时荧光背景被全部滤除

图 7-38

入光路，光纤芯径 50 μm，测量光纤中的拉曼散射信号。利用 10 倍物镜将空间光耦合到光纤内，再用另一个物镜将光纤输出光准直，入射物镜的激光功率为 2.6 mW，出射物镜的光功率为 0.5 mW，考虑每个物镜有 30%的功率损耗，耦合效率为 39%。

利用单级光谱仪(Spectro Pro 2500i)测量拉曼光谱，选择光谱仪内 1200/mm 的高分辨率光栅，得到光谱如图 7-39 所示。零拉曼频移处为 780 nm 泵浦激光，正频移部分为斯托克斯线，负频移部分为反斯托克斯线。对中间泵浦激光部分进行放大，光谱如图 7-39 中的小图所示，谱半高宽 1.4 cm^{-1}，因此，可以认为最小可测的拉曼频移为 0.7 cm^{-1}。而在此之前的研究组则大部分只能测量到大拉曼频移(几十至 100 cm^{-1} 以上)的光谱成分。该实验结果表明，利用此套装置可以获得 1 cm^{-1} 以下的拉曼光谱信号。从图 7-39 中还可以看出，在 60 cm^{-1} 近拉曼频移处有一个较强的信号峰，在接近零频移处信号减弱，为了进一步验证法拉第原子滤光器的有效性，在有光纤时从光路中移除法拉第原子滤光器，得到的光谱仪测量结果如图 7-40 所示，可以看到激光的荧光本底淹没了拉曼光信号。

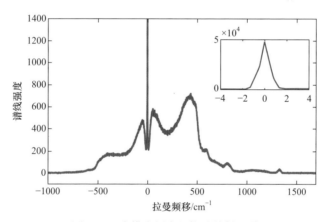

图 7-39 多模光纤中的拉曼散射光谱

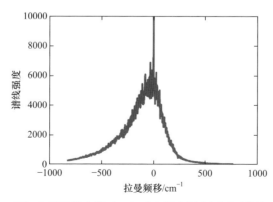

图 7-40 不加入原子滤光器时，经过多模光纤和原子吸收泡后的光谱

　　通过应用原子滤光器测量低频拉曼光谱，该研究证明了法拉第原子滤波器可用于测量拉曼频移低至 5 cm^{-1}，线宽为几兆赫量级，且未来可进一步进行 cm^{-1} 量级拉曼测量。该工作为探测低频拉曼和布里渊散射提供了新的方案。

参 考 文 献

[1] R Schmeissner, P Favard, A Douahi, et al. Optically pumped cs space clock development[C]. European Frequency and Time Forum and IEEE International Frequency Control Symposium (EFTF/IFCS). 2017: 136-137.

[2] F K P Berthoud, M Haldimann, V Dolgovskiy. High performance industrial cesium beam clock[C]. In Proceedings of the 4 th IFSA Frequency & Time Conference (IFTC 2022). 2023: 5-6.

[3] S Kraemer, J Moens, M Athanasakis-Kaklamanakis. Observation of the radiative decay of the 229Th nuclear clock isomer[J]. Nature,2023, 617: 706-710.

[4] Zhang C K, Tian O, S Jacob,et al. Frequency ratio of the 229mTh nuclear isomeric transition and the 87Sr atomic clock[J]. Nature, 2024, 633: 63-70.

[5] F Riehle, P Gill, F Arias, et al. The CIPM list of recommended frequency standard values: guidelines and procedures[J]. Metrologia, 2018, 55: 188.

[6] N Dimarcq, M Gertsvolf, G Mileti, et al. Roadmap towards the redefinition of the second[J]. Metrologiae, 2024, 61: 012001.

[7] Shi T T, Wei Q, Qin X M, et al. Dual-frequency optical-microwave atomic clocks based on cesium atoms[J]. Photonics Research, 2024, 12(9): 1972-1980.

[8] S L Campbell, R B Hutson, G E Marti, et al. A fermi-degenerate three-dimensional optical lattice clock[J]. Science, 2017, 358: 90-94.

[9] W F McGrew, Zhang X, R J Fasano, et al. Atomic clock performance enabling geodesy below the centimetre level[J]. Nature, 2018, 564: 87-90.

[10] Shen Q, Guan J Y, Ren J G, et al. Free-space dissemination of time and frequency with 10−19 instability over 113 km[J]. Nature, 2022, 610: 661-666.

[11] Zhang J, Shi T T, Miao J, et al. The development of active optical clock[J]. AAPPS Bulletin, 2023, 33: 1-17.

[12] M Viteau, M Reveillard, L Kime, et al. Ion microscopy based on laser-cooled cesium atoms[J]. Ultramicroscopy, 2016, 164: 70-77.

[13] B Bloom, T Nicholson, J Williams, et al. An optical lattice clock with accuracy and stability at the 10-18 level[J]. Nature, 2014, 506: 71-75.

[14] B Young, F Cruz,W Itano, et al. Visible lasers with subhertz linewidths[J]. Physical Review Letters, 1999, 82(19): 3799.

[15] Chen J. Active optical clock[J]. Chinese Science Bulletin, 2009, 54(3): 348-352.

[16] K Debnath, Y Zhang, K Mølmer. Lasing in the superradiant crossover regime[J]. Physical Review A, 2018, 98(6): 063837.

[17] Shi T T, Pan D, Chen J. Realization of phase locking in good-bad-cavity active optical clock[J]. Optics Express, 2019, 27(16): 22040-22052.

[18] Wan J Y, Wang X, Zhang X, et al. Quasi-one-dimensional diffuse laser cooling of atoms[J]. Physical Review A, 2022, 105: 033110.

[19] Xu Z C, Pan D, Zhuang W, et al. Experimental scheme of 633 nm and 1359 nm good-bad cavity dual-wavelength active optical frequency standard[J]. Chinese Physics Letters, 2015, 32: 083201.

[20] I Marson, J Faller. g-the acceleration of gravity: its measurement and its importance[J]. Journal of Physics E Scientific Instruments, 1986, 19: 22-32.

[21] Qiao Z Y, Peng Y, Huang Y S, et al. Research on aeromagnetic compensation of a multi-rotor UAV based on robust principal component analysis[J]. Journal of Applied Geophysics, 2022(206): 104791.

[22] J E Faller. Thirty years of progress in absolute gravimetry: a scientific capability implemented by technological advances[J]. Metrologia, 2002, 39(5).

[23] R L Steiner, E R Williams, D B Newell, et al. Towards an electronic kilogram: an improved measurement of the Planck constant and electron mass[J]. Metrologia, 2005, 42(5): 431.

[24] N De Courtenay, O Darrigol, O Schlaudt. The reform of the international system of units (si)[M]. London: Routledge, 2019.

[25] G Budetta, D Carbone. Potential application of the scintrex cg-3 cm gravimeter for monitoring volcanic activity: results of field trials on mt. etna, sicily[J]. Journal of Volcanology and Geothermal Research, 1997, 76: 199-214.

[26] Superconductor gravimeter igrav[EB/OL]. http//www.gwrinstruments.com/igrav-gravi-ty-sensors. html. 2019.

[27] M A Zumberge, R L Rinker, J E Faller. A portable apparatus for absolute measurements of the Earth's gravity[J]. Metrologia, 1982, 18(3): 145.

[28] F Klopping . FG5-X Absolute Gravity Meters[EB/OL]. http://microglacoste.com/product/ fg5- x-absolute-gravimeter/, 2020-07-24.

[29] M Kasevich, S Chu. Atomic interferometry using stimulated Raman transitions[J]. Physical review letters, 1991, 67(2): 181.

[30] M Kasevich, S Chu. Measurement of the gravitational acceleration of an atom with a light-pulse atom interferometer[J]. Applied Physics B, 1992, 54: 321-332.

[31] A Peters, K Y Chung, S Chu. Measurement of gravitational acceleration by dropping atoms[J]. Nature, 1999, 400(6747): 849-852.

[32] P Cheinet, F P Dos Santos, A Clairon, et al. Cold atom absolute gravimeter[J]. Journal de Physique IV, 2004, 119: 153-154.

[33] J Le Gouët, T E Mehlstäubler, J Kim, et al. Limits to the sensitivity of a low noise compact atomic gravimeter[J]. Applied Physics B, 2008, 92: 133-144.

[34] Y Bidel, O Carraz, R Charri è re, et al. Compact cold atom gravimeter for field applications[J]. Applied Physics Letters, 2013, 102(14): 144107.

[35] Y Bidel, N Zahzam, C Blanchard, et al. Absolute marine gravimetry with matter-wave interferometry[J]. Nature communications, 2018, 9(1): 627.

[36] Y Bidel, N Zahzam, A Bresson, et al. Absolute airborne gravimetry with a cold atom sensor[J]. Journal of Geodesy, 2020, 94: 1-9.

[37] Wu X, Z Pagel, B S Malek, et al. Gravity surveys using a mobile atom interferometer[J]. Science advances, 2019, 5(9): eaax0800.

[38] Zhou L, Xiong Z Y, Yang W, et al. Measurement of local gravity via a cold atom interferometer[J]. Chinese Physics Letters, 2011, 28: 013701。

[39] Hu Z K, Sun B L, Duan X C, et al. Demonstration of an ultrahigh-sensitivity atom- interferometry absolute gravimeter[J]. Physical Review Letters A, 2013, 88: 043610.

[40] Wu B, Wang Z Y, Cheng B, et al. The investigation of a mu Gal-level cold atom gravimeter for field applications[J]. Metrologia, 2014, 51: 452-458.

[41] Fu Z, Wu B, Cheng B, et al. A new type of compact gravimeter for long-term absolute gravity monitoring[J]. Metrologia, 2019. 56(2): 025001

[42] Wang S, Zhao Y, Wei Z, et al. Shift evaluation of the atomic gravimeter NIM-AGRb-1 and its comparison with FG5X[J]. Metrologia, 2018, 55(3): 360.

[43] S Merlet, L Volodimer, Lours, et al. A simple laser system for atom interferometry[J]. Applied Physics B, 2014(117): 749-754.

[44] R Caldani, S Merlet, F Pereira dos Santos, et al. A prototype industrial laser system for cold atom inertial sensing in space[J]. European Physical Journal D, 2019(73): 1-9.

[45] O Carraz, F Lienhart, R Charriere, et al. Compact and robust laser system for onboard atom interferometry[J]. Applied Physics B, 2009(97): 405-411.

[46] T Lévèque, L Antoni-Micollier, B Faure, et al. A laser setup for rubidium cooling dedicated to space applications[J]. Applied Physics B, 2014(116): 997-1004.

[47] F Theron, O Carraz, G Renon, et al. Narrow linewidth single laser source system for onboard atom interferometry[J]. Applied Physics B, 2015(118): 1-5.

[48] L Zhu, Lien, Yu-Hung, et al. Application of optical single-sideband laser in Raman atom interferometry [J]. Optics Express, 2018, 26(6): 6542-6553.

[49] Luo Q, Zhou H, Chen L, et al. Eliminating the phase shifts arising from additional sidebands in an atom gravimeter with a phase-modulated Raman laser[J]. Optics Letters, 2022, 47(1): 114-117.

[50] Wang G C, et al. Robust single-sideband-modulated Raman light generation for atom interferometry by FBG-based optical rectangular filtration[J]. Optics Express, 2022, 30(16): 28658-28667.

[51] Cong Y, Zhao Y, Zhuang W, et al. Optical single-sideband (OSSB) Raman laser system based on an atomic filter for atom gravimeters[J]. Optics Letters, 2024, 49(10): 2745-2748.

[52] Xu S, C W Crawford, S Rochester, et al. Submillimeter-resolution magnetic resonance imaging at the Earth's magnetic field with an atomic magnetometer[J]. Physical Review A, 2008, 78(1): 013404.

[53] C Bonavolonta, M Valentino, G Peluso, et al. Non destructive evaluation of advanced composite materials for aerospace application using HTS SQUIDs[J]. IEEE transactions on applied superconductivity, 2007, 17(2): 772-775.

[54] 唐剑飞,桂永胜,江能军.潜艇消磁系统综述[J].船电技术,2005,(06): 1-3.

[55] 史文强. 六传感器车载磁场测量系统的研制[D]. 吉林大学, 2020.

[56] Jr G E Moore, P A Turner, K L Tai. Current density limitations in Permalloy magnetic detectors[C].

In: AIP Conference Proceedings. 1973: 217-221.

[57] 陈忠义.质子旋进磁力仪[J].地震研究,1982(4): 126-144.

[58] E Trabaldo, C Pfeiffer, E Andersson, et al. Grooved dayem nanobridges as building blocks of high-performance YBa2Cu3O7-δ SQUID magnetometers[J]. Nano Letters, 2019, 19(3): 1902-1907.

[59] 彭翔,郭弘.光泵原子磁力仪技术[J].导航与控制,2022,21(Z2): 101-121+198.

[60] W E Bell, A L Bloom. Optically driven spin precession method and apparatus[Z].US Patent, 1965, 3(173): 082.

[61] D McGregor. High-sensitivity helium resonance magnetometers[J]. Review of Scientific Instruments, 1987, 58(6): 1067-1076.

[62] R E Slocum, G Kuhlman, L Ryan, et al. Polatomic advances in magnetic detection[C]. Oceams MTS/IEEE, 2002, 2: 945-951.

[63] M I Fratter, J M Léger, M F Bertrand, et al. Swarm absolute scalar magnetometers first in-orbit results[J]. Acta Astronautica, 2016, 121: 76-87.

[64] 丁鸿佳, 刘士杰. 我国弱磁测量研究的进展［J］. 地球物理学报, 1997, 40(S1): 238-248.

[65] 郑朝宇. 钾原子 DAVLL 稳频及其在高灵敏度原子磁力仪中的应用[D]. 北京大学, 2021.

[66] R N Hall, G E Fenner, J D Kingsley, et al. Coherent light emission from GaAs junctions[J]. Physical Review Letters, 1962, 9(9): 366.

[67] H Soda, K Iga, C Kitahara, et al. GaInAsP/InP surface emitting injection lasers[J]. Japanese Journal of Applied Physics, 1979, 18(12): 2329-2330.

[68] V M Hietala, K L Lear, M G Armendariz, et al. Electrical characterization and application of very high speed vertical cavity surface emitting lasers (VCSELs)[C]//1997 IEEE MTT-S International Microwave Symposium Digest. IEEE, 1997, 1: 355-358.

[69] R H Johnson, D K Serkland. 17G Directly Modulated Datacom VCSELs: 2008 Conference on Lasers and Electro-Optics and 2008 Conference on Quantum Electronics and Laser Science, San Jose, CA, March 4-9, 2008[C]. Piscataway, NJ: IEEE, 2008.

[70] D M Kuchta, A V Rylyakov, F E Doany, et al. A 71-Gb/s NRZ modulated 850-nm VCSEL-based optical link[J]. IEEE Photonics Technology Letters, 2015, 27(6): 577-580.

[71] J Lavrencik, S Varughese, N Ledentsov et al. 168Gbps PAM-4 multimode fiber transmission through 50 m using 28GHz 850 nm multimode VCSELs[C]. Optical Fiber Communication Conference. 2020.

[72] S Spiga, W Soenen, A Andrejew, et al. Single-mode high-speed 1.5-μm VCSELs. Journal of Lightwave Technology, 2016, 35(4): 727-733.

[73] Blokhin, Sergei Anatol'evich, et al. Influence of output optical losses on the dynamic characteristics of 1.55-μm wafer-fused vertical-cavity surface-emitting lasers[J]. Semiconductors, 2019(53): 1104-1109.

[74] 张建伟, 张星, 周寅利, 等. 1550 nm 毫瓦级单横模垂直腔面发射半导体激光器[J]. 物理学报, 2022, 71(6)3: 46-352.

[75] 韩赛一, 田思聪, 徐汉阳, 等. 高速 1550 nm 垂直腔面发射激光器研究进展[J].发光学报, 2022, 43(5): 736-744.

[76] Zhang J, Gao G, Wang B, et al. Background noise resistant underwater wireless optical

communication using Faraday atomic line laser and filter[J]. Journal of Lightwave Technology, 2022, 40(1): 63-73.

[77] 李家俊, 王军. 探析长度单位的定义发展和复现方式[J]. 电子世界, 2012, 18: 59-60.

[78] K M Evenson, J S Wells, F R Petersen, et al. Speed of light from direct frequency and wavelength measurements of the methane-stabilized laser[J]. Physical Review Letters, 1972, 29(19): 1346-1349.

[79] 林百科, 曹士英, 赵阳, 等. 小型化碘稳频 532 nm 固体激光器[J]. 中国激光, 2014, 41(09): 14-17.

[80] Sanjuan, Jose, et al. Simultaneous laser frequency stabilization to an optical cavity and an iodine frequency reference[J]. Optics Letters, 2021, 46(2): 360-363.

[81] Ikeda, Kohei, et al. Hyperfine structure and absolute frequency of 127 I 2 transitions at 514 nm for wavelength standards at 1542 nm[J]. JOSA B, 2022, 39(8): 2264-2271.

[82] 杨华朋, 王建波, 张宝武, 等. 1.5μm 光纤通信波段乙炔稳频激光技术研究进展[J]. 计量学报, 2023, 44(01): 62-72.

[83] K Yoshii, T Inamura, H Sagawa, et al. Modulation free frequency stabilized laser at 1.5 μm using a narrow linewidth diode laser [C]/ /CLEO: Applications and Technology. California, USA, 2017.

[84] Zektzer, Roy, et al. A chip‑scale optical frequency reference for the telecommunication band based on acetylene[J]. Laser & Photonics Reviews, 2020, 14(6): 1900414.

[85] 陈景标, 郭弘, 罗斌, 等. 一种通信波段 1.5 微米激光波长标准产生方法及其装置: CN201710690811.2[P].

[86] Pengyuan C, Tiantian S, Shengnan Z, et al. Faraday laser at Rb 1529 nm transition for optical communication systems[J]. Chinese Optics Letters, 2017, 15(12): 121401.

[87] T Shi, X Guan, P Chang, et al. A Dual-Frequency Faraday Laser[J]. IEEE Photonics Journal, 2020, 12(4): 1-11.

[88] 葛哲屹, 王志洋, 常鹏媛, 等. 一种集成化的多波段激光波长标准装置: CN 107370016 A [P].

[89] Hong F L. Optical frequency standards for time and length applications. Measurement Science and Technology, 2017, 28: 012002.

[90] T Schuldt, K Döringshoff, E V Kovalchuk, et al. Development of a compact optical absolute frequency reference for space with 10⁻¹⁵ instability[J]. Applied Optics, 2017, 56: 1101-1106.

[91] Y Tanabe, Y Sakamoto, D Kohno Takuya, et al. Frequency references based on molecular iodine for the study of Yb atoms using the $1S_0$-$3P_1$ intercombination transition at 556 nm[J]. Optics. Express 30: 46487-46500.

[92] 林百科, 曹士英, 赵阳, 等. 小型化碘稳频 532 nm 固体激光器[J]. 中国激光, 2014, 14(9).

[93] Cheng F, Jin N, Zhang F, et al. A 532 nm molecular iodine optical frequency standard based on modulation transfer spectroscopy[J]. Chinese Physics. B 2021, 30: 050603.

[94] K W Martin, G Phelps, N D Lemke, et al. Compact optical atomic clock based on a two-photon transition in rubidium[J]. Physics Review Applied, 2018, 9: 014019.

[95] 王建波, 殷聪, 石春英, 等. 高功率碘稳频 He-Ne 激光波长参考源[J]. 红外与激光工程, 2021, 50(4).

[96] Y Öhman. On some new auxiliary instruments in astrophysical research VI. A tentative monochromator for solar work based on the principle of selective magnetic rotation[J].

Stockholms Obseryatoriums Annaler, 1956, 19: 9-11.

[97] P P Sorokin, J R Lankard, V L Moruzzi, et al. Frequency-locking of organic dye lasers to atomic resonance lines[J]. Applied Physics Letters, 1969, 15: 179-181.

[98] J Menders, et al. Ultranarrow line filtering using a Cs Faraday filter at 852 nm[J]. Optics Letters, 1991, 11: 846-848.

[99] D J Dick, T M Shay. Ultrahigh-noise rejection optical filter. Optics Letters, 1991, 11: 867-869.

[100] L Weller, K S Kleinbach, M A Zentile, et al. Optical isolator using an atomic vapor in the hyperfne Paschen-Back regime. Optics Letters, 2012, 37: 3405–3407.

[101] L Abel, U Krohn, P Siddons, et al. Faraday dichroic beam splitter for Raman light. Optics Letters, 2009, 34: 3071-3703.

[102] X Xue, C Janisch, Y Chen, et al. Low-frequency shif Raman spectroscopy using atomic filters. Optics Letters, 2016, 41: 5397-5400.

[103] S L Portalupi, M Widmann, C Nawrath, et al. Simultaneous Faraday fltering of the Mollow triplet sidebands with the Cs-D1 clock transition. Nature Communications, 2016, 7: 13632.

[104] Lin J, Li Y. Ultralow frequency Stokes and anti-Stokes Raman spectroscopy of single living cells and microparticles using a hot rubidium vapor filter. Optics Letters, 2014, 39: 108-110.

[105] Tang J, Li Y M, Liang Z, et al. Experimental study of a model digital space optical communication system with new quantum devices. Applied Optics, 1995, 34: 2619-2622.

[106] R C Smith, J E Tyler. Optical properties of clear natural water. Journal of the Optical Society of America A-optics Image Science and Vision, 1967, 57: 589.

[107] Shan X, Sun X, Luo J, et al. Free-space quantum key distribution with Rb vapor filters. Applied Physics Letters,2006, 89: 191121.

[108] W T Buttler, P G Kwiat, S K Lamoreaux, et al. Practical free-space quantum key distribution over 1 km. Physics Review Letters, 1998, 81: 3283-3286.

[109] A Popescu, T Walther. On an ESFADOF edgefilter for a range resolved Brillouin-lidar: The high vapor density and high pump intensity regime. Applied Physics, 2010 B(98): 667-675.

[110] Yang Y, Cheng X, Li F, et al. A flat spectral Faraday filter for sodium lidar. Optics Letters, 2011, 32: 1302-1304.

[111] Li F Q, Cheng X W, Lin X, et al. A Doppler lidar with atomic Faraday devices frequency stabilization and discrimination. Laser Technology, 2012, 44(6): 1982-1986.

[112] A Rudolf, T Walther. Laboratory demonstration of a Brillouin lidar to remotely measure temperature profles of the ocean. Optics Engineering, 2014, 53: 051407.

[113] W Kiefer, R Low, J Wrachtrup, et al. The Na-Faraday filter: The optimum point.Science Reports, 2014, 4: 06552.

[114] M A Zentile, J Keaveney, R S Mathew, et al. Optimization of atomic Faraday filters in the presence of homogeneous line broadening. Optics Physics, 2015, 48: 185001.

[115] J A Zielinska, F A Beduini, N Godbout, et al. Ultranarrow Faraday rotation filter at the Rb D1 line. Optics Letters, 2012, 37: 524-526.

[116] Xue X, Pan D, Zhang X, et al. Faraday anomalous dispersion optical filter at [133]Cs weak 459 nm transition. Photonics Research, 2015, 3(5): 275-278.

[117] M D Rotondaro, B V Zhdanov, R J Knize. Generalized treatment of magneto-optical transmission filters. Journal Of The Optical Society Of America B-optical Physics, 2015, 34(12): 2507-2513.

[118] M A Zentile, D J Whiting, J Keaveney, et al. Atomic Faraday filter with equivalent noise bandwidth less than 1 GHz. Optics Letters, 2015, 40: 2000-2003.

[119] Pan D, Xue X, Shang H, et al. Hollow cathode lamp based Faraday anomalous dispersion optical filter. Scientific Reports, 2015, 6: 29882.

[120] Wang Y, Zhang S, Wang D, et al. Nonlinear optical filter with ultranarrow bandwidth approaching the natural linewidth. Optics Letters, 2012, 37: 4059-4061.

[121] Shan X, Sun X, Luo J,et al. Ultranarrow-bandwidth atomic filter with Raman light amplification. Optics Letters, 2008, 33: 1842.

[122] Zhang W, Peng Y. Transmission characteristics of a Raman-amplified atomic optical filter in rubidium at 780 nm. Optics Technology, 2014, 81: 174-181.

[123] Zhao X, Sun X, Zhu M, et al. Atomic filter based on stimulated Raman transition at the rubidium D1 line. Optics Express, 2015, 23: 17988.

[124] Pan D, Shi T, Luo B, et al. Atomic optical stimulated amplifier with optical filtering of ultra-narrow bandwidth. Scientific Reports, 2018, 8: 6567.

[125] Qi X, et al. Study of phase coherence degradation induced by a tapered semiconductor amplifier with frequency-modulated continuous-wave and pulsed seed lasers. Applied Optics, 2009, 22: 4370.

[126] J Carvalho, A Laliotis, M Chevrollier, et al. Backward-emitted sub-Doppler fuorescence from an optically thick atomic vapor. Physics Review, 2017, A (96): 043405.

[127] M Auzinsh, et al. Cascade coherence transfer and magneto-optical resonances at 455 nm excitation of cesium. Optics Commun, 2011, 284: 2863-2871.

[128] Li F, Li H, Lu H. Realization of a tunable 455.5 nm laser with low intensity noise by intracavity frequency doubled Ti: sappire laser. IEEE Journal Quantum Electronics, 2016, 52: 1700106.

[129] S Pustelny, L Busaite, M Auzinsh, et al. Nonlinear magneto-optical rotation in rubidium vapor excited with blue light. Physics Review, 2015, A(92): 053410..

[130] Pan D, Xu Z, Xue X, et al. Lasing of cesium active optical clock with 459 nm laser pumping. Frequency Control Sympposium, 2014, 5(19-22): 242-245.

[131] H J Metcalf, P V D Straten. In Laser cooling and trapping. Verlag, 1999: 274-275.

[132] Sun Q, Hong Y, Zhuang W, et al. Demonstration of an excited-state Faraday anomalous dispersion optical filter at 1529 nm by use of an electrodeless discharge rubidium vapor lamp. Applied Physics Letters, 2012, 101: 211102.

[133] Xue X, Pan D, Chen J. A cavityless laser using cesium cell with 459 nm laser pumping. Frequency Control Sympposium, 2014, 4(12-16): 614-616.

[134] A V Andreev,V I Emel'yanov, I A ll' inskir. Collective spontaneous emission (Dicke superradiance). Uspekhi Fizicheskih Nauk, 1980, 131: 653-694.

[135] J Vanier, C Audoin. In The quantum physics of atomic frequency standards. IOP Publishing Ltd, 1989: 1006-1009.

[136] A Sharma, N D Bhaskar, Y Q Lu, et al. Continuous-wave mirrorless lasing in optically pumped

atomic Cs and Rb vapors. Applied Physics Letters, 1981, 39: 209.

[137] A C Ferrari, D M Basko. Raman spectroscopy as a versatile tool for studying the properties of grapheme. Nature Nanotechnology, 2013, 8: 235-246.

[138] E Duval, A Boukenter, B Champagnon. Vibration eigenmodes and size of microcrystallites in glass: observation by very-low-frequency Raman scattering. Physics Review Letters, 1986, 56: 2052-2055.

[139] K K Mon, Y J Chabal, A J Sievers. Temperature dependence of the far-infrared absorption spectrum in amorphous dielectrics. Physics Review Letters, 1975, 35: 1352-1355.

[140] R H Stolen, M A B ¨ osch. Low-frequency and low-temperature Raman scattering in silica fibers. Physics Review Letters, 1982, 48: 805-808.

[141] P Ranzieri, A Girlando, S Tavazzi, et al. Polymorphism and phonon dynamics of α-quaterthiophene. ChemPhysChem: European Journal of Chemical Physics, 2009, 10: 657-663.

[142] P H Tan, W P Han, W J Zhao, et al. The shear mode of multilayer grapheme. Nature Mater, 2012, 11: 294-300.

[143] M Ivanda, K Furic, S Music, et al. Low wavenumber Raman scattering of nanoparticles and nanocomposite materials. Journal Of Raman Spectroscopy, 2007, 38: 647-659.

[144] P Pakhomov, S Khizhnyak, V Galitsyn,et al. Application of the low frequency Raman spectroscopy for studying ultra-high molecular weight polyethylenes. Macromolecular Symposia, 2011, 305: 63-72.

[145] V N Sankaranarayanan, R T Bailey, A J Hyde. Low frequency Raman scattering from polystryrene. Spectrochimica Acta Part A-molecular And Biomolecular Spectroscopy, 1978, 34: 387-389.

[146] C Janisch, N Mehta, D Ma, et al. Ultrashort optical pulse characterization using WS2 monolayers. Optics Letters, 2014, 39: 383-385.

[147] http://www.princetoninstruments.com/products/spec/trivista/.

[148] X L Wu, S J Xiong, Y M Yang, et al. Nanocrystal-induced line narrowing of surface acoustic phonons in the Raman spectra of embedded GexSi1-x alloy nanocrystals. Physics Review, 2008, B(78): 165319.

[149] J Lin, Y Li. Ultralow frequency Stokes and anti-Stokes Raman spetroscopy of single living cells and microparticles using a hot rubidium vapor filter. Optics Letters, 2014, 39: 108-110.

[150] J T Carriere, F Havermeyer. Ultra-low frequency Stokes and anti-Stokes Raman spectroscopy at 785nm with volume holographic grating filters. Proceedings of SPIE, 8219, Biomedical Vibrational Spectroscopy V: Advances in Research and Industry, 2012: 821905.

[151] X Changan, A Mumtaz,et al. Near-infrared Raman spectroscopy of single optically trapped biological cells.[J]. Optics letters, 2002, 27(4): 249-251.

[152] Xue X B, C Janisch, Chen Y Z, et al. Low-frequency shift Raman spectroscopy using atomic filters. Optics Letters, 2016, 41: 5397-5400.

[153] H Shi, X Qin, H Chen, et al. Faraday laser pumped cesium beam clock, arXiv: 2407. 06067 [physics.atom-ph]. https://doi.org/10.48550/arXiv.2407.06067.

第8章 未来发展趋势

法拉第激光器采用原子滤光器中原子的跃迁谱线作为频率选择参考，输出激光的频率可自动对准原子跃迁频率，以此实现更可靠的频率稳定性，具有线宽窄、波长自动对应原子谱线、对激光二极管温度和电流波动免疫的优势，已经逐渐成为国际上引领性的研究热点，未来有望成为稳频半导体激光器领域的前沿高端仪器设备，应用领域涉及时间频率、重力、磁场、长度、角度等参量的量子精密测量和基础研究。本书前几章详细介绍了法拉第激光器的丰富研究成果，包括基本原理、实现方式、发展现状和应用场景等。本章主要针对一些具体潜在创新技术方案、功能以及应用场景，介绍法拉第激光器最新研究方向以及未来的发展趋势。

8.1 法拉第激光器未来发展展望概述

法拉第激光器基于原子跃迁频率的量子选频，具有波长对应原子谱线、频率稳定、对激光二极管电流和温度波动鲁棒性强、波长丰富、线宽窄等优势。法拉第激光器输出波长与原子谱线直接对应的特性，使得法拉第激光器可以长期工作在原子滤光的通带之内，因此对环境的适应性好，不需要人工用波长计去大范围搜寻原子谱线对应的波长，作为仪器仪表或者部件在航空、卫星应用、野外探测等特殊领域和场景具有独特优势。这种高性能激光器可以应用于原子钟、原子重力仪、原子磁力仪、原子雷达、光通信、导航授时等领域。

一方面，除了目前已实现的应用，法拉第激光器还有潜力通过集成技术实现微型芯片化与智能集成化，从而提高系统集成度，极大地扩展应用场景。另一方面，在星间激光通信、大尺度激光测距、激光武器等领域需要用到高功率、窄线宽半导体激光器作为光源，通过采用高功率半导体激光芯片与 FADOF 参数匹配，可以实现输出功率在瓦量级甚至百瓦量级的大功率窄线宽法拉第激光器，并用于相关领域。此外，通过设置 FADOF 参数，可以实现多透射峰原子滤光器，进而实现多频法拉第激光器，有潜力用于多频激光光谱、相干布居囚禁原子钟、光生微波源、精密长度与角度计量等领域。此外，还发展出一系列基于新原理和新技术的法拉第激光器，包括基于 FAODF 中碱金属原子非线性效应的锁模法拉第激光频率梳、用于长度精密测量并溯源到激光频率的法拉第-迈克尔逊激光器、基于激光冷却原子的冷原子法拉第激光器、采用主动光钟方案实现法拉第激光器频率稳定的法拉第主动光钟，以及基于光纤实现的超长腔窄线宽法拉第激光器。上述几个基于法拉第激光器的最新技术进展对于法拉第激光器未来的发展方向具有一定的前瞻指引性，本章将分别介绍。

8.2　微小型芯片化法拉第激光器

作为众多应用的核心光源，窄线宽半导体激光器具有重要研究和应用价值。未来，随着光子集成技术的不断发展，高性能的窄线宽半导体激光器势必会趋于微小型芯片化及全自动化，从而激发更大的应用潜力，尤其是各种传感器、万物互联方面，带动半导体激光器及其下游应用的深广发展。

通过研制微型 FADOF 或空心光纤内的 FADOF，结合集成工艺进一步实现法拉第激光器的微小型化，压缩整机体积，提高稳定度和可靠性，扩展其应用场景，是当前正在突破的前沿方向。例如，通过研制 MEMS 气室并且采用更加紧凑的封装方式实现微小型法拉第激光器，使谐振腔腔长大幅缩短，拥有更大的自由光谱范围，满足特殊场景下对于更大无跳模间隔的需求，拓展法拉第激光器的应用参数范围。同时激光器体积大幅减小，机械稳定性和频率稳定性更高，便于携带和集成，更容易实现批量大规模生产和应用，降低生产成本。利用熔接工艺研制空心光纤 FADOF 以及其他相关元器件，实现全光纤法拉第激光器，可大幅提高系统对机械振动的鲁棒性，压窄激光线宽，提升系统稳定性。图 8-1 所示为当前最新研制的基于微小型原子气室的 FADOF，其尺寸与一枚硬币相当，基于这种微小型 FADOF 搭建的微小型法拉第激光器概念图如图 8-2 所示，激光器实物图如图 8-3 所示，其优势在于体积小，对于机械振动的鲁棒性强。微小型 FADOF 的宽透射谱与较小的腔长带来的大自由光谱范围实现了激光器的单模运行，并可以限制激光长期运行在原子跃迁频率上。该工作有效提升了法拉第激光器的性能，减小了系统体积，提升了法拉第激光器在卫星、野外使用与长时使用的可靠性，并为后期开展微小型芯片化法拉第激光器打下坚实的基础。

图 8-1　微小型法拉第原子滤光器设计图

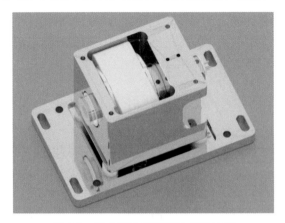

图 8-2　微小型法拉第激光器设计图

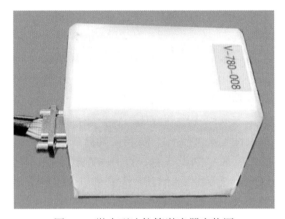

图 8-3　微小型法拉第激光器实物图

　　这种微小型、窄线宽的法拉第激光器可以应用到量子传感器、激光冷却、高分辨率光谱学、激光传感、光通信、激光雷达、空间应用等领域，成为优质的高端窄线宽激光光源，目前已应用到基准型原子钟、原子重力仪等大型精密测量装置中，减小系统体积，提升系统性能。

8.3　智能集成化法拉第激光器

　　目前，国内外现有的商品化半导体激光器稳频系统在应用上存在以下问题：模块分散，不便集成；主要为实验室科研应用设计，接口复杂，模块之间需多条信号/供电线连接，在一定程度上影响系统可靠性、应用便捷性；为实现设备的通用性，缺少针对性开发，功能全面不精；激光应用单位需花费大量精力研究激光器本身工作原理，同时也很难对激光稳频效果进行准确评估；整体稳定性差，对外界温度、振动等干扰敏感，基本限于科研实验室环境使用；操作复杂，操作界面不友好。因此，有必要发展更加智能化与集成化的半导体激光稳频系统。

近些年，随着高稳定度低噪声恒流源技术、激光专用精密控温技术、集成化调制转移谱稳频技术的发展，以及激光稳频智能化算法与系统的集成化设计，已经实现即开即用、开机自动寻谱与锁定、失锁后自动重锁的智能集成化法拉第激光器稳频系统。这种智能集成化激光系统的实现，保证了激光器长期稳定运行，降低了操作的复杂度，可用于原子钟、原子干涉仪、原子磁力仪、原子陀螺仪及高精密激光光谱测量等不同应用中。

8.4　大功率法拉第激光器

在星间激光通信、大尺度激光测距、军事应用等特殊领域，需要大激光功率的同时，对激光频率和线宽也有严格要求。此外，对于半导体激光抽运碱金属气体激光器、自旋交换光泵浦以及亚稳态稀有气体激光泵浦等领域，则需要波长对应于原子跃迁谱线，并且线宽较窄的大功率半导体激光器。大功率半导体激光器多采用阵列或堆栈的方式获得大功率，激光器由多个发光单元构成，增加了输出激光谱线压窄的难度。目前大功率外腔半导体激光器谱线的压窄多采用外腔半导体激光器的方式，通过在外腔添加光栅等频率选择器件实现谱宽的压窄和频率的选择。

常用的大功率窄线宽半导体激光器多为光栅型外腔半导体激光器，即采用光栅作为半导体激光器的反馈与选频器件，将激光器线宽压窄。其中，选频器件多采用面衍射光栅和体布拉格光栅，前者利用衍射光栅的角色散性实现谱宽的压窄，但这种方案光束准直系统较为复杂，功率和效率低，出射光的方向性与频率相关，因此使用不便。体布拉格光栅对入射光的角度和波长都具有选择性，相当于窄线宽滤波器，出射光的方向性优于面衍射光栅。2010 年 A. Podvyaznyy 等[1]利用体光栅获得中心波长 780 nm、功率 250 W、谱宽 10 GHz (0.02 nm)的窄线宽输出。这种方案结构紧凑、调节简单、线宽压窄效果更好，因此，碱金属气体激光器中的泵浦光源多采用这种方案。然而，由于体光栅型激光器波长-温度漂移系数较大(8~10 pm/K)，输出激光波长不自动对应原子谱线，必须采用复杂的温度控制系统来保证所需的中心波长。

2018 年，M. D. Rotondaro 等人在垂直二极管激光阵列上使用 Cs-FADOF，成功地将波长精确锁定在 Cs-D$_2$跃迁谱线上，并将线宽从 3 THz 缩小到 10 GHz，输出功率为 518 W，外腔效率为 80%[2]。该工作实现了输出功率从百毫瓦到百瓦量级的基于 FADOF 的半导体激光器，展示了高功率法拉第激光器的可实现性。然而，在该方案中，激光二极管阵列的功率被全部注入到 FADOF 中，这可能会带来热沉积的问题。2021 年，国防科技大学报道了基于 Rb-FADOF 的大功率法拉第激光器[3]，该结构使得一小部分激光进入碱金属原子气室，可以有效减少热沉积。激光的中心波长精确锁定在 Rb-D$_2$ 跃迁谱线上，线宽为 1.2 GHz，连续输出功率为 18 W，外腔效率为 80%。

大功率法拉第激光器可以有效克服大功率外腔半导体激光器中心频率漂移过大、激光频率易受激光二极管电流、温度变化和机械振动与形变影响、线宽较宽的问题，从而提高大功率外腔半导体激光器的系统整体应用性能。通过在 FADOF 的原子气室内添加缓冲气体，可以有效抑制透射谱边带，从而研制大功率单峰高透的法拉第原子滤光器，并将其作为选频器件，可以将输出激光的频率有效限制在原子谱线上。一种方案是，通过设置光路结构，使得只有进行光反馈的激光功率通过大功率单峰高透的 FADOF，其余激光直接在 FADOF 前置偏振分光棱镜处反射后输出，从而有效避免原子气室的热沉积效应，增大输出激光的功率。另一种方案是，在原子气室端面的内外表面镀增透膜，增大原子气室的透过率，增强光反馈，以更好地抑制边模，减小等效噪声带宽，可以更加有效地得到频率稳定的大功率窄线宽法拉第激光器。

8.5   多频法拉第激光器

目前报道的法拉第激光器输出激光大都工作于单频模式，若将单频法拉第激光扩展到双频甚至多频模式，能进一步扩展法拉第激光器的研究和应用范围。双频激光场在激光频率稳定与高分辨率光谱等方面应用广泛，例如，比较常见的双频氦氖激光器[4]，可以通过相位锁定的方式，稳定两个共振激光模式的微波段频率差，从而可以通过稳定腔长，提高工作在光频域的两个激光模式的频率稳定度。此外，使用标准具作为腔内选频器件的 Tm:YAG 激光器[5]，两个激光模式之间的频率差调节范围高达几 GHz，并且每个激光模式的线宽均小于 1 MHz，促进了精密光谱实验的开展。实验证明，采用双频激光可以实现高对比度、幅度增强的饱和吸收谱[6]，能够将半导体激光器的频率稳定度优化近一个量级。通过调制转移谱锁定技术，将其中一个激光频率锁定在原子跃迁频率上，还可以实现激光两个模式拍频线宽的压窄，有望作为光生微波激光源[7]。

FADOF 透射谱容易通过施加的磁场、温度和原子气室长度来改变，通过实验设置 FADOF 参数，可以实现高透过率双峰甚至多峰透射谱，若激光器的自由光谱范围可以同时涵盖两个透射峰，降低模式竞争的影响，则可以实现双频甚至多频法拉第激光器。2020 年，北京大学史田田等人报道了一种采用铯原子具有双峰透射谱的 FADOF 作为选频器件的 852 nm 双频法拉第激光器，其 FADOF 透射谱如图 8-4 所示[8]。该双频法拉第激光器可以实现两个纵模之间的频率差随原子气室的温度调谐，与一台作为参考的单模干涉滤光片激光器进行拍频，模式分布如

图 8-5 所示。该激光器的两个模式间相干性极好，在不同气室温度下，拍频测得的最可几线宽为 903 Hz。由于双频法拉第激光的输出频率差与碱金属原子基态超精细能级相关，因此，该双频激光不仅可以用于实现高对比度的亚多普勒光谱，还可扩展至相干布居数囚禁原子钟的应用。

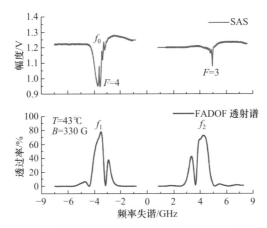

图 8-4　铯原子 D_2 线饱和吸收谱(上图)与双频 FADOF 透射谱(下图)[8]

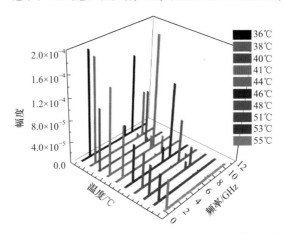

图 8-5　铯原子 852 nm 双频法拉第激光器与参考激光在不同原子气室温度下的拍频功率谱[8]

2022 年，北京大学常鹏媛等人在此基础上报道了基于铯原子 852 nm 双频法拉第激光器的调制转移谱稳频[9]，将其中一个激光模式锁定在铯原子 $6^2S_{1/2}$ $F=3 \rightarrow 6^2P_{3/2}$ $F'=2$ 跃迁上时，两个激光模式的拍频线宽可以压窄到 85 Hz，如图 8-6 所示，这种窄线宽拍频信号扩展了双频法拉第激光器的应用场景。

除了上述铯原子双频法拉第激光器，北京大学研究团队还实现了基于 Rb 原子的双频法拉第激光器，其双频频差随 PZT 可调谐，如图 8-7 所示。两个模式之间具有良好的相干性，拍频信号的洛伦兹拟合线宽为 649 Hz，如图 8-8 所示。同

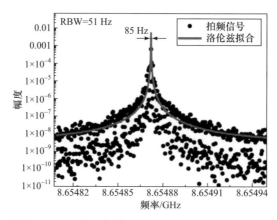

图 8-6　锁定后的 852 nm 双频法拉第激光器两模式之间的拍频信号洛伦兹拟合[9]

时，采用其他基态包含两个精细能级的碱金属原子 FADOF 亦可实现双频法拉第激光器，增加法拉第激光器的应用范围。这种双频法拉第激光器可应用于原子物理领域，利用双频法拉第激光器实现高对比度的亚多普勒光谱，与传统的单频饱和吸收谱相比，利用双频激光场实现的饱和吸收谱，可以更加充分有效地利用不同速度群的原子，将半导体激光器的频率稳定度优化近一个量级；通过精密设计调节双频法拉第激光器的腔长，如果使激光器相邻纵模间隔等于铯原子基态的超精细能级间隔的整数倍附近，并且精细微调，可用于实现相干布局数囚禁原子钟；双频法拉第激光器可以借助双频激光信号产生相干性较好的微波信号，提供一种新型的技术方案，促进光生微波源的发展；类比双频氦氖激光器的稳频方式，通过相位锁定的方法，可将双频法拉第激光器输出的两个激光模式锁定于外部参考源上，进一步增强两个激光模式间的相干性，然后利用相位锁定压窄每个激光模式的线宽。

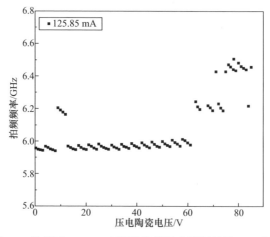

图 8-7　铷原子 780 nm 双频法拉第激光器频差随 PZT 调谐

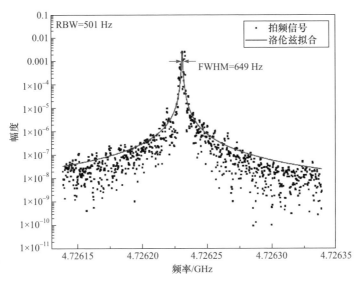

图 8-8　铷原子 780 nm 双频法拉第激光器拍频信号的洛伦兹拟合

　　除此之外，利用 FADOF 透射谱随光强变化的特性，2024 年，北京大学秦晓敏等人还实现了输出激光波长随激光二极管电流可切换的双频单纵模法拉第激光器[10]，其实验结构与对应能级结构如图 8-9 所示。在合适的 FADOF 工作参数下，激光的输出波长在 $^{85}\text{Rb}\ 5^2\text{S}_{1/2}(F=3)\rightarrow5^2\text{P}_{3/2}$ 和 $^{87}\text{Rb}\ 5^2\text{S}_{1/2}(F=2)\rightarrow5^2\text{P}_{3/2}$ 之间可切换，自由运行的激光模式洛伦兹拟合最可几线宽为 18 kHz，如图 8-10 所示。这种输出波长对应铷原子两种同位素 D_2 跃迁，对激光二极管电流、温度波动免疫的激光器可用于激光冷却原子、原子重力仪、原子磁力仪、小光钟等原子物理应用中，作为一种即开即用的优质高性能半导体激光光源。

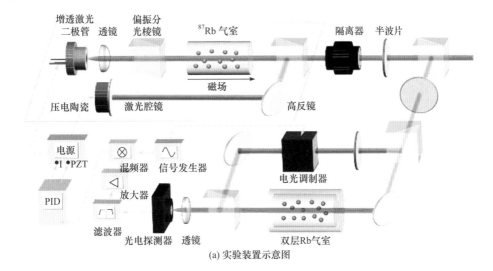

(a) 实验装置示意图

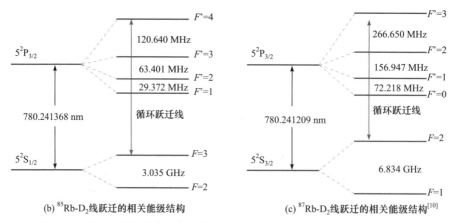

(b) ^{85}Rb-D$_2$线跃迁的相关能级结构   (c) ^{87}Rb-D$_2$线跃迁的相关能级结构[10]

图 8-9   基于调制转移谱稳频的铷原子 780 nm 双频可切换的法拉第激光器

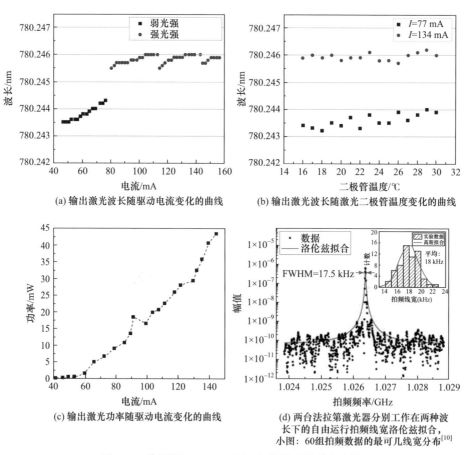

(a) 输出激光波长随驱动电流变化的曲线   (b) 输出激光波长随激光二极管温度变化的曲线

(c) 输出激光功率随驱动电流变化的曲线

(d) 两台法拉第激光器分别工作在两种波长下的自由运行拍频线宽洛伦兹拟合，小图：60组拍频数据的最优几线宽分布[10]

图 8-10   铷原子 780 nm 双频可切换的法拉第激光器

8.6　量子锁模法拉第激光频率梳

半导体激光器锁模是一种使激光器产生极短相干脉冲的技术，这些脉冲的宽度可以从皮秒到飞秒量级。锁模激光器在多个领域有着广泛的应用，包括量子精密测量、光通信、激光测距、生物医学成像、气体检测等。在半导体激光器中，锁模可以通过在激光谐振腔内使用模式锁定装置来实现——有源元件(光调制器)或者非线性无源元件(可饱和吸收体)，包括被动锁模、主动锁模和混合锁模三种不同的锁模方式。

被动锁模是利用激光腔内的非线性元件(如可饱和吸收镜或可饱和吸收体)自动产生短脉冲的过程。可饱和吸收体是一种非线性吸收介质，其透射率受光强的影响，当光强增大到某个值，透射率会急剧增加。在此光强下，谐振腔内损耗最小，实现对强光透射，弱光阻断。相对于主动锁模技术，被动锁模技术方案简单、稳定，不需要外部调制信号，且由于可饱和吸收体的饱和吸收恢复时间短，可以产生更短的脉冲。

主动锁模涉及谐振腔损耗的周期性调制或者往返相位变化的周期性调制，可以通过如电光调制器、声光调制器或半导体电吸收调制器等不同方式来实现。当调制信号与激光谐振腔的往返周期实现同步，就能以脉冲序列的形式产生超短脉冲。此外，在 FP 型的半导体激光器中，还可以直接调制驱动电流来实现主动锁模，通过周期性地改变增益介质的增益，即增益开关的形式，产生脉冲宽度在百皮秒或皮秒量级，重频在几百 MHz 到 GHz 量级的脉冲序列。

混合锁模结合了被动和主动锁模的特点，利用外部调制器来稳定脉冲重复频率，同时利用饱和吸收体或其他非线性效应来优化脉冲的形状和宽度。这种方法可以像被动锁模一样实现更短的脉冲持续时间，同时保持良好的重复频率稳定性。

2018 年，北京邮电大学罗斌[11]和北京大学熊俊宇等人[12]发现 FADOF 的透过率与入射光强有关。当 FADOF 作为频率选择器件放置在谐振腔中时，腔内强度随着激光二极管注入电流的增加而增加，因此 FADOF 的透射谱也发生了变化。这一事实表明，FADOF 可能会引入与强度相关的损耗，类似于饱和吸收体的工作原理。从另一个角度来看，碱金属原子蒸汽(如 Rb)具有 2×10^{-8} cm^2/W 的三阶非线性折射率(Kerr 系数)和自聚焦效应[13,14]，因此，即有可能在较低阈值下实现自锁模运转。

2024 年，北京大学高志红等人在 780 nm 法拉第激光器中观察到量子锁模现象，利用示波器探测到的时域脉冲序列如图 8-11 所示，脉宽为 252 ps，周期为 3.8 ns。利用频谱分析仪探测到的频域信号如图 8-12 所示，重复频率为 260 MHz。该激光器采用 5 torr Ar 缓冲气体混合的 ^{85}Rb 的法拉第原子滤光器作为量子可饱和吸收体，调制深度约为 10%，具有与原子跃迁谱线共振的窄光谱透射特性。此外，由于原子滤波器的选频功能，法拉第激光器可以通过调节激光二极管的注入电流切换到单频模式。激光器在单频和锁模下的输出波长对应 $^{87}Rb\ 5^2S_{1/2}\ F=2\rightarrow5^2P_{3/2}$ 多普勒展宽线。780 nm 锁模法拉第激光器的实现将扩大在铷原子物理实验中的应用，尤其是在利用多频激光探测的原子精密光谱技术领域。此外，该研究提供了一种实现脉冲光谱对应原子跃迁谱线，脉冲光谱宽度在 GHz 量级的新型锁模技术。

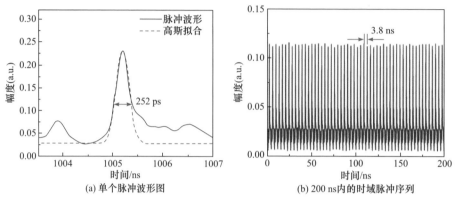

(a) 单个脉冲波形图　　　　　　　　　　(b) 200 ns内的时域脉冲序列

图 8-11　锁模法拉第激光频率梳时域分布

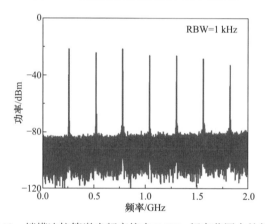

图 8-12　锁模法拉第激光频率梳在 2 GHz 频率范围内的频谱图

关于该法拉第激光器的自锁模原理值得进一步深入研究探索，目前已经证明的是，原子气室中的非线性效应(如可饱和吸收效应)在特定条件下促进了锁模现象的发生。腔内光强变化时，原子气室内的左旋和右旋光折射率也会变化，导致原子滤光器透射率发生变化。当光强与透射率处于饱和吸收区域时，就可以实现法拉第激光器锁模运转。此外，关于原子气室的自聚焦或自离焦的非线性作用，对锁模启动和稳定锁模是否有影响的研究，也在进行当中。

锁模法拉第激光频率梳的发现，为法拉第激光器的研究开辟了新的方向，未来需要深入研究该现象的形成机理，有望实现结构简单、具有几百 MHz 重复频率的锁模半导体激光器，并进行精密激光光谱、新型原子钟等领域的拓展应用。

8.7　法拉第-迈克尔逊激光器

在引力波探测等重大前沿科学实验，原子尺度上的细胞生物学、病毒学等微观过程观察，以及光刻机、精密机床、IC 装备等超精密装备领域，都离不开高分辨率的精密位移测量技术。激光干涉精密测量具有结构简单、测量分辨率高、可溯源至激光波长、测量范围广等优势，已被广泛应用于科研和生产领域。

当前普遍使用的激光干涉仪包括单频激光干涉仪(又称零差激光干涉仪)和双频激光干涉仪(又称外差激光干涉仪)。其中，外差干涉仪具有较高的抗干扰能力，人们正努力用它实现 10 pm 级位移的测量[15]，但这需要借助快速相位检测方法实现，如脉冲计数/过零、锁相放大器、单 bin 离散傅里叶变换、两锁相环等。然而，由于干涉仪中的电子噪声和环境噪声，使得测量 10 pm 或以下的机械位移并不容易，需要借助复杂的相位计降噪算法或真空装置来最小化这些噪声。而且该方案操作繁琐，位移测量的分辨率被限制在了这一量级。

迈克尔逊干涉仪是美国诺贝尔物理学奖得主迈克尔逊与莫雷合作,于 1881 年发明制造的精密光学仪器，利用分振幅实现双光束干涉，用于以太漂移实验验证，证实了以太的不存在。经过改进与发展，迈克尔逊干涉仪后来被广泛应用于长度和折射率的测量。因其创造了精密光学干涉仪器、进行光谱学和度量学研究、精确测量光速的贡献，迈克尔逊于 1907 年获得了诺贝尔物理学奖。迈克尔逊干涉仪通过一个外部光源实现干涉测量，该光源具体可以是汞灯、钠灯等，1961 年氦氖激光器诞生，氦氖激光器开始作为迈克尔逊干涉仪的测量光源，从而激光干涉仪得到快速发展和普遍应用。激光干涉仪具有结构简单、测量精度高、可溯源至激光波长等优势，已被广泛应用于基础科学研究、高端仪器生产领域。

基于此，北京大学[17]提出并命名了迈克尔逊激光器与基于此的位移测量新方案。迈克尔逊激光器将激光腔分成两路，由于两条光路具有不同光学长度，因此，可以产生频率取决于子腔腔长的双频或多频激光，其结构如图 8-13(a)所示。由于频率测量目前可达到 19 位的高精度，该方案通过测量输出双频或多频激光的拍频信号，将位移测量转换为频率测量，有望实现 pm，甚至亚 pm 级分辨率的精密位移测量。该系统本质上为一种新型激光器，光路结构上借鉴了迈克尔逊干涉仪的形状结构。为了致敬诺贝尔物理学奖得主迈克尔逊的伟大贡献，将新型激光器命名为迈克尔逊激光器。必须指出，传统的迈克尔逊干涉仪，无论其光源是激光光源还是光谱灯，本质上都是一种产生光场明暗干涉效果的特殊光路装置，而非一种激光器。迈克尔逊激光器是一种通过直接测量频率而实现位移精密测量的高端精密仪器，与迈克尔逊干涉仪存在本质上的区别。

　　双频或多频迈克尔逊激光器，可以将腔镜的位移变化转换为频率变化进行测量，从而实现位移精密测量。具体地，根据激光器谐振腔中激光器的腔长和激光频率的关系 $\Delta v/v = dL/L$，激光器谐振腔腔长 L 的改变 dL 会造成激光频率 v 的改变 Δv，这意味着，激光器腔长的微小变化会带来激光频率的显著改变。在迈克尔逊激光器中，保证其中一个光腔的激光腔镜固定作为参考臂，将另一条光路作为测量臂，对应腔镜位置的变化会带来激光频率的变化。通过测试两个频率的激光拍频信号的变化，可以推测出测量臂腔镜的位置变化。由于光频在 10^{14} Hz 量级，目前拍频信号的相对测量分辨率 $\Delta v/v$ 优于 10^{-12}，根据腔内激光频率与腔长存在的比例关系 $\Delta v/v = dL/L$，迈克尔逊激光器位移测量分辨率理论上可以远优于 10^{-12} m。在真空绝热隔振的特殊条件下，可减少空气折射率、机械振动、温度变化等因素的干扰，该系统的位移测量精度理论上可以得到极大提升。

　　由于在激光器内存在分光器件，导致腔内损耗增大，氦氖激光管增益不够大，系统调节起振困难。此外，采用这种复合腔输出的两个频率的激光容易存在模式竞争，进一步增大损耗，不便于使用。北京大学陈景标教授团队又提出一种新型的基于 FADOF 的迈克尔逊激光器(后面简称法拉第-迈克尔逊激光器)，采用半导体激光二极管取代氦氖激光管，从而提供更高的增益。并在两个子腔内放置 FADOF，对两路激光进行选频，通过设置滤光器合适的温度与磁场参数，使两个滤光器的透射峰值产生特定的频率差(GHz 量级)，防止两个频率激光的模式竞争，从而实现两臂不同频率的双频激光输出。

　　这种法拉第-迈克尔逊激光器结构如图 8-13(b)所示，采用迈克尔逊干涉仪式的复合腔结构，两个子腔内分别放置一个 FADOF 进行频率选择。通过设置合适的原子滤光器参数，使两个原子滤光器的透射峰分别对应不同的原子跃迁频率，防止两个模式频率距离太近产生模式竞争。增益介质采用后端面镀有高反射率膜的半导体激光二极管，可以有效避免由于腔内损耗过大导致无法起振的问题。基于该实验原理，若采用 780 nm 法拉第激光器作为泵浦源，可实现碱金属铷原子气体激光 795 nm 的迈克尔逊激光输出。其中，碱金属气体作为增益介质具有更大的激光增益，可以实现更高功率的迈克尔逊激光输出。除此之外，还设计了一种多频迈克尔逊及法拉第-迈克尔逊激光器，其结构如图 8-13(c)和图 8-13(d)所示，其特征在于，在激光输出端设置一个高反镜，从而充分利用激光增益实现模式振荡，同时保证多纵模连续运转，保证迈克尔逊激光器的稳定运行。实验验证了利用 Rb 窄带 FADOF 作为频率选择元件，具有两种激光模式振荡的法拉第-迈克尔逊激光器原理。

　　迈克尔逊激光器将位移测量溯源到激光频率测量，摒弃了传统激光干涉仪位移测量中通过分割明暗干涉条纹进行位移测量的方案，利用了频率测量的高分辨率，有望在当前激光干涉测量位移的基础上将测量分辨率进一步提升，可用于原子干涉重力仪等应用中[16]，其结构示意图如图 8-14 所示[17]。

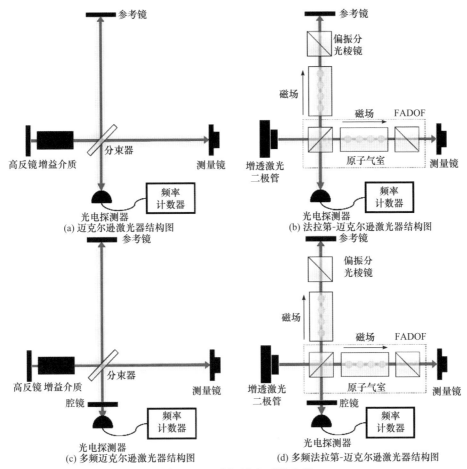

图 8-13　双频迈克尔逊激光器

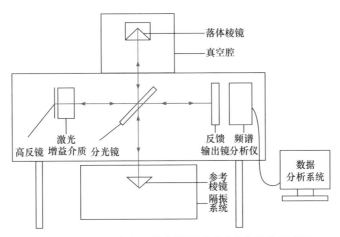

图 8-14　基于迈克尔逊激光器的原子重力仪结构示意图

8.8　冷原子法拉第激光器

法拉第激光器具有输出激光频率直接对应原子跃迁谱线,对激光二极管温度、电流波动不敏感等优势,已经结合高信噪比的外差调制转移光谱技术,实现了 kHz 量级的窄线宽激光。若想实现激光线宽的进一步压窄,则可结合激光冷却技术(如磁光阱、漫反射激光冷却等)抑制多普勒效应的影响。本小节以磁光阱冷却 ^{87}Rb 原子为例,首先介绍利用磁致双折射原理旋光的法拉第冷原子滤光器,以及利用光致双折射原理旋光的感生二向色型冷原子滤光器;之后基于原子滤光器的超窄带透射,给出了冷原子法拉第激光器的实现方法。

8.8.1　基于冷原子的超窄带宽法拉第原子滤光器

冷原子法拉第滤光器和热原子法拉第滤光器在结构上的不同之处其实就是将热原子气室替换为磁光阱俘获的冷原子团,其整体框架设计如图 8-15 所示。冷原子法拉第滤光器主要由三大部分构成:用于俘获冷原子的磁光阱系统、对旋光信号进行探测的探测激光系统,以及法拉第滤光器所需的偏振元件和磁场。

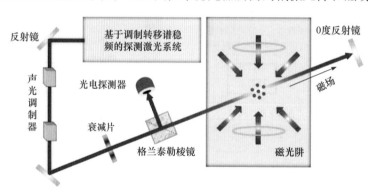

图 8-15　冷原子法拉第滤光器的整体框架

对探测激光频率的精确锁定可以采用调制转移谱稳频的方式。经探测激光系统输出的探测激光依次通过衰减片(用于调节探测激光功率)、格兰泰勒棱镜、磁光阱中囚禁的冷原子团,之后被一个 0 度反射镜按原路返回。这里,将探测激光原路返回的目的是减小单向探测激光对冷原子团产生的力的作用,但是需要注意,入射与反射的探测激光需调整至完全重合。冷原子法拉第滤光器的透射信号在格兰泰勒棱镜的另一端由高速光电探测器接收。旋光的均匀磁场由一对通电线圈产生,磁场方向沿探测激光入射方向。

与连续型工作的热原子法拉第滤光器不同,冷原子法拉第滤光器需要仔细考虑及反复实践磁光阱关闭与旋光效应探测之间的时序关系。一方面,探测激光和旋光磁场可能会对磁光阱俘获原子产生影响;另一方面,磁光阱的梯度磁场可能会影响法拉第旋光的原子能级。因此,需要将磁光阱的原子俘获和法拉第旋光效应的探测设置一个先后顺序,在俘获足够多的冷原子后关闭磁光阱,释放冷原子,紧接着打开探测激光及旋光磁场,对冷原子法拉第滤光器的透射信号进行测量,由此时序不断循环。而最佳的时序间隔及开启时间,则需要综合考虑多方面因素后反复实践,最终确定。例如,磁光阱的梯度磁场若关闭过慢,剩余磁场可能会影响法拉第旋光的原子能级;磁光阱关闭后,若间隔较长时间仍未进行法拉第旋光信号的探测,冷原子团可能扩散,造成原子数目的稀少;探测激光和旋光磁场若开启时间过长,可能会对冷原子团产生力的作用,加速冷原子团的扩散。通过多次观察与测量,冷原子超窄带宽法拉第原子滤光器的时序关系可参考图 8-16。

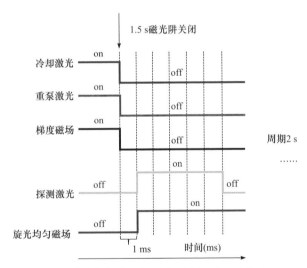

图 8-16　磁光阱关断与法拉第旋光效应探测之间的时序关系图

图 8-17 给出了工作在 ^{87}Rb 原子 D$_2$ 线跃迁(自然线宽:6.1 MHz)的 780 nm 冷原子法拉第滤光器的透射谱线。探测激光的频率锁定在 $5^2S_{1/2}(F=2) \rightarrow 5^2P_{3/2}(F'=3)$ 跃迁,功率为 10 μW,旋光均匀磁场的强度为 3 G。利用洛伦兹拟合(红色曲线),可以得出该滤光器的透射带宽为 7.1(8)MHz,接近原子跃迁的自然线宽(6.1 MHz),峰值透过率为 2.6%。同理,工作在 ^{87}Rb 原子 $5^2S_{1/2}(F=2) \rightarrow 6^2P_{3/2}(F'=3)$ 跃迁的 420 nm 冷原子法拉第滤光器的透射谱线如图 8-18 所示,透射带宽为 2.7(2)MHz,峰值透过率为 3.2%,是目前已知的最窄带宽的原子滤光器。

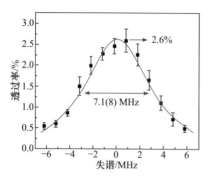

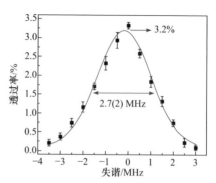

图 8-17　工作在 ^{87}Rb 原子 780 nm
$5^2S_{1/2}(F=2) \rightarrow 5^2P_{3/2}(F'=3)$ 跃迁的冷原子法拉
第滤光器透射谱线

图 8-18　工作在 ^{87}Rb 原子 420 nm
$5^2S_{1/2}(F=2) \rightarrow 6^2P_{3/2}(F'=3)$ 跃迁的冷原子法拉
第滤光器透射谱线

8.8.2　基于冷原子的感生二向色型原子滤光器

以 ^{87}Rb 原子 780 nm 跃迁为例，如图 8-19 所示，根据 $\Delta m_F = m_{F'} - m_F = +1$ 的选择定则，对应 $5^2S_{1/2}(F=2) \rightarrow 5^2P_{3/2}(F'=2)$ 跃迁的 σ^+ 圆偏振抽运激光将基态 m_F 较小能级上的原子逐渐抽运到 m_F 较大的能级上，造成原子在 $5^2S_{1/2}(F=2, m_F = +2)$ 能级上的积聚。而位于基态 $5^2S_{1/2}(F=2, m_F = +2)$ 能级上的原子只能吸收线偏振探测激光中的 σ^- 圆偏振分量从而跃迁到 $5^2P_{3/2}(F'=2, m_{F'} = +1)$ 能级，σ^+ 圆偏振分量则几乎不被吸收。这种不对称的吸收使得线偏振探测激光中的左旋和右旋圆偏振光分量具有较大的折射率差异，因为滤光器的旋光角正比于左旋和右旋圆偏振光分量的折射率差，所以可以形成更大角度、更高透过率的旋光。

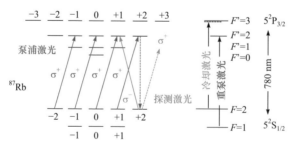

图 8-19　感生二向色型冷原子滤光器相关能级图

感生二向色型冷原子滤光器的原理图如图 8-20 所示。稳频后的探测激光首先传输至衰减片调节激光功率，经过真空系统中囚禁的冷原子团，一对偏振方向正交的格兰泰勒棱镜，然后打入光电探测器中，由光电探测器对冷原子滤光器的透射信号进行测量。与此同时，从稳频后的冷却激光中分出来一束作为抽运激光。该抽运激光依次经过半波片、偏振分光棱镜、扩束透镜组、1/4 波片后被 $T:R=9:1$ 的镜子反射，反射后的抽运激光与探测激光反向重合经过真空系统中囚禁的冷原子团。这里，半波片和偏振分光棱镜用于调节抽运激光的光功率，并使抽运激光变成纯净的线偏振光。扩束透镜组用于实现抽运激光的扩束，使抽运激光在通过真空系统时能够完全包含冷原子团，以提高光抽运的效率。1/4 波片用于将线偏振抽运激光变成标准的 σ^+ 圆偏振抽运激光。

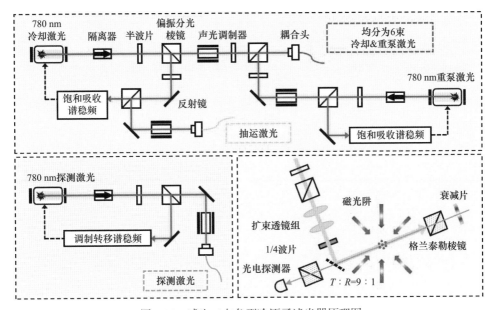

图 8-20　感生二向色型冷原子滤光器原理图

需要注意的是，被 σ^+ 圆偏振激光抽运到 $5^2P_{3/2}(F'=2)$ 能级上的原子有可能通过自发辐射过渡到基态 $5^2S_{1/2}(F=1)$ 能级上，使原子在该能级积累，造成损失。在这种情况下，可以将磁光阱俘获冷原子阶段的重泵激光一直保持打开状态，使基态 $5^2S_{1/2}(F=1)$ 能级上的原子重新回到 $5^2S_{1/2}(F=2)$ 能级。此外，抽运激光与探测激光之间的时序设置也至关重要，不仅要保证冷原子有效地被抽运到期望的塞曼磁子能级，还要避免抽运激光对冷原子团产生较大影响进而影响探测。经过探索改进，感生二向色型冷原子滤光器可参考图 8-21 所示的时序关系。

图 8-22 所示为工作在 ^{87}Rb 原子 780 nm $5^2S_{1/2}(F=2)\rightarrow 5^2P_{3/2}(F'=2)$ 跃迁的感生二向色型冷原子滤光器的透射谱线。对该透射谱线进行洛伦兹拟合，可以得出透射带宽为 6.6(4)MHz，峰值透过率为 15.6%。

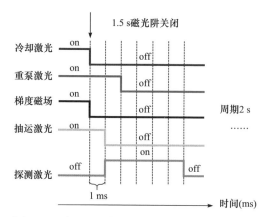

图 8-21　感生二向色型冷原子滤光器时序关系图

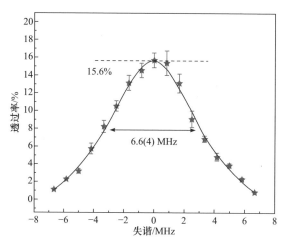

图 8-22　工作在 ^{87}Rb 原子 780 nm $5^2S_{1/2}(F=2)\rightarrow5^2P_{3/2}(F'=2)$ 跃迁的感生二向色型冷原子滤光器透射谱线

8.8.3　冷原子法拉第激光器

漫反射激光冷却原子无须磁场，可以避免磁光阱的梯度磁场对原子能级的影响；此外，长条形的漫反射激光冷却相比球形腔体也可以实现更高的光学厚度。因此，本节以长条形的漫反射激光冷却系统为例，给出冷原子法拉第激光器的实现方法。

如图 8-23 所示，稳频后的冷却激光与重泵激光合束，并均分为 6 束耦合进光纤后从侧面打入长条形真空玻璃腔。该真空玻璃腔内含有稀薄的 ^{87}Rb 原子蒸气，且其外表面涂有对 780 nm 波段高反的涂料。原子在真空玻璃腔内发生漫反射，在冷却激光辐射压力的作用下实现冷却，整个长度在米量级的真空玻璃腔内都充满

^{87}Rb 冷原子团。

在长条形真空玻璃腔外侧缠绕通电线圈为原子施加磁场，构建法拉第原子滤光器。准直光在法拉第磁致旋光效应的作用下，输出偏振面会发生旋转，形成对应原子超精细跃迁频率的超窄带透射。调节具有一定透反比的镀膜外腔腔镜的角度，让光在激光二极管后表面和腔镜之间形成振荡，在超窄带透射带宽内受激辐射输出，即实现了冷原子法拉第激光。需要注意的是，冷原子法拉第激光器虽可实现较窄的激光线宽，但其选频器件——冷原子法拉第滤光器透射谱的透过率相比热原子会低很多，可能会出现激光器不易起振的问题。

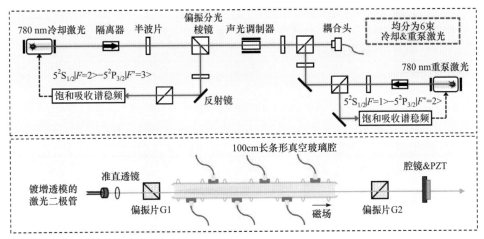

图 8-23　冷原子法拉第激光器的基本构造

8.9　法拉第主动光钟

传统的光钟是通过鉴频、鉴相技术将频率预稳的本振激光被动地锁定在量子跃迁谱线上，属于被动光钟。通常被动光钟需要利用 PDH 技术来压窄激光线宽，得到超稳本振激光。然而，PDH 超腔中存在约翰逊－奈奎斯特噪声，也叫作热噪声，是由于热导致导体内部的电荷载体(通常是电子)达到平衡状态时的电子噪声，因此，需要通过超低温环境来降低热噪声。目前采用超低温单晶硅实现的 PDH 技术已经实现线宽为 8 mHz 的激光输出，但是这种方案系统复杂，成本高昂，难以维护。为了突破被动光频标对超腔的高要求和限制，2005 年北京大学陈景标等人[18-20]提出了主动光钟新原理、新技术，将具有超窄线宽跃迁谱线原子置于低细度光学谐振腔内，利用坏腔内原子受激发射输出直接作为稳定的光学频率标准，输出信号取决于原子本身，光钟性能有望进一步提高。

8.9.1 主动光钟基本原理

　　主动光钟是一种基于坏腔中多原子相干受激辐射的新型光钟概念，可类比微波频段中的主动氢钟。主动氢钟的原理是基于氢原子受激辐射，激发态的氢原子进入存储泡中与微波谐振腔作用产生受激辐射，输出的微波信号作为频率标准信号。由于这种受激辐射产生的频率信号频谱更纯，线宽更窄，因此，主动氢钟的短期稳定度通常比铷钟、铯钟更高。在光波段，主动光钟与被动光钟的工作原理对比如图 8-24 所示。

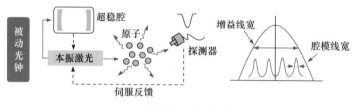

(a) 被动光钟原理示意图

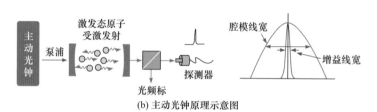

(b) 主动光钟原理示意图

图 8-24　被动光钟及主动光钟工作原理示意图[21]

　　传统被动光钟采用电子伺服环路将 PDH 稳频的本振激光频率稳定在钟跃迁谱线上，利用电反馈实现输出激光频率的长期稳定。相比之下，主动光钟不需要本振激光，通过坏腔的弱反馈在原子跃迁能级之间形成多原子相干受激辐射，输出激光可直接作为钟激光信号。此外，主动光钟工作在坏腔激光区域，即原子增益线宽远小于谐振腔腔模线宽，输出钟激光频率取决于原子量子跃迁频率而非外部参考腔。其受激辐射输出频率 ν 随腔模频率 $\nu_{腔}$ 的变化率，即腔牵引系数 P 为[22]

$$P = \frac{\mathrm{d}\nu}{\mathrm{d}\nu_{腔}} = \frac{\Gamma}{\kappa + \Gamma} = \frac{1}{1+a} \tag{8-1}$$

其中，Γ 为原子增益线宽；κ 为腔模线宽。对于坏腔激光，坏腔系数 $a = \kappa/\Gamma \gg 1$，因此，腔牵效应可以得到有效抑制。其次，根据坏腔情况下修正的 Schawlow-Townes 激光线宽公式[23]：

$$\Delta\nu_{修正} = \frac{h\nu_0}{4\pi}\frac{\kappa^2}{P_{输出}} N_{sp}\left(\frac{\Gamma}{\kappa+\Gamma}\right)^2 \tag{8-2}$$

这里假设腔模中心频率与原子跃迁中心频率 ν_0 重合，其中，$P_{输出}$ 为激光输出功率，N_{sp} 为自发辐射因子。公式前两项表示自发辐射决定的量子受限线宽，而主动光钟可以将量子受限线宽压窄到 $1/(1+a)^2$，突破了自发辐射量子噪声极限线宽。

因此，主动光钟具有两大优势：①具有窄量子极限线宽；②具有腔牵引抑制。相较于传统被动光钟，主动光钟输出的信号取决于原子跃迁谱线，直接作为频率标准信号使用，从原理上有效解决了被动光钟体系中稳定度受限于谐振腔热噪声极限的难题，其输出频率线宽有望达到毫赫兹水平，在量子精密测量领域具有重要的应用前景和研究意义。

8.9.2　法拉第主动光钟方案

法拉第主动光钟是利用法拉第原子滤光器作为腔内频率参考，利用半导体、固体或染料等宽带增益介质提供腔内光增益，实现频率稳定的受激辐射光信号输出。其核心原理是将法拉第原子滤光器用作选频器件来实现增益部分和量子参考相互独立，从而减小增益部分的噪声对钟激光频率稳定度的影响。考虑到法拉第原子滤光器的带宽通常会由于多普勒效应而加宽，一般可达 GHz 量级。而对于主动光钟，想要实现坏腔系数 a 远大于 1，需要寻找窄带宽的原子滤光器作为增益介质。利用速度选择效应可以产生超窄带的原子滤光器，也称作 induced-dichroism-excited atomic line filter(IDEALF)[24]，其基本原理是利用激光与入射光反向入射至原子滤光器，利用饱和吸收效应选择速度接近 0 的原子实现滤光。这部分原子的多普勒加宽很小，因此，采用这种方法制成的原子滤光器可以实现 MHz 亚多普勒带宽。然而，这种滤光器由于只选取了部分原子，其透过率明显小于 FADOF，这将造成光的单程损耗加大，不容易实现法拉第主动光钟的受激辐射输出。

2014 年，北京大学庄伟等人[25]基于主动光钟新原理，结合了 FADOF 和 IDEALF 各自特点，实现了热原子法拉第主动光钟。实验采用强泵浦光反向入射至原子气室的方法，对原子进行速度选择。与上述 IDEALF 不同的是，他们在原子气室轴向方向加上一个弱磁场，该磁场强度远小于 FADOF 的磁场强度，使得原子的塞曼分裂与饱和吸收谱的宽度近似相等。由此得到的原子滤光器带宽与 IDEALF 接近，同时，透过率与之相比有显著提高。

法拉第主动光钟实验装置如图 8-25 所示，可以分为四个主要部分，即法拉第主动光钟主系统、探测激光系统、泵浦激光系统和性能测试系统。主系统由激光管和置于外腔结构中的法拉第原子滤光器构成，其受激辐射输出为钟信号。探测激光系统由 852 nm 外腔半导体激光器构成，用于探测原子滤光器的性能。泵浦激光系统由另一套 852 nm 外腔半导体激光器和饱和吸收谱锁定系统构成，用于泵浦法拉第原子滤光器。性能测试系统由两个拍频光路和相应的高速探测器及频谱仪构成，分别用于法拉第主动光钟两路输出光的拍频和其中一路光与泵浦光的拍频。

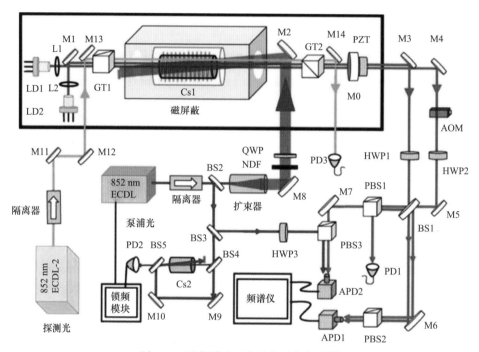

图 8-25　法拉第主动光钟实验方案图[25]

(LD：激光二极管；L：透镜；M：反射镜；GT：格兰泰勒棱镜；PZT：压电陶瓷；AOM：声光调制器；HWP：半波片；QWP：1/4 波片；NDF：中性衰减片；ECDL：外腔半导体激光器；PD：光电二极管；APD：雪崩二极管；PBS：偏振分光棱镜；BS：分光片)

下面介绍法拉第主动光钟系统和工作原理，其中，两个方向正交的偏振元件格兰泰勒棱镜 GT1，GT2，其隔离比可达 $10^5:1$，对 852 nm 激光透过率达 85%；铯泡 Cs1，长度 15 cm，直径 2.54 cm，铯泡控温在室温状态；磁场线圈通电流时用以在铯泡轴向上产生微弱磁场；温控系统包括绕在铯泡外侧的加热丝、热敏电阻及温控电路；磁屏蔽盒，体积 20 cm × 10 cm × 10 cm，用以隔离外部磁场对铯泡的影响，两端有直径 4 cm 的通光孔，用以通过入射光和反向泵浦光。泵浦光系统由 852 nm 外腔半导体激光器构成，输出功率可达 50 mW，其输出光一部分用分光片 BS2 反射至饱和吸收谱装置铯泡 Cs2，利用锁相放大器和 PID 电路将泵浦光频率锁定到饱和吸收谱上，另一部分输出光经过扩束器，光斑直径放大 3 倍，以覆盖原子滤光器的入射光，而后利用中性滤波片 NDF 调节泵浦光的功率，利用

1/4 波片 QWP 将泵浦光由线偏振变为圆偏振光。探测光系统由另一台 852 nm 外腔半导体激光器构成，输出功率小于 1 mW，光斑直径为 0.4 mm，入射至原子滤光器，其频率连续可调范围达 10 GHz，利用光电探测器 PD3 探测经过法拉第原子滤光器后的探测光功率，从而得到该原子滤光器的透射谱。为测试法拉第主动光钟的性能，采用两个型号相同的半导体激光管 LD1、LD2，输出光经过准直透镜后，均进入置于谐振腔内的法拉第原子滤光器形成受激辐射，最后从反射率为 80% 的腔镜 M0 输出钟信号。LD1 的外腔反馈可以直接通过调节 M0 角度实现，而 LD2 的外腔反馈则通过调节 M1 角度实现，经过调节后，两束光平行，可以同时实现反馈。两路光共用法拉第原子滤光器和外腔反馈镜，是为了尽量降低外界的振动噪声的影响。

实验结果如图 8-26 所示，其中，红色曲线为 ^{133}Cs 法拉第滤光器的原子透射谱，透射谱中心对应黑色曲线饱和吸收谱 ^{133}Cs 原子 $6^2S_{1/2}(F=4) \rightarrow 6^2P_{3/2}(F'=4$ 和 5$)$ 的交叉峰，滤光器透过率 25%，带宽为 45 MHz，蓝色曲线表示考虑外腔内各种实际损耗理论计算的腔模线宽，298.3 MHz，对应求得坏腔系数 a 为 6.6，腔牵引系数 P 为 0.13。通过两套装置的拍频可以获得输出光的频率线宽在百 Hz 水平，目前仍然受限于振动噪声对腔模的影响。另外，通过改变腔模频率测量拍频信号中心频率的变化可以计算得到目前系统的腔牵引系数，最终实验测量值为 0.11，与理论计算值 0.13 可以很好地吻合。这一结果表明由于腔牵引抑制效应，法拉第主动光钟系统可以获得比普通激光器更窄的线宽。由于系统没有采用隔振设施，尽管在腔牵引抑制下振动噪声仍带来较大影响，导致目前的线宽测量值与理论计算值 0.33 Hz[25] 相比还有差距。

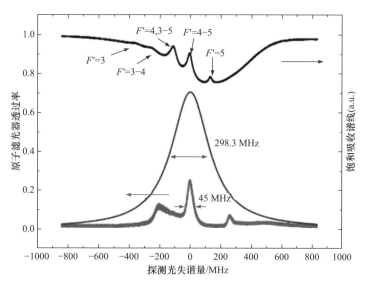

图 8-26 对应于 ^{133}Cs 原子 $6^2S_{1/2}(F=4) \rightarrow 6^2P_{3/2}(F'=4$ 和 5$)$ 交叉峰的法拉第滤光器透射谱[25]

8.9.3　法拉第主动光钟未来展望

但利用热原子实现的法拉第主动光钟，由于原子滤光器透射带宽很难压窄至自然线宽水平，导致坏腔系数很难进一步提高，故实验中还未达到理论计算的激光线宽。未来可以采用冷原子团作为量子频率参考选频器件，以抑制多普勒效应，减小透射带宽，提高腔牵引抑制系数，从而压窄激光线宽。北京大学也提出了光晶格主动光钟，利用在光晶格中捕获的 Cs 原子系综提供连续的超辐射激光信号；计算得到其光晶格魔术波长，将原子囚禁在兰姆-迪克区域，可以避免光频移的影响。理论上得到频率不确定度在 10^{-15} 量级，线宽在 Hz 量级。为了进一步减小热原子的碰撞频移、碰撞展宽等对主动光频标信号的影响，北京大学开展了冷原子主动光钟研究，可以对标欧盟的 iq Clock 计划。目前已经提出两种基于冷原子的法拉第主动光钟方案[26]，具体实验原理图如图 8-27、图 8-28 所示。

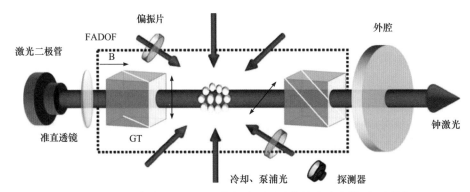

图 8-27　基于灰光学黏团的二能级冷原子法拉第主动光钟原理图[26]

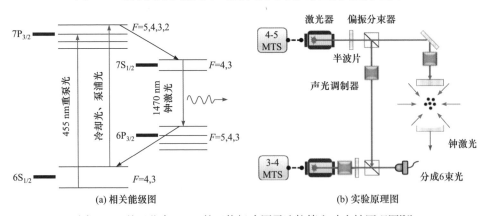

图 8-28　基于蓝光 MOT 的四能级冷原子法拉第主动光钟原理图[26]

主动光钟作为一种新型光钟概念，其本质是利用原子的关联性实现高度相干的坏腔受激辐射光场，光场的频率参考量子跃迁。主动光钟频率对于谐振腔腔长热噪声的天然免疫作用使其得以突破谐振腔的热噪声极限，实现超窄线宽。

无论光钟未来如何发展，基于不同原理的对环境噪声不敏感的窄线宽本振探测激光是光钟的最关键技术瓶颈之一。高性能的主动光频标既可以作为独立的激光频率标准，也可以由光梳或 F-P 腔传递，为其他精密测量提供不同频段的窄线宽激光光源。通过进一步研究与发展冷原子法拉第主动光钟，除了实现一种新型的光钟，很可能利用其坏腔效应带来的对外界噪声免疫优势，为未来的光钟提供更稳定的、线宽更窄的本振探测激光，从而推动量子精密测量的进步。

8.10　光纤与超长腔法拉第激光器

关于法拉第激光器的模式跳变，即使模式跳变发生，输出频率仍然会保持在其所对应法拉第原子滤光器透射带宽之内。认为有两种方法可以进一步限制法拉第激光器的大幅频率跳变。第一种方法是使用非常短的谐振腔，同时增大 FADOF 的透射谱宽度，确保法拉第激光器的自由光谱范围大于 FADOF 的传输谱线，从而在形成激光振荡的过程中，FADOF 的透射谱内将只有一个腔模可以形成激光输出。这种方法可以增大法拉第激光的可调谐范围，在通过腔长调节激光频率的过程中，避免发生模式跳变。另一种方法是增加激光腔的长度，以减小自由光谱范围(FSR)，从而使得至少会有一个腔模始终接近 FADOF 透射谱的峰值，防止激光频率的大幅跳变。如果激光腔足够长，FSR 会降低到 kHz 级别，即使发生模式跳变，频率变化也同样会减少到 kHz 级别，降低频率大幅跳变的概率。

第一种方式北京大学研究团队目前已经实现。对于第二种方法，2016 年北京大学展示了一种法拉第激光器，该激光器以 1.2 km 光纤为扩展腔，在 ^{87}Rb 780 nm 处具有 83 kHz 的窄自由光谱范围。FADOF 传输峰值内有 350 个腔模相互竞争。即使在 1.2 km 光纤长度自由漂移的情况下长期运行，也可以保持 6.0×10^{-11} 的稳定性[27]，考虑到实际应用，光纤谐振腔是增加法拉第激光谐振腔长的最优选择，同时采用全光纤的结构相比于自由空间光，机械稳定性、总体体积、可搬运性等性能也会有相应程度的提升。当腔长提升至公里级别时，自由光谱范围将减小到 kHz 量级，相比于自由空间光将极大减小模式跳变的频率范围。想要实现全光纤的法拉第激光输出，其核心在于光纤原子滤光器，即光纤原子气室。图 8-29 所示为目前可实现的一种光纤原子气室工艺。通过工艺将光纤准直器安装在气室的两端，并进行高精度的准直，使得对打的两束光具有非常好的准直、重合效果，以确保其性能。

除上述工艺外，德国斯图加特大学关于光纤原子气室有另外一种工艺，实现原子进入到光纤中[28-31]。

与自由空间光一样，光纤原子滤光器主要起到激光模式选择的作用，包含依据法拉第反常色散、佛克脱反常色散等原理的原子滤光器，与自由空间光原理相同，除永磁铁外，其他如光纤偏振分束器、光纤原子气室等均为光纤器件，如图 8-29 所示。为了保证全光纤原子滤光器的滤光效果，需两个光纤偏振分束器的完美配合。镀增透膜的激光二极管作为增益介质，采用准直后光纤输出方式。

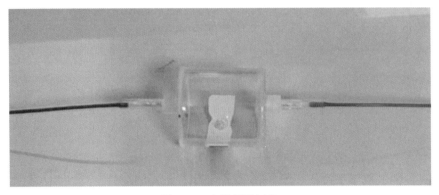

图 8-29　光纤原子气室

一般来说，在原子滤光器中原子气室前的光纤偏振分束器起到起偏器的作用，保证入射至光纤原子气室的光为线偏振光，进而分为左旋和右旋的圆偏振光。与空间光法拉第激光器一样，在全光纤的结构中，由于外加磁场的存在，光纤原子气室内原子的能级会发生 Zeeman 分裂，从而使得左右旋圆偏振光对应不同的跃迁频率，导致二者吸收和色散曲线发生相应的分裂。色散曲线与光的折射率直接相关，色散曲线的分裂使得左旋和右旋圆偏振光具有不同的折射率，即通过相同的路径时，二者具有不同的相位变化，导致线偏振光偏振方向发生偏转，即发生旋光效应。旋光效应与入射光强度、外加磁场强度、光纤原子气室长度、光纤原子气室内原子密度(原子气室温度)直接相关。当入射光强度确定时，旋光的角度便由光纤原子气室内原子数密度(气室温度)、外加磁场强度以及光纤原子气室长度决定。在全光纤原子滤光器中，两个光纤偏振分束器可透过光的偏振方向相互垂直，因此，仅有偏振方向旋转角度接近 90°的光，才能通过全光纤原子滤光器，入射至光纤反射腔镜，而后返回至激光二极管，从而形成激光振荡输出。上述旋光效应，仅接近原子跃迁频率的光才能发生，因此，法拉第激光器的输出频率始终在量子跃迁频率附近，具有对激光二极管驱动电流和工作温度变化免疫的性质。

全光纤原子滤光器可选出一个特定的频率通过，形成激光振荡，产生单纵模激光输出；同时，还可通过改变影响透射谱的参数，选出两个特定频率的激光通过，形成激光振荡，产生单腔双纵模激光输出，激光器的单、双纵模输出可根据实际应用情况，进行相应调整。

形成激光输出后，通过原子激光谱稳频，如调制转移谱、饱和吸收谱、偏振极化谱等可对输出的激光频率进行锁定，使其锁定至对应的原子跃迁谱线上，获得绝对频率参考，实现溯源。

全光纤量子选频激光器根据需要可输出单纵模激光或双纵模激光，如图 8-30所示。在双纵模输出情况下，可通过精密光谱锁定模块锁定其中一个纵模至量子跃迁谱线。而后通过锁相环模块实现两个模式之间频率间隔的锁定，保证两个激光模式频率之差的超高稳定度和低噪声，从而使得两个纵模均可以锁定至对应的量子参考。

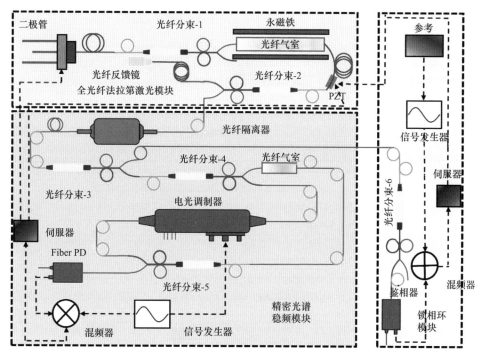

图 8-30　光纤法拉第激光器结构示意图

参 考 文 献

[1] A Podvyaznyy, G Venus, V Smirnov, et al. 250W diode laser for low pressure Rb vapor pumping[J]. Proceedings of SPIE, 2010, 7583: 758313.

[2] M D Rotondaro, B V Zhdanov, M K Shaffer, et al. Narrowband diode laser pump module for pumping alkali vapors[J]. Optics Express, 2018, 26(8): 9792–9797.

[3] Tang H, Zhao H, Wang R, et al. 18W ultra-narrow diode laser absolutely locked to the Rb D_2 line[J]. Optics. Express, 2021, 29(3): 38728-36.

[4] S Yokoyama, T Araki, N Suzuki. Intermode beat stabilized laser with frequency pulling[J]. Applied Optics, 1994, 33(3): 358-363.

[5] G Quehl, J Grinert, V Elman, et al. A tunable dual frequency Tm: YAG laser[J]. Optics Communications, 2001, 190(1-6): 303-307.

[6] M A Hafiz, D Brazhnikov, G Coget, et al. High-contrast sub-Doppler absorption spikes in a hotatomic vapor cell exposed to a dual-frequency laser feld[J]. New Journal of Physics, 2017, 19(7): 073028.

[7] M A Hafiz, G Coget, E De Clercg, et al. Doppler-free spectroscopy on the Cs Dl line with adual-frequency laser[J]. Optics Letters, 2016, 41(13): 2982-2985.

[8] Shi T, Guan X, Chang P, et al. A dual-frequency Faraday laser[J]. IEEE Photonics Journal, 2020, 12 (4): 1503211.

[9] Chang P, Shi T, Miao J, et al. Frequency-stabilized Faraday laser with 10-14 short-term instability for atomic clocks[J]. Applied Physics Letters, 2022, 120 (14): 1102.

[10] Qin X, Liu Z, Shi H, et al. Switchable Faraday laser with frequencies of 85Rb and 87Rb 780 nm transitions using a single isotope ^{87}Rb Faraday atomic filter[J]. Applied Physics Letters, 2024, 124(16): 161104.

[11] B Luo, L Yin, J Xiong, et al. Signal intensity influences on the atomic Faraday filter. Optics Letters, 2018, 43(11): 2458-2461.

[12] J Xiong, B Luo, L Yin, et al. The characteristics of Ar and Cs mixed Faraday optical filter under different signal powers. IEEE Photonics Technology Letters, 2018, 30(8): 716-719.

[13] V A Sautenkov, M N Shneider, S A Saakyan, et al. A self-focusing of CW laser beam with variable radius in rubidium atomic vapor. Optics Communications, 2019, 431: 131-135.

[14] J E Bjorkholm, A A Ashkin. CW self-focusing and self-trapping of light in sodium vapor. Physical Review Letters, 1974, 32: 129-132.

[15] T D Nguyen, M Higuchi, T T Vu, et al. 10-pm-order mechanical displacement measurements using heterodyne interferometry[J]. Applied Optics, 2020, 59 (27): 8478-8485.

[16] Qin X M, et. al. High resolution displacement measurement by a novel Michelson laser [C]. In Proceedings of the 37th European Frequency and Time Forum, Neuchatel, Switzerland, 2024: 25-27.

[17] 陈景标, 秦晓敏, 史田田, 等. 一种迈克尔逊激光器及其实现方法、位移测量方法[P].专利号: ZL202210393703.X, 2023-05-02.

[18] Chen J B, Chen X Z. Optical lattice laser. Proceedings of the 2005 IEEE International Frequency Control Symposium and Exposition, 2005: 608-610.

[19] Chen J. Active optical clock. Chinese Science Bulletin, 2009, 54: 348-352.

[20] Zhang X,et al. 2015 Joint Conference of the IEEE IFCS&EFTF, Denver, CO, USA. 2015: 618-621.

[21] 张佳, 史田田, 缪健翔, 等. 主动光钟研究进展[J]. 计测技术, 2023, 43(3): 1-16.

[22] J Bohnet, Z Chen, J Weiner, et al. A steady-state superradiant laser with less than one intracavity photon. Nature, 2012, 484: 78–81.

[23] S J M Kuppens, M P van Exter, J P Woerdman. Quantum-limited linewidth of a bad-cavity laser. Physics Review Letters, 1994, 72: 3815-3818.

[24] S K Gayen, R I Billmers, V M Contarino, et al. Induced-dichroism-excited atomic line filter at 532

nm[J]. Optics Letters, 1995, 20: 1427-1429.

[25] Zhuang W, Chen J B. Active Faraday optical frequency standard[J]. Optics Letters, 2014, 39: 6339-6342.

[26] Shi T, Pan D, Zhuang W, et al. Active Optical Clock Based on Laser Cooling of Alkali-metal Atoms[C]. European Frequency and Time Forum and IEEE International Frequency Control Symposium (EFTF/IFCS), 2021: 1-3.

[27] Tao Z M, Zhang X G, Pan D, et al. Faraday laser using 1.2 km fiber as an extended cavity. Journal of Physics B: Atomic Molecular and Optical Physics, 2016, 49, 13LT01: 599.

[28] I Caltzidis, H Kübler, T Pfau, et al. Atomic Faraday beam splitter for light generated from pump-degenerate four-wave mixing in a hollow-core photonic crystal fiber[J]. Physical Review A, 2021, 103(4): 043501.

[29] D R Häupl, D Weller, R Löw, et al. Spatially resolved spectroscopy of alkali metal vapour diffusing inside hollow-core photonic crystal fibres[J]. New Journal of Physics, 2022, 24(11): 113017.

[30] D Weller, A Yilmaz, H Kübler, et al. High vacuum compatible fiber feedthrough for hot alkali vapor cells[J]. Applied Optics, 2017, 56(5): 1546-1549.

[31] J Gutekunst, D Weller, H Kübler, et al. Fiber-integrated spectroscopy device for hot alkali vapor[J]. Applied Optics, 2017, 56(21): 5898-5902.

后　记

　　《法拉第激光器》一书，既是国际首部以法拉第激光器为核心的原子稳频半导体激光器领域的学术专著，也是我们团队在法拉第激光器领域多年研究工作的总结。本书旨在介绍法拉第激光器技术成果，加强推广应用，促进国内相关领域的交流学习，致力于支撑实现国家高端科学仪器、量子精密测量等领域的自立自强和高水平发展。在此，简要分享一下撰写此书的初衷。

　　一是向英国著名物理学家法拉第致敬。

　　科学研究的进展来自于科学共同体里各位科学家不同的贡献。在这个过程中，天才型的科学家常常会留下一些非常突出的、有个性的、不可磨灭的成就。对于天才型的科学家，我们也可以大致分成两类。一类具有良好的数理基础，他们开展工作会有较为清晰的数理逻辑作为支撑和引导，比如牛顿、麦克斯韦、爱因斯坦，都是这类型的突出典范。另一类则是思想深邃的实验科学天才，迈克尔·法拉第(Michael Faraday，1791.09.22—1867.08.25)即是此类典型代表。受限于少年时的生活条件，法拉第早期的教育只让他具备了非常初级的数学基础知识，所以他是通过非常勤奋努力的实验研究工作，不停地拓展加深知识，以及开拓创新探索，取得了一生超凡绝伦的科学成就，在整个人类历史上都无与伦比。尤其是他在电磁学和光学方面的贡献，为后期麦克斯韦的相应理论工作奠定了基础，也为后续量子力学的相关重大变革性进展工作提供了基础支撑。麦克斯韦认为法拉第"实际上是一位非常高层次的数学家"。爱因斯坦在柏林的书房墙上也挂着法拉第的画像。在法拉第璀璨夺目的科学成果花园中，格外引人注目的一朵鲜花，就是法拉第旋光效应。

　　法拉第心中一直有个坚定的信念：电、磁和光之间必定存在联系。这个信念的种子，深深地种在法拉第的心里。为了这个种子，法拉第在几十年间开展了无数次各种各样的实验。光和磁之间存在相互影响的内在联系，这从科学的眼光和品位来说，是非常重大的问题。能不能围绕这一重大科学问题，孜孜不倦地一直努力，这也是对一个天才科学家的品性和精神力量的考验。法拉第在几十年间尝试利用各种透明材料在磁场条件开展实验，他尝试使用的材料包括盐岩、石英、明矾、岩石等，但一直没有成功。直到1845年9月13日，法拉第偶然想起20年前自己研制的特种硼酸氢玻璃，那是他主导的耗时5年的"改进玻璃的光学性能"项目中的一个重要成果。法拉第立刻用这种特种硼酸氢玻璃开展实验，在磁场条件下，终于成功发现了后来称之为法拉第效应的磁致旋光效应。紧接着，他从伍尔维奇皇家军事科学院(现为英国桑赫斯特皇家军事学院)借了一个强磁体，在 9 月 18 日，法拉第非常高兴地确认了磁致旋光效应，成功验证了自己关于磁和光相关联的信念。那天他狂热地试了各种各样不同的材料，晚上在日记本上激动地写下："在极化光上的确产生了效应，这样就证明了磁力和光之间是相互有联系的"，"今天已经知足了"。1845 年 11 月 5 日，法拉第向英国皇家学会递交题为"论光的磁化和磁力线的发光"的论文。这是人类历史上第一次发现光和磁性的相互联系，标志着磁光学的诞生。法拉第的夙愿终于得以实现。

《法拉第激光器》这本书，即是基于法拉第 170 多年前发现的磁致旋光效应，从而实现的稳频半导体激光器，我们将之命名为法拉第激光器，以此缅怀致敬法拉第。

二是赓续王义遒先生、杨东海教授在激光抽运小铯钟领域的科学研究和创新探索。

北京大学王义遒校长在国内最早开展了小型铯原子钟的研究，在激光抽运小型铯原子钟系统中，需要能够长期稳定工作的高性能 852 nm 铯原子稳频激光器。几十年以来，要实现半导体激光抽运小型铯原子钟的产品化，一直是国际上非常大的挑战。而在王义遒先生、杨东海教授几十年长期努力以及在各方的大力推动之下，我国在该领域终于成功实现突破，达到世界领先水平。为了进一步实现王义遒先生在激光抽运小型铯原子钟方面的愿望，我们专门研发了 852 nm 铯原子稳频法拉第半导体激光器，并成功研制了高性能法拉第激光抽运小铯钟。此外，北京大学量子电子学研究所，在郑乐民先生的指导下，从二十世纪八九十年代开始，就开展了法拉第滤光器在光通信和激光稳频方面的研究，这些工作为法拉第激光器的研制奠定了坚实的基础。

三是持续推进法拉第激光器技术创新发展与多领域应用推广。

法拉第滤光器，以及将法拉第滤光器用于激光的稳频，国内外已经有不少相关研究。我们的核心工作是把法拉第滤光器直接放到激光系统内部作为选频器件，成功研制原子选频法拉第激光器，有效解决了传统稳频激光器易受温度、电流扰动，易跳模的国际性难题，并实现在量子精密测量等诸多领域的推广应用。在此过程中，我们也对各种法拉第滤光器种类和可用原子谱线进行了极大的拓展。未来，我们的目标是研制超高稳定性能的法拉第激光器，这种激光器可即开即用，直接实现输出波长与原子谱线对应，将在量子精密测量、时频通信、精密光谱学等领域实现产业化推广应用。

最后，感谢所有在这本书撰写过程中给予我帮助和支持的人，感谢我的家人、朋友、同事们和同学们的支持，感谢出版社的编辑和工作人员的辛勤付出，没有你们的支持和帮助，这本书是无法完成的。这本书的完成并不意味着我们对法拉第激光器领域的探索研究就此结束，在未来的日子里，我们将继续深耕相关领域的研究，同时也希望这本书能够激发更多人对法拉第激光器相关领域的兴趣和热情，共同推动该领域的发展和进步。

　　由于本人学术水平与时间精力有限，本书难免有错漏不足之处，恳请各位读者批评指正。

陈景标

2024 年 9 月 29 日

索　引

A

Allan 偏差　135

ARLD　28

B

半导体激光二极管　3

半导体激光器　1

饱和吸收谱稳频　18

饱和蒸气压　79

被动锁模　327

泵浦光　18

波导型外腔半导体激光器　10

C

超辐射本底　299

超窄带弱光相干放大　295

D

大功率法拉第激光器　321

大功率相干放大　302

电场近似　108

电化学分解法　103

电偶极近似　108

电学负反馈　151

多频法拉第激光器　322

E

二能级系统　107

二向色性　70

F

FADOF　13

Faraday laser　136

F-P 腔注入锁定　152

法拉第　27

法拉第磁致旋光效应　13

法拉第反常色散原子滤光器　63

法拉第激光器　3

法拉第-迈克尔逊激光器　318

法拉第主动光钟　337

非简并四波混频　200

佛克脱反常色散原子滤光器　64

G

感生二向色型冷原子滤光器　332

感生二向色型原子滤光器　70

干涉滤光型外腔半导体激光器　6

功率饱和效应　197

光抽运型铯束原子钟　259

光分解法　103

光晶格主动光钟　342

光频标　293

光纤布拉格光栅型外腔半导体激光器　10

光纤偏振分束器　344

光纤原子气室　343

光学布洛赫方程　112

光学密度　79

光学频率标准　14

光学谐振腔　148

光栅外腔注入锁定　152

光栅型外腔半导体激光器　3

硅基波导型外腔半导体激光器　11

H

互注入锁定　151

回音壁微腔 PDH 稳频　243

回音壁注入锁定　152

混合锁模　327

I

IDEALF　70

J

基于钙原子束的原子滤光器　84

基于空心阴极灯的法拉第原子滤光器　80

基于谱灯的原子滤光器　74

激光波长标准　287

简并四波混频　200

角锥　85

镜面反射玻璃角锥　160

K

Kramers-Krönig 关系　108

空心光纤 FADOF　319

空心角锥　160

L

LD　40

LESFADOF　75

Lindblad 主方程　109

Littman 型外腔半导体激光器　4

Littrow 型外腔半导体激光器　4

L 腔　148

拉比频率　110

拉曼光谱　304

拉曼光谱探测　304

冷原子波长标准　293

冷原子法拉第激光器　332

冷原子法拉第滤光器　332

冷原子主动光钟　264

量子精密测量　1

量子锁模法拉第激光频率梳　327

M

MEMS 原子气室　103

Maxwell 方程　107

MTS　14

迈克尔逊激光器　329

漫反射激光冷却　293

N

内腔模　5

P

PCSEL　1

PDH 超稳谐振腔　232

PDH 稳频　18

Pound-Drever-Hall　2

频率参考　13

频率稳定度　2

Q

全反射玻璃角锥　160

全光纤法拉第激光器　319

全光纤原子滤光器　344

R

热原子法拉第光频标　293
热原子法拉第滤光器　332
热原子主动光钟　267

S

SAS　31
双频法拉第激光　139
四波混频效应　200

T

探测光　18
调制转移谱　14
调制转移谱稳频　18

V

VADOF　68
VCSEL　1
Voigt　100

W

微集成外腔半导体激光器　6
外腔反馈腔镜　160
微小型法拉第激光器　319

稳频　2
稳频半导体激光器　17
误差信号　18

X

相干放大　301

Y

原子磁力仪　1
原子干涉重力仪　267
原子共振型滤光器　65
原子滤光器　63
原子气室　2
原子重力仪　1

Z

直腔　148
智能集成化法拉第激光器　320
主-从注入锁定　152
主动光钟　36
主动锁模　327
自然线宽　72
自注入锁定　8